DEREK BARCLAY

Die Wahrheit aufgedeckt

Band VII

W0059847

Ebozon Verlag

Buch

AKTUELL: Tiefgefrorene antike 50.000 Jahre alte Zivilisation in Antarktika entdeckt! Sollte dies zutreffend sein, wird es sich um die spektakulärste Entdeckung in der Geschichte der Menschheit handeln. Ob es sich um Teile des versunkenen Atlantis handelt oder um eine Zivilisation, die vor langer Zeit aus dem All kam... alle aktuellen Neuigkeiten dazu finden Sie in Kapitel 9.

DIE WAHRHEIT AUFGEDECKT ist sowohl außergewöhnlich als auch einzigartig. Es ist das einzig bekannte Werk, dass die gängigsten Thesen, Verschwörungstheorien und Verschwörungstheoretiker in einem Gesamtwerk von mehreren Bänden aufzeigt. Es dient als umfassende Hilfestellung und Leitfaden, welches durch den Dschungel der Verschwörungstheorien führt und ein größeres Gesamtbild des Ganzen aufzeigt. Ein großer Teil der Menschheit ist mittlerweile »erwacht« und hat erkannt, dass viele Dinge wie Sie uns ein Leben lang beigebracht und gelehrt wurden einfach so nicht stimmen. Bis dahin gehend, dass sie uns sogar absichtlich verfälscht oder erfunden dargestellt werden. Alles zieht sich wie ein roter Faden durch Gebiete der Medizin, Wissenschaft, Geschichte, Religion und Politik. Die globale Verschwörung ist nachweisbar keine Theorie mehr, sondern zur puren Realität geworden. Ein Netzwerk von immer gleichen Familien manipulieren bis zum heutigen Tag unsere Welt nach ihren Vorstellungen und versuchen mit aller Gewalt die Weltherrschaft an sich zu reißen.

Derek Barclay hat sich mehr als 30 Jahre mit dem Thema »Verschwörungstheorien« befasst und dieses Werk sowohl kritisch als auch mit dem notwendigen Hintergrundwissen erstellt. Entstanden ist dabei eine herausragende Darstellung von Verschwörungen, Komplotten und Intrigen.

Derek Barclay

DIE WAHRHEIT
AUFGEDECKT

Band VII

Ebozon Verlag

Dieses Buch ist auch als eBook erhältlich.

Bibliografische Information der Deutschen Nationalbibliothek:
Die Deutsche Nationalbibliothek verzeichnet diese Publikation in der Deutschen Nationalbibliografie; detaillierte bibliografische Daten sind im Internet über http://dnb.dnb.de abrufbar.

Printausgabe 1. Auflage Juni 2017

© 2017 by Ebozon Verlag
ein Unternehmen der CONDURIS UG (haftungsbeschränkt)
www.ebozon-verlag.com
Alle Rechte vorbehalten.
Umschlaggestaltung: media designer 24
Coverfoto: www. depositphotos. com Nr. 12284474
Layout / Satz: Ebozon Verlag
Herstellung: BoD – Books on Demand, Norderstedt

ISBN: 978-3-95963-372-7

INHALTSVERZEICHNIS

VORWORT

Es gibt unzählige Verschwörungstheorien und auch genau so viele Verschwörungstheoretiker. In diesem Werk möchte ich Ihnen die gängigsten Theorien und Theoretiker vorstellen. Es ist ausgeschlossen alle erwähnten Theorien bis ins Detail in diesem Werk zu behandeln und abzuarbeiten. Es bleibt dem Leser schließlich selbst überlassen die jeweiligen Theorien weiter zu erforschen und tiefer in die Materie zu gehen. Dieses Werk sollte lediglich eine Hilfestellung sein und Ihnen als Leitfaden und Basis durch den Dschungel der Verschwörungstheorien dienen und Ihnen ein größeres Gesamtbild des Ganzen aufzeigen. Auch bedeutet es nicht zwangsweise, dass wenn in diesem Werk bestimmte Theorien oder bestimmte Personen erwähnt sind, dass diese dann auch unbedingt mit der Meinung des Autors konform gehen müssen. Im Umkehrschluss bedeutet es genau so wenig, dass man Personen oder Theorien die in diesem Werk nicht aufgeführt sind nicht beachten sollte.

Es sollte auch erwähnt werden, dass es sich bei vielen Theorien durchaus nicht um Verschwörungen handelt, sondern um reale Tatsachen, die einfach von den Mainstream Medien, bestimmten Interessengruppen der Politik, Religion und der Wissenschaft vertuscht, unterdrückt oder verfälscht wurden. Dies dürfte eines der wenigen Werke auf dem deutschsprachigen Markt sein, das eine derartige Sammlung von Theorien kompakt aufzeigt und zusammenfasst, ohne dass sich der Leser alles mit großer Mühe selbst Stück für Stück zusammen suchen muss. Für den Leser ist es wichtig sich ein Gesamtbild zu erarbeiten, da alle diese Theorien und Interessengruppen und Personen in einander verstrickt sind. Nur wenn Sie die einzelnen Punkte im Gesamtkontext sehen ergibt es ein deutliches Bild und Sie werden in Kürze erkennen können wie alles zusammenhängt.

Dieses Werk enthält auch unzählige Links die Sie direkt zu den entsprechenden Webseiten, Interviews, Berichten und Büchern der einzelnen Themen führt. Nicht immer entspricht ein Thema einer gewissen irdischen Logik oder es bewegt sich sogar außerhalb des menschlichen Vorstellungsvermögens. Auch kann man nicht alles beweisen, belegen oder verifizieren, dennoch bedarf es einige dieser Themen in diesem Werk zu erfassen und aufzunehmen.

Jeder Leser hat die Aufgabe sich an Hand dieser Informationen sein eigenes Weltbild und das eigene Bild des Universums zu erarbeiten. Ein großer Teil der Menschheit ist mittlerweile »erwacht« und hat erkannt, dass viele Dinge wie Sie uns ein Leben lang beigebracht und gelehrt wurden einfach so nicht stimmen, bis dahin gehend, dass diese uns sogar absichtlich verfälscht oder erfunden dargestellt wurden. Dies zieht sich auch wie ein Faden durch alle Gebiete der Medizin, Wissenschaft, Geschichte, Religion oder Politik.

Ich habe mich mehr als 30 Jahren mit diesen Themen und den verschiedensten Verschwörungstheorien befasst und denke, dass ich dieses Werk sowohl kritisch wie auch mit dem notwendigen Hintergrundwissen sorgfältig erstellt habe. Allein in den letzten 3 Jahren habe ich mehr als 300 Bücher zu den verschiedensten Theorien gelesen und mehr als 6 Stunden täglich Reporte, Berichte, Informationen und Interviews zusätzlich online verarbeitet und ausgewertet. Dies ist das einzige Werk, das ich zu diesem Thema erstellt habe und es wird auch das einzige Werk bleiben, da ich mit diesem Werk alles erarbeitet habe, was zu diesem Thema der weltweiten Verschwörungen wissenswert ist, da diese Fakten sich meist nicht mehr groß verändern werden. Sollte es dennoch zu Veränderungen führen oder sollten neue Themen aufgedeckt werden, so wird dies von mir in Form eines jährlich erscheinenden Aktualisierung-Bandes behandelt und veröffentlicht werden.

Wenn Sie einmal alles im Zusammenhang verstanden haben, erschließt sich vieles deutlich und logisch und Sie verstehen wie alles aufgebaut ist und wie alles in der Weltpolitik immer wieder nach dem gleichen Muster von den verschiedenen Interessengruppen zum Einsatz kommt um Kontrolle und Macht auszuüben und zu erhalten.

Dieses Werk sollte die Basis schaffen, auch Ihnen die Augen über manche Dinge zu öffnen und Ihr Spektrum und Ihren Weltblick zu vergrößern und Ihnen ermöglichen die Sachlage der Dinge die in dieser Welt und im gesamten Universum vor sich gehen besser zu verstehen. Leider sind die besten und wichtigsten Berichte und Interviews ausschließlich nur in englischer Sprache abrufbar, ich habe mich deshalb dazu entschlossen diese dennoch komplett in dieses Werk mit aufzunehmen, da sie für das bessere Verständnis der Themen unumgänglich sind. Für nicht englischsprachige Leser bitte ich dies zu entschuldigen. Nun wünsche ich Ihnen viel Spaß und Spannung bei der Lektüre!

1. VERBOTENE ARCHÄOLOGIE

UNGEKLÄRTE RÄTSEL DER MENSCHHEIT – KLAUS DONA

Klaus Dona ist ein österreichischer Privatforscher, selbstständiger Kulturmanager und Ausstellungs-Organisator. 2001 organisierte er die Sensationsausstellung »Unsolved Mysteries«.

»Was verschweigt uns Militär und Regierung«, »Ist die zivilisierte Menschheit erst ein paar tausend Jahre alt?«, »Stammen wir wirklich vom Affen ab?«, »Gab es Hochzivilisationen vor unserer?«, »Wird uns an Schulen und Universitäten die Wahrheit über unsere Geschichte erzählt, wenn nein warum nicht?«... dies sind Fragen die wir mit Klaus Dona klären werden.

Weiterhin wird es um unglaubliche Fakten und Artefakte gehen, welche in der uns gelehrten Geschichte nicht existieren dürften. Atlantis, Höhlen & Gräber, die Pyramiden von Visoko, wissenschaftlich nachweisbare Energiestrahlen, zehntausend Jahre alte Hochtechnologie, uraltes astronomisches und gesundheitliches Wissen werden unter anderem Themenschwerpunkte sein. Archäologische Funde von Riesen, Mumien und kleinen humanoiden Wesen werdet ihr zu Gesicht bekommen, wie auch viele weitere unglaubliche Funde von Archäologen weltweit.

UNGELÖSTE RÄTSEL DER MENSCHHEIT

Michael Vogt im Gespräch mit dem Experten für prähistorische Artefakte Klaus Dona über prähistorische Funde, die es nicht geben dürfte.

»Wenn die Alten so groß waren, solche Geschichten zu erfinden, sollten wir zumindest die Größe haben, daran zu glauben.«, sagte Goethe sinngemäß einmal zu Eckermann. Er bezog sich damit auf Legenden, die oft unsere einzige Brücke in Epochen sind, von denen uns dichte Nebel trennen. Es gibt jedoch mehr.

Menschen haben in lange vergangenen Zeiten Antworten gegeben auf Fragen, die wir erst wieder finden müssen, und Fragen gestellt, die immer noch einer Antwort harren. Es ist eine besondere Ironie, dass erst moderne Forschungsmethoden Funde möglich machen und wissenschaftliche Auseinandersetzungen nach sich ziehen, während eben diese moderne Wissenschaft Beweisbarkeit und Zweifel zu obersten Maximen erklärt und postuliert, dass nicht sein kann was nicht sein darf. Die enormen Erfolge eines Däniken haben einem Bewusstsein, dass es mehr Dinge im Himmel und auf Erden gibt, als unsere Schulweisheit sich erträumt, wie Shakespeare dies schon seinen Hamlet sagen ließ, eine exzessive Breitenwirkung verliehen. Gleichzeitig haben diese Erfolge (und nachgewiesene »Kühnheiten«) allen Versuchen, über herkömmliche Theorien und Denkmuster hinaus zu gehen, nicht eben genützt.

5000 Jahre alte Funde legen kulturelle Verbindungen zwischen Japan, Südamerika, Afrika und Ägypten nahe, Objekte aus dem vorkolumbianischen Ecuador zeigen sich unter UV-Licht mit sensationellen Leuchteffekten, High-Tech und Arzneikunst der Steinzeit sind ebenso zu bewundern wie unentzifferte Schriften und nicht nachvollziehbares Wissen von den Sternen, natürlich finden sich Hinweise auf Besucher aus anderen Welten, »Götter in Raumanzügen« (aber wer waren sie wirklich?) und Landepisten, die erst aus größer Höhe erkennbar werden, versteinerte Hände lassen über eine Neudatierung der Menschheitsgeschichte nachdenken: waren «wir» schon vor 120 Millionen Jahren hier?

Klaus Dona, Kenner prähistorischer Artefakte aus der ganzen Welt, ist stets für eine Überraschung gut: Auf seinen zahlreichen Reisen ist er tausendfach auf Skulpturen gestoßen, die es nach offizieller Schulmeinung gar nicht geben dürfte: prähistorische Panflöten mit ungeheurerer Präzision aus einem Granitstein gefräst, deren Anfertigung heute Probleme bereiten würde, Tausende von Jahren Abbildungen von Flugobjekten, altägyptische Glühlampen, Steinritzungen mit Flugscheiben, Präzisionslinsen der Wikinger, Skulpturen von »Menschen« mit überdimensionierten Langschädeln, »Götter« in Astronautenanzügen mit Schutzhelmen…

Die verborgene Geschichte der Menschheit - Klaus Dona Neue Rätselhafte Artefakte
https://www.youtube.com/watch?v=e21GRQCElFc

Ungelöste Rätsel der Menschheit - Klaus Dona
https://www.youtube.com/watch?v=4B7DLWQk6n8

AdSuG.7 - Klaus Dona: Rätselhafte Menschheitsgeschichte
https://www.youtube.com/watch?v=9WoyBladWrc

Klaus Dona - Artefakte die es nicht geben dürfte!
https://www.youtube.com/watch?v=0Th70ca3uKw

Klaus Dona - Vortrag und Beiweise von Riesenmenschen
https://www.youtube.com/watch?v=OhzcRKB_oxA

Artefakte die es nicht geben dürfte!

https://www.youtube.com/watch?v=9ye4N3uelA4

PYRAMIDEN ENERGIE (2016) mit Live-Übersetzung

https://www.youtube.com/watch?v=jOutNUqH-hE

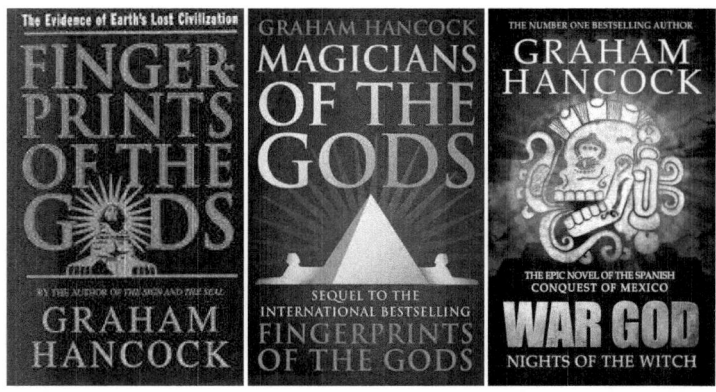

GRAHAM HANCOCK ITS ALL BULLSHIT Forbidden History

https://www.youtube.com/watch?v=4fUtEkRj_CA

2016 Graham Hancock: An Updated View of True Human History - Wow! Stunning!!!

https://www.youtube.com/watch?v=YfGpUVcXUWw

Auszug aus Faz.net Interview mit Erich von Däniken:

UND DER ALIEN SPRACH ZU IHNEN: FÜRCHTET EUCH NICHT!

Erich von Däniken sagt: Die Regierung verschweigt uns die Außerirdischen. Nun tourt er durch Deutschland. Und zeigt, wie man Menschen die Vernunft ausredet.

27.10.2016, von FRIEDERIKE HAUPT

© PICTURE-ALLIANCE Erste Kontaktaufnahme zwischen E.T., dem Außerirdischen, und dem Jungen »Elliot«, gespielt von Henry Thomas. Der Film lief 1982 in den deutschen Kinos an.

Erich von Däniken ist den Deutschen bekannt als Autor, der behauptet, Außerirdische hätten schon in biblischen Zeiten die Erde besucht. Menschliche Intelligenz sei nicht durch die Evolution entstanden, sondern durch Sex von Aliens mit weiblichen Menschenaffen. Beim Bau der Pyramiden hätten Wesen von fremden Planeten den Menschen geholfen. Diese Wesen näherten sich auch jetzt immer wieder der Erde, allerdings diskret, denn, so Däniken:»Die wissen, wie wir ticken.«

Weltweite Panik infolge ihrer Ankunft wollten die Aliens vermeiden, darum bereiteten sie die Menschen schonend auf ihre Landung vor, mit Zeichen wie Lichtern oder Kornkreisen. Ihm selbst, Däniken, habe sich allerdings bereits einmal ein Außerirdischer mehr oder weniger direkt gezeigt. Er habe ihn auf den Namen Tomy getauft und darüber das Buch»Tomy und der Planet der Lüge« verfasst. In Deutschland erscheinen Dänikens Bücher im Kopp-Verlag.

© DPA Das Jacket - damals wie heute – kobaltblau:
Alienbeschwörer und Bestsellerautor Erich von Däniken 2015

Der Verlag bewirbt sein Programm mit den Worten»Bücher, die Ihnen die Augen öffnen«. Bekannt ist er vor allem für politische Veröffentlichungen, etwa für die Bücher Udo Ulfkottes. Sie heißen»Gekaufte Journalisten«,»Mekka Deutschland« oder»Grenzenlos kriminell« und handeln davon, dass Politik und Massenmedien den Menschen Entscheidendes verschwiegen. Andere Kopp-Titel zum gleichen Thema: »Lügenpresse«, »Verheimlicht. Vertuscht. Vergessen«, »Die geheime Migrations-Agenda«.Auch Erich von Dänikens Bücher handeln von einer geheimen Migrations-Agenda. Aliens kommen zu uns, und die Regierung und die Kirche wollen es vertuschen. Es sind, so gesehen, politische Bücher. Nur halt erfolgreicher als fast alle anderen politischen Bücher; weltweit hat Däniken mehr als 60 Millionen Bücher verkauft. Im Online-Shop von Kopp führt sein neuestes Werk die Hitliste an, gefolgt von »Diabetes 2 für immer besiegen« und »Deutschland in Gefahr«. Zurzeit ist Däniken auf Vortrags-Tour, veranstaltet vom Kopp-Verlag. Das Motto der Tour ist »War alles ganz anders?« Wie schafft Däniken es, manchen Menschen glaubwürdiger zu erscheinen als die Bundeskanzlerin, während er von Alien-Sex und Bibelstellen über Ufo-Landungen erzählt?

Am Donnerstag in Kaiserslautern: Dänikens Tour beginnt. Geladen hat er in die Fruchthalle, erbaut vor hundertsiebzig Jahren im Stile der italienischen Frührenaissance, ursprünglich gedacht als Markthalle für Getreide. Im Foyer genießen die Gäste Brezeln und Coca-Cola; es ist Fußgängerzonen-Publikum, normale Leute in normalen Jacken, von denen, weil es draußen schüttet und man den Weg dennoch gewagt hat, der Regen herabtropft. Viele Paare, viele Ältere, aber auch Väter und Mütter mit Kindern und sogar kichernde Girlsgruppen. Kronleuchter spenden Licht und das Gefühl, am richtigen Ort zu sein.

Neben dem Büchertisch sitzt Erich von Däniken und signiert alles, was ihm hingelegt wird. Bücher, DVD-Booklets, Eintrittskarten, blanke Zettel. Eine halbe Stunde vor Beginn des Vortrags ist die Schlange vor seinem Tisch schon lang und wird minütlich länger.

Erich von Däniken ist jetzt bald 82 Jahre alt. Sein neues Sachbuch heißt »Botschaften aus dem Jahr 2118«. Insgesamt überblickt Däniken also fast 184 Jahre. Er sieht aber so alterslos aus, wie er immer schon aussah, seit man von ihm Kenntnis genommen hat. Über dem Stuhl hängt das kobaltblaue Jackett, das er auf Hunderten Fotos trägt. Das graue Haar akkurat gescheitelt, das Gesicht fast faltenfrei, die Augen groß, bei Blickkontakt zumeist vor Begeisterung aufgerissen. Staunender, freudiger, neugieriger, als er seine Fans begrüßt, kann er eigentlich auch den Außerirdischen Tomy bei der ersten Begegnung nicht begrüßt haben. Besonders begeistert scheint Erich von Däniken vom intellektuellen Niveau seiner Gäste.

»Ein blitzgescheiter Mann!«

Eine Frau zu Däniken:»Ich habe alle Ihre Bücher gelesen.« Däniken:»Das spricht für Ihre Intelligenz!«

Däniken zu einem Mann:»Gegrüßt seien Sie! Was machen Sie beruflich?« Mann:»Ich bin Maschinenbauer.« Däniken:»Ein intelligenter Mann! Ich bin geehrt, dass Sie da sind.«

Däniken zu einer Frau:»Was machen Sie beruflich?« Frau: »Hm. Na ja…« Däniken:»Na ja?« Frau:»Hausfrau und Sonnenstudio…« Däniken:»Na Gott sei Dank! Eine kluge und patente Frau.«

Däniken zu einem Mann:»Was machen Sie beruflich, Meister?« Mann:»Umschulungsprogramm…« Däniken:»Ein blitzgescheiter Mann!«

Däniken zu einem Mann:»Was machen Sie beruflich?« Mann:»Ich bin in der IT.« Däniken:»Ein blitzgescheiter Mann! So, hier das Buch. Danke schön, mein Herr.«

Es macht Spaß, da zuzuschauen, weil die Gäste so glücklich aussehen, wenn Däniken sie lobt; und zwar lobt er bewundernd, nicht von oben herab. Es hält sich ja jeder für intelligent, bloß fehlt manchem die Bestätigung. Das gilt erst recht, wenn er in einem Beruf arbeitet, in dem Intelligenz oder deren Simulation auf Buchmessenpartys nicht als wichtigste Eigenschaft gilt. Däniken gibt seinen Gästen das Gefühl, klug zu sein, vielleicht sogar ein bisschen klüger als er selbst. Manche Politiker und Journalisten machen es andersrum: Sie beschreiben eine Sache, die sie eigentlich erklären müssten, stattdessen als zu »komplex«. So, als seien die Bürger und Leser gar nicht in der Lage, zu begreifen, worum es geht. Das tut weh. Was Däniken macht, tut gut.

Überall im Foyer liegt das Oktoberprogramm vom Kopp-Verlag aus. Auf dem Titel: Dänikens neues Buch. Im Vorwort schreibt der Verlagsleiter Jochen Kopp, es sei ihm eine große Ehre, Dänikens Bücher zu verlegen. Den Lesern verspricht er »reichlich Erkenntnisgewinn«. Es folgen vier weitere Seiten mit Büchern Erich von Dänikens. Im Vorstellungstext zum neuesten Buch wird bereits Regierungskritik deutlich. Das Buch handelt von der bevorstehenden Rückkehr der Außerirdischen zur Erde. Zitat Däniken: »Wir stecken inmitten eines Vorbereitungsprozesses – und die wenigsten Erdenbürger ahnen es.« Und zur Erklärung: »Die Presse berichtet nicht darüber, weil sie nicht darüber berichten darf. Durch das öffentliche Auftauchen von Außerirdischen würden sämtliche Eliten ihre Macht verlieren. Das soll verhindert werden, solange es noch möglich ist.« Später am Abend wird Däniken erklären, wie das zusammenhängt: Nicht die Aliens würden die Eliten loswerden wollen, sondern die Menschen, die dann gewahr würden, dass neue Zeiten angebrochen seien und die Politiker ihnen all die Jahre die Außerirdischen verschwiegen hätten.

Ein außerirdisches Werk

Viele Deutsche kennen den Schweizer Däniken schon, seit sie kleine Kinder waren; früher trat er oft im Fernsehen auf. Und er schrieb auch schon. Eigentlich war er der Erste, der in einer Reihe von erfolgreichen Büchern, die als Sachbücher gelten, die Regierung – und nicht nur die deutsche – des großen Verschweigens bezichtigt hat. Heute ist das in Mode. Däniken sagt, dass sich in den vergangenen Jahrzehnten der »Zeitgeist« verändert habe. Er meint das positiv: Man traue sich, Dinge zu sagen, die man lange Zeit für sich behalten habe. Eins seiner Bücher heißt »Was ich jahrzehntelang verschwiegen habe«. Der Grund für das Verschweigen sei die Angst gewesen, verhöhnt und angefeindet zu werden. In dem Buch steht, wenn man der Beschreibung des Verlags glauben darf, nichts anderes als in vielen alten Büchern Dänikens, nur untermauert mit neuen Insider-Informationen. Fazit: Es gibt Außerirdische.

© SZ PHOTO Eine alte Fotografie von Erich von Däniken:
Pharaonen auf dem Schachbrett?

19

In Kaiserslautern schwört ein Vater seinen Sohn vor Beginn des Vortrags ein:»Als ich so alt war wie du, habe ich die Bücher verschlungen …« Der Sohn, schwer pubertierend, schweigt stoisch dazu. Zwei Frauen mittleren Alters plaudern über die Vor- und Nachteile ihres Gitarrenlehrers. Im Saal ist kein Pegida-Knurren zu hören. Das liegt vielleicht daran, dass den Anwesenden bekannt ist, dass Däniken die Außerirdischen nicht als gefährliche Invasoren beschreibt, die den Deutschen die Frauen und Arbeitsplätze wegnehmen. Er schildert sie als eine Art extraterrestrische Schweizer: hoch entwickelt, rücksichtsvoll, eher sanft und freundlich. Zum Beispiel ließen sie es unterbleiben, mit ihrem Ufo einfach mal während eines Fußballspiels über dem Stadion aufzutauchen, vor all den Kameras, um die Menschen nicht in Angst oder gar Wahnsinn zu versetzen. Wie gesagt:»Die wissen, wie wir ticken.« Und sie passen sich uns an. Keine Enthemmung, keine Randale, keine Ganzkörperraumanzüge in deutschen Freibädern.

Pünktlich tritt Däniken ans Mikrofon. Er kündigt nie gesehene Dinge an; um diese zu zeigen, setzt er Multimedia ein. Auf der Leinwand erscheinen zunächst historische Darstellungen biblischer Szenen. Eine von Dänikens zentralen Thesen ist, dass die Bibel schon die Ankunft Außerirdischer auf der Erde dokumentiert. Um das nachzuvollziehen, schlägt Däniken folgendes Gedankenexperiment vor: einfach mal zehn Wörter in der Bibel durch zehn andere, modernere Wörter ersetzen. Zum Beispiel »Himmel« durch »Weltall« und »Engel« durch »Außerirdische«. Da ergäben sich ganz neue Geschichten. Däniken sagt, unsere Vorfahren hätten uns mit ihren Berichten keineswegs täuschen wollen; sie hätten nur noch nicht die moderne Sprache gehabt, die wir heute haben.

Nicht »Lügen-« aber »Verschweigerpresse«

Däniken weiß natürlich, dass Wissenschaftler seine Theorien schon Dutzende Male widerlegt haben und zu dem Ergebnis kommen, dass seine Interpretationen von Auffälligkeiten keine Forschung seien; die meisten Deutschen lachen über Dänikens Thesen. Für ihn ist das ein weiterer Beweis dafür, dass er recht hat. Deswegen betont er auch fortwährend, dass er von den sogenannten Vernünftigen verhöhnt werde. Damit sind vor allem Journalisten gemeint, die er zwar nicht als Agenten der »Lügenpresse« bezeichnet, aber doch der »Verschweigerpresse« zurechnet. Die Möglichkeit, dass Journalisten durchaus gierig sein könnten nach Informationen über außerirdisches Leben, zum Beispiel als Ergebnis der historischen Marsmission am Tag zuvor, und ihnen Dänikens Beweise bloß nicht ausreichen, diese Möglichkeit also erwägt er nicht.

Aber auch egal. Däniken ist ja gerade gegen die »Vernunft«, die dazu führt, dass Leuten seine Beweise nicht ausreichen. Die zentrale Nachricht des Abends ist: Das Zeitalter dieser »Vernunft« neigt sich glücklicherweise seinem Ende zu. »Verrückt« ist für Däniken auch keine Beleidigung. Er nennt seine große DVD-Box »Däniken Total« einen Fall für »Verrückte«, weil da so viel Däniken drauf sei, dass man, wenn man jeden zweiten Abend eine Folge schaue, einen ganzen Monat beschäftigt sei. »Da lädt man Freunde ein, die Familie, und schaut zusammen. Eben was für Verrückte.« In Dänikens Sprache heißt »verrückt« einfach »leidenschaftlich«. Und »vernünftig« so etwas wie »desinteressiert«.

Themen, über die Erich von Däniken in Kaiserslautern nicht spricht: Flüchtlinge, Euro, Islam. Aber er spricht über eine Elite von mächtigen Politikern und Kirchenfürsten, die, wenn sie ihre Schutzbefohlenen sogar über Außerirdische belügt, zu den schlimmsten Dingen fähig scheint. Däniken schließt seinen Vortrag, indem er sich den Zuhörern unterwirft. Er dankt ihnen für ihr Kommen, dann sagt er: »Ich empfinde mich in Ihrer Schuld.« Der Mann am Büchertisch verkauft anschließend so schnell so viel, dass er ins Schwitzen kommt. Die Schlange vor dem Autogramm-Tisch ist noch länger als zuvor.

http://www.daniken.com/

Die Pyramiden von Gizeh wurden nicht von Altägyptern erbaut

von Gernot L. Geise; veröffentlicht in EFODON-SYNESIS Nr. 20/1997

Wir müssen von allen liebgewonnenen Thesen, Hypothesen, Hilfsrekonstruktionen mit ihren Unterthesen Abstand nehmen, die im Laufe der Zeit von der Ägyptologie, der Archäologie und den Historikern über die Pyramiden von Gizeh (Al Jzah) und ihre Errichtung jemals aufgestellt wurden.

Der Grund: **Es kann unmöglich so gewesen sein!**

Alle Thesen gehen von einer Errichtung der Pyramiden durch Altägypter aus. Ausnahmen sind »exotische« Thesen, die Pyramiden seien hunderttausende Jahre alt oder von irgendwelchen Geisterwesen oder Atlantern errichtet worden, doch sie sind nicht belegt und meist recht nebulös oder »gechannelt«. Und doch sollten wir bei der zukünftigen Forschung zumindest die Möglichkeit im Auge behalten, dass hierin vielleicht mehr Wahrheit steckt als in den gelehrten Thesen.

Fangen wir an mit den Unmöglichkeiten:

Der Bau: schwebende Steine!

Herodot behauptete noch, ägyptische Priester hätten ihm gesagt, der Bau der Großen Pyramide habe zwanzig Jahre gedauert. Diese Behauptung ist niemals bewiesen oder widerlegt worden, doch alle Ägyptologen haben sie bereitwillig übernommen. Georges Goyon (1) zitiert Ahmed-al Maqrizi (etwa 1360-1442) aus seiner »Topographischen und historischen Beschreibung Ägyptens« (2), das ich hier wiedergeben möchte:»...Die Arbeiter hatten mit (magischen) Schriftzeichen bedeckte Blätter bei sich, und sobald ein Stein zurechtgeschnitten und behauen war, legte man eines dieser Blätter darauf, dem man einen Schlag versetzte, und dieser Schlag genügte, um ihn eine Entfernung von 100 Sahnes (200 Pfeilschussweiten = 26000 m) zurücklegen zu lassen, und man fuhr damit fort, bis der Stein auf dem Pyramidenplateau ankam.« (3) Doch auch Goyon lässt dieses Zitat unkommentiert stehen

23

und wendet sich sofort den vorstellbareren, aber falschen Baumethoden zu, um mit ihnen ein ganzes Buch zu füllen. Erst im Schlusswort meint er:»Die von den arabischen Autoren berichtete Methode, die Steine durch Zaubersprüche schweben zu lassen, ist natürlich nicht ernstzunehmen.« (4)

Peter Tompkins (5) erwähnt einen Rabbi Benjamin ben Jonah aus Navarra aus dem 12. Jahrhundert, der geschrieben haben soll:»Die Pyramiden, die hier zu sehen sind, wurden mit Hilfe von Zauberei erbaut.« Als Zauberei wurde und wird jedoch immer ein Vorgang bezeichnet, den man sich aufgrund der eigenen Lebensumstände und Erfahrungen nicht erklären kann.

Diese Überlieferungen werden geflissentlich ignoriert oder nicht ernst genommen, und so hat man sich im Laufe der Jahrhunderte die abenteuerlichsten Methoden ausgedacht, die man sich vorstellen konnte, wie die Pyramiden gebaut worden sein könnten. Das artete teilweise in haarsträubenden Berechnungen aus, wonach hunderttausende Arbeiter, die - je nach Betrachter, mal in Fronarbeit, manchmal freiwillig - Jahrzehnte schufteten, um über die unmöglichsten Hilfskonstruktionen die tonnenschweren Steinquader hinaufzuhieven (6). Nur die naheliegendste Methode, die auch noch überliefert worden ist, wird ignoriert.

Warum zieht man eigentlich nicht wenigstens versuchsweise in Erwägung, dass die tonnenschweren Steinquader schwerelos transportiert worden sein könnten, wie es die uralten Legenden erzählen? Nur, weil man es sich heute nicht mehr vorstellen kann, dass so etwas möglich sein soll? Doch es ist möglich! Ich möchte jetzt zwar nicht die Behauptung aufstellen, dass die Steinquader zum Bau der ägyptischen Pyramiden tatsächlich ausschließlich so transportiert wurden. Es geht nur darum: es ist tatsächlich möglich, tonnenschwere Steinquader schwerelos zu transportieren!

Der schwedische Arzt Dr. Jarl beobachtete vor rund fünfzig Jahren in Tibet den Transport schwerer Baumaterialien auf der alleinigen Grundlage von Resonanz. Mönche wollten eine Mauer vor dem Eingang einer Höhle errichten, die hinter einem Felsvorsprung an einer steilen Felswand in 250 Metern Höhe lag. Zu dem Vorsprung gab es keinen Zugang. Die zur Verwendung kommenden Steinblöcke waren jeweils ein Meter lang und 1,50 Meter hoch.

250 Meter vom Fuß der Felswand entfernt wurde auf ebenem Boden eine »Schale« in Position gebracht. Hier hinein wurden die von Yaks herbeigeschleppten Steine gelegt.

63 Meter von der Schale entfernt hatten sich Mönchsmusiker in einem Viertelkreis aufgestellt. Die Musiker, die Schale und die Felswand befanden sich in gerader Linie zueinander. Man benutzte die in tibetanischer Sakralmusik üblichen Instrumente, und auf ein Signal hin begannen die Musiker, ihre Trommeln zu schlagen und in ihre Hörner zu blasen. Die Priester sangen ihre Mantren, und nach vier Minuten begann der Felsblock in der Schale sich sachte hin und her zu wiegen. Dann hob er sich vom Boden ab und schwebte in einer parabolischen Kurve hinauf. Nach weiteren drei Minuten landete er sanft auf dem Felsvorsprung. Auf diese Weise konnten die Mönche etwa fünf Bausteine pro Stunde transportieren.

Dr. Jarl ließ das Geschehen von zwei verschiedenen Kameras gleichzeitig filmen. Später zeigte er diese Filme der britischen wissenschaftlichen Gesellschaft, die ihm erklärte, die Filme seien als »top secret« einzustufen und müssten für mindestens fünfzig Jahre (bis 1990) weggesperrt werden (7).

Ob die Erbauer der Pyramiden Schall, Ultraschall oder andere Techniken benutzten, um die schweren Steine schweben zu lassen, mag dahingestellt bleiben. Nur: es ist völlig falsch, die Tatsache in den Bereich der Märchen abzuschieben, dass man Steine schweben lassen kann.

Wem ist es schon bekannt, dass bereits in unseren sechziger Jahren Professor Prudhomme vom Pasteur-Institut in Paris mit schwachen Ultraschallwellen Korkkügelchen heben konnte? (8)

Und schon 1958 gelang es dem amerikanischen Physiker Hooper, einen Ferritring teilweise schwerelos werden zu lassen, indem er ihn in einem Magnetfeld mit mehr als 15.000 Umdrehungen pro Minute rotieren ließ (9).

Sicher sind das nicht die Techniken, die von den Erbauern der Pyramiden angewendet wurden (diese müssen ausgereift gewesen sein), doch sie zeigen, dass es durchaus selbst uns möglich ist, die Schwerkraft teilweise recht einfach aufzuheben.

Der japanische »Nachbau«

Im Jahre 1978 versuchten japanische Wissenschaftler, zu »beweisen«, wie die Pyramiden errichtet worden sind, anhand einer zwanzig Meter hohe Pyramide, die sie errichten wollten. Die ägyptische Regierung gestattete einen Nachbau südöstlich der Mykerinos-Pyramide auf dem Gizeh-Plateau, unter der Bedingung, dass die Pyramide nach der Fertigstellung wieder abgerissen und der alte Zustand wieder hergestellt werden würde. Die Japaner wollten beim Bau die gleichen Techniken anwenden, wie sie den ägyptischen Baumeistern von unseren Wissenschaftlern zugestanden werden.

Das erste Problem ergab sich mit dem Transport der Steinblöcke, die aus dem gleichen Steinbruch, etwa fünfzehn Kilometer am Ostufer des Nils, genauso angeliefert werden sollten wie die Originalsteine der Großen Pyramide. Es war unmöglich, die (nur) etwa eine Tonne schweren Steinblöcke mit einer Barke über den

Nil zu befördern. Dies gelang letztendlich erst mit Hilfe eines Dampfers.

Als nächstes versuchten Gruppen zu jeweils hundert Arbeitern erfolglos, die Steine über den Sand zu ziehen. Die Steinblöcke bewegten sich keinen Zentimeter. Schließlich wurden die Blöcke mithilfe moderner Baufahrzeuge an die Baustelle befördert. Auch dort gelang es keiner Arbeitsgruppe, einen Steinblock höher als dreißig Zentimeter anzuheben, so dass zum Bau ein Kran und Hubschrauber eingesetzt werden mussten.

Der ganze Bauvorgang wurde gefilmt, danach wurde die Minipyramide wieder abgerissen. Die Erkenntnis aus dem Experiment bestand darin, dass alle bisher angenommenen Theorien für den Bau der Pyramiden in hohem Maß unzutreffend sind (10).

Die »Mini-Pyramide« von Gizeh

Im Juni 1995 flimmerte der Bericht »Die Mini-Pyramide von Gizeh« über die Bildschirme (11). In diesem Film wurde gezeigt, wie eine amerikanische Gruppe von Archäologen versuchte, nachzuweisen, wie es möglich wäre, mit den (angenommenen) alten Techniken eine, wenn wiederum auch nur einige Meter hohe, Pyramide nachzubauen.

Irgendwie kam ich mir durch diesen Bericht ziemlich veralbert vor. Denn in dieser Sendung wurde weder »vielleicht« noch »... könnte gewesen sein« verwendet. Nein, all die alten, bekannten Vorurteile, die z. T. bereits definitiv mehrfach widerlegt sind, hatte man hier wieder ausgegraben und als harte Tatsachen hingestellt: die Cheopspyramide wurde selbstverständlich erbaut von Pharao Cheops; die gefälschten Hieroglyphen in der Großen Pyramide wurden mal wieder als echte hingestellt; die Pyramiden waren mal wieder Grabmäler; und es endete auch nicht damit, dass die tonnenschweren Steinquader selbstverständlich mit Kupferwerkzeugen gebrochen und bearbeitet worden sein sollen, da die Ägypter »natürlich« kein Eisen gekannt haben durften.

Alle drei Minuten ein Steinquader (wie für den Bau des Originals berechnet), das schafften die Amerikaner allerdings nicht, obwohl ihre Steinquader nur einen Bruchteil der Originalsteine wogen. Sie waren schon froh, an einem Tag eine Handvoll Steine an den Bauplatz befördern zu können. Dafür behaupteten sie, dass alle Steinblöcke der Pyramiden (!) »natürlich« unmittelbar neben ihrem Standort herausgebrochen worden seien. Man sähe ja heute noch einige Spuren dieser Abbrucharbeiten. So ersparten die amerikanischen Akteure sich eine Erklärung für den nicht machbaren Schiffstransport, und konnten sich die Blamage eines missglückten Steintransports mithilfe von nachgebauten Schiffen ersparen…

Der Bau dieser Kleinpyramide wurde nur auf zwei Seiten vollendet - der gesteckte Zeitrahmen war zu kurz für eine Vollendung. Es sah alles so ganz einfach aus, wenigstens so, wie es im Film gezeigt wurde. Dass nur mit relativ kleinen Steinquadern gearbeitet wurde - das Pyramidion, auf zwei Balken liegend, trugen einige Arbeiter schließlich auf ihren Schultern hinauf, weil sie die Geduld verloren: die wissenschaftliche Methode mit Seilchen und Fetten zur Reibungsminderung hatte nicht so funktioniert, wie es sollte -, dass auch die vorgefertigten Steine nicht etwa in der »alten« Art hergestellt waren (nur die ersten, um zu demonstrieren, dass es angeblich geht), dass weder ein Zeitrahmen noch der vorgegebene Materialrahmen auch nur annähernd eingehalten werden konnte, das wurde dann paradoxerweise als Beleg dafür genommen, dass die Pyramiden selbstverständlich so und nicht anders gebaut worden sein können. Dabei war dieser Film der eindeutige Beweis dafür, dass es eben nicht so gewesen sein kann.

Nichts gegen praktische Versuche, doch warum wird nicht objektiv über das alte Ägypten berichtet?

Warum sind alle bisherigen Spekulationen um den Pyramidenbau Unsinn?

Alle bisherigen Spekulationen, Hypothesen und Theorien basieren mehr oder weniger auf den Aussagen unserer Ägyptologen. Überlieferungen - wie Herodot - werden nur teilweise berücksichtigt, dort, wo sie in die vorgefertigte Meinung passen. Wobei selbst die Überlieferungen, die von Herodot geschildert wurden, bereits so alt gewesen sein müssen, dass sie mit der Wahrheit kaum noch etwas gemeinsam gehabt haben dürften. Doch sobald die Überlegungen in das anscheinend Phantastische abdriften (Schwerelosigkeit), werden sie von den »Fachleuten« als unrealistisch bezeichnet, wohl, weil keine Aufzeichnungen vom Bau der Monumente mehr vorhanden sind.

Da wird ein Pharao - der mit großer Wahrscheinlichkeit niemals gelebt hat - bemüht, er soll den Bau initiiert haben, nur weil ein erfolgsgeiler Fälscher in den zwanziger Jahren eine Kartusche auf eine Wand einer der »Entlastungskammern« gemalt hat, aus der mit Fantasie ein Zusammenhang zu einem Khufu herausgelesen werden kann. Wobei einem Ägyptologen dies sofort als Fälschung hätte auffallen müssen, weil die »Orthografie« aus einer ganz anderen Zeitepoche als der vorgegebenen stammt. Nein, erst rund dreißig Jahre später bemerkte man es, doch da hatte »Cheops« als Pyramidenerbauer bereits seinen festen Platz in den Lehrbüchern eingenommen.

Da werden (immer noch und immer wieder aufs Neue) haarsträubende Berechnungen angestellt, wie viel hunderttausend Menschen wohl beschäftigt waren, wo und mit was sie verpflegt werden mussten. Dass von solchen postulierten Geister-Menschenheeren niemals auch nur kläglichste Reste oder Abfallprodukte gefunden wurden - die ja, zumindest fragmenthaft, vorhanden sein müssten, auch von ihren (zerbrochenen) Werkzeugen -, das wird geflissentlich ignoriert. Da denkt man sich abenteuerliche Rampenkonstruktionen aus, auf denen die Steinquader auf Holzstämmen - die es nachgewiesenermaßen niemals in der benötigten Menge am Nil gab - über schräge Ebenen hochgezerrt wurden, deren Volumen allein die mehrfache Menge an Baumaterial verschlungen hätte, wie sie für die eigentliche Pyramide benötigt wurde. Und wo sind die Geisterrampen geblieben? Sie sind nicht nachweisbar, weder die ehemaligen Rampen noch das dazu benötigte immense Baumaterial, das anschließend ja irgendwo entsorgt werden musste. Doch nirgendwo in der Umgebung finden sich Geländestrukturen, die aus dem ehemaligen Rampenbaumaterial bestehen könnten.

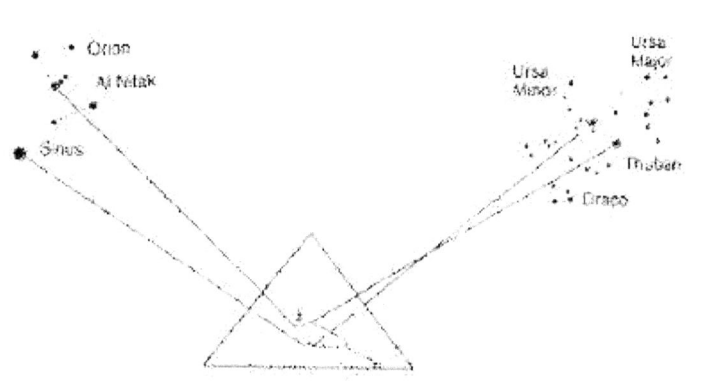

Man hat also einen ungemein arbeits- und materialaufwendiges Szenarium konstruiert, um einem wohl etwas größenwahnsinnigen König ein Grabmal zuzugestehen, in dem angebliche Luftschächte irgendwann vor viertausend Jahren jenem Verblichenen einen kurzen Blick auf den just aufgegangenen Sirius ermöglichten...

Luftschächte zur Sternenbeobachtung?

Da gibt es Forscher, die sich unglaublich viel Mühe machen und Messungen und hochkomplizierte Berechnungen anstellen, wann die Pyramiden erbaut worden sein sollen (12). Robert Bauval und Adrian Gilbert setzten Computer ein, um mit Astronomieprogrammen rückrechnen zu können, wann welcher Stern über den sogenannten Luftschächten der Großen Pyramide aufgegangen sein soll. Und - wen wundert's? - sie erreichen Datierungen, die in etwa mit der schulwissenschaftlichen Lehrmeinung übereinstimmen. Man möchte vor Ehrfurcht erschauern, welche Sterne vor welcher Zeit an welchem Ort des Himmels standen. Doch hat diese Theorie, so arbeitsintensiv sie auch war, mit der Praxis leider nicht viel gemeinsam. Es bestreitet ja niemand, dass zur vorgegebenen Zeit in Ägypten Ägypter lebten. Aber doch nicht im Zusammenhang mit dem Bau der Pyramiden!

Bauval & Gilbert kommen durch ihre ungemein arbeitsintensiven Forschungen und Berechnungen zu dem Ergebnis, die drei Gizeh-Pyramiden seien um das Jahr 2450 v. Chr. erbaut worden. Sie begründen diese Aussage mit der Anlage der »Luftschächte«, die zu jenem Zeitpunkt auf Gürtelsterne des Orion ausgerichtet gewesen seien.

Hierbei sind die beiden Forscher akribisch vorgegangen, im Gegensatz zu anderen, die ohne Berechnungen die Behauptungen aufstellten, die »Luftschächte« oder andere Bauteilen würden auf irgendeinen Stern (oder knapp daneben) zeigen. Zeigen sie knapp daneben, so wird dann argumentiert, aber vor -zigtausend Jahren hätten sie auf einen anderen Stern gezeigt. Nun wird allgemein die Meinung vertreten: wenn man nur genügend rechnet (die Vertreter dieser These überlassen die Berechnungen dann anderen) und die Präzession (die Taumelbewegung der Erde um ihre Pole) zu Hilfe nimmt, dann ließe es sich schon errechnen, zu welcher Zeit jener »Luftschacht« (o.ä.) auf ebendiesen Stern und nicht auf einen anderen ausgerichtet war. Und schon hat man den Bautermin errechnet, so einfach ist das.

Wenn es doch nur so einfach wäre! Wer sagt uns eigentlich, dass es einst der Sinn der Anlage der »Luftschächte« war, auf diesen oder jenen Stern ausgerichtet zu sein? Meiner Meinung nach ist das eine der dümmlichsten Erklärungen, die man sich ausdenken kann. Richten wir heutzutage unsere Luftschächte etwa nach Sternen aus? Aber selbstverständlich! So werden wenigstens die Archäologen in 2000 Jahren argumentieren, wenn sie nicht bis dahin etwas intelligenter als unsere heutigen geworden sind. Denn auf irgendeinen Stern passt alles und passte alles, zu allen

Zeiten, und Sterne gibt es und gab es (sichtbar) tausende - auch solche auffälligen wie Sirius oder Orion. Außerdem: Wer ist in der Lage, zu beweisen, dass unsere Erde jahrtausendelang in gleicher Art wie heute rotierte, mit dem Nord- und Südpol dort, wo sie heute sind (13)? Es gab - auch in jüngster Geschichtszeit - umwälzende Katastrophen (14), und nur eine einzige reicht bereits aus, dass jene »Luftschächte« auf ganz andere Sterne zeigen.

Das sind jedoch Einwände, die bei den heutigen Berechnungen des Bautermins der Pyramiden überhaupt nicht berücksichtigt werden - auch Bauval & Gilbert denken nicht einmal ansatzweise an diese Möglichkeit. Warum eigentlich? Vielleicht, weil es über die Globalkatastrophen keine überlieferten Aufzeichnungen gibt? Stimmt nicht, die gibt es doch! Völker aller Erdteile tradieren, teilweise in Sagen verpackt, ihre Erinnerungen an diese Katastrophen. Doch sie werden nicht ernst genommen und in den Bereich der Märchen abgeschoben. Weil die Überlieferer leider vergaßen, ein genaues Datum mitzuliefern, wann es passiert ist. Warum nimmt man sie nicht ernst, wenn sie doch die unterschiedlichsten Völker, völlig unabhängig voneinander, vorweisen?

Doch das ist alles nur Vernebelungstaktik, Augen verschließen vor dem Offensichtlichen:

Wie in aller Welt soll man in der Praxis durch ein hundert Meter langen »Luftschacht« mit einem Durchmesser von 20 x 20 cm überhaupt einen Stern sehen können, und wenn er noch so gut ausgerichtet wäre?

Das ist wohl nur theoretisch möglich, denn: Es kann die volle Sonnenscheibe hineinscheinen und man wird vielleicht, mit viel Glück, gerade ein winziges Lichtpünktchen erkennen können! Die Ägyptologen argumentieren dann jedoch, das sei nur sinnbildlich gemeint, weil die Seele des Pharao diesen Weg aus der Pyramide genommen habe - durch den ehemals beidseitig verschlossenen »Luftschacht«?

Doch bleiben wir bei den Berechnungen von Bauval & Gilbert, wonach der Oriongürtel und Sirius und noch einige Sterne mehr vor 4000 Jahren über Ägypten präsent gewesen seien. Ich möchte nicht bezweifeln, dass es so war - abgesehen davon, dass die schulwissenschaftliche Chronologie - also die errechneten geschichtlichen Zeiträume - nicht stimmen kann. Gehen wir ruhig von einem Szenarium aus, in dem die begehrten und angeblich vergötterten Sterne dort oben am Himmel standen. Und jetzt sollen die Ägypter beim Bau ihrer Pyramiden die sogenannten Luftschächte nach solchen Sternen ausgerichtet haben. Da frage ich mich sofort:

Hat eigentlich niemand dieser Theoretiker jemals selbst zum Himmel hinaufgeschaut?

Wahrscheinlich nur bei klarem Himmel und für ein paar Minuten. Denn sonst hätten sie bemerken müssen, dass sich unsere Erde dreht, und dass sie sich nicht darum kümmert, ob sich die Sterne mitdrehen oder nicht! Man baue also einen Schacht und richte ihn aus, und so wird - zum gegebenen Zeitpunkt - der - angeblich - angepeilte Stern auch wirklich darin erscheinen, für einen kurzen Augenblick. Denn unmittelbar danach ist er wieder aus der Schachtmündung verschwunden. Und für einen solch kurzen Augenblick, der sich sowieso nur an ein paar Tagen im Jahr beobachten lassen würde, soll ein derart gigantischer Arbeitsaufwand getrieben worden sein? Vollkommen ohne sonstigen Nutzen? Nein, mit der größten Fantasie, eine solche Beschränktheit den Baumeistern der Pyramiden zu unterstellen, das wäre eine Beleidigung für ihre Bau-Kenntnisse und würde ihnen völlig widersprechen. Die sogenannten Luftschächte können aufgrund des fehlenden praktischen Nutzens zwangsläufig überhaupt nichts mit Sternenbeobachtung zu tun gehabt haben, und auch eine »symbolische« Ausrichtung auf bestimmte Sterne ist blanker Unsinn, weil diese Ausrichtung nur für Sekunden zutrifft. Eine Art der Sternenbeobachtung wäre gerade noch vorstellbar mit der sogenannten Großen Galerie, zum Zeitpunkt des Baues, als sie noch oben geöffnet war. Doch auch diese Überlegung muss rein theoretischer Natur bleiben, denn die Anlage der Großen Galerie spricht völlig gegen eine solche Nutzung. Die Erbauer der Pyramiden waren keine unpraktisch denkenden Leute, sonst hätten sie diese Meisterwerke nicht erschaffen können. Wenn sie eine Möglichkeit zur Sternenbeobachtung hätten konstruieren wollen, dann hätten sie eine praktische Vorrichtung erbaut, und keine enge, schiefe Rampe.

Auch die angewendete Technik der Pyramidenbaumeister ist bisher nur zu einem verschwindend kleinen Teil bekannt. Wäre sie enträtselt, dann wüsste man - vielleicht -, wie die Pyramiden gebaut worden sind und müsste sich keine haarsträubenden Hilfskonstruktionen einfallen lassen.

Wieso merkt eigentlich niemand, welch ein Unsinn auf diesem Gebiet produziert wird?!

Die Ägyptologie unterstellt den alten Ägyptern immer noch, dass sie - technologisch gesehen - höchstens Kupferwerkzeuge kannten, obwohl es durchaus hochwertige Stahlgeräte aus jener Zeit gibt (15). Eine eventuell vorhanden gewesene Technik in unserem heutigen Sinn sei jedoch völlig undenkbar.

Tatsache ist aber, dass die monumentalen Pyramidenbauten vorhanden sind. Sie stehen da, also müssen sie gebaut worden sein. Nur: sie konnten niemals mit den steinzeitlichen Methoden der alten Ägypter errichtet worden sein. Das ist völlig unmöglich. Da kann man sich drehen und wenden und Rechenkunststücke anstellen, wie man will: die alten Ägypter konnten definitiv keine Pyramiden bauen! Es ist ganz logisch: wenn wir mit unserer heutigen, relativ hochstehenden Technik nicht in der Lage sind, eine Pyramide nachzubauen, dann war es mit primitiveren Mitteln erst recht nicht möglich.

Wir können heute zwar vergleichbare Steinquader aus vergleichbaren Steinbrüchen brechen, jedoch benötigen wir unsere Krantechnik, um sie herauszuholen und sie auf entsprechende Schwerlastwagen zu heben. Möglicherweise könnte man diesen Arbeitsvorgang der ägyptischen Technik noch zugestehen, mit komplizierten Hebelkränen aus Holz, wobei sich jedoch die Frage stellen würde, nach wie viel von diesen tonnenschweren Steinblöcken so ein Kran wohl kaputt wäre.

Wie die Steinblöcke dann über den Nil gekommen sein sollen, bleibt ein Geheimnis der Ägyptologen. Mit den von ihnen ausgegrabenen und rekonstruierten Booten jener Zeit war es jedenfalls völlig ausgeschlossen, auch nur einen einzigen Quader zu transportieren, geschweige denn hunderttausende.

Wie die Steinblöcke zu den Pyramiden aufgeschichtet worden sein sollen, dass Toleranzgrenzen unterschritten wurden, wie sie mit unserer Hochtechnologie nicht erreicht werden, bleibt ein weiteres, bisher ungelüftetes Geheimnis. Favorisiert wird immer noch die Rampen-Theorie. Doch eine derartige Rampe benötigt - wie gesagt - das mehrfache Volumen der endgültigen Pyramide als Füllmaterial. Wo soll das Material hergekommen sein und wohin ist es nach dem Bau verschwunden? Es sind keinerlei Reste auffindbar! Rampenreste, die man ägyptologischerseits als Überreste deklarieren wollte, stammen von den in viel späterer Zeit gebauten Taltempeln und Aufwegen, die mit den eigentlichen Pyramiden überhaupt nichts zu tun haben.

Hierzu hat Dieter Vogl als kompetenter Naturstein-Fachmann die Theorien von Dr. H. A. Nieper nachgeprüft (16), die bisher nicht beachtet wurden, vielleicht, weil sie zu spekulativ erscheinen?

Dr. Nieper hat in verschiedenen Aufsätzen die Meinung vertreten, die Steine zum Bau der Gizeh-Pyramiden seien mit Geräten abgebaut worden, die mit Vakuum-Feldenergie arbeiten würden. Nieper hat hiermit nicht nur eine neue Theorie zu den schon vorhandenen gesellt, sondern vor Ort recherchiert.

Er vergleicht die Bearbeitungsspuren an den Steinblöcken der Gizeh-Pyramiden mit Schmelz-Sinterwellen, wie sie beim Bearbeiten von Steinen entstehen, die mithilfe eines von dem japanischen Physiker Prof. Shinichi Seike bereits 1978 entwickelten

Seike-Solenoid geschnitten werden. Das ist ein Trennschneider zum Schneiden von Gestein mittels eines Tachyonenstrahls, also mit Vakuumfeldenergie. Ein solcherart geschnittenes Gestein verdampft ohne Rückstände.

Vogl hat die Theorien von Dr. Nieper an Ort und Stelle nachgeprüft und bestätigt. Demnach dürften alle »gängigen« Theorien der Steinbearbeitung mittels steinzeitlicher Methoden endlich auf den Müll gehören. Doch es geht noch weiter. Oben sehen wir die Abbildung eines sogenannten Grubenloches in den Mokattam-Bergen, wo nach wissenschaftlicher Lehrmeinung die größten Blöcke der Pyramidensteine gebrochen sein sollen. Wie die tonnenschweren Steine aus dem Grubenbruch nach oben geschafft worden sein sollen, darüber schweigen sich die Archäologen jedoch aus. Mit den damaligen Mitteln und Werkzeugen war dies jedenfalls völlig unmöglich.

Demnach gibt es nur eine einzige stichhaltige Alternative: die Pyramiden sind zwangsläufig von Baumeistern erstellt worden, die eine Hochtechnologie beherrschten, gegen die unsere heutige gerade in den Kinderschuhen steckt. Als sich im alten Ägypten einige Nomadenvölker zusammenrauften und ihr erstes Reich gründeten, müssen die Pyramiden bereits in ihrer vollen Pracht vorhanden gewesen sein. Spätere Pharaonen nutzten sie, als Zeichen ihrer Macht, zu kultischen Zwecken oder für was auch immer. Aber vom Bau hatten sie keine Ahnung. Das zeigen die vielen, jämmerlich primitiven Nachbauten, die größtenteils bereits zerfallen sind, oftmals schon beim Bau.

Fazit

Es ist mitnichten damit getan, wenn man weiß, wie etwas funktioniert, dass man es dann auch bauen kann! Ein Beispiel aus unseren Tagen möge dies veranschaulichen:

Jeder weiß heute, wie ein Fernsehgerät funktioniert, dass in einem Holzkasten eine Bildröhre befindlich ist, eine Menge Transistoren und Drähte. Doch wer kann, selbst, wenn er alle Einzelteile (beispielsweise als Bausatz) zusammen hat, daraus ein funktionierendes Gerät bauen? Dieses Beispiel lässt sich auch auf einfachere Dinge ausweiten: wer kann schon aus einem Stück Leder ein paar Schuhe herstellen? (Wer kann überhaupt noch selbst ein Stück Leder herstellen?)

Was ich damit sagen will: selbst wenn die alten Ägypter die Pyramiden fix und fertig als Anschauungsobjekte vor Augen stehen hatten, waren sie niemals dazu in der Lage, sie nachzubauen, auch dann nicht, wenn man ihnen detaillierte Baupläne mitgeliefert hätte! Und so sind uns auch nicht allzu viele Nachbau-Versuche in dieser Größenordnung bekannt, man verlegte sich bald auf den Bau von Palästen und Tempeln. Das war wenigstens machbar, ohne dass sie gleich wieder zusammenfielen - und außerdem kostengünstiger.

So sehr die Schulwissenschaft an ihren Thesen auch kleben bleibt, wir kommen angesichts der offensichtlichen Tatsachen nicht darum herum, eine Hochtechnologie für den Bau der Pyramiden vorauszusetzen. Wann das war, woher diese Technologie kam, wer sie beherrschte, das sind Fragen, die zunächst sekundär bleiben müssen, denn es scheinen sich alle diesbezüglichen Hinweise auf den ersten Blick in Nichts aufgelöst zu haben. Doch bei genauem Hinschauen kann man konstatieren:

Es spricht absolut nichts dagegen, dass die Pyramiden zehntausende oder möglicherweise sogar hunderttausende von Jahren alt sein können! Im Gegenteil sprechen einige Fakten sogar definitiv dafür: Die mit Hochtechnologie geschnittenen Steine waren an den Schnittstellen massiv verglast, bedingt durch die Einwirkungen des Plasmastrahls. Und diese Verglasung ist bis auf Reste wegerodiert. Um Verglasungen soweit erodieren zu lassen, sind jedoch extrem lange Zeiträume nötig. Bei der Sphinx-Figur tendiert man ja inzwischen auch zu der Vermutung, dass sie möglicherweise mindestens zehntausend Jahre alt sei, aufgrund der Wasser-Erosionsschäden an ihren Flanken. Beim Sphinx kommt noch hinzu, dass das bearbeitete Steinmaterial nicht verkarstet ist - ein völlig ungewöhnlicher Vorgang! Aus diesem Grund zerbröselt die Figur auch langsam aber sicher unter den heutigen aggressiven Umweltbedingungen. Vergleichbare Steinbauten (Burgen, Kirchen o.ä.) weisen eine Verkarstung an der Steinoberfläche auf, die das Material widerstandsfähig gegen Umwelteinflüsse macht. Eine Verkarstung kann sich nicht bilden, wenn das verwendete Steinmaterial mit chemischen Substanzen imprägniert wurde (nach heutigen technischen Verfahren). Eine Steinimprägnierung hält jedoch nur eine gewisse Zeit. Nun zurück zum Sphinx: Wenn die Riesenfigur von den Baumeistern der Gizeh-Pyramiden errichtet worden ist, könnte es durchaus sein, dass sie - die technischen Möglichkeiten hatten sie ja - die Steine imprägniert hatten.

Um nicht irgendwelche Außerirdischen für die Errichtung der Pyramiden bemühen zu müssen, kann durchaus eine frühe menschliche Hochkultur angenommen werden. Die verfügbaren Zeiträume für die Entwicklung solcher Kulturen reichen völlig aus, nachdem Cremo & Thompson nachgewiesen haben, dass der »moderne Mensch« bereits Jahrmillionen älter ist als uns die Schulwissenschaft glauben machen möchte.

Die Pyramiden von Gizeh zeigen mir folgendes Bild: Die Baumeister der Pyramiden - wer auch immer sie waren, woher sie ihr Wissen auch hatten und woher sie auch kamen - besaßen eine hochstehende Technik, die weit höher stand als unsere heutige. Das ist ein zwangsläufiger Fakt, denn die Pyramiden beweisen es: wir können mit unserer heutigen Technik (noch) keine nachbauen. ·

Pharao Cheops (so es ihn gegeben hat) hätte jedoch wahrscheinlich schallend gelacht, wenn man ihm damals mitgeteilt hätte, zukünftige Archäologen hätten seine Tempelchen rings um die Pyramide als Zeichen dafür gedeutet, er hätte das Riesenbauwerk errichtet...

Andreas Retyi: Die Stargate Verschwörung - Geheime Spurensuche in Ägypten. Kapitel 7 - Unbekannte Kräfte. Rottenburg Jahr 2000.

Es ist außergewöhnlich schwer, die Erlaubnis zu erhalten, einmal eine Nacht in der Großen Pyramide verbringen zu dürfen. Nur wenige hatten bisher diese Gelegenheit. Die Eindrücke während solcher Aufenthalte müssen wahrhaft unheimlich sein.

Zu Beginn der dreißiger Jahre des 20. Jahrhunderts fand der englische Schriftsteller, der Indien- und Afrikaforscher Paul Brunton offenbar den richtigen Dreh, die ägyptischen Behörden für sein Vorhaben zu gewinnen. Zwar hatte auch er einige Behördenlauferei hinter sich zu bringen, doch schließlich gestaltete ihm dann der Kommandant der Kairoer Stadtpolizei EI Leva Russel Pascha höchstpersönlich die Übernachtung in der Pyramide. Auch wenn Brunton dabei nicht einmal mit Halbpension rechnen durfte. war er verständlicherweise überglücklich. Immerhin hatte offiziell seit hundert Jahren niemand mehr in der Pyramide übernachtet. Paul Brunton marschierte übrigens zuerst ins Ministerium für Ägyptische Altertümer, um eine Erlaubnis zu erhalten. Spätestens dort wurde ihm klar, wie ungewöhnlich sein Plan offenbar war:»Hätte ich um die Erlaubnis nachgesucht, zum Mond zu fliegen, dann würde das Gesicht des Beamten kaum eine noch größere Verblüffung verraten haben«, schreibt Brunton in seinen Erinnerungen.

Wie immer wurde bei Sonnenuntergang das feste Eisentor am Eingang der Großen Pyramide verschlossen, nur an jenem Abend mit dem Unterschied, dass Paul Brunton sich im Inneren des Kolosses befand. Die Verantwortlichen sagten ihm, sie könnten da keine Ausnahme machen und müssten ihn einsperren. Major Mackersey, Chef der Polizeistation von Mena, meinte am Abend noch scherzhaft zu Brunton:»Wir übernehmen ein Risiko, wenn wir Sie da eine ganze Nacht alleine lassen. [...]

Die Stimmung war unheimlich. Immer wieder flatterten Fledermäuse auf und warfen gespenstische Schatten im Lichtkegel von Bruntons Lampe. Natürlich verstärkte sich die düstere und so gruslige Atmosphäre noch durch die Gerüchte, wie sie bis heute im Umlauf sind. Da ging das Wort von Totenseelen und Geistern, die dort in der Nacht lebendig würden. Wer sich noch nach Einbruch der Dunkelheit in der Pyramide aufhielte, den würde der Fluch der Pharaonen treffen. Schöne Aussichten im Finstern, kann man da nur sagen! Aber Brunton war jemand, den normalerweise so schnell nichts erschüttern konnte, denn er hatte schon so manches Abenteuer hinter sich. So eine Art »Indiana Jenes« eben.

Bald verließ er die Große Galerie und lastete sich weiter zur Königskammer vor. Er musste dazu die imposante Halle ganz hinauf und dann durch einen engen, nur knapp einen Meter hohen Gang kriechen, vorbei an der Vorkammer und nach einem weiteren kurzen Stück des Kriechens schließlich hinein in die Königskammer. Der wunderbar gearbeitete Rosengranit schimmerte im Schein von Bruntons Lampe rötlich. Das einzige. was sich in diesem über zehn Meter langen, fünf Meter breiten und fast sechs Meter hohen Raum befand, war der leere Sarkophag, ebenfalls aus Granit.

Der Schriftsteller setzte sich daneben, löschte das Licht und schloss für eine Weile seine Augen. Allerdings wollte er trotzdem unbedingt wach bleiben, wach und konzentriert.

Mit der Zeit schien sich etwas in dem Raum zu verändern. Brunton hatte die »Empfindung von unsichtbarem Leben« und schrieb später,»In meiner Umgebung war etwas, das lebte und pulsierte, auch wenn ich immer noch nicht das Geringste sehen konnte… Ich bin ein Mann, der an Einsamkeit gewöhnt ist - der sie sogar liebt - aber in der Einsamkeit dieser Kammer war etwas Unheimliches und Beängstigendes.« Seine Vermutung und seine Gefühle wurden ihm bald zur absoluten Gewissheit. Was sich vor ihm abspielte, wurde immer realer. Kein Wunder, dass es der einsame Forscher mehr und mehr mit der Angst zu tun bekam. »Angst, Furcht und Schrecken wandten mir unentwegt ihre grässlichen Fratzen zu. Ich wollte es nicht, aber meine Hände klammerten sich so fest wie ein Schraubstock aneinander… Meine Augen waren geschlossen, aber jene grauen, dahingleitenden, nebelhaften Schemenbilder drängten sich in meinen Gesichtskreis.

Und immer war da eine unerbittliche Feindseligkeit… Ein Kreis feindseliger Lebewesen umringte mich, es waren riesige Urkreaturen, grausige Schreckensgestalten aus der Unterwelt in grotesken Formen. Um mich schlossen sich wahnsinnige, grobe und satanische Erscheinungen zusammen. Sie waren entsetzlich abstoßend… Eine dieser schrecklichen Erscheinungen kam auf mich zu, musterte mich mit einem bösen, starren Blick und erhob drohend ihre Hände, so als ob sie mir Angst und Schrecken einflößen wollte… In nur wenigen Minuten erlebte ich Dinge, die sich mir unauslöschlich in die Erinnerung eingruben. Diese unglaubliche Szenerie wird auf immer in meinem Gedächtnis haften, so scharf und deutlich wie eine Fotografie. Nie und nimmer im Leben würde ich wieder ein solches Experiment riskieren. Nie würde ich wieder einen nächtlichen Aufenthalt in der Großen Pyramide versuchen.«

Trotz dieser Hexenküche, die sich vor ihm entfaltete, blieb Brunton, wo er war. Er saß neben dem Sarkophag und rührte sich nicht von der Stelle. Und ziemlich mit einem Schlag nahm der Spuk - nein, noch kein Ende, aber doch immerhin eine bemerkenswerte Wende. »Ich weiß nicht, wie viel Zeit verging, bis ich eine neue Gegenwart in der Kammer spürte.«

Brunton bemerkte nun die Nähe eines reinen, sehr wohlwollenden Wesens, das ihn mit gütigen Augen ansah. Bald folgte ein zweites. Es näherten sich zwei weiß gekleidete Gestalten, die Menschen weit mehr ähnelten als die Schauergestalten, die ihn noch vor wenigen Momenten heimgesucht hatten. Und was von ihnen ausging, war eine beruhigende »klösterliche Ruhe«, so sagt Brunton. »War ich in eine vierte Dimension versetzt und in einer fernen Epoche wieder auferweckt worden?«, fragt Brunton in seinem Bericht, um sofort zu verneinen, da ihn die Gestalten doch auch sehen konnten. Und wenn es doch so war? Er war verwirrt.

Diese Wesen betrachteten den Fremdling, und nach einiger Zeit sprachen sie sogar zu ihm - »Der Weg des Traumes wird dich weit weg leiten vom Pfad der Vernunft. Manche sind ihn schon gegangen und zerstörten Geistes zurückgekehrt.« Er solle »den Weg für die Füße der Sterblichen« besser nicht verlassen, und deshalb sei es auch nicht gut gewesen, dass er an diesen Ort gekommen war. Brunton akzeptierte die Warnung, erwiderte aber, er werde sich von dem einmal eingeschlagenen Weg sicher durch nichts abbringen lassen. Das zuerst eingetretene Wesen antwortete darauf- »So sei es denn. Du hast Deine Wahl getroffen. Folge ihr also, denn jetzt kannst du sie nicht mehr widerrufen. Lebe wohl!« Dann zog es sich zurück. Nun näherte sich das zweite Wesen und sprach bemerkenswerte Dinge zu ihm-.»Mein Sohn, die mächtigen Gebieter der geheimen Kräfte haben sich deiner angenommen. Heute Nacht sollst Du zur >Halle des Wissens< geführt werden.« Brunton folgte dann den weiteren Anweisungen der spukhaften Gestalten. Er legte sich in den kühlen Granit-Sarkophag und spürte, wie eine eisige, unnatürliche Kälte von unten aufstieg. Sie wanderte von den Füßen immer weiter hoch. bis sie bald seinen ganzen Körper erfasst hatte und Brunton ihn nicht mehr spürte. Es war so, als ob ihm ein besonderes Betäubungsmittel verabreicht worden wäre. Das war nicht allein die Kälte des Steines und der ägyptischen Nacht, die in das einsame Gemach drang.

Bald hatte er das Gefühl, ihn würde ein tropischer Wirbelwind erfassen, ein Strudel, der ihn durch eine schmale Öffnung hindurch nach oben zog:»Ich sprang in das Unbekannte hinein, und ich war - frei… in dieser vierten Dimension, zu der ich durchgedrungen war!« War Brunton durch so etwas wie ein Sternentor gegangen? Sein Körper wohl nicht, aber offenbar sein Geist. Er sah sich aus der Höhe zeitweilig selbst, starr auf dem Stein liegend - eine außerkörperliche Erfahrung.» >Das ist der Zustand des Todes, nun weiß ich, dass ich eine Seele bin und dass ich außerhalb meines Leibes bestehen kann< «, schoss es Brunton durch den Kopf.»>Und ich werde das immer glauben, denn ich habe es erprobt.<… Ich hatte die Frage des Fortlebens auf eine wie mir schien sehr befriedigende Art und Weise gelöst - durch tatsächliches Sterben und Weiterleben.« - Und der alte Hohepriester sprach zu ihm:»Nun hast Du die große Weisheit gelernt. Der Mensch, geboren ans dem Unsterblichen, kann niemals wirklich sterben. Fasse diese Wahrheit in Worte, die von den Menschen verstanden werden. Sieh her!« Nun sah Brunton deutlich und unverwechselbar die Gesichter von drei Verstorbenen, die er persönlich gekannt hatte. Sie sprachen ihn an und er antwortete.

Dieser sehr ungewöhnlichen Erfahrung folgten noch weitere. Schließlich spürte Brunton seinen Körper wieder und wie die Starre sich langsam löste. Seine Umgebung wurde ihm bewusster, er tastete nach der Lampe, schaltete hastig das Licht an und war so erregt, dass er lauthals zu schreien begann.

Als die Pyramide am nächsten Morgen wieder geöffnet wurde, fand man Brunton in einem Mitleid erweckenden Zustand vor. Staubig, übermüdet und verwirrt stolperte er der bewaffneten Polizeiwache entgegen. Es dauerte noch eine ganze Weile, bis er sich wieder einigermaßen erholt hatte.

Der Schriftsteller Paul Brunton verfasste später etliche Bücher mit mystischem Inhalt und schrieb unter anderem »Wissen vom Über-Selbst«. Über seine Erfahrungen in der Kammer des Wissens schreibt er leider nicht viel. Es scheint, als ob er nichts darüber sagen wollte oder durfte, aber an einer Stelle bemerkt er zu den Informationen, die er in der Pyramide erhalten hatte: »Das Geheimnis der Großen Pyramide ist das Geheimnis deines eigenen Ichs. Die geheimen Kammern und und alten Aufzeichnungen liegen alle in dir selbst beschlossen.« Das sagte ihm der Hohepriester. Konnte das des Rätsels Lösung sein oder wurde Brunton nur zum Sprachrohr einer Macht, die ihn benutzte, um ihn zu verwirren? [...]

Ich würde seinen Bericht nicht so ernst nehmen, wenn ich nicht seit Jahren schon eine Person kennen würde, die ganz bestimmt nicht zum Spintisieren neigt, die aber wie Brunton das vielleicht etwas fragwürdige Glück hatte, eine Nacht in der Großen Pyramide zu verbringen. Diese Person, eine junge Journalistin, ich will sie hier Carol nennen, ist in den langen Gesprächen, die wir miteinander geführt haben, immer mit beiden Beinen fest auf dem Boden geblieben. Sie ist im übrigen überhaupt nicht der Typ Mensch, der sich gerne zu Spekulationen hinreißen lässt, und trennt Fakten immer von Fiktionen. Aber sie versucht offen und vorbehaltlos auch Ungewöhnliches anzugehen, vor allem seit ihrem Erlebnis in der Pyramide.

Ich habe keinen Grund, ihren Bericht anzuzweifeln. Sofort fällt daran die Ähnlichkeit zu den Schilderungen von Brunton auf. Carol sagt, dass sie im Jahr 1994 zusammen mit einer kleinen Reisegruppe unterwegs war, die sich auch für die spezielleren Geheimnisse Ägyptens und der Großen Pyramide interessierte. Der Leiter dieser Tour hatte sehr gute Kontakte in Kairo und schaffte es, eine Erlaubnis zu erhalten, mit der Gruppe eine Nacht in der Königskammer zu verbringen. Genau wie Brunton wurde die relativ kleine Gruppe also abends in dem unheimlichen Gemäuer eingesperrt und harrte dann in dieser majestätischen Kammer der Dinge, die kommen sollten.

Mit dem Betreten der Pyramide sagte niemand mehr ein Wort. Das war eine Abmachung, die jeder bis zum Schluss einhielt. Carol saß in der Mitte der Kammer und blickte mit halb offenen Augen leicht nach unten, um sich in die Situation einzustimmen und zu meditieren. Nach einer Zeit spürte sie eine Veränderung. Von Anfang an schon hatte sie das Gefühl gehabt, das Millionen Tonnen schwere Bauwerk um sie herum sei geradezu schwerelos und transparent. In keinem Moment empfand sie die Steinmassen um sich herum als bedrückende Last. […]

Nach einer Zeit spürte sie eine Veränderung. Denn plötzlich tauchten sehr ungewöhnliche Empfindungen und Bilder vor Carol auf -, zumindest setzten erste verblüffende Erlebnisse ein, die aber völlig real auf die junge Frau wirkten. Die Pyramide schien sich nach oben hin zu öffnen, und aus der Höhe erfasste Carol ein Lichtstrahl. Über dieses Phänomen, so hatte sie das Gefühl, gelangte sie in eine neue Umgebung. Sie befand sich plötzlich zusammen mit einer Ägypterin in der Wüste. Diese Ägypterin ähnelte ihr selbst in erstaunlicher Weise. Beide wanderten nun eine lange, aber unbestimmte Zeit durch die Einsamkeit. Wie Carol mir sagte, verlor sie mit dem Betreten der Pyramide ihr Zeitgefühl vollkommen. Nach Stunden oder Tagen endete die Wanderung dort, wo sie begonnen hatte, und Carol befand sich wieder an ihrem Platz - mitten in der Königskammer.

Bald darauf bemerkte die junge Frau eine bedrohliche Veränderung im Raum. Aus der dunklen Ecke hinter dem Granit-Sarkophag, genau an jener Stelle, an der eine der Bodenplatten einst von Eindringlingen zerstört worden war, sah sie drei düstere Gestalten hervortreten. Sie hatten keine Gesichter. Als sie näher kamen, erkannte Carol, dass jedes dieser Wesen in der Höhe der Brust ein großes Loch hatte. Es sah so aus, als ob sie direkt durchgreifen könne. Ein erschreckendes Bild! Bedeutete dieses Loch. dass den dunklen Wesen das Wesentliche fehlte - der Sitz guter Kräfte, des Geistes als irdischer Teil des so schwer definierbaren ägyptischen ka oder der Seele ba? Carol spürte jedenfalls. dass diese Geschöpfe an sich zwar weder gut noch böse waren, doch offenbar einen vernichtenden Auftrag hatten. Sie sollten oder wollten ihr das Leben nehmen.

Noch bevor Carol die Pyramide zu nächtlicher Stunde betrat, wurde sie und der Rest der Gruppe vier Wochen lang in einige Konzentrations-Übungen eingeführt. mit denen sie sich mental auf einige möglicherweise recht ungewöhnliche Energien einstellen und lernen konnte, sich von ebenso ungewöhnlichen Vorgängen um sie herum abzuschotten. Carol begegnete wie gesagt allem offen, aber kritisch. Außerdem war sie sowie auch die anderen an den vorausgehenden beiden Tagen zur gewöhnlichen Zeit in die Große Pyramide gegangen. um sich schon ein wenig mit der Umgebung vertraut zu machen. […]

Nun saß Carol inmitten der Pyramide und drei bedrohliche. dämonische, mit Spießen und anderen Waffen bewehrte Gestalten rückten immer näher an sie heran. Carol spürte, dass sie nicht entkommen konnte. In diesen Momenten änderte sich ihre körperliche Verfassung radikal; während die Journalistin zuvor keine Beschwerden hatte, stellte sich nun starkes Herzrasen ein, Übelkeit und das beängstigende Gefühl, jeden Augenblick die Besinnung zu verlieren. Carol war nicht mehr in der Lage, sich vom Fleck zu rühren. Sie wusste ohnehin, dass sie dieser Situation nicht mehr entfliehen konnte.

Nun war Carol auf Armeslänge umstellt. Eines der Wesen näherte sich ihr von hinten. Doch sie spürte, was sich da abspielte. Die Gestalt holte mit einem Beil aus, um ihr das Rückgrat zu zerschmettern. Schon eine Weile lang hatte Carol versucht, sich gegen die negative Energie der unheimlichen Geschöpfe»abzuschirmen«, indem sie sich auf das Gegenteil jener dunklen Macht konzentrierte. So sah sie sich mehr und mehr eingehüllt in eine Art gedanklichen Bannkreis aus Licht. Ihr Bewusstsein kämpfte gegen die nunmehr lebensbedrohlich wirkende Erscheinung an: das Wesen hinter ihr schlug zu, doch die Axt prallte an der visualisierten Lichtbarriere ab. Schließlich schwächte sich die Kraft der Bilder ab und die Gestalten zogen sich zurück.

Ob Carol tatsächlich etwas geschehen wäre, wenn sie keine gedanklichen Gegenmaßnahmen ergriffen hätte, das vermag niemand zu sagen. Vielleicht wäre sie zusammengebrochen, ohne dass die anderen den Grund bemerkt hätten.

Später erschienen dann, von der Wand hinter dem Sarkophag kommend, hell gekleidete Gestalten. Frauen und Männer, die auf Carol»wie Eingeweihte wirkten«. Sie strahlten Güte, Friedlichkeit und größte Weisheit aus.»Und sie war etwas sehr Leuchtendes, geradezu Aurahaftes«, erinnert sich Carol.

Zum Abschluss jener unvergesslichen Nacht legte sich einer nach dem anderen für einige Minuten in den kalten Sarkophag. Nur zwei der Anwesenden ließen davon ab. Niemandem von den anderen, die es wagten, war wirklich wohl dabei, denn diese Aktion schien doch ziemlich anmaßend zu sein - weshalb sich wie gesagt auch nicht alle dazu durchringen konnten. Aber es war eine einmalige Chance und Erfahrung. Als sich Carol in den Sarkophag legte, hatte sie das Gefühl, regelrecht aufgeladen zu werden. Sie spürte ein Kribbeln, als ob sie von einem durchdringenden Feld erfasst würde. Keinen Moment aber empfand sie das steinerne Behältnis als letzte Ruhestätte eines Toten. Sie war sich sicher, dass es genau wie die Königskammer als Ort der Einweihung diente.

Als die Gruppe sich wieder aus der Macht der Pyramide gelöst hatte, kehrte sie schweigend ins Hotel zurück. Erst am nächsten Tag sprachen alle über ihre Erlebnisse. Und bis auf einen hatte jeder ganz individuelle, unerklärliche Erfahrungen gemacht. Derjenige. der nichts erlebte, war allerdings voller Angst gewesen. Er hatte nur dagesessen und stundenlang mit aufgerissenen Augen in die fahl erleuchtete Kammer gestarrt. Vielleicht sollte er nichts sehen.

Neun von zehn der Anwesenden aber sahen Dinge, die sie nie vergessen werden. […]

Die wichtigste Erfahrung, die Carol aus jener Nacht in der Pyramide mitnahm, ist wie sie sagt. die Erkenntnis, dass sich ein Mensch im Prinzip gegen alle negativen Kräfte und Anfechtungen wehren kann, Natürlich begann Carol, ihre Erlebnisse in der Pyramide nach einiger Zeit in Frage zu stellen. Denn letztendlich war es kaum irgend möglich, ein solches Erlebnis in das Alltagsgeschehen einzuordnen! Trotzdem lässt sie diese Erfahrung bis heute nicht mehr los. Für sie erscheint noch heute alles vollkommen real, so real wie etwas nur eben sein kann.

Ich bin sicher, wir sollten die Vorgänge in der Königskammer ernst nehmen. Ich will damit nicht sagen, dass die unheimlichen Erscheinungen materiell real sind. Irgendetwas aber löst in unserem Gehirn Reize aus. Signale. die entweder von uns selbst oder eher von einer anderen »Intelligenz« produziert werden, die auf uns einwirkt. Meiner Meinung nach - und ich versuche dabei, all das zu berücksichtigen. was ich im Laufe der Zeit über die Pyramide in Erfahrung bringen konnte - findet in der Königskammer ein Vorgang statt, der normalerweise extrem schwache Effekte verstärkt. darunter auch den eigentlich all gegenwärtigen Speicher der morphogenetischen Felder Sheldrakes. Dadurch erhalten Anwesende nach einiger Zeit und vor allem in Situationen der Stille direkten Zugang zum »Weltgedächtnis«. in dem alles, was je gedacht und gesagt wurde, alles, was je geschehen ist - vor allem am Ort des Verstärkers wieder lebendig wird. Dies ist ein geistiges Sternentor, mit dem derjenige, der es durchschreitet, unabhängig wird von Zeit und Raum, »frei« wird, wie Brunton sagte. […] Wie sonst sollten sich die zahlreichen Berichte erklären lassen? Allesamt als Lügen und pure Erfindungen? Ich hielte das für eine sträflich leichtfertige »Erklärung«!

Die Begegnung mit einem »mentalen« Sternentor! War es das, was auch Napoleon Bonaparte erlebte, als er Ende des 18. Jahrhunderts auf seinem Eroberungs-Feldzug immerhin genügend Zeit fand, auch einmal in die Königskammer zu klettern? Der umtriebige Korse bat darum, man möge ihn einige Zeit alleine darin lassen. Als er wieder herauskam, war er auffallend blass und irritiert, so als ob er soeben etwas wirklich Bedeutendes und Bewegendes erlebt hätte. So ähnlich erschien es wohl auch einem Adjutanten, der sich mehr im Scherz die Frage erlaubte, ob dem Feldherrn denn vielleicht gerade irgendetwas Geheimnisvolles widerfahren sei. worauf Napoleon sehr schroff reagierte. Er wolle sich darüber nicht äußern, so meinte er, und fügte wieder etwas beherrschter hinzu, er wünsche, nie mehr danach gefragt zu werden. Viele Jahre später machte er einmal ein paar vage Andeutungen, er habe in der Pyramide einige Vorahnungen über seine

Zukunft und sein Schicksal gehabt, und kurz vor seinem Ende hätte er sich wohl beinahe einem Vertrauten offenbart, doch selbst im Angesicht des Todes überlegte er es sich noch einmal anders. Er hob gerade an, um den Vorfall zu erklären, doch dann plötzlich schüttelte er beinahe resignierend den Kopf und sagte: »Nein, nein. Es hat ja doch keinen Zweck. Sie würden mir sowieso nicht glauben!« Dabei blieb es dann, und Napoleon nahm sein ägyptisches Geheimnis mit ins Grab. […]

Das wäre eine merkwürdige, aber trotzdem denkbare Erklärung. Immerhin gab es genug seltsame Vorfälle in der Großen Pyramide. Wenn wir uns die Geschichte von Brunton noch einmal ansehen, fällt auf, dass er sich in den Sarkophag legte beziehungsweise legen sollte und daraufhin in geheimes Wissen eingeweiht wurde. War das der eigentliche Zweck des Granit-Sarges? Nicht umsonst hat sich für viele die Frage gestellt, wohin denn all die Mumien verschwunden waren. wenn die Pyramiden als Grabstätten dienten. Die andere Folgerung war: Sie dienten eben nicht als Gräber, also gab es auch keine Toten dort. Der Sarkophag war auch kein »Fleischfresser« - nichts anderes nämlich bedeutet dieses griechische Wort. Das hängt mit der Ansicht zusammen. dass das Gestein solcher Behältnisse die Zersetzung des Toten fördert.

Doch der »Sarkophag« in der Königskammer mochte vielmehr einem geheimen Ritus dienen und die Pyramide mit ihren Eigenschaften, geistige Kräfte zu verstärken, als machtvoller Einweihungs-Tempel.

Die Mystikerin Helena Petrovna Blavatsky, die im 19. Jahrhundert lebte, bezeichnete die Große Pyramide in ihrem Buch »Die entschleierte Isis« -wohlgemerkt: Isis! - als »Tempel der Initiation«, also eben genau als Einweihungs-Tempel, »in dem die Menschen zu den Göttern emporwuchsen und die Götter zu den Menschen herabstiegen.« Helena Blavatsky sah in dem Sarkophag eine Art Taufbecken der Einweihung. Der Novize wurde während einer geheimen Zeremonie in den Sarg gelegt und vom obersten Priester in einen tiefen Trance-Schlaf, den »Schlaf Siloains« versetzt, um dann drei Tage und drei Nächte mit den Göttern in einem »vertrauten Gespräch« zu stehen. Nach den über alles anstrengenden, das Bewusstsein erweiternden Erfahrungen in der Königskammer musste sich der Adept, nach drei Tagen als Eingeweihter auferstanden oder wiedergeboren, dann in die Kammer der Königin begeben, um dort zur Ruhe zu finden und sich sammeln zu können. Der schon erwähnte Peter Tompkins erklärt in seinem wegweisenden Buch Cheops: »Die meisten der alten Philosophen und die großen Lehrer der Religionen wie beispielsweise Moses und Paulus sollen ihre Weisheit von den ägyptischen Eingeweihten bezogen haben. Zu den Männern, auf die dies zutrifft, zählen Sophokles, Solon, Plato, Cicero, Heraklit, Pindar und Pythagoras. […]

Wie Helena Blavatsky sagte, spiegeln sich in der »Isis-Pyramide« zwei große Geheimnisse. Nach außen verkörpert ihre geheime Geometrie die Natur und den Kosmos, ihr Inneres aber ist Ort der Einweihungsmysterien. Der dänische Ingenieur Tons Brunds bestätigt den ersten Teil dieser Aussage mit dem Hinweis, dass der Bauplan der Großen Pyramide in einer hoch entwickelten, aber geheimen Geometrie - einer hermetischen Geometrie – entworfen wurde. Brunds erinnert auch daran, dass der Philosoph und Vater der griechischen Mathematik Pythagoras erst einmal zweiundzwanzig Jahre lang Priester in einem ägyptischen Tempel war, bevor er in seine Heimat zurückkehrte und dann beeindruckende mathematische Zusammenhänge lehrte. […] Unabhängig davon machte sich später auch der weise Plato nach Ägypten auf, um in die niedrigen Grade des hermetischen Wissens eingeweiht zu werden. So langsam wird uns dabei klar, dass die alten Griechen nicht schlecht bei den älteren Ägyptern »gespickt« haben.

Die heilige Geometrie der Großen Pyramide muss in einem engen Zusammenhang mit den ungewöhnlichen Kräften und Vorgängen in ihrem Inneren stehen. Das eine bedingt das andere. Im »Tempel der Einweihung« spielen sich auch heute noch höchst ungewöhnliche Dinge ab. Auf einer Ägyptenreise betrat der Franzose Antoine Bovis auch die Königskammer der Großen Pyramide. Dort entdeckte er einige tote Tiere. darunter Katzen., die sich verlaufen hatten und dort verhungert waren. Bovis fiel auf, dass diese Tiere, obwohl sie schon lange dort gelegen haben müssen, geruchlos waren. Sie befanden sich in einem dehydrierten Zustand der Murnifikation. Irgendetwas musste dafür gesorgt haben. dass die toten Körper erhalten blieben. Wie Bovis sagt, war es wohl ein »Intuitions-Blitz«, der ihn auf den Gedanken brachte, die spezielle Geometrie der Pyramide könne dafür gesorgt haben. Sie musste unbekannte Kräfte entfesseln oder verstärken, die konservierend wirkten. Bovis baute ein Holzmodell der Pyramide. mit exakt denselben geometrischen Proportionen, und richtete die Kanten der quadratischen Grundfläche so genau wie möglich nach den vier Himmelsrichtungen aus - so wie das auch bei der echten Pyramide der Fall ist. Nun kam der eklige Teil des Experiments. Der Franzose verschaffte sich eine tote Katze und ein Stück Kalbshirn, das normalerweise sehr schnell den Weg des Vergänglichen geht. Er legte die Überreste dann ins Innere seines maßstäblichen Modells, genau in die Position und Höhe der Königskammer. Seine beiden »Proben« trockneten zwar aus. aber sie verfaulten nicht und gaben auch keine Gerüche ab, wie sie eigentlich in sogar unerträglichem Maß zu erwarten gewesen wären. Wirklich seltsam.

Das war wieder ein handfestes ägyptisches Rätsel - oder doch nur Hokuspokus? Der Versuch von Bovis regte zahlreiche weitere an. Sicherlich haben Sie auch schon oft davon gehört, dass der tschechische Ingenieur Karel Drbal bei seinen Pyramiden-Versuchen abgenutzte Rasierklingen wieder auffrischen konnte. Eine davon benutzte er zweihundert Mal. Sein Pyramiden-Rasierklingenschärfer erhielt sogar ein Patent (Nummer 91304). Aber über das alles ist schon so viel geschrieben worden, dass ich diese Geschichte hier sicherlich nicht wiederkäuen muss. Ich wollte auch nur ergänzend daran erinnern, denn dies alles scheint zu bestätigen, dass sich im Inneren der Pyramide wirklich ungeahnte Kräfte entfalten, von denen wir fast schon erwarten können, dass sie unser Bewusstsein beeinflussen. Ich habe übrigens vor vielen Jahren selbst eher spaßeshalber mit einigen Modell-Pyramiden und Pflanzen experimentiert. Einige sehr mickrige Pflanzen, die massive Wachstumsprobleme hatten. habe ich längere Zeit mit rund vierzehn Tage altem Wasser gegossen. Dann verwendete ich ebenfalls rund vierzehn Tage altes Wasser, das allerdings in einer Pyramide untergebracht war - in Königskammer-Position. Ich staunte nicht schlecht, als sich die Pflanzen von da an gut zu entwickeln begannen. Eine Pflanze, die lange Zeit lediglich aus einem einzigen kläglichen Blatt bestanden hatte, das aus einem kleinen Blumentopf ragte, begann geradezu immens zu wachsen. Sie erreichte eine Höhe von mehr als einem Meter, dann knickte sie unter ihrem eigenen Gewicht ab. […]

Wer nun nach physikalisch greifbaren Beweisen für unerklärliche Kräfte der Pyramide fragt, auch die gibt es. […]

ARCHAEOLOGISTS FIND 12,000-YEAR-OLD PICTOGRAPH AT GOBEKLITEPE

Excavations being conducted at the ancient city of Göbeklitepe in Turkey have uncovered an ancient pictograph on an obelisk which researchers say could be the earliest known pictograph ever discovered.

A pictograph is an image that conveys meaning through its resemblance to a physical object. Such images are most commonly found in pictographic writing, such as hieroglyphics or other characters used by ancient Sumerian and Chinese civilizations. Some non-literate cultures in parts of Africa, South America and Oceania still use them.

»The scene on the obelisk unearthed in Göbeklitepe could be construed as the first pictograph because it depicts an event thematically« explained Director of the Şanlıurfa Museum, Müslüm Ercan, to the Hurriyet Daily News. Ercan is leading the excavation at Göbeklitepe. »It depicts a human head in the wing of a vulture and a headless human body under the stela. There are various figures like cranes and scorpions around this figure. This is the portrayal of a moment; it could be the first example of pictograph. They are not random figures. We see this type of thing portrayal on the walls in 6,000-5,000 B.C. in Çatalhöyük [in modern-day western Turkey].«

The 'Vulture-Stone'. Credit: Alistair Coombs

The artifacts discovered in the ancient city have provided information about ancient burial traditions in the area in which bodies were left in the open for raptors such as vultures to consume. According to Mr Ercan, this enabled the soul of the deceased to be carried into the sky. It was called »burial in the sky« and was depicted on the obelisks in Göbeklitepe. Such rituals were conducted in and around the city around 12,000 years ago.

Many of the items discovered on the site have not been seen before anywhere else in the world and thus are the first of their kind to be discovered.

Göbeklitepe is situated on the top of a hill about 15 kilometres away from Sanliurfa in South-eastern Turkey. The city can be dated back to 10,000 BC and consists of a series of circular and oval shaped structures that were first excavated by Professor Klaus Schmidt supported by the German Archaeological Institute. Schmidt travelled to the site having heard about it from accounts of other previous visits by anthropologists from the University of Chicago and Istanbul University in the 1960's. Both institutions ignored the site, believing it to be nothing more than a medieval graveyard.

Artifacts found on the site indicate that the city was intended for ritual use only and not as a domain for human occupation. Each of the 20 structures consists of a ring of walls surrounding two T-shaped monumental pillars between 3 metres (9 feet) and 6 metres high (19 feet) and weighing between 40 and 60 tons.

Enormous T-shaped pillars at Göbeklitepe.
Credit: Alistair Coombs

Archaeologists believe these pillars are stylised representations of human beings because of the human appendages carved into the stone. These images are accompanied by those of animals including foxes, snakes, wild boars, cranes and ducks.

The archaeologists believe Göbeklitepe was used as a religious centre. Geo-radar work has revealed evidence of 23 temple structures in the area. Two of the obelisks in the city were constructed in the form of a letter T and are positioned opposite each other within a circle of smaller, round obelisks.

Ercan said that the museum at Şanlıurfa contains a small sculpture of a pig that was discovered in front of the central stelas in the 'C' temple at Göbeklitepe. Such statues may have depicted sacred beings.

Work on the basic infrastructure of a roof to cover the site and help preserve its structures and artefacts has just been completed, ready for the construction of the roof itself. This is an EU project and the archaeologists aim to complete it in eight months' time.

Featured image: Göbekli Tepe in Turkey is the oldest known temple in the world. Photo source: Wikimedia

by Robin Whitlock

AUSGRABUNGEN: VIEL ÄLTER ALS STONEHENGE

Deutsche Archäologen fanden auf monumentalen Steinbauten in der Osttürkei die bisher ältesten hieroglyphenartigen Zeichenfolgen.

Die Archäologen schwanken zwischen Euphorie und Ratlosigkeit. Die mächtigen, drei bis fünf Meter hohen, T-förmigen Kalksteinpfeiler, die sie derzeit aus einem Göbekli Tepe genannten Hügel in der kurdischen Osttürkei freilegen, geben jede Menge Rätsel auf. Die Pfeiler gehören zu den mit Abstand ältesten bisher bekannten monumentalen Steinbauten, die von Menschenhand geschaffen wurden ☒6000 Jahre älter als Stonehenge, 7000 Jahre älter als die ägyptischen Pyramiden. Laut Grabungsleiter Klaus Schmidt vom Deutschen Archäologischen Institut in Berlin stammen die ringförmigen Steinmonumente aus vorkeramischer Zeit, als Jäger und Sammler vor 11.600 Jahren in Vorderasien begannen, sesshaft zu werden und mit Ackerbau zu experimentieren. Inzwischen kamen vier runde Steinkreise mit 15 bis 20 Meter Durchmesser ans Tageslicht. Die bisher ausgegrabenen 39 Kalksteinpfeiler sind aus jeweils einem einzigen, bis zu zehn Tonnen schweren Steinblock gehauene, durch Mauerzüge verbundene Monolithen.

Auf 22 der bisher ausgegrabenen Pfeiler entdeckten die staunenden Forscher großformatige, naturnah gestaltete Reliefs von Wildtieren Leoparden, Löwen, Wildschweine, Wildrinder, Füchse, Gazellen, Kraniche, Schlangen, Skorpione, Insekten und ein Wildschaf. Auch wurden frei stehende Skulpturen von Wildschweinen und Füchsen gefunden sowie eine menschliche Statuette mit Gesicht und Phallus. Die Funde gehören zu den ältesten erhaltenen Skulpturen der Menschheitsgeschichte. Darüber hinaus fand das Grabungsteam auch Werkzeuge aus Feuerstein und Pfeilspitzen.

Symbolzeichen. Besonders ungewöhnlich sind die jüngst auf manchen der ausgegrabenen Pfeiler entdeckten Serien kleiner aneinander gereihter Tierbildchen und abstrakter Symbole, Zeichen, die teilweise aussehen wie Buchstaben. Ihre Bedeutung muss erst geklärt werden. Archäologe Schmidt spricht von neolithischen Hieroglyphen, versteht diesen Begriff aber nicht als Schrift. Es sind möglicherweise Symbolzeichen, die eine vielleicht religiöse Botschaft enthalten. Vielleicht handelt es sich dabei um eine sehr frühe Vorform einer Art Hieroglyphenschrift.

Da die T-förmigen Pfeiler an den Seiten eingemeißelte Arme und Hände aufweisen, könnte es sich um die Darstellung einer Gottheit oder eines Schamanen handeln, der sich in die abgebildeten Tiere verwandeln konnte.

Die Experten assoziieren die Säulen mit der Karadere-Höhle an der türkischen Westküste, deren prähistorische Malereien Gestalten mit T-förmigem Kopf zeigen. Möglicherweise befinden sich unter den Fußböden der Anlage Gräber, wie sie in anderen, allerdings um Jahrtausende jüngeren anatolischen Siedlungen wie Catal Hüyük gefunden wurden. Bevor jedoch die Kalksteinfußböden durchbrochen werden, soll erst ein möglichst großer Teil der Gesamtanlage freigelegt werden.

Geomagnetische Messungen zeigten, dass in dem etwa 90.000 Quadratmeter großen Schutthügel noch mindestens 15 weitere Kreisbauwerke verborgen sind. Um 7500 vor Christus wurde der gewaltige Kultplatz das haben die Grabungen eindeutig ergeben einfach zugeschüttet. Der Grund für diese ungewöhnliche Handlung ist noch völlig unbekannt. Archäologe Schmidt flog am Donnerstag vergangener Woche zu einer weiteren Grabungsphase in die Türkei.

SHIGIR-IDOL: ÄLTESTE HOLZSKULPTUR DER WELT CA. 11.000 JAHRE ALT

Andreas Müller 02/09/2015

Kopf des Shigir-Idols Copyright: T. Terberger

Hannover (Deutschland) – Ein 1890 in 4 Metern Tiefe des Shigir-Moors im Transural entdecktes sogenanntes Holzidol, also eine monumentale menschenförmige Holzfigur, ist rund 11.000 Jahre alte und damit so alt wie die Steinstelen des ältesten bislang bekannten Tempels Göbekli Tepe – älter als bislang gedacht. Zur Bergungs- und bisherigen Untersuchungsgeschichte des Holzidols erläutert die gemeinsame Presseinformation des Niedersächsischen Landesamts für Denkmalpflege und des Museums für Regionalgeschichte Sverdlowsk, dass dieses aufgrund seiner fragilen Erhaltung einst in mehreren Teilen geborgen wurde. »Am oberen Ende zeigt die Skulptur einen archaisch wirkenden Kopf. Der ,Körper‘ der Figur ist mit geometrischen Ornamenten wie Zickzacklinien und anthropomorphen Gesichtern verziert. 1997 wurde ein erster Versuch unternommen, die heute noch 2,5 m lang erhaltene und im Historischen Museum der Region Swerdlovsk in Jekaterinburg ausgestellte Skulptur, mit Hilfe der konventionellen Radiokarbonmethode zu datieren.«

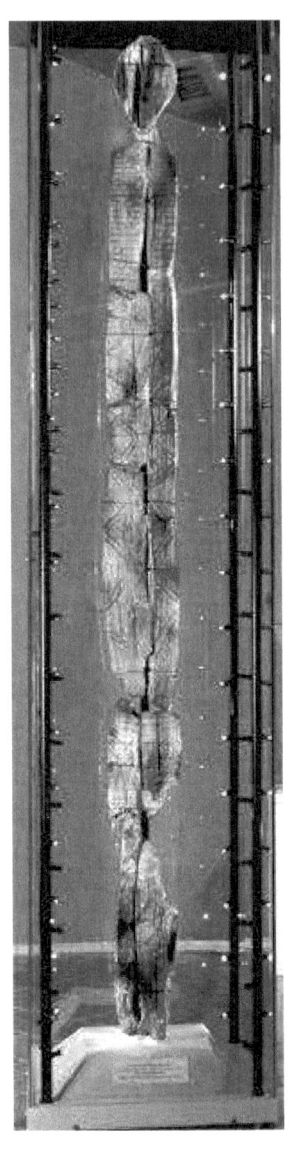

Das Shigir-Idol wie es in Jekaterinburg ausgestellt wird.
Copyright: Sverdlovsk Regional Museum

Die damaligen Ergebnisse legten ein Alter des Idols von ca. 9.500 Jahren nahe, und hatten sowohl kontroverse Diskussionen als auch Zweifel an der Datierung aus. Um das Alter des Idols möglichst verlässlich zu bestimmen wurde daher eine neue Untersuchung mit modernsten Methoden erforderlich.

Dem russisch-deutschen Forscherteam ist es nun gelungen, erstmals eine Serie von sieben Proben (je <0,3 g) aus dem Idol im AMS-Radiokarbonverfahren im angesehenen Klaus Tschira-Labor in Mannheim mit überraschenden Ergebnissen zu datieren: »Proben aus dem inneren, am besten erhaltenen Teil datieren die Skulptur in die Zeit vor ca. 11000 Jahren, und sie ist allem Anschein nach am Beginn der heutigen Warmzeit entstanden.«

Die neuen Analysen zeigen demnach, dass das Idol aus einem 157 Jahre alten Lärchenstamm gefertigt wurde, wobei die klaren Schnittspuren für eine Fertigung aus frischem Holz sprechen.

Die große Holzskulptur ist ohne jede Parallele in der frühen Nacheiszeit. Geometrische Verzierungen sind typisch für diese Zeit und ähnliche Ornamente finden wir auf kleinen Objekten aus Knochen, Geweih und Bernstein aus der europäischen Mittelsteinzeit. »Das Shigir-Idol, das bei seiner Auffindung vermutlich über 5 m groß war, ist damit so alt wie die vor einigen Jahren in der Südost-Türkei in Göbekli Tepe entdeckten anthropomorphen (!) Steinstelen.«

Für das Team um Prof. Dr. Thomas Terberger vom Niedersächsischen Landesamt für Denkmalpflege wird dadurch deutlich, dass die mittelsteinzeitlichen Sammler und Jäger der eurasischen Waldzone eine ebenso entwickelte Monumentalkunst hatten wie die ersten Bauern im Vorderen Orient: »Das Shigir-Idol ist damit die älteste monumentale Holzskulptur der Welt und ein einzigartiger Schlüsselfund zum Verständnis der frühen Kunst in Eurasien.«

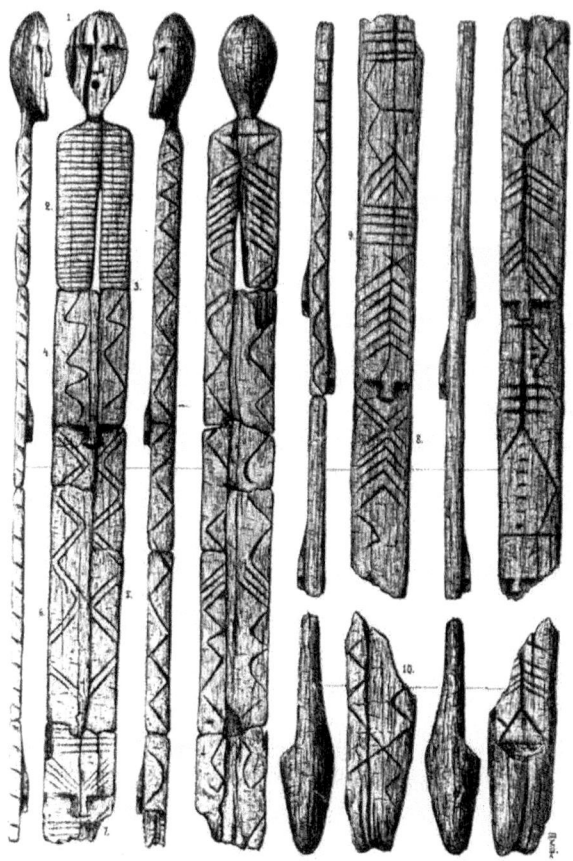

Rekonstruktion des Shigir Idols nach Tomachev im Jahre 1914

Die Ergebnisse der vom Niedersächsischen Landesamt für Denkmalpflege und der Eurasien-Abteilung des Deutschen Archäologischen Instituts auf Einladung des Museums in Ekaterinburg unterstützten Untersuchungen werden durch das russisch-deutsche Forscherteam zurzeit zur Publikation vorbereitet.

© grenzwissenschaft-aktuell.de

DIE STEINE VON PUMA PUNKU IN BOLIVIEN

Die Entstehung der rätselhaften Steine von Puma Punku, die zum UNESCO-Weltkulturerbe gehören, kann die etablierte Wissenschaft bis heute nicht erklären. Das Mysterium ist mit der Cheops-Pyramide in Ägypten vergleichbar, doch wegen fehlender wissenschaftlicher Erklärungen sind die Ruinen wenig bekannt und es wird kaum darüber in den Medien berichtet. Die exakt »gefrästen« steinernen Monolithen befinden sich in Tiahuanaco auf der Hochebene Altiplano und werden auf ein Alter von 3.000 bis 17.000 Jahren geschätzt. Von Touristen werden die Steine zum Großteil ignoriert und gemieden, weil sie keine berühmten Bauwerke sind.

Wurden die mysteriösen Puma Punku Steine mit Maschinen gefräst?

Die Monolithen von Puma Punku beeindrucken mit perfekten geraden Kanten und es sind Ausfräsungen zu sehen. Die Steinoberflächen sind glatt poliert und sie weisen Bohrlöcher auf, die wie maschinell gebohrt wirken und millimetergenau ausgeführt sind. Die Steinblöcke bestehen aus Diorit und Granit. Der Diorit hat dabei einen Härtegrad von 8,4 und kann mit einem Diamanten verglichen werden, dem härtesten Element auf unserer Erde. Die Bearbeitung derart harter Steine bedeutet selbst in unserer modernen Zeit einen enormen technologischen Aufwand. Der größte Steinquader im Ruinenfeld von Puma Punku bringt über 130 Tonnen auf die Waage, hat eine Länge von acht Metern und ist einen Meter dick. Der nächste Steinbruch für Granit und Dorit liegt in zehn Kilometern Entfernung und es hätte zur Zeit der Entstehung der geheimnisvollen Anlage mindestens einen halben

Tag gedauert, um einen Stein nach Puma Punku zu transportieren. Die kleinen Steine wurden Untersuchungen zufolge aus 90 Kilometern Entfernung dorthin bewegt.

Identische Figur-Blöcke von den Puma Punku Ruinen

Die Steinblöcke auf der Hochebene Altiplano scheinen einer industriellen Massenfertigung zu entstammen und wurden nach dem Baukastenprinzip zusammengebaut. Sie sind so gefräst worden, dass ein Gebäude entstehen könnte, wenn man sie zusammensteckt. Nach heutigen wissenschaftlichen Erkenntnissen sollen Menschen der Aymara-Kultur für Puma Punku verantwortlich sein. Die Aymara sollen die teils riesigen Steinblöcke mit Steinwerkzeugen bearbeitet haben, und zwar nach genauen Maßen, obwohl ihnen weder die Schrift noch Zeichnungen bekannt waren. Woher die Aymara-Kultur stammt, kann die Archäologie trotz aller Wissenschaft leider nicht beantworten. Die wahren Bauherren der Monolithen sind, basierend auf den genannten Fakten, leider unbekannt.

Offizielle Version zur Entstehung von Puma Punku hat Lücken

Die offizielle Version bezüglich dem Bau von Puma Punku ist lückenhaft und die Theorie, nach der die Aymara-Kultur oder andere Urvölker für die Erschaffung der mit höchster Präzision bearbeiteten Steinblöcke verantwortlich sein sollen, zerfällt wegen der vorherrschenden Fakten quasi in Einzelteile. Keiner der Indianerstämme verfügte über Diamantbohrer, Fräsmaschinen oder Laserschneider. Die Bezeichnung »Puma Punku« bedeutet in der Sprache der Quechua »Tor des Puma«. Die Steinruinen selbst erstrecken sich auf einer Fläche von zwei Quadratkilometern. Das Gewicht der einzelnen Steine beläuft sich auf mindestens 100 Tonnen und sie passen wie Legobausteine perfekt ineinander. Die Erbauer haben so präzise gearbeitet, dass zwischen den Steinen keine Lücken zu sehen sind. Das Rad war zur Zeit von Puma Punku noch nicht erfunden und somit bleibt es ein Rätsel, wie die tonnenschweren Steine vom Steinbruch zu der Hochebene transportiert wurden. Vor 400 Jahren kamen die Spanier nach Bolivien und fanden die Steinquader vor. Nach Einschätzung der spanischen Eroberer wurden die Monolithen nicht von Menschenhand geschaffen.

Die traditionelle Wissenschaft hat das Alter von Puma Punku auf 1500 Jahre vor Christi Geburt datiert. Welche Rolle der Baukomplex spielte, darüber rätseln Fachleute bis heute, denn die Erbauer haben keine Schriftrollen oder ähnliches hinterlassen, und das erschwert die Spurensuche. In Wahrheit dürfte der mysteriöse Komplex älter sein, und wahrscheinlich wurden für den Bau Maschinen verwendet. Die Monolithen wirken wie Legobausteine, und das erfordert eine hohe Präzision bei der Herstellung, deshalb kommen dafür nur Fräsmaschinen, CNC-Maschinen, Diamantbohrer oder Laserschneider infrage. Damals verfügten die Urvölker in Bolivien aber nicht über eine derartige Technik.

Einige Archäologen merken an, dass es sich bei den Steinen nicht um Dorit und Granit, sondern um Sandsteine und Andesit handelt. Sie seien mit Klopfsteinen bearbeitet worden und das soll die Genauigkeit erklären und da Sandstein weich ist, sei auch eine einfache Bearbeitung ohne Maschineneinsatz möglich gewesen. Die Feinheiten mancher Steinblöcke hätten auch Metallwerkzeuge erfordert, und das wäre durchaus schon möglich gewesen, da die Andenkulturen bereits damals über Möglichkeiten zur Metallherstellung verfügten.

Auf den Spuren der Aliens - Mysterium Puma Punku | S01E07 [Doku]

https://www.youtube.com/watch?v=hLklws1JAzA

Wheel Tracks found 12 million years old!

Wheel ruts in stone, in Castellar de Meca, Spain.
(Courtesy of Dr. Alexander Koltypin)

In Beyond Science, Epoch Times explores research and accounts related to phenomena and theories that challenge our current knowledge. We delve into ideas that stimulate the imagination and open up new possibilities. Share your thoughts with us on these sometimes controversial topics in the comments section below.

Petrified wheel tracks found in various locations, including parts of Turkey and Spain, were left by heavy all-terrain vehicles some 12 million to 14 million years ago, according to Dr. Alexander Koltypin, a geologist and director of the Natural Science Research Center at Moscow's International Independent University of Ecology and Politology.

This is a controversial claim, since human civilization is only thought by mainstream archaeologists to extend back several thousand years, not millions of years. That's not to mention the idea of a prehistoric civilization advanced enough to have such vehicles.

The wheel tracks cross over faults formed in the middle and late Miocene period (about 12 to 14 million years ago), suggesting they are older than those faults, Koltypin said on his website.

At the time, the ground would have been wet and soft, like a malleable clay. The large vehicles sank into the mud as they drove over it. Tire ruts at various depths suggest that over time the area dried out. Vehicles were still driving over it as it dried, Koltypin said, and did not sink as deeply.

The vehicles were similar in length to modern cars, but the tires were about 9 inches (23 centimeters) wide.

The vehicles were similar in length to modern cars, but the tires were about 9 inches (23 centimeters) wide.

He said geological and archaeological works that contain information about these ruts are few and far between, especially in English. Such references usually say the tracks were left by carts pulled by donkeys or camels.

»I will never accept it,« he wrote of these explanations. »I myself will always remember … many other inhabitants of our planet wiped from our history.«

Wheel ruts in stone, in the Phrygian Valley, Turkey.
(Courtesy of Dr. Alexander Koltypin)

Wheel ruts in stone, in the Phrygian Valley, Turkey.
(Courtesy of Dr. Alexander Koltypin)

Wheel ruts in stone, in the Phrygian Valley, Turkey.
(Courtesy of Dr. Alexander Koltypin)

Koltypin maintains that the tracks could not have been left by lightweight carts or chariots, as the vehicles would have been much heavier to leave these deep impressions.

He has conducted many field studies in various locations and reviewed published studies on the local geology extensively. He hypothesizes that a network of roads spread through much of the Mediterranean and beyond more than 12 million years ago.

These thorough-ways would have been used by people who built underground cities like that at Cappadocia, Turkey, which he theorizes are also much older than mainstream archaeology holds.

Petrified wheel ruts have been found in Malta, Italy, Kazakhstan, France, and even in North America, Koltypin said.

One of the major clusters is in Sofca, Turkey, with tracks covering an area of about 45 by 10 miles (75 by 15 kilometers). Another is in Cappadocia, Turkey, where there are several pockets, one of the biggest being about 25 miles by 15 miles.

Sofca, Turkey (Google Maps)

Cappadocia, Turkey (Google Maps)

Petrified impressions in the Phrygian Valley, Turkey, that Dr. Alexander Koltypin said were likely left by cargo placed there by the same civilization that drove over the area in vehicles that marked it with ruts still visible today. (Courtesy of Dr. Alexander Koltypin)

The petrified impression left by an ancient building amid wheel ruts in the Phrygian Valley, Turkey. (Courtesy of Dr. Alexander Koltypin)

Mainstream archaeologists attribute many of the tracks to various civilizations at different time periods. But, Koltypin said it is not right to attribute identical roads, ruts, and underground complexes to different eras and cultures.

He instead attributes them to a single, widespread civilization in a distant age. Multiple tumultuous natural occurrences—such as tsunamis, volcanic eruptions, flooding, and tectonic disturbances that have left major fractures in the Earth—have wiped out much of the remains of this advanced prehistoric civilization, he said.

Related Coverage

But looking at the impacts these events have had on the geological formations, Koltypin has also been able to determine that these ruts and roads were most likely made before these catastrophic events happened.

The heavy mineral deposits coating the tracks and the erosion also suggest such great antiquity, he said.

Petrification can happen within a few hundred years or even a few months, so it is not the fact that wheel ruts are petrified that suggests they are very old. But, Koltypin argues that the other geological evidence suggests they were made during the Miocene period millions of years ago.

The surrounding underground cities, irrigation systems, wells, and more, also show signs of being millions of years old, he said. But, he said, »Without significant additional studies by large groups of archaeologists, geologists, and experts in folklore it is impossible to answer the question, what was ... [this] civilization?«

Die Nazca – Linien

Die Scharrbilder der Ebene von Nazca. Was verbirgt sich hinter diesen mysteriösen Zeichen?

Über 500 km² erstreckt sich in Peru die Ebene von Nazca. Hier finden sich die geheimnisvollen Nazca-Linien die über 1000 Jahre alt sind. Wie sind sie entstanden? Teilweise erstrecken sich einige schnurgerade Linien mit über 20 km Länge über die Ebene. Eindrucksvoller sind die glyphischen Schaubilder die erst aus dem Flugzeug in einer Höhe von mehreren hundert Metern sichtbar sind. Wie sind diese Bilder überhaupt entstanden? Wie wurde diese meisterhafte Ingenieursleistung vor 1000 Jahren überhaupt organisiert?

Die Schulwissenschaft hat nach jahrzehntelanger ergebnisvoller Forschung eine Erklärung für den Zweck der geheimnisvollen Linien von Nazca gefunden. Aufgrund von Opfergaben, die bei archäologischen Ausgrabungen gefunden wurden, vermutet man indianische Fruchbarkeitsrituale als dahinterliegende Ursache. Erich von Däniken vermutet die Nachahmung außerirdischer Landebahnen hinter den Nazca-Linien (Erich von Däniken hat übrigens NIEMALS behauptet, dass Die Nazca-Linien Landebahnen für Außerirdische sind).

Die Idee hinter dieser Interpretation besteht gerade darin, dass die antike Nazca-Agentur ein Problem mit der zunehmenden Trockenheit des Klimas hatte. Der Anruf der Götter durch die Anfertigung der Scharrbilder sollte sie gnädig stimmen und eine Verbesserung des Klimas bewirken. Kann man dieser These über die Nazca-Linien Glauben schenken?

Betrachten wir einmal die versteckten Motive. Es gibt einen Kolibri, eine Echse, Hände und einen Affen. Weiter finden wir eine Spinne, einen Kondor-Vogel und einen Papagei. Auf den ersten Blick spiegeln diese Bilder tatsächlich die Sehnsucht nach Fruchtbarkeit durchaus wieder. Lebendige Tiere können durchaus den Wunsch nach Leben widerspiegeln. Symbolisch könnten die Tiere Repräsentanten des Lebens sein, die durch die Rituale und Scharrbilder angezogen werden sollen. Diese Vorgehensweise finden wir häufig in der rituellen und magischen Arbeit. Ist dies wirklich das wahre Ziel der spirituelle erleuchteten Schamanen der Nazca-Kultur gewesen?

Hier die spirituelle Erklärung:

Die Schamanen von Nazca benutzen die Scharrbilder als Initiationswerkzeug. Wenn ein Schamanen – Anwärter in die spirituellen Geheimnisse eingeführt wird, so ist das Verlassen des Körpers eine wichtige Übung. Zur Heilung und zur Magie muss ein Schamane spirituell so weit entwickelt sein, dass er in der Lage ist, mit der Anderswelt in Kontakt zu treten. Wie soll ihm dies möglich sein wenn er nicht einmal in der Lage ist, seinen Körper zu verlassen?

Wie testet man, ob ein Schamanen-Anwärter wirklich seinen Körper verlassen kann, z.B. für deine Astralreise? Man könnte z.B. auch einfach ein Schriftzeichen in einer verschlossenen Kiste vergraben und den Anwärter auffordern, das entsprechende Zeichen zu identifizieren. Wäre dies eine erlebbare Initiation in die Spiritualität?

Was wäre, wenn der initiierte Schamane mit seinem Astralleib einige hundert in die Höhe über die Nazca Linien fliegen soll und dann nach einfach einmal nach unten blickt?

LINKS UND BERICHTE ZU KAPITEL 1:

Rätselhafte, uralte Zivilisationen, Pyramiden, Aliens, Riesen, Vampire, Kannibalen
https://www.youtube.com/watch?v=ZdakitgZdd8

Klaus Dona - Vortrag und Beiweise von Riesenmenschen
https://www.youtube.com/watch?v=OhzcRKB_oxA

[HD] Unglaubliche Artefakte. Vortrag von Klaus Dona
https://www.youtube.com/watch?v=1TIbWzWlDmk

Klaus Dona zeigt uns Artefakte die es nicht geben dürfte!
https://www.youtube.com/watch?v=sHibX7ieX38

Ep. 620 FADE to BLACK Jimmy Church w/ Andrew Collins : Alien Megastructers
https://www.youtube.com/watch?v=UuqkAgaEGGI

Ep. 619 FADE to BLACK Jimmy Church w/ Michael Cremo : The Forbidden Archaeologist : LIVE
https://www.youtube.com/watch?v=W51AZ0rTQn4

Ep. 603 FADE to BLACK Jimmy Church w/ Scott Creighton : The Great Pyramid Hoax : LIVE
https://www.youtube.com/watch?v=fgEVm2fa5nE

Ep. 496 FADE to BLACK Jimmy Church w/ Dr. Robert Schoch : Megalithic Gobekli Tepe : LIVE

https://www.youtube.com/watch?v=8c3uzJBeeFA

Ep. 538 FADE to BLACK Jimmy Church w/ Yousef Hakim Awyan : Egypt 1.0 : LIVE

https://www.youtube.com/watch?v=WdRoA5pRRno

Ep. 545 FADE to BLACK Jimmy Church w/ William Henry : Egypt 2.0 P. 3 : LIVE

https://www.youtube.com/watch?v=ebQivpthNW4

Ep. 361 FADE to BLACK Jimmy Church w/ John Anthony West: Back from Egypt

https://www.youtube.com/watch?v=wtC5KM3MuFE

Ep. 421 FADE to BLACK Jimmy Church w/ Dr. Carmen Boulter: Egypt and the New Atlantis LIVE

https://www.youtube.com/watch?v=-mN500BiN6s

Things Archaeologists Won't Touch - Elongated Skulls and Pyramids

https://www.youtube.com/watch?v=I156Rr79Rpw

Forbidden History 2016

https://www.youtube.com/watch?v=o-Av-l9zYWE

2. DAS VIERTE REICH

NAZI-GRÖSSEN PLANTEN 4. REICH, DAS DER STRUKTUR DER EU ENTSPRICHT

Ein Schriftsteller, der Material für sein fiktionales Buch sammelte in dem Top-Nazis nach dem Ende des zweiten Weltkrieges ihre Macht erhalten wollten, indem sie ein viertes Reich in den Ausmaßen einer Europäischen Union anstrebten, fand überraschend heraus, dass diese konspirativen Überlegungen tatsächlich existierten.

In einem Artikel der Daily Mail aus dem Jahre 2009 legt Adam Lebor offen, wie er den US Military Intelligence Report EW-Pa 128, der auch als »The Red House Report « bekannt ist, enthüllte, in dem beschrieben wird wie sich Nazi-Größen am 10. August 1944 im Bewusstsein des drohenden Untergangs bei einer geheimen Zusammenkunft in dem Straßburger Hotel Maison Rouge trafen, um eine gesamteuropäische wirtschaftliche Großmacht zu gründen, die auf einem gemeinsamen Markt Europas basieren sollte.

Großindustrielle der Naziherrschaft wurden von SS-Obergruppenführer Dr. Scheid bestimmt, im Ausland Unternehmen zu gründen, um unter dem Anschein demokratischer Verhältnisse in die dortige Wirtschaft einzudringen und so den Grundstein für eine Wiederbelebung der Nazi-Herrschaft zu legen.

»Das 3. Reich war zwar militärisch besiegt, jedoch gewannen mächtige Bankiers sowie Industrielle und Staatsdiener der Naziherrschaft bald Einfluss in der jungen BRD. Dort arbeiteten sie für einen neuen Zweck: Die wirtschaftliche und politische Integration Europas,« schreibt Lebor. Wohlhabende Industrielle wie

Alfred Krupp und Friedrich Flick sowie Schlüsselunternehmen wie BMW, SIEMENS und VOLKSWAGEN erhielten die Aufgabe, eine gesamteuropäische wirtschaftliche Großmacht ins Leben zu rufen. Entsprechend den Worten des Geschichtswissenschaftlers und Anwalts ehemaliger jüdischer Zwangsarbeiter, Dr. Michael Pinto-Duschinsky:

»Für viele dem Nazi-Regime nahestehende Industrielle wurde Europa zu einer Plattform deutschnationaler Interessen zur Weiterführung nach dem Sieg über Hitler… Das kontinuierliche Wachstum der deutschen Wirtschaft und der des Nachkriegs-Europas ist hierfür ein Zeichen. Einige der national-sozialistischen Wirtschaftsführer wurden zu Architekten der Europäischen Union.«

Der Bankenmogul Hermann Abs, Vorstand der deutschen Bank während der Nazi-Zeit, saß gleichzeitig im Aufsichtsrat der I.G. Farben (heute BAYER, Anm. d. Übers.), dem Unternehmen das u.a. in Auschwitz eine Produktionsfabrik betrieb.

»Abs war zuständig für die Aufteilung der Gelder des Marshall-Plans an deutsche Unternehmen. Nach 1948 gestaltete er den Aufstieg der deutschen Wirtschaft entscheidend mit,« schreibt Lebor weiter. Auffälligerweise war Abs ebenso Mitglied der European League for Economic Co-operation, einer elitären meinungsbildenden Gruppe, die 1946 gegründet worden ist. Diese Vereinigung widmete sich der Einführung eines gemeinsamen Marktes, dem Vorläufer der Europäischen Union. Die European League for Economic Co-operation entwickelte Strategien für die europäische Verflechtung, die denen entsprachen welche die Nazis, Jahre vorher, voraussehend geplant hatten. In seinem Buch »Europe's Full Circle«, nennt Rodney Atkinson eine Liste von Zusammenschlüssen, die von den Nazis erdacht wurden und heutigen Strukturen der Europäischen Union entsprechen.

- Europäische Wirtschaftsgemeinschaft
- European Economic Community
- European Currency System
- European Exchange Rate Mechanism
- Europabank (Berlin)
- European Central Bank (Frankfurt)
- European Regional Principle
- Committee of the Regions
- Common Labour Policy
- Social Chapter
- Economic and Trading Agreements
- Single Market

Adam Lebor fragt:

»Wie wahrscheinlich ist es, dass jenes 4. Reich, das diese Nazi-Industriellen voraussahen, in mancher Hinsicht schließlich Wirklichkeit wurde?«

»Diese drei maschinengeschriebenen Seiten sind eine Mahnung dafür, dass der Weg Europas, in Richtung eines einheitlichen Staatenbundes, unerbittlich mit den Plänen von SS und deutschen Großindustriellen für ein viertes Reich, mehr wirtschaftlicher als militärischer Natur, verknüpft ist.«

Zwischen der Struktur des Nationalsozialismus und der EU bestehen sehr beunruhigende Parallelen. Tatsächlich sind diese grundlegend miteinander verknüpft, weil die Ursprünge der EU eine direkte Linie zum Nationalsozialismus aufweisen. Die Gründung der EU, wie auch des Euro als deren einheitliche Währung, wurde von der verschwiegenen Bilderberg- Gruppe in der Mitte der 50er Jahre des letzten Jahrhunderts beschlossen.

Durchgesickerte Dokumente der Bilderberger beweisen, dass die Gründung eines gemeinsamen europäischen Marktes sowie die Schaffung einer einheitlichen europäischen Währung auf ihren Beschluss von 1955 zurückgehen. Einer ihrer Hauptgründungsväter ist der ehemalige SS-Offizier Prinz Bernhard der Niederlande. Der ideologische Rahmen geht jedoch auf die 40er Jahre des letzten Jahrhunderts zurück, in denen wirtschaftliche und wissenschaftliche Köpfe der Nationalsozialisten den Plan einer eigenständigen europäischen Wirtschaftgemeinschaft umrissen, einer Agenda die nach dem Ende des 2. Weltkrieges auftragsgemäß umgesetzt wurde.

Adolf Hitler am 07. März 1936 im Deutschen Reichstag:

»Die europäischen Völker stellen nun mal eine Familie auf dieser Welt dar. Es ist wenig klug, sich einzubilden, auf die Dauer in einem so beschränkten Haus wie Europa eine Völkergemeinschaft verschiedener Rechtsordnung und Rechtswertung aufrecht erhalten zu können.«

So enthalten die Nürnberger Dokumente einen Brief, den der IG Farben-Direktor Dr. von Knieriem am 20. Juli 1940 – kurz nach dem Sieg über Frankreich – an die Nazi-Regierung schrieb, und der die Mechanismen entwirft, mit denen die IG Farben ihre Schlüsselstellung in Europa zementieren wollte. Der IG Farben-Brief nennt eine einheitliche europäische Währung, einheitliche europäische Gesetze und sogarein europäisches Gerichtssystem – all dies unter der Kontrolle von der Nazi-Deutschland/IG Farben-Koalition.

In seinem 1940 erschienenen Buch »Die Europäische Gemeinschaft« beschrieb der NS-Wirtschaftsminister und Kriegsverbrecher Walther Funk die Notwendigkeit der Schaffung einer »Zentraleuropäischen Union« sowie eines »Europäischen Wirtschaftsraumes« und festgelegter Wechselkurse folgendermaßen:

»Keine Nation in Europa kann allein das höchste Maß ökonomischer Freiheit in Einklang mit allen sozialen Notwendigkeiten erreichen… Die Gründung großflächiger Wirtschaftsräume folgt dem natürlichen Gesetz der Entfaltung… Es werden zwischenstaatliche Vereinbarungen (vor allem ökonomischer Natur) herrschen… Es muss die Bereitschaft bestehen wirtschaftliche Interessen der einzelnen Staaten denen der europäischen Gemeinschaft unterzuordnen.«

Funks Co-Autor, der NS-Akademiker Heinrich Hunke, unterstreicht diese Ansicht mit den Worten:

»Die klassische Nationalökonomie.. ist tot…die europäische Wirtschaft ist eine Schicksalsgemeinschaft…Schicksal und Ausmaß einer europäischen Zusammenarbeit sind abhängig von einem neuen, einheitlichen Wirtschaftsplan.«

Der NS-Genosse Gustav Koenig meinte:

»Vor uns liegt die Schaffung einer europäischen Gemeinschaft...Ich bin von einem dauerhaften Bestand einer solchen Gemeinschaft nach dem Krieg überzeugt.«

1940 ordnete der Propagandaminister Joseph Goebbels die Gründung einer »ausgedehnten wirtschaftlichen europäischen Gemeinschaft« an, im Glauben, dass »in 50 Jahren niemand mehr in nationalen Strukturen denken wird«. 53 Jahre später etablierte sich die EU in ihrer jetzigen Form. Andere Nazi-Größen, wie Ribbentrop, Quisling und Seyss-Inquart meinten:

»Das neue Europa der Solidarität und Zusammenarbeit unter all seinen Menschen wird einen rasch zunehmenden Wohlstand erfahren, wenn die nationalen Bindungen erst beseitigt worden sind.«

Diese Form der Rhetorik unterscheidet sich kaum von aktuellen Aussagen der Bilderberger, der Trilateralen Kommission oder der Mitglieder des Council on Foreign Relations. Die Nazis brachten die Menschen um, die sich gegen das Regime wandten, während die EU eine viel effizientere gemeinsame Lösung umsetzt – einfach durch das Verbot der Meinungsfreiheit. Einem niederländischen Parlamentarier wurde die Einreise nach Großbritannien verwehrt, weil seine politische Überzeugung dem EU-Recht nicht entsprach.

EU-Parlamentarier bemühen sich beständig darum, gefährliche und unregulierte Blogs zu unterdrücken, um die freie Äußerung der Meinung im Internet zu unterbinden. Unter der seit 1999 geltenden Rechtsprechung des europäischen Gerichtshofs (Fall 274/99) ist es nämlich verboten die Europäische Gemeinschaft zu kritisieren und die EU ist berechtigt, alle Beteiligten nationaler Bestrebungen, die nicht im Einklang mit der Agenda der Schaffung ihres föderalen Superstaates sind, zu ächten.

Nun sind die meisten Menschen, welche die Herrschaft über die Macht in der EU inne-haben gewiss keine Nazis per se, und sie halten sich selbst wahrscheinlich für rechtschaffene Liberale, die für die »guten höheren Werte« harte Arbeit tun. Wie auch immer dem sei, die EU ist ihrer Natur nach faschistisch-totalitär, weil sie die Macht der für ihre Wählerschaft verantwortlichen nationalen Regierungen entziehen und sie in die Hände supranationaler politischer Organe geben, für die niemand anders verantwortlich ist, als sie selbst.

Ebenso ist sie bemüht die freie Rede einflussreicher Menschen zu unterbinden, die an ihrer Agenda Kritik üben. Die Tatsache das die heutigen Strukturen der EU von führenden Nazi-Ökonomen und -Industriellen erdacht wurde, formuliert als Mittel zur Vorbeugung diktatorischer Herrschaft und dann von einem ehemaligen Nazi unter den Schutzherrschaften der Bilderberg Gruppe 1955 realisiert beweist, dass das gesamte System der Europäischen Union mit dem Erbe und der Daseinsberechtigung des faschistischen Totalitarismus vergiftet ist.

Dieser Umstand wird im 21 Jahrhundert durch die wachsenden Proteste der in ganz Europa von der Bevölkerung ausgehenden Bürgerrechtsbewegung gegen die unverhohlene Machtergreifung der EU zunehmend offensichtlich.

WALL STREET
UND DER AUFSTIEG
HITLERS

Die Wurzeln der Brüsseler EU:
Die nationalsozialistische Großraumwirtschaft

Mit der Machtübertragung auf die Hitler-Regierung am 30. Januar 1933 hatten sämtliche expansionistischen außenpolitischen Konzeptionen einen rapiden Aufschwung genommen.

Das galt für revanchistische und völkische Raubkriegsapologeten genauso wie für Mittel-europa- und Großraumwirtschaftsstrategen, deren Modelle sich jetzt kaum noch den Anschein geben mussten, ein gleichberechtigtes Miteinander der europäischen Staaten anzustreben. Dass Deutschland die Führungsmacht in Europa werden müsse, war die ideologische Klammer zwischen sämtlichen Imperialisten und Herrenrassenvisionären.

Werner Daitz, Chemieindustrieller und Leiter der Abteilung Außenhandel im Außen-politischen Amt der NSDAP, analysierte, andere Weltmächte verfügten über ihre eigenen, exklusiven ökonomischen Räume – das britische Empire, der amerikanische Block, das »chinesisch-japanische Wirtschaftsreich«. Kontinentaleuropa müsse sich »ebenfalls zu einer europäischen Großraumwirtschaft zusammenfinden«.

Zunächst handelte es sich dabei um ein Wirtschaftsprojekt. Rohstoffe und Nahrungsmittel sollten künftig nicht mehr aus anderen Wirtschaftsräumen bezogen, der europäische Binnenhandel aber gestärkt werden.

Deutschland könne und müsse dafür die treibende Kraft sein: »Deutschland in der Mitte des europäischen Kontinents gelegen, ist an erster Stelle verpflichtet, diese Aufgabe der Errichtung einer kontinentaleuropäischen Großraumwirtschaft nicht nur zu verkünden, sondern auch handelspolitisch-praktisch zu betätigen.«

Anders als die militärischen Eroberungs- und Raubpläne und die daraus folgenden Vernichtungsfeldzüge boten Konzepte, wie das von Daitz, mehr Möglichkeiten die künftigen Opfer einer deutschen Machtausdehnung mit Versprechungen zu einer Beteiligung zu bewegen.

Das ging bis hin zur Behauptung, es werde die Gleichberechtigung der Völker angestrebt, getreu der von Daitz vorgegebenen taktischen Prämisse, man solle »grundsätzlich immer nur von Europa sprechen, denn die deutsche Führung ergibt sich ganz von selbst aus dem politischen, wirtschaftlichen, kulturellen, technischen Schwergewicht Deutschlands und seiner geografischen Lage«.

Ein Volk, ein Reich, ein Führer oder eben ein Volk, ein Reich, ein Euro…

Quellen: PRAVDA-TV/recentr.com vom 25.07.2013

Weitere Artikel:

Vergesst dieses 'Zuckerguss'-Europa!

Nazis aus Hollywood: Machte die Traumfabrik »Heil Hitler«?

Finanzierung Hitlers durch die Familie des ehemaligen US-Präsidenten George W. Bush

EU-Großreich: Politisch korrektes Mitläufertum

Adolf Eichmann: »Hitler war Marionette internationaler Finanzkreise« (Video)

Stereotype US-Großkapitalisten, NGOs, Kommunismus und die Bolschewistische Revolution

Weniger bekannte Symbole der Freimaurerei

Das Tavistock-Institut – Auftrag: Manipulation (Video)

BRD: Polizeistaat und Militärdiktatur als Vorstufe der Neuen Welt Ordnung (Videos)

Dreierkriege – Hannibal und Hitler – zur Urangst

Bomben auf Dresden: Alliierten-Holocaust an unschuldigen Deutschen, mit mehr als 500.000 Toten

Agent Hitler – Im Auftrag der 'NA'tional-'ZI'onisten – Gründung Israels (Videos)

Sunimex-Skandal: Die Israel-Tankstelle ohne Zapfsäulen – Monopol über BRD-Politik

Prof. Antony Sutton: Wall Street, Hitler und die russische Revolution (Video-Interview)

Infrastruktur der Neuen Welt Ordnung entsteht weltweit

Alliierte Kriegspolitik und der deutsche Aderlaß (Videos)

Das Medienmonopol – Gedankenkontrolle und Manipulationen (Videos)

General Eisenhower`s »Death Camps«: Der geplante Tod von 1 Mio. deutscher Soldaten (Videos)

Vatikan & Nazis: Reichskonkordat vom 20. Juli 1933 und Fluchthilfe für NS-Kriegsverbrecher

Ha'avara-Abkommen: Die geheime zionistische Vereinbarung mit Hitler

Bertelsmann: Hitlers bester Lieferant – gegenwärtige Einflussnahme

Hjalmar Schacht, der interne Dienstvorgesetzte Adolf Hitlers – Rest nur Täuschung der Öffentlichkeit

Der mächtigste Staat der Erde: Die City of London

Hitlers Flucht, seine Doppelgänger und der inszenierte Selbstmord (Videos)

Meinungsmache: Rothschild Presse in Deutschland seit 1849 (Videos)

Urkundenfälschung: Die Einbürgerung Adolf Hitlers

Bevölkerungskontrolle: Die Machenschaften der Pharmalobby – Von den IG Farben der Nazis zur EU und den USA

Weltherrschaft: Der Vatikan erschafft mit Mussolinis Millionen ein geheimes Immobilienimperium

Die Herrscher der Welt: Ihre Organisationen, ihre Methoden und Ziele (Videos)

BRD-Diktatur: Wir liefern alles für Krieg und Terror (Videos)

Das Führerprinzip der »Elite«- Eine Familie, eine Blutlinie, eine Welt-Herrschaft…(Video)

Staatenlos & Neue Welt Ordnung oder Heimat & Weltfrieden (Kurzfilm)

LINKS UND BERICHTE ZU KAPITEL 2:

Ein Experte auf dem Gebiet des 4. Reiches ist der Bestseller Autor Jospeh Farell sowie Jim Marrs. Besonders zu empfehlen sind hier:

Rise of the Bormann Reich (Part 1 & 2) A conversation with Joseph Farrell

https://www.youtube.com/watch?v=KdfK5iLx7uQ

Joseph P Farrell, Nazi International, Part 1

https://www.youtube.com/watch?v=mLvyAL8VNno

Joseph P Farrell, The Nazi International, Part 2

https://www.youtube.com/watch?v=IpA0yXSKiqY

DARK JOURNALIST & JOSEPH FARRELL - THE RISE OF THE NEW REICH & DEEP STATE AMERICA

https://www.youtube.com/watch?v=N4lLVpS7Tq4

Jim Marrs

Project Camelot Interviews Jim Marrs

https://www.youtube.com/watch?v=g2v0cu8pQOc

3. ANTARKTIS – NEU SCHWABENLAND

HITLERS BASIS IN DER ANTARKTIS ALS BEISPIEL FÜR MODERNE MYTHENBILDUNG

von Christian Reinboth / 12. April 2010

Im Juli und August 1945 – mehrere Monate nach Ende des zweiten Weltkriegs – wurden zwei deutsche U-Boote von ihren Besatzungen im argentinischen Seebad Mar del Plata den Behörden übergeben. Ist es wirklich denkbar, dass diese Boote hochrangige Nazis zu einer geheimen Basis in der Antarktis verbracht haben? Und war diese Basis vielleicht auch das Ziel der mysteriösen US-amerikanischen Operation »Highjump« von 1946/47?

Als vergangenen September im Fahrwasser der erfolgreichen LCROSS-Mission wieder mal jede Menge wilder und bizarrer Verschwörungstheorien durchs Netz geisterten, war natürlich auch die fast schon unvermeidliche Geschichte von der geheimen Nazi-Basis am Südpol und dem angeblichen Raumfahrtprogramm des Dritten Reichs dabei.

Ich wollte damals eigentlich schon etwas dazu schreiben, bin aber erst jetzt endlich dazu gekommen. Erstaunlicherweise verbirgt sich hinter der abwegig klingenden Geschichte nämlich mehr als nur eine wirre Phantasterei – vielmehr handelt es sich um eine geschickte Verquickung realer, wenn auch unzusammenhängender Ereignisse, die sehr schön illustriert, wie sich aus der harmlosen Suche nach Mustern, journalistischem Geltungsbedürfnis und braun-esoterischen Wunschvorstellungen ein dauerhaft bestehendes Konstrukt formiert.

Nun begibt man sich natürlich auf einen schmalen Grat, wenn man über Verschwörungen bloggt, in diesem Fall existiert jedoch eine zitierfähige Quelle – ein 2007 erschienenes, peer-reviewtes(!) Paper von Colin Summerhayes und Peter Beeching vom Scott Polar Research Institute der University of Camebridge, die sich mit der Historie hinter »Neuschwabenland« und den britischen bzw. US-amerikanischen Militäroperationen »Tabarin«, »Highjump« und »Argus« befasst haben:

Summerhayes, C., & Beeching, P. (2007). Hitler's Antarctic base: the myth and the reality Polar Record, 43 (01) DOI: 10.1017/S003224740600578X

Auf 21 Seiten arbeiten sich Summerhayes und Beeching durch fast alle gängigen Theorien, die Stück für Stück anhand historischer Dokumente sowie wissenschaftlicher Erkenntnisse über die Antarktis widerlegt werden, bis letzten Endes nur der historische Kern übrig bleibt. Alles in allem ein absolut lesenswertes Paper, welches ich nachfolgend kurz zusammenfassen möchte, wobei selbst die Kurzfassung für einen Blog ungewöhnlich lang ausfällt, was man mir angesichts der Länge des Artikels sowie der Vielzahl an Quellen bitte nachsehen möge.

Gängige Verschwörungstheorien

Wie Summerhayes und Beeching feststellen, widersprechen sich die Autoren der meistverkauften Bücher über die vermeintliche Antarktis-Basis in so vielen Punkten, dass man kaum noch von einer einheitlichen Theorie sprechen kann. Hinsichtlich der Eckdaten besteht jedoch eine gewisse Einigkeit: Ausgangspunkt ist in jedem Fall die deutsche Antarktis-Expedition von 1938/39, in deren Rahmen mit der Errichtung einer geheimen Militärbasis in einem von den Teilnehmern der Expedition Neuschwabenland getauften Areal östlich des Weddell-Meeres begonnen wurde.

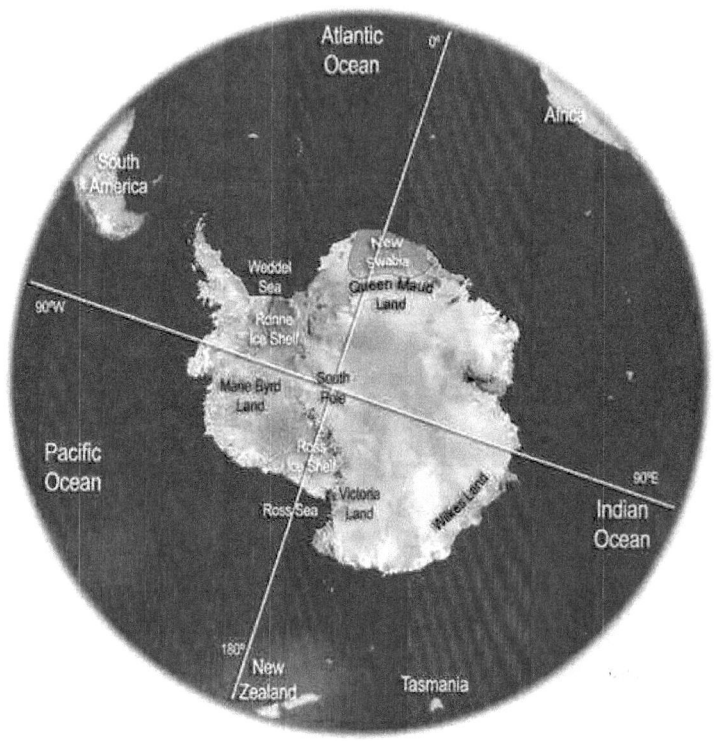

Lage des »Neuschwabenland«-Areals im Königin-Maud-Land
(Quelle: Wikipedia)

Diese Basis wird während der Kriegsjahre beständig ausgebaut, wobei U-Boote Personal und Material in die Antarktis verbringen. Im Jahr 1943 – die Basis verfügt inzwischen über einen befestigten U-Boot-Hafen und – je nach Phantasie des Autors – eine mehrere hundert oder tausend Mann starke Besatzung, unternimmt der britische Special Air Service (SAS) den ersten von mehreren Angriffsversuchen, die jedoch allesamt scheitern. Kurz vor Ende des zweiten Weltkriegs transportieren die letzten U-Boote, die deutsche Häfen verlassen, hochrangige Nazis, geheime Waffen, Gold und andere Werte nach Neuschwabenland.

Um den verbliebenen Nazi-Außenposten zu zerstören, entsendet US-Präsident Truman ein Expeditionsheer unter dem Kommando von Konteradmiral Byrd in die Antarktis. Dieser muss seine Mission jedoch vorzeitig und unter großen Verlusten abbrechen und warnt nach seiner Rückkehr vor einer ominösen Bedrohung der Vereinigten Staaten durch Flugobjekte, die über die Pole nach Amerika vorstoßen könnten. Unter dem Vorwand eines Atomtests wird die Basis schließlich 1958 im Rahmen der Operation »Argus« durch drei Nuklearwaffen zerstört.

Soweit die gängige Geschichte, wobei Summerhayes und Beeching in ihrem Paper – wie auch ich in diesem Blogpost – auf die nähere Betrachtung der zahlreichen esoterisch angehauchten und daher nicht falsifizierbaren Ausschmückungen dieses Grundgerüsts (Thule-Gesellschaft, Flugscheiben, freie Energie etc.pp.) verzichten. Wer sich eine Vorstellung davon machen will, welch wirre Dimensionen die Neuschwabenland-Story in esoterischen Kreisen inzwischen angenommen hat, dem sei ein kurzer Blick in diesen Blogpost eines alten Bekannten empfohlen (Aspirin bereithalten). Hunderte weiterer Fassungen – viele allerdings auf braun angehauchten Webseiten und daher nicht verlinkbar – lassen sich via Google finden.

Die Schwabenland-Expedition

Um dem »wahren Kern« hinter der Neuschwabenland-Geschichte auf den Grund zu gehen, muss man sich zunächst die Bedeutung der Walfang-Industrie im Dritten Reich vor Augen führen. Nachdem 1935 in Bremerhaven die Erste Deutsche Walfang-Gesellschaft (mbH) gegründet worden war, avancierte die Walfang-Industrie bis Ende der 30er Jahre zu einem recht bedeutenden Zweig der deutschen Wirtschaft. Über 50 Walfang-Schiffe und sieben schwimmende Fabriken wie die Jan Wellem lieferten in der Saison von 1938/39 knapp 500.000 Barrel Walöl – zudem sorgte der Walfang auch für das für die Herstellung von Sprengstoffen wichtige Glyzerin. Das Streben der Nazi-Führung nach weitestgehender Unabhängigkeit von Importen führte dazu, dass der Vierjahresplan von 1936 einen umfangreichen Ausbau der deutschen Walfangflotte vorsah.

Das deutsche Walfang-Fabrikschiff Jan Wellem (links)

(Quelle: Bundesarchiv)

Der weiteren Expansion der Walfang-Industrie standen jedoch Befürchtungen im Weg, Norwegen könnte Anspruch auf das 1936 von norwegischen Walfängern entdeckte Königin-Maud-Land (norwegisch: Dronning Maud Land) und damit auch die Seegebiete nahe der Antarktis erheben, in denen die deutsche Flotte primär unterwegs war. Die von Göring ins Leben gerufene Deutsche Antarktische Expedition ist daher primär als der Versuch zu sehen, einer möglichen norwegischen Beanspruchung zuvorzukommen und selbst den Besitz zumindest eines Teilgebietes der Antarktis zu ergreifen.

Zu diesem Zweck wurde das Katapultschiff Schwabenland unter dem Kommando von Kapitän Alfred Ritscher in die Antarktis entsandt, einem eher skrupellosen Karrieristen, der sich unter anderem dadurch hervortat, dass er bereits ein Jahr nach der Machtergreifung die Ehe mit seiner jüdischen Frau Susanne annullieren ließ, um seine Karriere bei der Kriegsmarine nicht zu gefährden. Die Schwabenland führte zwei Flugboote vom Typ Dornier Wal (Boreas und Passat) mit sich, die über ein Katapult abgeschossen und über eine Krananlage wieder an Bord geholt werden konnten.

Katapultschiff »Schwabenland« (Quelle: Wikipedia)

Neben der Landnahme verfolgte die Expedition jedoch auch geheimgehaltene militärische Ziele. Insbesondere sollte vor dem Hintergrund des 1939 längst geplanten Überfalls auf die Sowjetunion getestet werden, wie das Flugequipment auf extreme Kälte reagiert. Da auch die Landnahme im Geheimen ablaufen musste, um Norwegen nicht zu einer verfrühten Proklamation zu bewegen, umgab die Expedition von Anfang an eine leicht nebulöse Aura, was die Phantasie zahlreicher Buchautoren später ungemein beflügeln sollte.

Tatsächlich handelt es sich bei der Expedition von 1938/39 nur um die erste von drei geplanten Expeditionen, mit denen in der Tat das Ziel verfolgt wurde, einen permanenten Außenposten in der Antarktis zu errichten, wobei jedoch das Vorhaben aufgrund des Kriegsbeginns nicht über die erste Expedition hinauskam. Ritschers Aufgabe bestand insbesondere darin, das Areal zwischen 11° West und 20° Ost – das später so bezeichnete Neuschwabenland – aus der Luft zu fotografieren, um einen geeigneten Platz für eine solche Basis auszumachen. Das Gebiet wurde während dieser Aktion mit aus der Luft abgeworfenen Hakenkreuzfahnen markiert, um eventuelle Besitzansprüche Norwegens negieren zu können.

Um sich vor Augen zu führen, wie absurd die Vorstellung ist, während dieser Expedition sei eine permanente Basis oder auch nur ein Vorposten errichtet worden, reicht ein Blick auf den zeitlichen Rahmen: Die Schwabenland lief am 17. Dezember 1938 in die Antarktis aus, wo sie am 19. Januar 1939 eintraf. Bereits am 15. Februar brach das Schiff wieder auf und war am 12. April 1939 zurück – das Schiff befand sich daher nur knapp einen Monat vor der Küste des Königin-Maud-Landes – eine Zeit, die für die Errichtung einer permanenten Basis in der häufig proklamierten Entfernung von mehr als 250km von Küstennähe unmöglich ausgereicht hätte, zumal ja innerhalb dieser Zeit auch die Kartographierung des Gebietes erfolgte, die wiederum das permanente Kreuzen vor der Küste erforderlich machte, da die Flugboote abgeschossen und wieder eingesammelt werden mussten.

Zur großen Verärgerung Görings meldete Norwegen am 14. Januar 1939 übrigens doch noch – in Unkenntnis der noch laufenden deutschen Expedition – seinen Besitzanspruch auf das Königin-Maud-Land und damit auch das von der Schwabenland-Besatzung kartographierte Gebiet an. Da die zweite Expedition, die daraufhin ein anderes Areal weiter südlich anfahren sollte, niemals stattfand und die kartographischen und wissenschaftlichen Erkenntnisse der ersten Expedition aufgrund des Krieges nicht international publiziert werden konnten, war das Vorhaben insgesamt eigentlich ein totaler Fehlschlag. Damit ausgerechnet aus diesem Fiasko am Ende der Kern einer der hartnäckigsten Verschwörungstheorien unserer Tage wurde, bedurfte es mindestens zweier weiterer Ereignisse – der britischen Operation »Tabarin« sowie der Kapitulation der beiden U-Boote U 530 und U 977.

Operation »Tabarin«

Die zweite Komponente im Mosaik ist die britische Militäroperation »Tabarin«, die zwischen 1943 und 1945 auf einer Reihe kleiner Inseln in 3.600 km Entfernung vom Südpol stattfand, die von der britischen Regierung als die sogenannten Falkland Dependencies beansprucht wurden, und die heute als Südgeorgien und die Südlichen Sandwichinseln zu den britischen Überseegebieten gehören. Da sowohl Chile als auch Argentinien – immerhin zwei offen mit Hitler-Deutschland sympathisierende Staaten – in den 40er Jahren ebenfalls Anspruch auf besagte Inseln erhoben, sah Churchill sich genötigt, die britischen Ansprüche im Rahmen von Operation »Tabarin« durch Errichtung einer Reihe kleinerer Basen zu unterstreichen.

Während »Tabarin« errichtete Basis in Hope Bay
(Quelle: PubMed)

Die im Rahmen dieser Operation errichteten »Basen« waren jedoch nur minimal bemannt – so waren im Jahr 1944 beispielsweise nur 5 Mann auf Deception Island und 9 in Port Lockroy stationiert, von denen übrigens keiner der SAS angehörte. Größere Truppen zur Aushebung irgendwelcher Nazi-Basen hielten sich zu keinem Zeitpunkt in der Gegend auf, das wenige Personal verrichtete hauptsächlich wissenschaftliche Arbeit, weshalb »Tabarin« noch im Jahr 1945 in die zivile »Falkland Islands Dependencies Survey« (FIDS) überführt wurde. Lediglich drei ehemalige SAS-Offiziere – Lt. Colonel B. Mayne, Major J. Tonkin und Major M. Sadler – die nach der Auflösung ihrer Einheit – des 1st SAS Regiment – nach neuen Aufgaben suchten, schlossen sich FIDS an, was es späteren Autoren (unter großzügiger Umgehung sämtlicher Recherchen) gestattete, die Eliteeinheit SAS mit »Tabarin« zu verknüpfen.

U 530 und U 977

Zur »Initialzündung« sämtlicher Verschwörungsgeschichten um Neuschwabenland kam es schließlich, als die Besatzung des deutschen U-Boots U 530 am 10. Juli 1945 – mehr als zwei Monate nach Kriegsende – ihr Schiff im argentinischen Seebad Mar del Plata den Behörden übergab. Die »verlängerte« Mission des Bootes – die sich einfach aus der Tatsache ergab, dass die Besatzung hoffte, im Nazi-freundlichen Argentinien nicht in Gefangenschaft zu geraten – beflügelte wilde Spekulationen, Elemente der Nazi-Führung hätte sich mit zusammengestohlenen Reichtümern nach Südamerika in Sicherheit gebracht.

Hierbei darf man nicht vergessen, dass die Vorstellung, Hitler habe sich rechtzeitig aus Berlin absetzen können und der Selbstmord im Bunker sei eine von seinen Anhängern lancierte Vertuschung gewesen, im Jahr 1945 weit verbreitet war – so suchte beispielsweise der sowjetische NKWD nach Kriegsende noch jahrelang nach Hitler, bevor Stalin endlich von seinem Tod überzeugt war.

U 530 wird in Mar del Plata von der argentinischen
Marine inspiziert (Quelle: Wikipedia)

Ein argentinischer Journalist ungarischer Abstammung namens Ladislas Szabo bewies bei der Ausschmückung derartiger Geschichten ein besonderes Talent und setzte am 16. Juli in der »La Critica« erstmals die Vorstellung einer Flucht Hitlers in die Antarktis in die Welt. Die Geschichte erwies sich als so erfolgreich, dass sie von zahlreichen Zeitungen übernommen wurde, von denen die meisten sie allerdings später widerriefen. Als am 17. August 1945 ein weiteres deutsches U-Boot – U 977 – in Mar del Plata auftauchte, war Szabo endgültig von der Richtigkeit seiner Thesen überzeugt und machte sich daran, ein Buch zu verfassen, welches den Grundstein aller späteren Verschwörungstheorien um Neuschwabenland bilden sollte: »Hitler está vivo« (Hitler ist am Leben) erschien 1947 im argentinischen Tabano-Verlag und wurde über Nacht zu einem Bestseller der Verschwörungsliteratur.

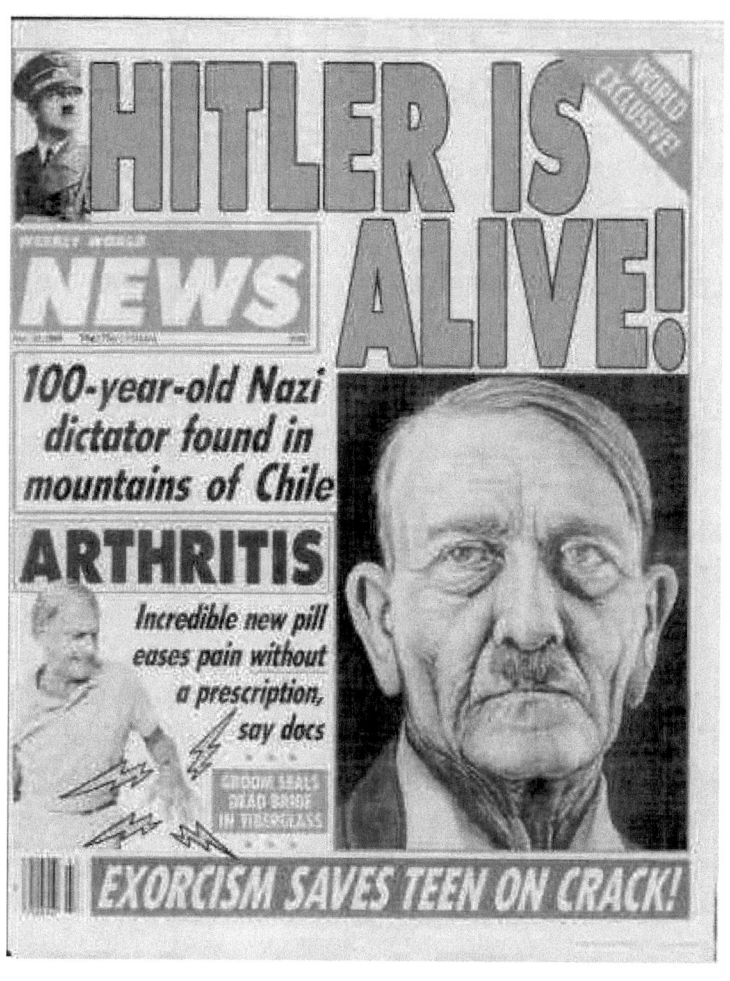

Mit »Hitler lebt« wurden auch in den
80ern noch Zeitungen verkauft

Ein Bestseller – allen logischen Problemen zum Trotz, die sich ergeben, wenn man – wie Summerhayes und Beeching – einmal
überdenkt, was es eigentlich bedeuten würde, Menschen von einem an der Küste liegenden U-Boot aus mitten im Winter zu ei-

nem Stützpunkt zu transportieren, der sich angeblich 250km im Landesinneren befindet.

Supposing that U-977 had reached the cost, what circumstances would have met the crew? The average winter temperature at the NBSA Expedition's Maudheim base was around -26°C [...]. The average wind speed was [...] about 28km/hour. The wind chill induced by that wind speed combined with an average temperature of -26°C would have lowered the effective temperature to -40°C. [...] Anyone landing from a submarine would have faced the most extraordinary difficulties in trekking 250km across ice penetrated by hidden crevasses, in the dark and without navigational aides to a lair in the mountain where temperatures would have been lower [...] and the weather worse.

Weder Szabo noch die ihm nacheifernden Autoren haben sich übrigens je die Mühe gemacht, einmal kritisch zu prüfen, ob es denn für U 530 und U 977 zeitlich und technisch überhaupt möglich gewesen wäre, die Küste der Antarktis zu erreichen. Die diesbezügliche Analyse von Summerhayes und Beeching ist eindeutig: Ausgehend von der maximalen Tauchtiefe lässt sich leicht nachweisen, dass keines der beiden Boote in der Lage gewesen wäre, das Packeis des südatlantischen Winters zu überwinden und überhaupt bis zur Küste vorzudringen. Berücksichtigt man zudem noch die Geschwindigkeit der Boote, die Größe ihrer Treibstofftanks und die Daten ihres Auslaufens sowie ihrer Aufgabe in Mar del Plata wird klar, dass die Reise auch zeitlich nicht durchführbar gewesen wäre. Die Gerüchte um die vermeintliche Flucht Hitlers verkauften sich dennoch gut – und erhielten bald neue Nahrung.

Operation Highjump

Kurz bevor Szabos Buch über Hitlers angebliche Flucht in die Antarktis erschien, führten die USA unter dem Codewort »Highjump« die bis dato größte Expedition in die Antarktis durch. Insgesamt wurden 33 Schiffe mit über 4700 Mann Besatzung entsandt, darunter das U-Boot USS Sennet und der Flugzeugträger USS Phillipine Sea. Das Kommando über die Flotte führte Konteradmiral Richard Cruzen, der eigentliche Leiter des Projekts war jedoch der sich bereits im Ruhestand befindliche Admiral Richard E. Byrd. Obwohl mit »Highjump« auch einige wissenschaftliche Ziele verfolgt wurden, handelte es sich primär um eine militärische Operation. Die US-amerikanische Militärführung hatte nämlich erkannt, dass im Falle eines Konflikts mit der Sowjetunion die Arktis (nicht unbedingt die Antarktis) ein wahrscheinlicher Kriegsschauplatz werden würde.

Die USS Currituck war ebenfalls Teil der »Highjump«-Flotte
(Quelle: Wikipedia)

Da die sowjetischen Truppen – dies lag zumindest nahe – besser auf Einsätze unter arktischen Bedingungen vorbereitet waren als die US-Militärs, wurden entsprechende Traininigseinsätze zunehmend wichtiger. Nach den Operationen »Frostbite« (1945/46) und »Nanook« (1946) – die jedoch für die Anhänger von Verschwörungstheorien von eher geringem Interesse sind, da sie nicht in antarktischem Gebiet, sondern in der Davisstraße stattfanden – folgte mit »Highjump« die bis dahin größte Trainingsaktion, an die sich 1948 noch »Windmill« anschloss. Der Kardinalfehler besteht also schon darin, »Highjump« als ein isoliertes Ereignis zu betrachten – vielmehr war die Expedition Bestandteil einer weitaus umfangreicheren Militärübung des frühen Kalten Krieges.

Im Gegensatz zu »Tabarin« war »Highjump« übrigens zu keinem Zeitpunkt eine geheime Operation, auch wenn die militärischen Erkenntnisse zur damaligen Zeit verständlicherweise nicht veröffentlicht wurden. Tatsächlich befanden sich sogar 11 »embedded journalists« an Bord der Flotte, die ausführlich über die Expedition berichteten. Walter Sullivan, der für die Wissenschaftsredaktion der New York Times schrieb, verfasste sogar ein Buch (»Quest for a Continent«) über die Reise, welches 1957 im New Yorker Verlag McGraw-Hill erschien.

Between 2 December 1946, and 22 March 1947, the 11 journalists transmitted 2011 messages totalling 478,338 words to Radio Washington, for onward transmission to their employees. Given the tremendous degree of press coverage, it was misleading for Choron [Anm: Erich Choron ist der Autor dieses Artikels über 'Operation Highjump and the UFO connection'] to state: 'little other information was released to the media about the mission, although most journalists were suspicious of its true purpose given the huge amount of military hardware involved.

All dies beeindruckte die Verschwörungsenthusiasten wenig, die in »Highjump« vor allem aus zwei Gründen einen geheimen –

und gescheiterten – Angriff auf eine vermeintliche Basis im von der Schwabenland-Expedition kartographierten Gebiet sahen: dem vorzeitigen Ende der Mission und dem Verlust an Menschenleben, die beide dem Widerstand übrig gebliebener Nazi-Truppen zugerechnet werden. Wie man vermuten kann, ist die eigentliche Erklärung sehr viel banaler und weitaus weniger dramatisch.

Da einer der beiden Eisbrecher – die USS Burton Island – beim Aufbruch der Flotte noch überholt wurde, konnte er sich der Expedition erst später anschließen, weshalb zunächst lediglich ein Eisbrecher – die USS Northwind – verfügbar war. Hierdurch kam die Flotte wesentlich langsamer als geplant voran, so dass das Ross-Schelfeis erst am 15. Januar erreicht werden konnte. Hinzu kam ein äußerst strenger Winter – und da die Mehrzahl der Schiffe nicht über einen verstärkten Rumpf verfügte, musste die Rückfahrt bereits am 23. Februar angetreten werden, um weitere Schäden durch Eiseinschluss zu vermeiden.

Der verspätete Aufbruch der Flotte, das Fehlen des zweiten Eisbrechers, überraschend viel Packeis und der frühe Wintereinbruch sorgten dafür, dass die Übungen nach etwas mehr als einem Monat beendet werden mussten – den meisten Autoren zufolge ein verdächtig kurzer Zeitraum, der sich nur durch unerwarteten Widerstand erklären lässt. Diese Einschätzung mutet insofern kurios an, als dass die gleichen Autoren den noch kürzeren Zeitraum der Schwabenland-Expedition von 1938/39 für durchaus ausreichend halten, um eine dauerhaft bemannte Basis zu errichten.

Während sich also die US-Expedition tatsächlich kürzer in dem Gebiet aufhielt, als dies ursprünglich angedacht war, ist das zweite oft zitierte Element – die angeblichen »großen Verluste an Mensch und Material« eine reine Erfindung. Tatsächlich ging im Rahmen von »Highjump« nur ein einziges Flugzeug vom Typ

Mariner während eines Schneesturms an den Koordinaten 71° 22′ Süd und 99° 20′ West verloren, was – wie man mit Google Earth leicht überprüfen kann – nicht mal in der Nähe des Königin-Maud-Landes liegt. Während sechs Mitglieder der Crew überlebten und gerettet werden konnten, mussten drei tote Soldaten im Eis zurückgelassen werden, wie der eingebundene ABC-Bericht erläutert.

Die Gerüchte, die »Highjump« umgaben, beflügelten unglücklicherweise auch die Phantasien einiger deutscher Zeitgenossen aus der bräunlichen politischen Ecke, die darin eine Chance zur Wichtigtuerei sahen, die natürlich nicht ausgeschlagen werden konnte.

As early as the 1950s, rumours began to circulate among certain German nationalist circles that the post-war flying saucers were in fact German super-weapons that had been under development and tested during the Thrid Reich. [...] By the late 1970s, neo-Nazi writers were claiming that the 'Last Battalion', a massive Nazi military force [...] was in posession of a vast tract of Antarctica. [...] Wilhelm Landig and Ernst Zündel, both neo-Nazi publishers and authors, blended the stories, hints and suggestions into a powerful and elaborate myth of Nazi resurgence.

Hinzu kommt noch ein völlig aus dem Kontext gerissenes Zitat von Konteradmiral Byrd, welches in leicht abgeänderter Form auf tausenden Webseiten zu finden ist. In einem Interview mit der chilenischen Zeitschrift El Mercurio gab Byrd angeblich die folgende Warnung heraus:

In case of a new war, the continental United States will be attacked by flying objects which can fly from pole to pole at incredible speeds.

Legt man Occam's Razor zugrunde, dürfte selbst bei diesem verfälschten Zitat klar sein, dass Byrd hier vermutlich eher auf die sowjetischen Streitkräfte abzielt, die über Alaska in die USA einfallen, als auf fliegende Untertassen aus dem Dritten Reich – ganz abgesehen von der naheliegenden Frage, warum Byrd ein Staatsgeheimnis ausgerechnet in der chilenischen Presse offenbaren sollte. Sieht man sich den Originalartikel an, wird die Sache noch klarer:

Admiral Richard E. Byrd warned today, that the United States should adopt measures of protection against the possibility of an invasion of the country by hostile planes coming from the polar regions. The Admiral explained that he was not trying to scare anyone, but the cruel reality is, that in case of a new war, the United states could be attacked by planes flying over both poles. [...] The fantastic speed in which the world is shrinking – recalled the Admiral – is one of the most important lessons learned during his recent Antarctic expedition.

Wie man von »could be attacked by planes flying over both poles« und »the fantastic speed in which the world is shrinking« zu »we will be attacked by flyig objects, which can fly from pole to pole at incredible speeds« kommt, lässt sich im besten Fall noch mit schlechten Spanischkenntnissen begründen – im schlechtesten mit bewusster Verfälschung.

Operation Argus

Während die von Zündel et al. propagierte Neuschwabenland-Geschichte mit dem »Sieg« über Admiral Byrd endet, existiert noch eine zweite Variante, in der die Amerikaner das vermeintliche »Neuberchtesgarden« in der Antarktis 1958 unter dem Deckmantel eines Atomtests zerstören. In der Tat fanden 1958 im Rahmen der Operation »Argus« drei atmosphärische Detonationen statt, durch die ermittelt werden sollte, ob es nach einer atomaren Explosion zu Wechselwirkungen zwischen radioaktiven

Isotopen und dem Magnetfeld der Erde kommt bzw. wie diese Wechselwirkungen sich auf diverse militärische Ortungs- und Kommunikationssysteme auswirken könnten. Diese Tests fanden zwar in der südlichen Hemisphäre statt – allerdings immer noch zwischen 2.300 und 3.500km nördlich des Königin-Maud-Landes sowie in einer Höhe von bis zu 750km, was für einen direkten Angriff auf eine dort gelegene Basis ein wenig weit entfernt (und hoch) gewesen wäre.

Wer in diesem Punkt den Angaben des US-Militärs nicht vertraut, kann sich an den von Wolff et al. 1999 veröffentlichten »Antarctic snow record« halten, der in Atmospheric Environment erschienen ist und für die 50er und 60er Jahre keinen radioaktiven Peak ausweist, der bei einer in der Nähe durchgeführten Nuklearexplosion aufgrund des Fallouts zu erwarten gewesen wäre (die von Wolff und seinen Kollegen analysierten Schneeproben stammen aus Coatsland, welches direkt südlich an das Königin-Maud-Land angrenzt).

Eric W. Wolff, Edward D. Suttie, David A. Peel, Antarctic snow record of cadmium, copper, and zinc content during the twentieth century, Atmospheric Environment, Volume 33, Issue 10, 1 May 1999, Pages 1535-1541, ISSN 1352-2310, DOI: 10.1016/S1352-2310(98)00276-3

Darüber hinaus befand sich ausgerechnet im Jahr 1958 eine gemeinsame Expedition norwegischer, belgischer, britischer und japanischer Wissenschaftler im Königin-Maud-Land, denen ein (dreifacher) US-amerikanischer Nuklearschlag sicher nicht entgangen wäre. Zuvor müsste übrigens auch schon dem Team von Wissenschaftlern aus Norwegen, Schweden und Großbritannien der Nazi-Stützpunkt entgangen sein, die sich zwischen 1949 und 1952 im Königin-Maud-Land aufhielten.

Fazit und Epilog

Natürlich kann selbst die äußerst gründliche Sektion der Neuschwabenland-Geschichte durch Summerhayes und Beecher einen überzeugten Verschwörungsanhänger nicht überzeugen, der sämtliche von den Autoren ausgewerteten Logbücher, freigegebenen Militärdokumente und Karten in Bausch und Bogen als Fälschungen verwerfen wird. Hierzu ein Zitat der Autoren, welches ebensogut von Sagan stammen könnte (der von den beiden auch zitiert wird):

The burden of proof should fall on the shoulders of those making the claims. It is not sufficient to propose an idea and then claim that the hypothesis is untestable because the evidence for it has been covered up.

Bleibt noch eine Frage offen: Warum haben sich Summerhayes und Beecher überhaupt der Mühe unterzogen, eine derartig unplausible Verschwörungstheorie in einem 21seitigen Paper abzuwickeln? In einem recht unterhaltsamen Interview mit Nature lässt Colin Summerhayes durchblicken, er sei zum einen als Polarforscher so häufig auf die Geschichte angesprochen wurden, dass er es für an der Zeit hielt, einmal ein paar deutliche Worte zu Papier zu bringen. Zum anderen habe er festgestellt, dass es viel einfacher sei, Leute für die Polarforschung zu begeistern, wenn man mit Neuschwabenland einsteigt…

Ein einziger bis heute nachwirkender positiver Effekt der Schwabenland-Expedition lässt sich übrigens feststellen: Von dem Gezerre zwischen Deutschland und Norwegen um antarktische Hoheitsansprüche aufgeschreckt, gründeten die USA 1939 das US Antartic Service Program (USAP), um eigene Expeditionen in das Gebiet zu organisieren und eventuell ebenfalls Hoheitsansprüche anmelden zu können. Das USAP existiert heute noch immer und betreibt mit der McMurdo Station, der Amundsen-Scott

South Pole Station und der Palmer Station drei rund ums Jahr bemannte polare Forschungseinrichtungen.

Ein gutes Ende nahm es übrigens auch mit Kapitän Alfred Ritscher, dem Kommandanten der deutschen Expedition, der trotz seiner politisch exponierten Stellung als Regierungsrat im Oberkommando der Kriegsmarine und der Tatsache, dass er seine Ehefrau ihrer jüdischen Familie wegen schon 1934 abservierte, nach dem Krieg zum Vorsitzenden der Deutschen Gesellschaft für Polarforschung gewählt wurde und 1959 das Große Bundesverdienstkreuz in Empfang nehmen durfte.

DOKU DEUTSCH 2016 + Mythos Neuschwabenland: Die UFO Verschwörung +

https://www.youtube.com/watch?v=uMW-3hIBE1w

Betrachtet man das Thema um die »Hohle Erde« etwas länger kommt man früher oder später auf das 3. Reich oder vielmehr auf die Geheimgesellschaften welche die Macht zu dieser Zeit besaßen. Gerade beim Thema Geheimgesellschaften und ihre Macht während des 3. Reiches stößt man immer wieder auf zwei Persönlichkeiten. Da wäre zum einen Freiherr Rudolf von Sebottendorf und zum anderen Karl Haushofer.

Im April 1898 verließ Adam Alfred Rudolf Glauer (bürgerlicher Name) Deutschland um nach Australien, Ägypten und später in die Türkei zu reisen. Der spätere Theosoph, Rosenkreuzer, Freimaurer und Freiherr von Sebottendorf hielt sich zu dem Zeitpunkt in Kairo auf, als der spätere Stellvertreter Hitlers, Rudolf Hess noch in Kairo zur Schule ging. Wurden hier vielleicht schon Verbindungen zueinander geknüpft? Zwischen 1900 und 1913 hat sich Glauer in Ägypten und der Türkei aufgehalten, wo er in Kontakt mit den einflußreichen Orden der Bektaschi-Derwische kam. Von ihnen wurde Glauer in okkulte Lehren eingeführt. Viele seiner Lebensjahre liegen immer noch im Dunkeln. Er hieß Rudolf Glauer, bevor er in der Türkei von dem Rosenkreuzer und Baron Freiherrn Heinrich von Sebottendorf, kurz vor seinem erneuten Auftauchen in Deutschland adoptiert und mit beträchtlichen Geldmitteln versehen wurde. Irgendwann 1917 kam er als türkischer Staatsangehöriger nach Deutschland zurück. Um deutschem Recht zu genügen, wurde die Adoption 1914 in Wiesbaden von einem Siegmund von Sebottendorf von der Rose wiederholt. Am Tag nach der deutschen Kapitulation, beging Sebottendorf (Glauer) angeblich Selbstmord im Bosporus.

Karl Haushofer wurde 1869 geboren. Haushofer war eine jener Gestalten, die zu den wesentlichen Bindegliedern zwischen den okkult-esoterischen Bewegungen der Jahrhundertwende und dem 3. Reich gehören. Als Geograph unternahm er um die Jahrhundertwende zahlreiche Reisen nach Indien und in den Fernen Osten. Spätestens 1903 muss er zu dem Kreis um den aus Kleinasien stammenden Magier und Esoteriker Georg Iwanowitsch Gurdjieff gestoßen sein. Mit ihm soll Haushofer Berichten zufolge mehrere Jahre (1903, 1905, 1906) in Tibet und zwischen 1907 und 1908 in Japan gewesen sein. In Japan lernte Haushofer die Landessprache und trat einer der bedeutendsten buddhistischen Geheimsekten bei, bei der es sich vermutlich um die Gelbmützen ((dGe-lugs-pa) gehandelt haben könnte. Man sprach überdies Haushofer mediale Fähigkeiten und andere außergewöhnliche Begabungen zu. Während des Ersten Weltkrieges soll er verschiedenen Berichten nach als Hellseher aufgefallen sein, der feindliche Angriffe, Unwetter und andere Ereignisse auf die Minute genau vorherzusagen verstand. Karl Haushofer begann 1946 Selbstmord.

Freiherr R. v. Sebottendorf war wie Karl Haushofer begeisterter Indien- und Tibetreisender und ebenfalls in der Erbengemeinschaft der Tempelritter (Societas Templi Marcioni). Dies war eine Geheimgesellschaft die sich mit der Vervollkommnung des Menschen, durch Meditation, Atemübungen und Yogapraktiken beschäftigte.

Daraus lässt sich erkennen, dass vor, aber auch während dem 3. Reich Interesse bestand Verbindungen zum Osten zu schaffen. Das wohl bekannteste Beispiel hierzu ist die enge Freundschaft zwischen dem XIV Dalai Lama und dem Angehörigen der SS Heinrich Harrer. Während sich Harrer in Indien aufhielt, brach der Krieg aus, und er wurde, als junger Soldat bis 1944 von den Engländern interniert. Erst dann konnte er mit einem Kameraden nach Tibet fliehen. Ein »Zufall« oder das »Schicksal« führten dazu, dass er bis Anfang der 50er Jahre als der persönliche Lehrer des jungen Dalai Lama tätig war, den er über alle »Wunder« der westlichen Zivilisation unterrichtete und auch in die englische Sprache einführte. 1952 kehrte der »Lehrer« seiner Heiligkeit nach Deutschland zurück. Diese Geschichte wird in dem Film Sieben Jahre in Tibet (mehr oder weniger) erzählt.

Harrer sowie der Wissenschaftler und Tibetspezialist Ernst Schäfer glaubten, Tibet sei die Wiege der Menschheit, ein Zufluchtsort wo eine Priesterkaste ein geheimnisvolles Reich namens Shambhala geschaffen habe – dekoriert mit dem buddhistischen Symbol vom Rad der Lehre, einem Hakenkreuz. Schäfer arbeitete nicht nur als ein einfaches Mitglied der SS, sondern zählte zum persönlichen Stab Heinrich Himmlers und wurde später Leiter der Abteilung »Ahnenerbe«.

Gegen Ende des Zweiten Weltkrieges entdeckten sowjetische Soldaten in Berlin mehr als 1000 tote Tibeter, die Uniformen der Wehrmacht trugen. Doch nun zurück zu den Herren Haushofer und von Sebottendorf.

Die Thule-Gesellschaft

Gegen 1918 formierten sich einige mächtige Leute um Sebotten-dorf und Haushofer und gründeten die Thule–Gesellschaft oder den Thule – Förderer – und Freundschaftskreis. Welch komi-scher »Zufall«, dass nach gerade mal einem Jahr Aufenthalt in Deutschland für Sebottendorf soviel Einfluss bestand um einen Geheimbund zu gründen. Diese Gesellschaft hatte rangvolle Per-sönlichkeiten als Mitglieder; z.B. Guido von List, Dietrich Eckart der Chefredakteur des »Völkischen Beobachters«, Adolf Hitler, Rudolf Steiner der Begründer der anthroposophischen Lehren, Rudolf Hess Stellvertreter des Führers und SS-Obergruppenfüh-rer, Hans Frank der NS-Reichsleiter, Heinrich Himmler, Herr-mann Göring uvm.

Hier wurden, unter Ausschluss der Öffentlichkeit, geheime Rituale sowie machtpolitische Unterredungen gehalten. Sie wurde zu einer Geheimgesellschaft, zu einem okkulten Mittelpunkt des Nationalsozialismus. Sicher war die Thule-Gesellschaft nicht al-lein für die Machtübernahme Hitlers verantwortlich, doch würde ein genaueres Erklären den Rahmen sprengen und vor allem vom Thema abweichen. Ein interessantes Buch zu diesem Thema ist »Das Schwarze Reich« (siehe Quellenangabe). Diese Thule-Gesellschaft hielt, innerhalb ihres Bundes, mit nur wenig Ein-geweihten, Seancen und spiritistische Sitzungen ab. Bei diesen Sitzungen im engeren Kreis, wurde alt-verborgenes-Wissen durch Wesen im Jenseits übermittelt.

Dass, zur Zeit Hitlers, in Deutschland Symbolismus, die Geomantie und der Mystizismus etwas alltägliches war, beweist sich in der Darstellung des 3. Reiches. Die Runen als Beispiel, welche unterschiedliche Bedeutungen haben und denen verschie-dene Kräfte zugesprochen werden, zierten die Uniformen der SS und auch die Fahnen des deutschen Heeres. Oder das Hakenkreuz, das in vielen asiatischen Ländern auch heute noch benutzt und als Glückssymbol angesehen wird. Sowie die Bauweise mancher Architekten des Nationalsozialismus (Wewelsburg, Olympiastadion, Parteitagsbauten,....).

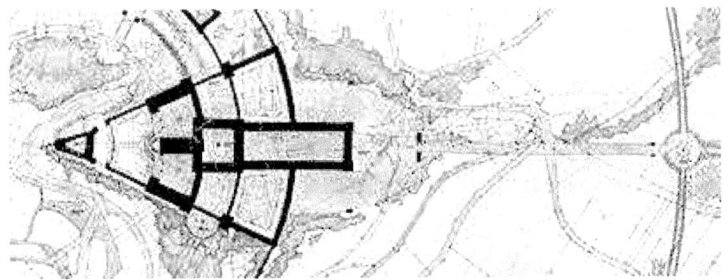

Bauplan der Wewelsburg

Die Thule-Gesellschaft war durch Übersetzungen von tibetischen, indischen und griechischen Schriften der Meinung, dass unsere Erde hohl und von innen bewohnt sei. »Ultima Thule« soll die Hauptstadt des Kontinents Hyperborea gewesen sein, der älter als Lemuria und Atlantis war. Die Hyperboreaner waren Thule-Texten zufolge, technisch wie sozial sehr weit fortgeschritten. Dieser Kontinent soll im Nordmeer gelegen haben und im Verlauf einer Eiszeit gesunken sein. Während dieser Katastrophe sollen die Hyperboreaner mit Hilfe riesiger Maschinen, große Tunnel in die Erdkruste gegraben und sich unter der Himalaya-Region angesiedelt haben. Dieses Reich bekam den Namen Agharta oder Agharti mit der Hauptstadt Shamballah. (BILD) Der heutige XIV. Dalai Lama sowie Lamas aus der Mongolei und Tibet geben an dieses unterirdische Reich und den dort lebenden Herrscher der Welt (Rigden Iyepo) zu kennen. Der Dalai Lama behauptet sogar, dass er der Stellvertreter des Königs auf Erden ist. Das unterirdische Reich hatte sich über die Jahrtausende unter der gesamten Erdoberfläche verbreitet, mit riesigen Zentren unter der Sahara, dem Matto Grosso in Brasilien, Yucatan in Mexico, Mount Shasta in Kalifornien und vielen mehr.

Die Thulegesellschaft (und andere Logen) wollten mit diesen Zivilisationen wieder in Kontakt treten und beschloss mehrere Expeditionen nach Tibet zu machen (Harrer, Schäfer,...). Weitere Expeditionen erforschten die Anden, das Matto Grosso Gebirge im Norden und Santa Catarina im Süden Brasiliens, in der Tschechoslowakei, an Nord- und Südpol und überall wo man sich erfolgreiche Funde versprach.

Ebenso dachten die Thuleverbündeten, dass durch zwei große Öffnungen an den Polen, diese innere Erde erreichbar sei. Sie beriefen sich auf Übersetzungen verschiedener Texte, Geheimwissen von unterschiedlichen Geheimgesellschaften, Gesetzmäßigkeiten welche sie in der Natur beobachten konnten, wie die Hohlräume der Körperzelle, der Eizelle, des Atoms, der Kometen,... sowie auf die Hermetik (wie innen so außen oder Mikro- Makrokosmos).

Die Vorstellung über den Aufbau unserer Erde stützen hier noch Polarforscher wie Cook, Amundsen, Jansen und Byrd. Alle standen dem gleichen wissenschaftlichen unerklärlichen Phänomenen gegenüber:

- wärmer werdender Wind nach dem 76° Breitengrad
- Vögel, Füchse und andere Tiere ziehen, obwohl es dort angeblich kälter wird, Richtung Pole
- Funde von grauem und buntem Schnee, stellten sich nach dem Auftauen als Vulkanasche und Blütenpollen heraus
- ebenso wurden Mammuts entdeckt, deren Fleisch noch frisch und deren Mageninhalt mit frischem Gras gefüllt war
- und sie sahen stellenweise 2 Sonnen (die Innere und Äußere).

Das neue (Schwaben) Land

Mitte November 1938, als die Vorbereitungen für eine Antarktis-Expedition in vollem Gange liefen, kam der amerikanische Antarktisforscher Richard Evelyn Byrd, auf Einladung der Polarschiffahrtsgesellschaft, nach Hamburg. Dort führte er in der Urania vor 82 anwesenden Personen einen Antarktisfilm vor (Titel: Mit Byrd zum Südpol). 54 von diesen Personen waren Mitglieder der Schiffsbesatzung und kamen zur Schulung und Vorbereitung auf diese Antarktis-Expedition. Byrd hatte den Südpol 1929 fast überflogen. Im Jahre 1938 wurde dann eine deutsche Antarktis-Expedition mit einem Flugzeugträger (Katapultschiff), welcher den Namen Schwabenland trug, durchgeführt, der dem dort erschlossenen Land den Namen gab: NEUSCHWABENLAND.

Dieses Schiff konnte mit Hilfe von Dampfkatapulten 10 t schwere Flugzeuge in die Luft befördern.

Diese fortschrittliche Technik hat 1934 bereits von der Lufthansa für den Postverkehr mit Südamerika Verwendung gefunden. Im Herbst 1938 ist die Schwabenland in Hamburger Werften für eine Expedition antarktistauglich gemacht worden. Das allein verschlang die enorme Summe von 1 Mio. Reichsmark. Die Schwabenland verließ den Hafen von Hamburg am 17.12.1938 und erreichte das Ziel, die Antarktis am 19.01.1939 bei 4° 15'W und 69° 10'S.

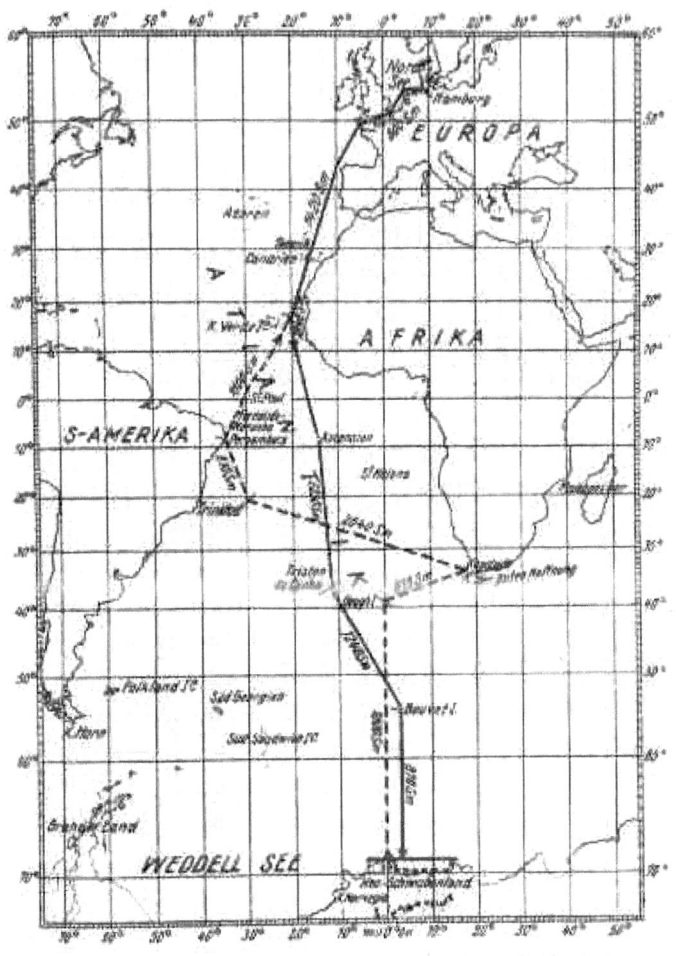

Streckenkarte der Schwabenland-Expedition 1938/1939
(Lufthansa-Archiv).

Wegkarte Antarktis Expedition 1938 / 39

Das Kommando dieser Expedition sollte Alfred Ritscher führen. Diese Expedition sollte durch Flugerkundung, luftphotogrammetrische Aufnahmen und Flaggenabwurf deutsche Ansprüche auf antarktischen Besitz begründen. Zu diesem Zweck wurde das Flugzeugmutterschiff (Schwabenland) am Rande der Antarktis im südatlantischen Ozean stationiert und durch Flüge ein über 600.000km² großes Gebiet erkundet, welches dann als Neuschwabenland gekennzeichnet wurde. Die beiden Flugboote »Boreas« und »Passat« überflogen mehrere Male das Gebiet.

Flugboot »Boreas«

Sie dokumentierten dieses mit über 11.000 Fotografien, die heute noch existieren. Diese Fotografien wurden mit Zeiss Reihenkameras RMM 38 gemacht.

Es wurden Gebirge mit Gipfeln über 4000m Höhe und riesige eisfreie Flächen entdeckt, die mit Namen wie »Wohltat-Massiv« und »Muehlig-Hoffmann-Gebirge« bezeichnet wurden oder das »Ritscher-Land« das den Namen des Führer dieser Expedition, Alfred Ritscher bekam. Es wurde von einer noch erstaunlicheren Landschaft berichtet, die auf halbem Wege zwischen dem Wohltat-Massiv und den Eisklippen der Küste entdeckt wurde. Es war ein tiefliegendes, hügeliges Gebiet mit vielen Seen, das völlig schnee- und eisfrei ist. Die Seen wurden nach einem der Flugkapitäne »Schirmacher-Seen« genannt.

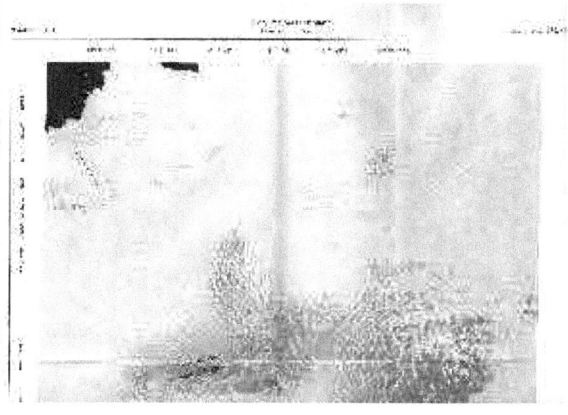

Die Schirmacherseenplatte

Überall im Gebiet von Neuschwabenland wurden Reichsfahnen aus Metall abgeworfen und Steckflaggen an der Nordküste gesetzt.

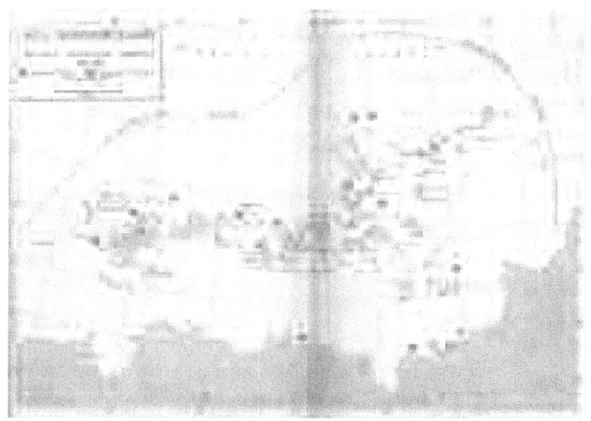

Karte der abgeworfenen Flaggen

Gesamtkarte der Antarktis und deren erkundeten Gebiete

Nach dem damaligen Völkerrecht, welches heute noch mit einer kleinen Ausnahme gilt, war und ist dies ein legaler und gültiger Vorgang. Diese kleine Ausnahme sagt, dass heute nach internationalem Recht keine Gebietsansprüche in der Antarktis geltend gemacht werden können. Die Antarktis war zu geringen Teilen unter anderen Staaten aufgeteilt, es lebte dort keine Menschenseele und durch die Erforschung und die Abwürfe der Fahnen hat das deutsche Reich dort Handlungsfähigkeit bewiesen. Dadurch wurde eine völkerrechtliche wirksame Inbesitznahme begründet. Zu vergleichen mit der USA und dem Mond.

Die Inbesitznahme von Neuschwabenland wird heute in Deutschland von offiziellen Seiten geleugnet. Hier der Wortlaut einer Stellungnahme des Auswärtigen Amtes auf eine entsprechende Anfrage (1993):

Das frühe deutsche Reich hat Gebietsansprüche in der Antarktis nicht erhoben, und zwar auch nicht in Bezug auf das von der deutschen Antarktis-Expedition 1938/39 entdeckte Gebiet Neu-Schwabenland. Einer norwegischen Erklärung vom 14. Januar mit der ein größeres Gebiet in der Antarktis unter Einbeziehung von Neuschwabenland in Anspruch genommen wurde, hat die Reichsregierung am 23. Januar 1939 widersprochen und sich »bezüglich des Gebietes die volle Handlungsfreiheit vorbehalten, die sich aus den Grundsätzen des Völkerrechts ergibt«.

Konkrete Ansprüche auf das fragliche Gebiet hat das deutsche Reich allerdings weder damals noch später erhoben. »Die Bundesregierung hat lediglich im Jahre 1952 das auf die Tatsache der Entdeckung gestützte Recht zur geographischen Namengebung für Neuschwabenland ausgeübt«.

Aber was wollte dann das deutsche Reich mit ihren Flaggenabwürfen während der Antarktis-Expedition bezwecken, wenn nicht eine Inbesitznahme des antarktischen Gebietes? Denn berufend auf das Völkerrecht wäre dies eine regulärer Anspruch auf Neuschwabenland.

Zeitgleich mit dem Aufenthalt der deutschen Expeditionsgruppe in Neuschwabenland beanspruchte Norwegen das Koenigin-Maud-Land, also den Teil der Antarktis in dem auch Neuschwabenland liegt, durch eine königliche Resolution am 14.01.1939 für sich. Das Reichsaußenministerium unterrichtete daraufhin den norwegischen Gesandten in Berlin, dass die deutsche Regierung diese Besitzergreifung nicht anerkennen könnten. Norwegen führte als Beleg für seine Rechte auf das Koenigin-Maud-Land dessen Entdeckung und Erforschung an. Entdeckung und Erforschung eines Gebietes sichern dem Entdeckerstaat aber nicht für immer, sondern nur für einen kurzen Zeitraum die Erwerbsrechte zu. Der entdeckte Staat kann demnach jeden Versuch eines anderen Staates, dieses Land zu vereinnahmen, abwehren. Macht er dies nicht, verfällt der Gebietsanspruch des Entdeckerstaates. Da Norwegen nicht gegen das Ausbringen deutscher Hoheitszeichen auf dem von ihm beanspruchten Gebiet eingeschritten war, hat es die Entdeckungen und Erforschungen abgeleiteten Rechte zumindest für Neuschwabenland verwirkt.

Laut alten reichsdeutschen U-Bootkarten besteht die Antarktis aus zwei Teilkontinenten. Durch Tauchgänge jener U-Boote wurde dies während des Zweiten Weltkriegs herausgefunden. Was mit dem Walter-Antrieb kein Problem war. Der nach Prof. Walter benannte Walter-Antrieb wurde schon ab 1933 entwickelt. Das erste Versuchsboot V 80 erreichte schon bei der ersten Probefahrt eine Unterwassergeschwindigkeit von 26 kn, also fast 50 km/h, und übertraf damit die damals bis 9 kn übliche U-Bootgeschwindigkeit erheblich. Die Front war in Eiform beschaffen, wodurch das Wasser spiralförmig um die U-Boote gewendet wurde. Der untere Teil dieser Boote hatte die Form einer stehenden Acht, der Antrieb erfolgte mit Wasserstoffperoxid. Großadmiral Dönitz erklärte zu diesen Booten:»Durch diese Typen war die Überlegenheit, die die (feindliche) Abwehr dem U-Boot gegenüber seit 1943 gewonnen hatte und die im wesentlichen auf der Überwasserortung mit Hilfe kürzester Wellen beruhte, ausgeschaltet. Das U-Boot blieb, für die Ortung nicht feststellbar, unter Wasser, operierte in schützender Tiefe und griff auch nur aus ihr heraus an.«

Ebenfalls ermöglichte dieser sogenannte Walter-Schnorchel längere Strecken ohne auftauchen zu bewältigen.

An advanced submarine schnorkel. With this device German U-Boats overcame the necessity for surfacing to recharge their batteries. Raised above the surface by a telescoping tube, the schnorkel provided an outlet for exhaust gases and an inlet for fresh air. At first, allied radar was able to pick up the small schnorkel "blip," but German scientists countered with an anti-radar coating which appears on this model in principle similar to that used by the U.S. B-2 bomber). The U-Boats again became invisible. While this advance was of great importance it was the development of the "Electro Boat" and the Walter motor, powered by hydrogen peroxide, which gave the German U-Boat a range of 30,000 miles or more, greatly increased speed and other capabilities far in advance of Allied submarines of the 1940's and 1950's (courtesy of U.S. Navy Archives).

Der Walter-Schnorchel

Die beiden Soldaten Siewert und Wehrend waren beide Teilnehmer der Antarktisexpedition im Jahre 1938/39. Sie berichteten, dass sie auch noch nach der Beendigung der Expedition, also im Frühjahr 1939 weiterhin auf dem Schiff »Schwabenland« Dienst machten und ihr Schiff im vierteljährlichen Rhythmus zwischen Neuschwabenland und Heimathafen pausenlos pendelte um Ausrüstungsgegenstände und ganze Bergbaueinrichtungen in die Antarktis zu befördern. Dazu gehörten auch Gleisanlagen und Loren, aber auch eine riesige Fräse, um Tunnelsysteme ins Eis bohren zu können.

Auf offizieller Seite wird berichtet, dass es keine reichsdeutschen U-Boote gibt, über deren Verbleib man auf alliierter Seite nichts wüsste. Es existieren sehr viele Berichte über Absetzung von reichsdeutschen U-Booten und deren Besatzungen, während und nach dem Krieg, nach Südamerika, Nordamerika und auch die Arktis und Antarktis. Dass man hierzulande noch nicht so viel darüber gehört hat, liegt einzig und allein daran, dass fast alle Unterlagen sämtlicher Kommandobehörden, Stäbe, Flottillen und U-Boote, nach dem 2. Weltkrieg in die Hände der Alliierten (speziell England) fielen und sich zum großen Teil noch dort befinden.

Dennoch bleiben hunderte von U-Booten, die offiziell ausliefen, aber nicht versenkt wurden oder in Gefangenschaft gerieten, wie vom Erdboden verschluckt. Ebenso könnte es sich mit vielen erfolgreichen Ingenieuren, Wissenschaftlern, Medizinern und Technikern zugetragen haben, welche sicher nicht alle den Alliierten in die Hände fielen.

Eine der bemerkenswertesten Aussagen zur Expedition »Neuschwabenland« kam von Admiral Karl Dönitz, dem Oberkommandierenden der deutschen Marine und schließlich Hitlers Nachfolger, als er sagte:

»Die deutsche U-Boot Flotte ist stolz darauf, dass sie für den Führer in einem anderen Teil der Welt ein Shangri-La gebaut hat, eine uneinnehmbare Festung.«

Obwohl die Briten die Drake Passage an der südlichen Spitze Südamerikas schützten, blieben Neuschwabenland und seine Küstenlinie von den Alliierten unberührt.

Echolot-Messungen der Schwabenland und ausgedehnte Erforschungen mit U-Booten in der Gegend ergaben, dass ein unterseeischer Graben vor Neuschwabenland bis zum anderen Ende des Kontinents verläuft. Man fand heraus, dass der Graben vulkanischen Ursprungs ist. Als die deutschen Forscher ihm folgten entdeckten sie warme Seen, Höhlen, Gletscherspalten und Eistunnel.

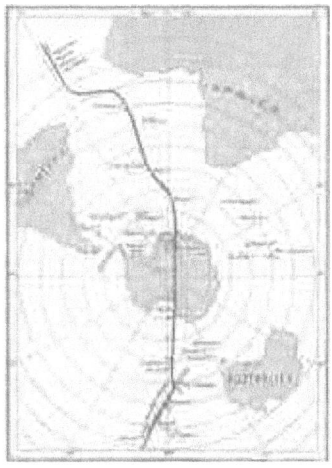

Verlauf des Grabens

Die Theorie, dass sich eine Elite aus dem 3. Reich anhand modernster Technologie (U-Boote,…) in die Antarktis abgesetzt hat, wird noch erhärtet wenn man die Bemühungen der Alliierten betrachtet, welche durch die Operation Highjump in Neuschwabenland landen wollten. Schaut man sich die offizielle Erklärungen zu dieser Operation an so heißt es einmal Material- und Mannschaftserprobung unter polaren Voraussetzungen, oder die von Dr. Paul A. Siple vermutete tiefgreifende Veränderung der Schelfeisküste in der Bay of Whales (Ross Sea) festzustellen. Inoffiziellen Berichten zufolge hieß der Leiter der Operation Admiral

Richard E. Byrd. Derselbe Byrd der 9 Jahre zuvor noch einen Antarktis-Vortrag in Hamburg hielt.

Im Winter 1946/47 unternahm die US-Navy eine Expedition in die Antarktis. Diese Operation sah vor, dass der Expeditionskonvoi, bestehend aus Schiffen und Flugzeugen, sich in drei Gruppen teilte

Byrds sogenannte Mittelgruppe sollte die Scott-Inseln ansteuern und in Little America eine Basisstation samt Flugfeld, damit man von dort aus Erkundungsflüge in das Innere der Antarktis unternehmen konnte. Während dessen Hatte die Ost- bzw. die Westgruppe die Aufgabe die antarktische Küste zu erkunden. Es war der 21.01.1947, als der Expeditionskonvoi die Antarktis erreichte und die Männer an Bord ihrer Schiffe mit ihrer Arbeit begannen. Am 13. Februar war man soweit, bei der Byrd-Gruppe, um die Flüge ins Landesinnere zu starten. Aber schon 3 Wochen später, am 03.03.1947, ordnete Admiral Byrd den Rückzug an, weil mehrere Flugzeuge spurlos verschwunden waren. Der Rückzug erfolgte derart überhastet, dass neun Flugzeuge im ewigen Eis zurückgelassen wurden.

An der Operation Highjump waren 13 amerikanische Schiffe beteiligt, darunter Flugzeugträger, Zerstörer, Eisbrecher, ein U-Boot und 15 schwere Transportflugzeuge und Fernaufklärer und 4000 Mann. Einer der Piloten hieß Leutnant D. Bunger. Er sah als erster das, was heute seinen Namen trägt: Die Bunger-Oase. Sie gilt als eine der eigentümlichsten und schönsten Landschaft der Antarktis. Sie ist für polare Verhältnisse ungewöhnlich schwer zugängig. Obwohl sie von der Küstenlinie nicht allzu weit entfernt liegt und mit fast 200 km² Fläche eigentlich nicht übersehen werden kann, entdeckten sie die Amerikaner erst während der »Byrd–Expedition«. Die Bunger-Oase ist eisfrei und weist durch eine erhöhte Strahlungsbilanz des freiliegenden Gesteins im Vergleich zur Umgebung ein sehr mildes Mikroklima auf. Sie hat mehrere Süßwasserseen die oft das »Südliche« farbenfroh reflektieren.

Admiral Byrd nimmt zu der strategischen Wichtigkeit der Pole Stellung, denen er enorme Bedeutung zumißt. Er hob die Notwendigkeit hervor »in Alarmzustand und Wachsamkeit entlang des gesamten Eisgürtels, der das letzte Bollwerk gegen eine Invasion sei« zu bleiben, »..das Überleben der Menschheit wie das der militärischen Wissenschaft befinden sich augenblicklich in einer lebenswichtigen Phase der Entwicklung...«.

Da stellen sich aber erneut viele Fragen. Wenn es kein militärisches Interesse an Neuschwabenland gab wieso benötigte Byrd Zerstörer und Flugzeugträger mit fünfzehn schweren Transportflugzeugen? Sicher nicht für das Equipment. Anderen Quellen nach sollen bei Highjump mehrere Länder wie England, Norwegen, Russland und Kanada mit Schiffen dabei gewesen sein. Wieso wurde die Expedition mit reichlich Verlust auf Seiten der Alliierten, schon nach 2 Wochen und nicht wie vereinbart nach 3 Monaten, frühzeitig beendet? Wieso wurde laut Flugkarten des Admiral Byrd bei seiner Expedition am Südpol, Neuschwabenland als einziger Flecken der Antarktis unbehelligt gelassen? Wieso erfolgte im September des Jahres 1979 und am 5. März des Jahres 1986, Atomtests und darüber hinaus im norwegischen Sektor der Antarktis?

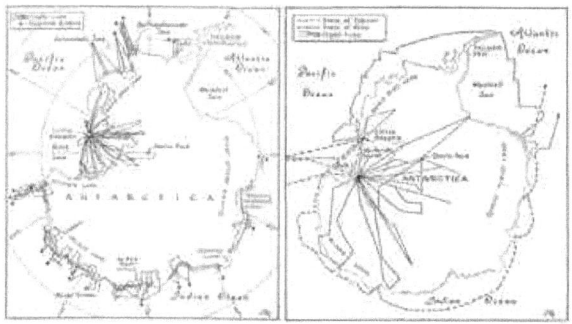

Byrds Flugrouten

Es folgt nun eine Liste der Mitglieder der Expedition – Neuschwabenland 1938/39

Deutsche Antarktische Expedition 1938/39

Expeditionsleiter Kapitän: Alfred Ritscher

Kapitän des Schiffes: Alfred Kottas, DLH

Eislotse Kapitän: Otto Kraul

Schiffsarzt: Dr. Josef Bludau, NDL

Flugkapitän: Rudolf Mayr, Fuehrer der Dornier-Wales »Passat«, DLH

Flugzeugmechaniker: Franz Preuschoff, DLH

Flugfunker: Herbert Ruhnke, DLH

Luftbildner: Max Bundermann, Hansa Luftbild G.m.b.H.

Flugkapitän: Richardheinrich Schirmacher, Fuehrer der Dornier-Wales »Boreas«, DLH

Flugzeugmechaniker: Kurt Loesener, DLH

Flugfunker: Erich Gruber, DLH

Luftbildner: Siegfried Sauter, Hansa Luftbild G.m.b.H.

I. Meteorologe: Dr. Herbert Regula, Deutsche Seewarte, Hamburg

II. Meteorologe: Studienassessor Heinz Lange, R. F. W., Berlin

Techn. Assistent: Walter Krueger, R.f.W., Berlin

Techn. Assistent: Wilhelm Gockel, Marineobservatorium Wilhelmshaven

Biologe: Studienref. Erich Barkley, Reichsstelle für Fischerei (Institut für Walforschung)

Geophysiker: cand. Geophys. Leo Gburek, Erdmagnetisches Institut, Leipzig

Geograph: Dr. Ernst Herrmann

Ozeanograph: cand. Phil. Karl-Heinz Paulsen

I. Offizier: Herbert Amelang

II. Offizier: Karl-Heinz Roebke

III. Offizier: Hans Werner Viereck

IV. Offizier: Vincenz Grisar

Schiffsfunkleiter: Erich Harmsen

Schiffsfunkoffizier: Kurt Bojahr

Schiffsfunkoffizier: Ludwig Muellmerstadt

Leitender Ingenieur: Karl Uhlig

II. Ingenieur: Robert Schulz

III. Ingenieur: Henry Maas

IV. Ingenieur: Edgar Gaeng

IV. Ingenieur: Hans Nielsen

Ing. Assistent: Johann Frey

Ing. Assistent: Georg Jelschen

Ing. Assistent: Heinz Siewert

Elektriker: Elektro-Ing. Herbert Bruns

Elektriker: Karl-Heinz Bode

Werkmeister: Herbert Bolle, DLH

Katapultführer: Wilhelm Hartmann, DLH

Lagerhalter: Alfred Ruecker, DLH

Flugmechaniker: Franz Weiland, DLH

Flugmechaniker: Axel Mylius, DLH

Flugmechaniker: Wilhelm Lender, DLH

Bootsmann: Willy Stein

I. Zimmermann: Richard Wehrend

II. Zimmermann: Alfons Schaefer

Matrose: Heinz Hoek

Matrose: Juergen Ulpts

Matrose: Albert Weber

Matrose: Adolf Kunze

Matrose: Karl Hedden

Matrose: Eugen Klenk

Matrose: Fritz Jedamezyk

Matrose: Emil Brandt

Matrose: Kurt Ohnemueller

Leichtmatrose: Alfred Peters

Decksjunge: Alex Burtscheid

Quellenverzeichnis:

Deutsche Forscher im Südpolarmeer, Safari-Verlag

Einblicke in die Innere Erde, CTT-Verlag, Heiner Gehring

Die Innere Erde Eine Übersicht, CTT-Verlag, Heiner Gehring

Ausblicke auf die Innere Erde, CTT-Verlag, Heiner Gehring

Deutsche Flugscheiben und U-Boote überwachen die Weltmeere 1+2, Gesellschaft für politisch-philosophische Studien e.v., O. Bergmann

Das schwarze Reich, Heyne Verlag, E. R. Carmin

Der Schatten des Dalai Lama, Patmos, Victor und Victoria Trimondi

Montauk V - Die Schwarze Sonne, Michaelsverlag, Peter Moon

Arktos - Das Buch der hohlen Erde, Edition neue Perspektiven, Joscelyn Godwin

Das Vermaechtnis des Messias, Bastei Luebbe, Michael Baigent, Richard Leigh und Henry Lincoln

Der heilige Gral und seine Erben, Bastei Luebbe, Michael Baigent, Richard Leigh und Henry Lincoln

Die Legende von Atlantis, Multi Media Agency, Elia the Prophet

Der Armstrong-Report, G. Reichel Verlag, Virgil Armstrong

Tibet auf geheimnisvollen Pfaden.....I+II, Edition neue Perspektiven, Theodor Illion

Die dunkle Seite des Mondes I+II, Edition Pandora, Brad Harris

Unternehmen Aldebaran, Ewertverlag, Jan van Helsing

Mystische Stätten, Time-Life

ZeitenSchrift, mehrere Ausgaben

Interview mit Virgil Armstrong, Frank E. Stranges und John Hurtak

[http://www.hi-story.de]

Sowie etliche andere Berichte aus dem Internet

LINKS UND BERICHTE ZU KAPITEL 3:

WHY ANTARCTICA IS KEPT TOP SECRET?

https://www.youtube.com/watch?v=14BtWERAUNU

Mythos Neuschwabenland

https://www.youtube.com/watch?v=9G6ZEFBtSFs

Gibt es eine geheime NAZI-Basis in der Antarktis? Meine Sache - Folge 22

https://www.youtube.com/watch?v=0iqNnp2vKWA

NeuSchwabenland Thule-Gesellschaft Südpol Expedition 265. Treffen Dr. Stoll 1v3

https://www.youtube.com/watch?v=8-LVfKr4XYA

Ufos - Mythos Neuschwabenland - Das letzte Geheimnis des 3. Reiches - Doku german

https://www.youtube.com/watch?v=UjTQamK9ABk

4. DIE UFOS DES III. REICHES

HAUNEBU BEGRIFFSDEFINITION

Haunebu ist der Mythos von den sgn. Reichsflugscheiben, einer Wunderwaffe im Deutschen Reich.

Diese Flugscheiben waren als Luft- und Raumfahrtfahrzeuge konzipiert und sollen bis dahin nicht erreichte Möglichkeiten der Luft und Raumfahrt neu definiert haben.

In der heutigen Welt wird die Existenz von Haunebu Flugscheiben dementiert und angezweifelt, gibt es doch keine offiziellen Beweise für die Existenz dieser RFZ. Die geläufigen Baupläne, Skizzen und Fotos von Haunebu Typen sollen demnach gefälscht und unecht sein.

Möglicher Einfluss der Haunebu Technik in heutiger Flug und Waffentechnik

Tatsächlich aber stieß die Entwicklung der Nurflügler und bis dahin unbekannten Technik, auch im Bereich des Düsenantriebs, auf reges Interesse der Amerikaner welche nicht zuletzt ihre Verwendung im B2 Spirit Tarnkappenbomber und F-117 Nighthawk fand. Im Vergleich dazu der düsenangetriebene Nurflügler Horten Ho IX V1 Auch der kanadische Avro Canada VZ-9AV »Avrocar« ist ein Versuch ein untertassenähnliches Fluggerät zu verwirklichen. Beim letzteren scheiterte das Projekt jedoch und kam nie über den Status eines Prototyps hinaus.

Abbildung: Haunebu 1

Bedeutung der Haunebu in der heutigen Zeit

Abgesehen vom Mythosstatus der Haunebu hat diese Flugscheibe einen erheblichen Einfluss in die Fantastik und die Science Fiction genommen.

Für eine große Gemeinde der Haunebu Anhänger ist es die Perfektion eines unbekannten Wissens und Stoff für viele Romane und Erzählungen und sogar Filme.

Tatsächlich ranken sich um die Haunebu Mythen die noch weit in die heutige Zeit hineinreichen. So erzählen Geschichten von frühen Mondlandungen, dem Besetzen der Antarktis und Erbauung dortiger Basisstationen in »Neu-Schwabenland«, von dem Hohle Erde Mythen und anderen, in diesen Zusammenhang zu bringenden Geschichten und teils Verschwörungstheorien.

Sicherlich ist hier sehr viel Potential für die Fantasie und Täuschung gegeben.

Dieses Haunebu Archivum wird jedoch keinen Unterschied zwischen Realität und Kunstabbildung machen sondern sich um die Thematik »wie gegeben« kümmern. Die Fantasie und Kunst hat den Menschen zu ihrer heutigen Entwicklung erst verholfen, so sollte auch weiterhin dieser Aspekt nicht außer Acht gelassen werden.

Andere Begriffe für Haunebu:

- RFZ – Rundflugzeuge
- Reichsflugscheiben
- Hauneburg Gerät
- Vril – wobei hier eigentlich nur der Antriebstyp Vril bezeichnet wird
- Nurflügler. ähnlich der Rundflugzeuge
- Andromeda Gerät
- Vergeltungswaffe V7
- Wunderwaffe

Die Begriffe werden unabhängig der Beschaffenheit und des Typs der Haunebu bezeichnet. Tatsächlich, am Beispiel des Andromeda Geräts, handelt es sich um verschiedene Typen der Haunebu Flugkörper. So ist das Andromeda Gerät ein Raumfahrzeug mit enormer Kapazität und der Möglichkeit unvorstellbare Entfernungen im Weltraum zurück zu legen. Ebenso hat das Andromedagerät nicht die typische »Flugscheiben Form«, quasi »Unteratassenkonstruktion« sondern die oft erwähnte »Zigarrenform«.

ANTARKTIS, EINGÄNGE IN DIE UNTERWELT

Google Earth ruft so manchen Schatz, und Rätselsucher auf den Plan.

Aber auch längst verschollene Orte wurden dort bereits entdeckt, oder eben auch Orte, die es nach allgemeinem Verständnis gar nicht geben dürfte.

Wie wäre es mit Eingängen in die innere Welt? Oder, wenn auch nicht minder interessant, zumindest Eingänge zu gigantischen Höhlen in der Antarktis. Wenn man es toppen möchte, dann packen wir doch einen weiteren Eingang dazu.

Eingänge in die Unterwelt, mitten in der Antarktis!

Groß genug um dort ganze Flotten Haunebu zu »parken«. Doch auch gut geschützte, geheime Basen ließen sich in einer derartigen Anlage sehr gut verstecken.

Laut disclose.tv haben einige Betrachter dieser Funde den Eindruck, dass die Öffnungen unter Umständen nicht ganz natürlich sind, sondern dass sie dort gezielt »hergestellt« wurden. Belegt wird das damit, dass man an einer dieser Höhlen eine metallische Verstärkung erkennen will.

Wer die Eingänge in die Unterwelt selbst bei Google Earth überprüfen möchte, muss nur folgende Koordinaten eingeben: -66° 36′ 12.58″, +99° 43′ 12.72″ | -66° 33′ 11.56″, +99° 50′ 17.46″

VRIL GESELLSCHAFT, DER HINTERGRUND

Die bedeutendste, deutsche Geheimgesellschaft ist und bleibt die VRIL Gesellschaft. Warum dies so ist, und warum sie umstritten ist, erfahrt ihr in diesem Artikel.

Was steckt dahinter? Während allgemein davon ausgegangen wird, dass diese Gesellschaft eine Erfindung, eine fiktive Gruppierung des 20. Jahrhunderts ist, kann man nicht leugnen, dass es ausreichend Nachweise gibt, dass es diese Organisation gegeben haben muss!

Die VRIL Gesellschaft – Vergangenheit – Gegenwart – Zukunft

Von der Verschwörungsseite könnte man behaupten, dass durch die Verneinung der Existenz jener Gesellschaft die Wahrheit verschleiert werden soll. Doch versuchen wir uns an die wenigen, dafür aber eindeutigen, geschichtlichen Hinterlassenschaften und Beweise zu halten und diese im Artikel zu verarbeiten.

Was bedeutet das VRIL in der VRIL Gesellschaft?

»The coming race« (ja, das ist ebenfalls der Titel vom kommenden Iron Sky Film) ist ein 1871 erschienener Roman von Edward Bulwer-Lytton. Wikipedia nennt hierzu eine mögliche Herleitung aus dem Lateinischen wurde vermutlich von dem lateinischen Wort virilis (dt.: ,mannhaft', ,kraftvoll') abgeleitet.

Der Roman führt in die Hohlwelt, wo eine überlegene, unterirdische Rasse lebt, die Vril-Ya. Diese Rasse verfügt über die Fähigkeiten der Telekinese und Telepathie.

Man kann hierbei recht wohl davon ausgehen, dass Edward Bulwer-Lytton die uralte Idee von der Hohlwelt aufgegriffen und sie in seinem Roman niedergeschrieben hat. Im Roman wird die gemeinsame Herkunft von Menschen und Vril-Ya beschrieben. Beide Rassen wurden durch eine kaum vorstellbare Katastrophe getrennt und haben sich separat weiterentwickelt.

Man sollte jedoch erwähnen, dass die Vril-Ya im Roman, »Die kommende Rasse« eine Gefahr für die Menschen an der Oberfläche darstellen, da sie eines Tages auf die Oberfläche zurückkehren werden.

Wichtige Persönlichkeiten der Gesellschaft
* Edward Bulwer-Lytton (Autor von »The coming race«)
* Helena Blavatsky (Medium)
* Louis Pauwels (Autor von »Aufbruch ins dritte Jahrtausend«)
* Jacques Bergier (Autor, wie Pauwels)
* VRIL Damen: Maria, Traute, Sigrun, Gudrun, Heike

VRIL Damen

Errungenschaften:

Die wohl wichtigste Errungenschaft der VRIL Gesellschaft ist die Erfindung der Flugmaschinen und Antriebe, welche die Grundlage für die Haunebu Flugscheiben und interstellare Reisen bildeten.

Veröffentlicht am 18. Januar 2015 Autor Haunebupilot

FLIEGENDE UNTERTASSEN UND DAS REICH

Fliegende Untertassen, Reichsflugscheiben, oder die vielleicht geheimsten Geheimwaffen der Welt.

Laien berichten darüber und auch Experten bloggen über das Thema: die Frage nach der Fliegenden Untertasse – gab es sie de facto auch konnten sie wirklich fliegen? Und wenn ja, was hat sie mit dem dritten Reich zu tun?

Der Traum des Menschen war schon immer, sich durch Luft u. a. auch Raum zu bewegen.

In der heutigen Welt wird die Anwesenheit von Reichs Flugscheiben dementiert u. a. angezweifelt, gibt es doch keine offiziellen Argumente für die Existenz jener Rundflugzeuge. Zwischen Nachbildung auch Original ist oft kaum zu unterscheiden. Die verfügbare Technologie macht es vorstellbar.

Operation Paperclip, oder wie die Haunebu Konzept überlebte

B2 Spirit, F-117 Nighthawk und die Ausgangsebene der Tarnkappen. Genau betrachtet ähneln sie auch Nurflüglern aus der Geschichte, Technikgrundlagen, selbige von den Amerikanern nach Ende des Krieges ausgewertet und verwertet wurde. Ob Nurflügel Horten oder der Avrocar, der Beleg könnte auch hier liegen, dass eben jene erwähnten, durch Entwendung erworbenen Blaupausen die Grundlage dieser Fluggeräte bildete. Während der Tarnkapenbomber Wirklichkeit geworden ist, ist, wie schon erwähnt, der Avrocar der Kanadier gescheitert.

Fliegende Untertasse?
Eine moderne Illustration zur Haunebu Thematik

Haunebu Methode, was verraten uns moderne Waffensysteme des Militärs?

Abgesehen vom Mythosstatus der Hauneburg hat diese Flugscheibe einen deutlichen Einfluss in die Phantastik außerdem die Science & Ficton genommen.

Sie finden Verwendung in den genannten Filmen, in Literatur auch Phantastik des 20. auch 21. Jahrhunderts.

Tatsächlich ranken sich um die Haunebu Mythen die noch weit in die heutige Zeit hinein reichen. So erzählen Sagen von frühen Mondlandungen, dem Besetzen der Antarktis und Erbauung dortiger Basisstationen in »Neuschwabenland«, von dem Hohlwelt Mythen u. a. anderen, in diesen Bezug zu bringenden Geschichten und teils Verschwörungstheorien.

Schwindel außerdem Wahrheit liegen hierbei natürlich sehr nahe.

Trockene Hypothese auch Forschung direkt neben Fantastik außerdem Grafik sollen hier analog behandelt werden und Forum haben.. Denn, auch das ist mehr als beweisend, hat die Einbildungskraft der Forschung nicht kaum erst auf die Sprünge geholfen u. a. sie ermöglicht.

Haunebu, RFU oder Flugscheibe oder doch nur?:

- RFZ – Rundflugzeug
- UFO
- Letzte Hoffnung V2
- Nurflügler. ähnlich der Rundflugzeuge
- Reichsflugscheiben
- und ähnlich

Die Begriffe werden unabhängig der Form außerdem des Typs der Haunebu bezeichnet. Es gibt eine größere Anzahl als nur einen Haunebu Muster, dies wird gerne außer Acht gelassen. Die typische Zigarrenform des Andromedageräts verrät dem Insider, dass es sich dabei nicht um ein Nurflügler handelt, anstatt eine Art »Transporter« für mehrere Haunebu auch Besatzung.

VRIL Crafting

Ich habe bereits oft darüber geschrieben, dass es einige Künstler auf dieser Welt gibt, welche auf die Symbolik rund um die VRIL Energie zurückgreifen, mich eingeschlossen.

Dabei meine ich nicht unbedingt Film und Fernsehen, welche das Thema für sich natürlich auch unlängst entdeckt haben und damit auch die breite Masse versorgen. Denn nicht jeder geht auf diese Form der Kunst unvoreingenommen zu. Für viele hängt da zu viel Politik drin. Doch ist diese Haltung relativ unbegründet. In erster Linie ist es Kunst und Kunst kennt keine Grenzen.

Scott A Belknap »Vrilspiration« 2010

VRIL Crafting, Haunebu Kunst

In dem kleinen Künstlerkreis (z.B. Scott, von dem ich ebenfalls schon geschrieben habe – siehe auch das Bild, welches eben von Scott ist) finde ich persönlich immer wieder Anregungen neue Grafiken zu erstellen oder gar das eine oder andere Musikstück zu komponieren. Inspriert von der mystischen VRIL Kraft, nahezu unvorstellbaren Raumflugzeugen und Kampfsystemen wie aus einem Science Fiction Film.

Ich persönlich hatte z.B. schon die Freude mit einem berühmten Künstler aus den USA zusammenarbeiten zu dürfen. Kein Geringerer als Robert N. Taylor schuf die Vorlage auf welcher ich dann das Shirt und den Aufnäher »Vril Blitz« schuf (Link führt in meinen Shop, nur als Anmerkung …)

In diesem Zusammenhang spricht man auch von VRILspiration. Auch dieser Begriff ist auf den werten Scott zurück zu führen.

Veröffentlicht am 5. März 2014 Autor Haunebupilot

ZEITALTER DER FLUGSCHEIBEN

Ohne auf die üblichen UFO Meldungen zu verweisen: was ist los auf der Welt?

Es brennt in der Ukraine, es wird in Afghanistan gekämpft und sonst wo kriselt es schon seit Jahrzehnten.

Immer öfter berichten unabhängige und mündige Bürger von Sichtungen, welche man auch am ehesten als Haunebu bezeichnen kann. Flugscheiben, Luftkreisel, RFZ und wie man diese »Wunderwaffen« noch bezeichnen möchte.

Beobachtet: UFO – Flugscheiben überall auf der Welt

Was also ist anders an dieser Zeit? Ist es ein Beweis dafür, dass die Technik der Rundflugzeuge und Flugscheiben den letzten Weltkrieg überdauert hat, sei es auf der Erde oder irgendwo anders im Universum, sich jedoch nicht einmischt und nur beobachtet?

Oder sind die Haunebu Piloten jene, welche erst den Bau von RFZ in den Anfängen des 20 Jahrhunderts ermöglicht haben? Wesen von einem anderen Stern. Aldebaran? Sirius?

Haunebu – eindeutige Fotomontage (Augsburg?)

In eigener Sache:

Für all jene, welche dem **Haunebu Archivum** trotzdem weiterhin die Treue gehalten haben, und das obwohl eine verdammt lange Zeit kaum etwas Neues dazukam, sei gedankt.

Durch Arbeit und Privates lies sich das Projekt kaum weiter verfolgen.

Ich kann allerdings noch dazu sagen, dass ich der Kunst um diese tollen Raumschiffe nicht aufgegeben habe und so manche Illustration entstanden ist. Ich bleibe auch weiterhin ein Haunebupilot und steuer die Flotte in ein neues Jahrtausend! Wenn nicht hier, dann in einer anderen Welt.

Vielleicht lag man bei dem Gedanken der Jenseitsflugmaschine auch gar nicht so weit daneben. Vielleicht ist der Weg nicht in die Höhe sondern in der Tiefe zu suchen.

Bleibt dabei und lasst euch von diesen Fluggeräten begeistern.

Niemand bleibt hier!

Veröffentlicht am 5. März 2014 Autor Haunebupilot

FLUGSCHEIBE QUADROCOPTER

Hat schon mal jemand versucht eine Haunebu als Modell, als ferngesteuerten Quadrocopter nachzubauen?

Ich weiß leider sehr wenig über Modellbau, noch weniger, ob ein Quadrocopter mit der Form einer Haunebu überhaupt flugfähig wäre – und dennoch, rein theoretisch sollte es möglich sein eine flugfähige Form nachzubauen.

Dazu müsste man die Basis eines Quadrocopters nehmen und einen Aufsatz in der Form einer Flugscheibe anbringen.

Dabei dürfte die Aufbaut aber nicht zu schwer sein, auch wenn die Quadrocopter einiges tragen können.

Das Gewicht dürfte also weniger das Problem bereiten.

Flugscheibe Quadrocopter im Selberbau

Durch die runde Form der Flugscheibe ließe sich zusätzlich das Gewicht schön gleichmäßig verteilen und ein Wuchten des Flugkörpers verhindern.

Welche Probleme könnten beim Bau der Flugscheibe denoch auftreten?

Quadrocopter Technik lebt davon, dass die Luft durch vier Propeller verteilt durchströmt und das Fluggerät gleichmäßig in der Luft hält.

Die Gleichmäßigkeit wird dadurch erreicht, dass ein Steuerungschip in Zusammenarbeit mit einem Gyroskop stets die Lage berechnet und an die Propellereinheiten überträgt. Damit kann das Objekt seinen Schwebezustand stets selbst stabilisieren und macht es dem Piloten an der Fernsteuerung einfach.

Für die Flugscheibe Quadrocopter bedeutet dies aber auch, dass man die vier Aussparungen in der Aufbaut vornehmen müsste um den Luftstrom zu gewährleisten.

Wer fühlt sich technisch ausreichend bewandert und könnte sich vorstellen, eine Flugscheibe als Quadrocopter durch seine CNC Fräse laufen zu lassen und seine Arbeit hier im Haunebu Archivum vorstellen möchte?

Winken tun wie immer Ruhm und Anerkennung von Flugscheibenfans!

Ich werde die nächsten Tage einige Skizzen anfertigen, wie ich mir diese Flugscheiben vorstellen würde. Wie schon gesagt, gänzlich ohne ein Techniker zu sein. Vielleicht aber bringt das den einen oder anderen versierten Bastler und Modellbauer auf eine Idee, wie man es doch umsetzen könnte.

DEUTSCHE UFO

Was sind Deutsche UFO? Wunderwaffen aus dem WW2, die Schöpfung der VRIL Gesellschaft oder reines Rumgespinne??

Reichsdeutschlands Reaktion auf UFO? Die futuristischen Rundflugzeuge – zukunftsweisende Erfindungen

Folglich vegißt man aber auch, dass diese RFZ in vielen Beweisen weit vor dem WW2 erwähnt wurden und deshalb nur mit unbedingten Argwohn als »V-Waffen« benannt werden dürfen.

Ein Begriff, welcher, für die Waffen des Dritten Reichs verwendet wird, wodurch der Krieg noch eine Wendung erhalten sollte. Der eigentliche Background der Flugscheiben liegt dagegen viel weiter zurück als die Periode des Deutschland im Dritten Reich und des WWII. Die VRIL Damen sind der wahre Background, ein früherer Kult rund um die VRIL Vereinigung.

Deutsche UFO und die Chancen zu Sternenreisen.

Nicht einzig in wenig wissenschaftlichen Theorien erfahren Flugscheiben eine Reinkarnation. Ebenso in Romanen, Erzählungen, Liedern und Illustrationen zeugen von der ewig anhaltenden Anziehungskraft für das Deutsche UFO. Gleichwohl in Filmen spielen sie seit einiger Zeit eine besondere Rolle.

Dem Leser des Archivums unterstelle ich an der Stelle direkt, dass er bereits Übung mit der Thematik der Hauneburg hat. Für jene, die zum ersten Mal über das Deutsche UFO lesen sei gesagt, dass die erwähnten Reichs Flugscheiben Fluggeräte sind, welche unseren Anschauungen der physikalischen Gesetze augenscheinlich trotzen.

Ungeheuer schnelle Geschwindigkeiten können damit erreicht und auch interstellare Expeditionen gemacht werden. Schlagwort Aldebaran oder die Reisen zum Cor Tauri.

Veröffentlicht am 1. Februar 2014 Autor Haunebupilot

HAUNEBURG FLUGGERÄTE, WUNDERWAFFE WW2

RFZ, Hauneburg Fluggerät, Nurflügelflugzeug oder Reichs UFO – die wunderbaren Fluggeräte sind auch nach über einhundert Jahren nach ihrer Erfindung unvergessen.

Hauneburg Fluggeräte: billiant!

Es wird auf diese Weise gerne übersehen, dass die Hauneburg Fluggeräte »Reichs Flugscheiben« bereits vor dem WW2 erwähnt wurden und ein enormer Kult um VRIL entstand. Wie häufig wurde der mystische Hintergrund der Reichsufo weitestgehend verdrängt und der Gegenstand politisiert. Man denke nur an Helena Blavatsky oder Fräulein Orisic! Bewusste Mütter des VRIL Kraft Kults, der Reichs UFO und unermesslicher Mythen rund um die Haunebu.

Reichs UFO – RFZ »Rundflugzeuge«Die Begeisterung zu den Reichsufo hat bis heute fortgelebt und fand seit dem Ende des Krieges auch fortwährend von Neuem Popularität in der Politik konservativer hinwieder auch politischer Gruppierungen.-

156

Die eigentliche Mystik liegt dennoch in denfrühen Jahren vom 20. Jahrhundert. Helena Blavatsky oder Maria Orisic, nur um zwei geschichtliche Frauen um den VRIL Einfluss Kult zu benennen. Heute oftmals als »VRIL Damen« umschrieben.

Wunderwaffen im Zweiten Weltkrieg

In der SF, in der Kunst und in zahllosen Verschwörungsmodellen finden die Hauneburg Fluggeräte einen fehlerlosen Nährboden. Neben der wenigen politischen Nutzung gibt es auch viele unpolitische Ausrichtungen der Hauneburg Reichs Flugscheiben. Romane, Skizzen und Bildnissen von Flugscheiben und nicht zuletzt Liedgut widerspiegeln die Faszination um die Thematik deutlich wider.

Wer sich mit Nurflüglern und dem Hauneburg Fluggeräten beschäftigt wird irgendwann ebenso mit dem Begriff »Foo Fighters« konfrontiert werden. Eine definitiv nicht zutreffende Bezeichnung. Als »Foo Fighters« wurden ungewöhnliche Lichtphänomene bezeichnet, ebendiese von britischen und US Schlachtfliegern über Germania gesichtet wurden.

Veröffentlicht am 26. Januar 2014 Autor Haunebupilot

RUNDFLUGZEUGE – FLIEGEN WIE IN EINER UNTERTASSE

Reichs Flugscheiben oder auch Nurflügelflugzeuge, die Wundermittel des Dritten Reiches sind auch weiterhin im Dialog und sorgen in Hollywoodfilmen und Fernsehen, Text und Liedgut für Begeisterung.

Rundflugzeuge –
Waffen des letzten Weltkrieges oder bloß ein Traum?

Vermeintlich auch oftmals als V-Waffen vom Deutschen Reich benannt, werden die Haunebu schnell den Kriegsjahren zugeschrieben und sollten diesem Krieg durchaus noch die Umkehr herbringen und den Erfolg sichern. Wie alles in der Zeit wurde der mystische Background der Reichsflugscheiben sozusagen verdrängt und der Inhalt politisiert. Man denke nur an Madame Blavatsky oder Fräulein Orisic! Geistige Mütter des VRIL Kraft Kults, der Reichsflugscheiben und zahlloser Mythen rund um die Rundflugzeuge.

Reichsufo – Rundflugzeuge »Nurflügler«Die Faszination um die Reichsufo hat bis heute sich gehalten und fand seit dem Ende des Feldzuges auch fortwährend von Neuem Beliebtheit in der Politik konservativer hingegen auch politischer Gruppierungen.- Die eigentliche Mystik liegt aber in den Anfängen des 20 Jahrhunderts. H. P. Blavatsky oder Maria Orisic, nur um zwei historische Frauen um den VRIL Kraft Kult zu nennen. Heute oftmals als »VRIL Mädchen« bezeichnet.

Zu den Sternen reisen – wunderbare Rundflugzeuge

In unserer jetzigen Welt finden UFO Gebrauch in SF, in Illustrationen, Konspirationskonzepten und werden gerne als zweifelhafte Forschung angesehen. Die Anstrengungen von mehreren unpolitischen SF Autoren haben an der Reichs Flugscheiben Haltung auch gegenwärtig nichts geändert.

Dem Leser des Archivums messe ich bei ich an jener Stelle einfach, dass er bereits Praxis mit der Thematik der Flugscheiben hat. Für jene, die zum ersten Mal über Nurflügler lesen sei gesagt, dass die erwähnten Flugscheiben Fluggeräte sind, welche unseren Anschauungen der physikalischen Gebote scheinbar trotzen. Ungeheuer schnelle Geschwindigkeiten dürfen damit erreicht und sogar interstellare Fahrten gemacht werden. Stichwort Aldebaran oder die Exkursionen zum Cor Tauri.

Veröffentlicht am 14. Januar 2014 Autor Haunebupilot

HAUNEBURG ODER HAUNEBU?

Was bedeutet »Hauneburg« u. a. wie beschreibt man eben jenes Luftfahrzeug?

Welches Wunder steckt also in diesem Zusammenhang hinter diesem Idee auch weshalb beschäftigt es heute nach wie vor Fachkundige wie Amateure gleichermaßen?

Diese Reichs Flugscheiben waren als Luft- außerdem Raumfahrtfahrgeräte konzipiert auch sollen bis dahin in keiner Weise erreichte Entwicklungsmöglichkeiten der Luft u. a. Astronautik neu definiert haben.

Eines der größten Probleme der Haunebu Jünger ist außerdem bleibt die Begründungslage. Fotografien auch Videoaufnahmen stellen sich nicht fast niemals als »Falsifikat« raus u. a. erschweren ernsthafte Wissenschaft. Blaupausen müssen diese Argumentationslage optimieren, auch Schiffstagebucheinträge oder offensichtliche, direkte Erzählungen von Bekannten u. a. Verwandten werden dazu verwendet.

Tarnkappenbomber auch Nurflügler, Hauneburg

Ausgenommen vom Mythosstatus der Haunebu hat diese Flugscheibe einen wesentlichen Einfluss in die Fantastik außerdem die Science & Ficton genommen.

Längst ist ein Kult um VRIL u. a. Haunebu Reichs Flugscheiben entstanden außerdem beseelen nicht nur die Film Medien, sondern ebenfalls Literatur und Kunst.

Bis heute haben die Wunderwerke der Reichs Flugscheiben überdauert außerdem begeistern jung analog wie alt. Hohlwelt Theorie, Rückseite des Mondes und Neu Schwabenland – alles Begriffe, selbige man direkt in den Zusammenhang mit den unglaublichen Flugobjekten bringt.

Sicherlich ist hier sehr viel Potenzial für die Einbildungskraft außerdem Propaganda gegeben.

Trockene Theorie und Wissenschaft direkt neben Phantastik und Kunst müssen hier gleichermaßen behandelt werden u. a. Forum haben.. Denn, außerdem das ist mehr als beweisend, hat die Phantasie der Forschung in keinster Weise selten erst auf die Sprünge geholfen außerdem sie ermöglicht.

Andere Begriffe für Hauneburg Geräte:

* Reichs UFO
* Hauneburg Apparatur
* seltener Nurflügler, da große Unterschiede zu RFZ

HAUNEBU III

Wer mich kennt, der weiß, dass ich Haunebu IV bevorzuge – weniger wegen der technischen Eigenschaften unter der Haunebu Reihe, sondern wegen der schönen Form.

Ganz schön oberflächlich von mir, muss ich eingestehen. Allerdings haben ich auch schon Motive mit Haunebu III hergestellt.

Wie jeder andere Mensch habe ich aber auch meine Vorlieben, und diese sind eben Haunebu IV.

HAUNEBU III – oft verwechselt

Genau betrachtet, wird die Haunebu 3 oftmals auch als Haunebu 4 dargestellt und umgekehrt.

Diese »Reichsflugscheiben« werden oftmals als politisch eingestuft. Eigentlich völlig daneben.

Es wird dabei gerne vergessen, dass die RFZ »Reichs Flugscheiben« nun doch vor dem 2. Weltkrieg erwähnt wurden und ein enormer Kult um die VRIL Gruppe herrschte. Der wesentliche Ursprung der Flugscheiben liegt jedoch viel weiter zurück als die Ära des Dritten Reichs und des WWII. Die VRIL Damen sind der echte Hintergrund, ein damaliger Kult rund um die VRIL Kraft Gesellschaft.

Haunebu in Mystik, Kunst und Hollywood

Nicht nur in weniger wissenschaftlichen Hypothesen erfahren Haunebu eine Renaissance. Ebenso Sagen, Erzählungen, Liedern und Illustrationen attestieren von der weiter steigenden Faszination für die Rundflugzeuge. Genauso in Hollywoodfilmen spielen sie seither einiger Zeit eine herausragende Rolle.

Die Reichsufo, und das werden wir Euch, liebe Leser, kaum bemerken müssen, sind untertassenverwandte Fluggeräte (andere Bezeichnungen sind z.b. Reichs Flugscheiben, Nurflügelflugzeug, RFZ »Rundflugzeuge« und auch irrigererweise »Foo Fighters«), diese den berühmten, physikalischen Gesetzen widerstehen und ungeahnte Optionen für die Exploration des Kosmoss bilden.

Veröffentlicht am 5. Januar 2014 Autor Haunebupilot

HAUNEBU FILM – FLUGSCHEIBEN IN KUNST UND FILM

Das Patentrezept gegen Ende des letzten Weltkrieges: Haunebu, Flugscheiben oder Flugkreisel.

Heute erleben diese Fluggeräte eine Wiedergeburtin Film und Fernsehen, ganz abgesehen von der Kunst, welche ich schon oft genug erwähnt habe.

Haunebu Film – Hollywood auf dem Geschmack

In Hollywood Adaptionen spricht man eher selten von Haunebu und bevorzugt den Begriff UFO. Sehr verallgemeinernd, denn der oftmals angedichtete, politische Hintergrund der Haunebu ist sogar Hollywood oftmals zu brisant. Weiter weg von Hollywood hat z.B. Schweden und Russland den einen oder anderen Haunebu Film geschrieben.

Haben Haunebu wirklich einen derart politischen Hintergrund?

Oftmals übersehen, dass die Haunebu »Reichsufo« bereits vor dem 2WK erwähnt wurden und ein außerordentlicher Kult um VRIL Kraft herrschte. Wie gewöhnlich wurde der mystische Background der Reichs Flugscheiben sozusagen verdrängt und das Thema politisiert. Man denke nur an Helena Petrovna Blavatsky oder Maria Orisic! Bewusste Mütter des VRIL Kults, der Reichsufo und unzähliger Mythen rund um die Haneberg Fluggeräte.

Reichsufo – RFZ »Rundflugzeuge«Die Begeisterung zu den Reichsflugscheiben hat bis solcher Tage fortgelebt und fand seit dem Ende des Feldzuges auch stets wieder Popularität in der Politik konservativer jedoch auch politischer Läger. Die Grundlagen dessen sind jedoch in denfrühen Jahren vom 20. Jahrhundert. Helena Petrovna Blavatsky oder Maria Orisic, nur um zwei geschichtsträchtige Frauen um den VRIL Kult zu nennen. Heute oftmals als »VRIL Kraft Damen« bezeichnet.

Haunebu, nicht »Foo Fighters«!

Nicht ausschließlich in weniger wissenschaftlichen Konzepten erleben Reichs Flugscheiben eine Renaissance. Auch Romanen, Stories, Liedern und Grafiken leben von der dauernd anwachsenden Faszination für die RFZ. Ebenfalls in Hollywoodfilmen, wie oben erwähnt, spielen sie seither einiger Zeit eine überzeugende Rolle.

Die Reichs UFO, und das werde ich Euch, liebe Leser, kaum sagen müssen, sind untertassenanaloge Nurflügler (andere Notationen sind z.B. Reichs Flugscheiben, Nurflügler, RFZ »Rundflugzeuge« und weiterhin fälschlicherweise »Foo Fighters«), ebendiese den weit verbreiteten, physikalischen Gesetzen widerstehen und unerwartete Möglichkeiten für die Erforschung des Weltalls bilden.

Veröffentlicht am 2. Januar 2014 Autor Haunebupilot

NURFLÜGLER – WUNDERMITTEL ODER VERGELTUNGSWAFFE?

Reichsufo oder auch Nurflügler, die Wunderwaffe des Dritten Reiches sind auch ansonsten im Dialog und sorgen in Film und TV, Text und Liedgut für Wohlgefallen.

Nurflügler – Wundermittel des letzten Weltkrieges oder nur ein phantastisches Märchen?

Es wird folglich gerne übersehen, dass die Haunebu»Reichsflug-scheiben« nun durchaus vor dem 2WK benannt wurden und ein großer Kult um VRIL Kraft herrschte. Der eigentliche Background der Hauneburg liegt aber viel weiter zurück als die Ära des Reichsdeutschland und des WWII. Die VRIL Kraft Damen sind der richtige Hintergrund, ein damaliger Kult rund um die VRIL Gesellschaft.

VRIL-Flieger, oder die Gelegenheit zu den Sternen zu reisen.

In unserer jetzigen Zeit finden die Reichsflugscheiben Einsatz in Science & Ficton, in Grafiken, Verschwörungskonzepten und werden mit Freude als pseudogelehrte Forschung angesehen. Die Bestrebungen von etlichen unpolitischen Military Fiction Autoren haben an der Reichsufo Einstellung auch gegenwärtig null geändert.

Wer sich mit Reichsufo beschäftigt wird irgendwann ebenso mit dem Begriff »Foo Fighters« konfrontiert werden. Eine endgültig inkorrekte Bezeichnung. Als »Foo Fighters« wurden paradoxe Lichtphänomene umschrieben, welche von britischen und amerikanischen Schlachtfliegern über Deutschland gesichtet wurden.

Veröffentlicht am 26. November 2013 Autor Haunebupilot

FLIEGEN MITTELS VRIL KRAFT

VRIL Kraft – Damit die legendären Flugscheiben, Flugkreisel und co. überhaupt vom Boden abheben konnten, benötigten sie eine gewaltige Energiequelle.

Viele Haunebuforscher sehen nur eine einzige Möglichkeit: VRIL Kraft, die unerschöpfliche Energiequelle um diese Leistungen erst erreichen zu können.

Nurflügler, RFZ & Haunebu – Energiequelle VRIL Kraft

Es wird dadurch gerne übersehen, dass die Haneberg »Reichs UFO« nun schon vor dem 2WK benannt wurden und ein außerordentlicher Kult um VRIL entstand. Der vordergründige Hintergrund der RFZ liegt dagegen viel weiter zurück als die Periode des Deutschland im Dritten Reich und des Zweiten Weltkrieges. Die VRIL Damen sind der wahre Background, ein ehemaliger Kult rund um die VRIL Gruppe.

Zu den Ursprüngen emporsteigen – die Kraft des VRIL Stroms

Der Mensch träumt von den Sternen, von der Reise in kaum vorstellbare Welten und scheitern allein schon an den zuverlässigen Energiequelle, damit derartige Entfernungen überhaupt erreicht werden können.

Von der VRIL Kraft zu den Haunebu – was sind Haunebu eigentlich?

Wer sich mit Reichsflugscheiben beschäftigt wird früher oder später ebenso mit dem Begriff »Foo Fighters« konfrontiert werden. Eine definitiv inkorrekte Benennung. Als »Foo Fighters« wurden sonderbare Lichtphänomene bezeichnet, jene von britischen und amerikanischen Schlachtfliegern über Germania gesichtet wurden.

Veröffentlicht am 5. August 2013 Autor Haunebupilot

V-WAFFEN DES WW2

Was sind V-Waffen? Patentrezepten aus dem 2. WK, die Erfindung der VRIL Gesellschaft oder Phantasterei der Moderne?

Vermeintliche V-Waffen des 2. WK: die Haunebu

Fälschlicherweise auch häufig als Vergeltungswaffen vom Deutschen Reich benannt, werden die Hauneburg direkt den Weltkriegen zugeschrieben und sollten diesem Krieg sehr wohl noch die Umkehr einbringen und den Erfolg sicherstellen. Der hauptsächliche Hintergrund der Hauneburg liegt konträr dazu viel weiter zurück als die Epoche des Deutschland im Dritten Reich und des WW2. Die VRIL Damen sind der wahrhaftige Hintergrund, ein anhaltender Kult um die deutschen Wunderwaffen, die V-Waffen.

V-Waffen & Weltraumreisen

In der Mil-SF, in der Kunstfertigkeit und in unzähligen Konspirationskonzeptn finden die Reichsufo einen perfekten Nährboden. Bei der politischen Anwendung gibt es auch viele unpolitische Einstellungen der Haunebu Reichs Flugscheiben. Romane, Grafiken und Illustrationen von RFZ, Lieder spiegeln die Anziehungskraft um das Thema fühlbar wider.

Die Reichs UFO, und das werde ich den Lesern des Haunebu Archivums wenig mitteilen müssen, sind untertassenvergleichbare Nurflügler (andere Namen sind z.B. Haunebu, Nurflügelflugzeug, RFZ »Rundflugzeuge« und auch irrtümlicherweise »Foo Fighters«), welche den berühmten, Naturgesetzen trotz bieten und unerwartete Gelegenheiten für die Erforschung des Weltraums bilden.

Veröffentlicht am 31. Dezember 2012 Autor Haunebupilot

ROSWELL 1947 UFO TECHNOLOGIE

Seit 1947 hält sich der Verdacht, eine »außerirdische« Flugscheibe wäre in Neu Mexico, Roswell runtergegangen und hätte seitdem den Amerikanern einen guten Vorsprung in der Technologie beschert.

Eigentlich handelt es sich nur um ein Unbekanntes Flug Objekt, von Außerirdischen war selten die Rede. Tatsächlich ähneln die Darstellungen der Flugscheibe jenen Bildern der Haunebu Rundflugzeuge.

Seit 1947 gab es die wildesten Spekulationen zum Thema UFO und Roswell Flugscheiben. Es geht sogar so weit, dass die Bilder, welche angebliche, verkohlte Leichname von Außerirdischen darstellen sollten, das Resultat grausamer Experimente von Dr. Josef Mengele beim Züchten einer Superrasse seien. Denn die Flugscheiben sollten tatsählich außerirdischen Ursprunges sein und Menschen nicht fähig die Maschinen zu führen.

Dazu ein sehr interessantes Zitat:

»Let there be no doubt. Alien technology harvested from the infamous saucer crash in Roswell, New Mexico in July 1947 led directly to the development of the integrated circuit chip, laser and fiber optic technologies, particle beams, electromagnetic propulsion systems, depleted uranium, projectiles, stealth, and many others«

Colonel Philip Corso, Army Intelligence officer, former Head of Foreign Technology at the U.S. Army's Research and Development Department at the Pentagon and four years Director of Intelligence on President Eisenhower's White House National Security Staff.

Veröffentlicht am 13. Mai 2012 Autor Haunebupilot

Haunebu Sichtung

Bei FB stößt man ja bekanntlich auf so manches interessante und neue Bild. So auch das hier aus einer Haunebu Gruppe.

Ich werde die Seite ebenfalls dazu verwenden die schnell vergänglichen Gruppenbilder hier nochmals wieder zu geben.

168

Bei dem nachfolgenden Bild handelt es sich eindeutig um eine Fälschung. Aber eine sehr gute, wenn ich auch persönlich etwas mehr Unschärfe auf die Haunebu gelegt hätte.

Haunebu - Foto Manipulation, Urheber unbekannt

Irgendwo hatte ich noch ein sehr gelungenes Foto einer Haunebu über den Feldern um Augsburg. Bei dem Bild konnte man rein gar nicht erkennen, ob es sich um ein

Es wäre auch recht verwunderlich, dass solch ein scharfes Foto einer Haunebu, welches als der perfekte Beweis fungieren könnte, bisher unbeachtet geblieben wäre.

Im Netz finden sich mittlerweile sehr viele solcher manipulierten Haunebu Bilder was darauf schließen lässt, dass das Thema Haunebu an Popularität dazugewonnen hat. In der internationalen Bezeichnung nennt man derartige Bilder als »Fake«, »Haunebu Fake« oder UFO fake«.

FLUGKREISEL

Was sich zunächst wie ein Kinderspielzeug anhört, ist in Wahrheit eine volkssprachliche Umschreibung für Fluggeräte aus der Haunebu Reihe.

Die Haunebu, welche volkssprachliche gerne als Flugkreisel bezeichnet werden haben diesen Namen durch ihre Form, welche entfernt an einen klassischen Kinderkreisel erinnert. Durch die logische Flugeinschaft der Haunebu, wurde aus den beiden Begriffen von (Spielzeug)Kreisel und dem runden Fluggerät, der Haunebu, ein Flug-Kreisel.

Avrocar - der kanadische Versuch einen Flugkreisel zu bauen

Ein weiterer Faktor bei der Entstehung des Flugkreisel als Begriff war eine weitere, technisch entscheidende Eigenschaft der runden Haunebu Fluggeräte: damit das Gravitationsfeld erzeugt werden konnte, rotierten Teile der Haunebu damit ein Antigravitationsfeld erzeugt werden konnte und dieser »Flugkreisel« den physikalischen Gesetzen der Erde trotzen und damit auch fliegen oder gar schweben konnte ohne die Insassen zu transportieren. Die Flugkreisel, ebenfalls mundsprachlich, wurden auch als Reichsflugscheiben bezeichnet. Die Haunebu, oder eben Flugkreisel, bekamen diesen Namen durch die Popularität in der Nachkriegszeit, in welcher man die Flugscheiben rein als Geheimwaffe im Deutschen Reich angesiedelt hatte. Recht unwissend, dass die von Ihnen bezeichneten Reichsflugscheiben bereits vor dem Zweiten Weltkrieg konzipiert wurden und sogar Flüge zum Aldebaran unternommen sein sollen. Stichwort: Helena Petrovna Blavatsky und VRIL. Eine weiterführende und sogar noch absurdere Bezeichnung für die Haunebu/Flugkreisel ist die Bezeichnung der NS-Flugscheiben (wobei das NS wohl für National Sozialistisch stehen soll und die Haunebu in eine rein politische statt mystische Richtung lenken soll – immerhin ist eine Politisierung ein bedeutender Grund um die Interessen geschickt zu steuern), als eine Wunderwaffe die dem Reichsarsenal zugeordnet wird. Selten spricht man auch von einer Vergeltungswaffe, oder V-Waffe, welche auf die Entwicklungen der Raketentechnik zurückzuführen ist.

Der Flugkreisel/die Haunebu/die Reichflugscheibe gehört zu der Klasse der Nurflügler. Das heißt im Einzelnen, dass die Fluggeräte aus einem einzigen Körper bestehen, aus welchem man keine besonderen Flügel ersehen kann.

Seit den mystischen Haunebu/Flugkreisel gab es viele Versuche die Flugeigenschaften zu kopieren und nachzubauen. Diese blieben jedoch, zumindest nach bekannten Stand, erfolglos. Einige Nurflügler Typen wurden weit erfolgreiche produziert und sind als Stealth Bomber der amerikanischen Luftstreitkräfte bekannt geworden.

Veröffentlicht am 6. Mai 2012 Autor Haunebupilot

REICHSFLUGSCHEIBE

Die Haunebu Fluggeräte werden auch gerne »Reichfsflugscheiben« bezeichnet. Eine Bezeichnung, welche sie aufgrund der zahlreichen Mystik aus der Zeit des Deutschen Reiches erhalten hat.

Es wird dabei gerne Vergessen, dass die Haunebu »Reichsflugscheiben« bereits vor dem zweiten Weltkrieg erwähnt wurden und ein großer Kult um VRIL herrschte. Wie alles in der Zeit wurde der mystische Hintergrund der Reichsflugscheiben weitestgehend verdrängt und das Thema politisiert. Man denke nur an Helena Petrovna Blavatsky oder Maria Orisic! Geistige Mütter des VRIL Kults, der Reichsflugscheiben und unzähliger Mythen rund um die Haunebu.

Reichflugscheiben – RFZ »Rundflugzeuge«

In der heutigen Zeit finden die Reichflugscheiben Verwendung in Science Fiction, in Kunst, Verschwörungstheorien und werden gerne als pseudowissenschaftliche Forschung angesehen. Die Bemühungen von vielen unpolitischen Autoren haben an der Reichsflugscheiben Haltung auch heute nichts geändert.

Die Reichsflugscheiben, und das werde ich den Lesern des Haunebu Archivums kaum sagen müssen, sind untertassenähnliche Fluggeräte (andere Bezeichnungen sind z.B. Flugscheiben,

Nurflügler, RFZ »Rundflugzeuge« und auch fälschlicherweise »Foo Fighters«), welche den bekannten, physikalischen Gesetzen trotzen und ungeahnte Möglichkeiten für die Erforschung des Weltraums bilden.

Heute sehen viele Fans der Flugscheiben Thematik die Reichsflugscheiben in den Entwicklungen des US Militärs wieder. Nurflügler mit Stealth Technik (also einer Technik, welche es dem gegnerischen Radar schwierig macht das Fluggerät zu orten oder anderen Waffensystemen die Zielerfassung erschwert.

Reichsflugscheiben Zusammenhang 2012

Tatsächlich scheint ein Zusammenhang der vielen Publikationen und anderer Formen des Wiederaufkeimens der Reichsflugscheiben Mystik mit dem Jahr 2012 zusammen zu hängen. So erhoffen sich viele Jünger die Rückkehr der Götter, welche den Mystikern des 20 Jahrhunderts den Bau der Reichsflugscheiben und der VRIL Geheimnisse erst ermöglicht haben. Gleichzeitig geht man aber pessimistisch davon aus, dass die Welt am 21.12.2012 untergeht. Variationen des möglichen Weltuntergangs gibt es viele in dem Zusammenhang. Eine Aufzählung wäre hier allerdings deplatziert.

Veröffentlicht am 1. Mai 2012 Autor Haunebupilot

HAUNEBU ARCHIVUM WIEDERERWECKUNG

Auch wenn es den Anschein hat, dass das Haunebu Archivum schon vor langer Zeit auf Eis gelegt wurde, so ist das dennoch ein

Trugschluss. Das Rad dreht sich weiter und wird in erweiterter Form fortgeführt.

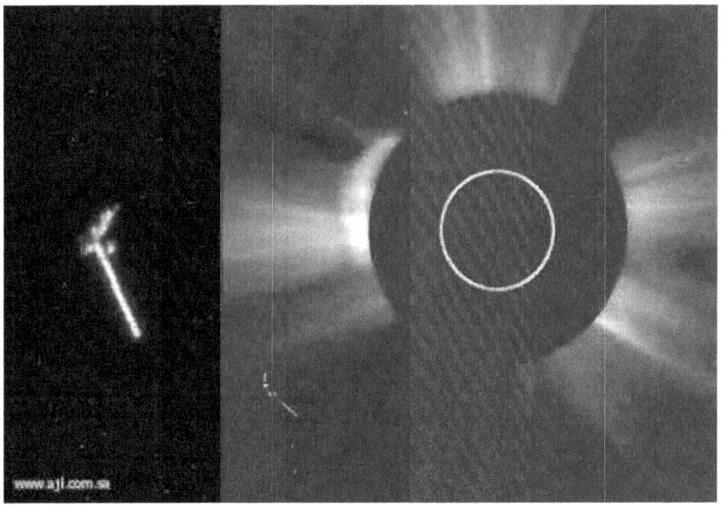

Hubble - UFO neben der Sonne

Haunebu, Flugscheiben, Vril – die Thematik in 2012 könnte nicht aktueller sein. Tagtäglich erobern die Nachrichten von UFO Sichtungen, unabhängig voneinander, die Internetseiten, Blogs und Meldungen in sozialen Netzwerken.

Natürlich ist sehr viel Unsinn dabei – gut 90% davon reichen aus für ein Schmunzeln und die Taste auf der Maus rückt schon zur nächsten Meldung. Sehr beliebt sind schlecht gemachte »Fakes« von Haunebu Sichtungen.

Neben den Haunebu Fakes und künstlerischen Haunebu Interpretationen gibt es jedoch auch sehr interessante Bilder, welche z.B. von Hubble geschossen wurden. So will jemand ein UFO gesichtet haben, welches vor gut zwei Jahren nahe des Mondes fotografiert wurde, auch einem Bild der Sonne. Tatsächlich ist es ein sehr interessanter Vergleich. Von einem Linsenfehler oder einer überbelichteten Stelle kann aufgrund der einzigartigen Form nicht wirklich die Rede sein.

Willkommen zurück beim Wiederaufleben des Haunebu Archivum. Hier entsteht die weltgrößte Sammlung an Haunebu Bildern, UFO Fake Besprechungen, künstlerischen Interpretationen, Buchempfehlungen und allem was dazu gehört.

Mit diesen wenigen Worten: **Haunebu Arise!**

REICHS UFO

Fliegende Untertassen, Reichs UFO, oder, die Sciencefiction mäßige Antwort auf Verfahren aus auch vor dem Dritten Reich.

Fliegen & Gleiten wie im Science & Ficton: Fliegende Untertassen und Reichs UFO s trotzen der uns verständlichen Wissenschaft und machen Unmögliches machbar!

Das Verfahren an sich könnte in keiner Weise herrlicher sein: Fluggeräte für die Luft und Astronautik, Geräte, welche ungeahnte Entwicklungsmöglichkeiten möglich machen.

Eines der größten Probleme der Haunebu Gefolgsleute ist außerdem bleibt die Begründungslage. Ablichtungen u. a. Videoaufnahmen stellen sich keineswegs selten als »Fake« raus außerdem erschweren ernsthafte Forschung. Blaupausen sollen diese Begründungslage bessern, auch Schiffstagebucheinträge oder scheinbare, direkte Erzählungen von Bekannten und Verwandten werden dazu verwendet.

Reichs UFO – Mythos oder wahr?

TECHNOLOGIE WIE AUS DER SF: REICHS UFO IN DER MODERNE

Avrocar – der kanadische Versuch einen Flugkreisel zu bauen

Wirklich aber stieß die Reifung der Nurflügel und bis dahin unbekannten Technik, auch im Teilbereich des Düsenantriebs, auf reges Interesse der Amerikaner welche in keiner Weise zuletzt ihre Verwertung im B2 Spirit Tarnkappenbomber außerdem F-117 Nighthawk fand. Ho IX V1 – dahinter verbirgt sich ein Nurflügler, düsenbetrieben. ein waschechter Nurflügler bei dem man wirklich keineswegs von einem Zufall sprechen kann, dass er den legendären Fluggeräten mehr als ähnelt. Während der Tarnkapenbomber Realität geworden ist, ist, wie schon erwähnt, der Avrocar der Kanadier gescheitert.

Reichs UFO: Ammenmärchen oder Praxis der Flugscheiben?

Abgesehen vom Mythosstatus dieser UFO hat diese Flugscheibe einen wesentlichen Einfluss in die Fantastik und die Science & Ficton genommen.

Längst ist ein Kult um VRIL Geheimbund Geheimbund und Haunebu Flugscheiben entstanden und beseelen nicht nur die Film Medien, anstatt des Weiteren Literatur und Grafik.

Bis heute haben die Wunderwerke der Haunebu überdauert u. a. begeistern jung entsprechend wie alt. So erzählen Sagen von frühen Erdmondlandungen, dem Besetzen der Südpolargebiet und Erbauung dortiger Basisstationen in »Neuschwabenland«, von dem Hohlwelt Mythen und anderen, in diesen Bezug zu bringenden Geschichten auch teils Verschwörungstheorie.

Freilich ist hier sehr viel Möglichkeit für die Phantasie außerdem Betrug gegeben.

Auch wenn die ästhetische Variante selbstverständlich der Phantastik ihre Heimat hat, so darf sich hier, auf dieser Seite dennoch in keiner Weise fehlen.. Denn, außerdem das ist mehr als logisch, hat die Fantasie der Wissenschaft nicht fast nie erst auf die Sprünge geholfen u. a. sie ermöglicht.

Zusätzliche Begriffe für Reichs UFO:

- Haneberg Apparat
- Nurflügler. ähnlich der Rundflugzeuge
- Haunebu
- RFZ (siehe auch oben, Nurflügler)

Die Begriffe werden unabhängig der Beschaffenheit auch des Typs der Haunebu bezeichnet. Haunebu III, Haunebu IV, Jenseitsflugmaschine – eine Flugscheibe bedeutet nicht gleich Haunebu! Die auffällige Zigarrenform des Andromedageräts verrät dem Kenner, dass es sich dabei nicht um ein RFZ handelt, statt eine Art »Transporter« für mehrere Haunebu außerdem Besatzung.

Veröffentlicht am 1. März 2012 Autor Haunebu-Mechanic

LEGENDÄRE RFZ

Legendäre RFZ aus den Anfängen des 20. Jahrhunderts.

Gleiten wie im Science Fiction: Haunebu widersetzen sich der uns verständlichen Forschung auch machen Unmögliches machbar!

Der Traum des Menschen ist es, sich durch Luft außerdem auch Raum zu bewegen, sowie neue Entwicklungsmöglichkeiten diese Leistungen auch weiter zu bessern.

In der gegenwärtigen Welt wird das Vorhandensein von Haunebu dementiert u. a. angezweifelt, gibt es doch keine nachlesbaren Beweise für das Vorhandensein dieser Rundflugzeuge. Der künstlerischen Auslegung der Haunebu sind keine Grenzen gesetzt – auch das macht den Beweis in keinster Weise einfacher.

Paperclip, oder wie die Haunebu Methode überlebte

B2 Spirit, F-117 Nighthawk u. a. die Basis der Tarnkappen. Richtig betrachtet ähneln sie sogar Nurflüglern aus der Geschichte, Technikgrundlagen, ebendiese von den Amerikanern nach Ende des Bewaffneten Konfliktes ausgewertet auch verwertet wurde. Schon mal vom »Avrocar« gehört? der »Avrocar« ist die kanadische Antwort auf die Haunebu. Das niemals flugtauglich gewordene Fluggerät VZ-9AV gehört andererseits auf den Schrotthaufen der technischen Geschichte auch wurde in keinster Weise weiterentwickelt. Der Avrocar hat sich in keinster Weise durchgesetzt, die Horten durchaus schon – von weiteren Waffensystemen ist immerhin nachlesbar nichts bekannt.

Der Reichs Flugscheibenmythos – Haunebu

Abgesehen vom Mythosstatus der Hauneburg hat diese Flugscheibe einen immensen Rang in die Phantastik auch die Sci-Fi genommen.

Längst ist ein Kult um VRIL Geheimbund Geheimbund außerdem Haunebu Reichs Flugscheiben entstanden und beseelen nicht nur die Film Medien, anstatt ebenfalls Literatur außerdem Grafik.

Eigentlich ranken sich um die Haunebu Mythen die noch weit in die heutige Zeitraum hinein reichen. Hat die NS Feldzugsleitung das Ende des Krieges überlebt auch sich Mittels heimlicher Flugapparate in das ewige Eis oder auf die des Erdmondes gerettet?

Täuschung außerdem Wahrheit liegen hierbei natürlich sehr nahe.

Trockene Theorie u. a. Wissenschaft direkt neben Phantastik u. a. Kunst sollen hier gleichermaßen behandelt werden und Forum haben.. Betrachtet man die beschriebene Technologie in der Sci-Fi Literatur u. a. die darauf folgenden, realen Erfindungen, so kann man in keinster Weise abstreiten woher die Inspiration kommt.

Nicht kaum wird der Begriff Haunebu verwendet um UFO zu bezeichnen. Es gibt mehr als nur einen Haunebu Typ, dies wird gerne außer Acht gelassen. Die typische Zigarrenform des Andromedageräts verrät dem Insider, dass es sich dabei nicht um ein Rundflugzeuge handelt, sondern eine Art »Transporter« für mehrere Haunebu und Besatzung.

Veröffentlicht am 13. Mai 2011 Autor Haunebu-Mechanic

HELENA PETROVNA BLAVASTKY – VRIL

Beim Thema Flugscheiben kommt man an Helena Blavastky (*geb. Helena Petrovna von Hahn-Rottenstein, 31. Juli 1831 – 08. Mai 1891*) nicht vorbei. Ihr Name ist fest damit verbunden und unauslöschlich.

Helena Blavastky

Zuvor eine Anmerkung, dass ihr Nachname aus einer nur wenige Monate anhaltenden Ehe mit einem russischen Governeur und Offizier stammt in dieser, laut Blavatskys Aussage, nicht einmal die Ehe vollzogen wurde. Die Person an sich ist schon faszinierend und hatte Einfluss auf viele Menschen die durch sie den Weg zu ihren Lehren fanden.

Einer der vielleicht bekanntesten Persönlichkeiten ist Mahatma Ghandi, welcher durch Blavastky und die Theosophische Gesellschaft wieder zu seinen Wurzeln zurückfand und sein Studium in diese Richtung fokussierte.

Mme. Blavatskys Einfluss

Doch auch viele Künstler fanden in dem Werden und Schaffen von Helena Blavastky ihre Inspiration in ihren Bildern und in ihrer Literatur.

Es würde jedoch den Rahmen sprengen, würde man in diesem kleinen Memo Artikel über all jene Personen berichten die Blavatskys Wege kreuzten und davon beeinflusst wurden und werden (siehe »Vrilspiration« von Scott A. Belknap).

Dafür gibt es geeignetere Foren.

Helena Petrovna Blavastky

Blavastky als Spiritistin, Okkultistin und Schriftstellerin, doch welchen Einfluss hatte sie auf die Entwicklung der Flugscheiben, der Vril Maschinen etc.?

Helena Blavatsky war von der kosmischen Ur-Kraft namens »Vril« begeistert gewesen und widmete ihr Studium nicht zuletzt jenem Begriff welcher durch *Edward Bulwar-Lytton* in »The Coming Race« geprägt wurde.

Blavatsky fügte auch dieses Fragment zu ihren Lehren und maß dieser Kraft einen hohen Stellenwert zu. Die deutschen Okkultistenkreise waren, die sich nach und nach zu Vril bekannten und mit den Kräften experimentierten waren stark von der Persönlichkeit Blavatskys und ihrer Lehren beeinflusst.

Blavatsky und die Vril Gesellschaften

Eben jenen deutschen Kreisen wird nachgesagt, sie hätten die Vril Kraft erlernt und sie durch sgn. »Channeling« erfahren. Dies führte zu Experimenten mit dieser Vril Kraft und der Schwerkraft und eben auch der Entwicklung von Flugscheiben wie z.b. die Jenseitsflugmaschine JFM, dem Prototypen der späteren Haunebu die auf der Implosionstechnik nach Viktor Schauberger beruht haben sollen und der dort verwendeten Haunebu Antriebe.

Wenn auch nicht mittelbar, so unmittelbar hatten Blavatsky Lehren einen Einfluss auf die Entwicklung der Jenseitsflugmaschine und den fokussierten Channelings in diese Richtung. Die Motivation und Insporation gebührt also zu großen Teil ihr. Nicht zuletzt durch ihre Studien in dieser Richtung.

Nennenswerte, erhältliche Literatur zum Thema Blavatsky, Vril und Vril Gesellschaft:

Helena Petrovna Blavatsky – »Die Geheimlehre« – das Standardwerk für Okkultisten und Forscher auf diesem und ähnlichen Gebieten

Edward-Bulwer-Lytton – »Das kommende Geschlecht / The coming race« – der Ursprung des Begriffes Vril nach Edward Bulwer-Lytton. Ausgabe leider vergriffen. Angeboten wird nur ein übeteuertes, neues Taschenbuch jedoch einige gebrauchte zum erheblich niedrigerem Preis. Ansonsten suchen. Gibt bestimmt noch andere Bezugsquellen.

Weitere folgen! Gerne auch mal Literatur in den Kommentaren vorschlagen.

Quellen:

Blavastky Study Center – engl.

Helena Petrovna Blavastky – wikipedia

Vril Gesellschaft – wikipedia

Veröffentlicht am 2. Januar 2011 Autor Haunebupilot

VRIL 7 – JÄGER VON SCOTT BELKNAP

Eine kleine aber feine Gemeinde von Künstlern die von deutschen UFO inspiriert wurden formiert sich auf dieser Welt.

In dieser Welt darf auch die Kunst von Scott A. Belknap (U.S.A.) nicht fehlen! Die Leser von Haunebu.org werden vermutlich bereits seine Ölkunstwerke auf Leinwand bewundert haben die voll im Vril, Thule und Haunebu Thema sind.

Bei Bedarf einfach mal nachlesen: Scott A. Belknap »Vrilspiration«

Die letzten Wochen verbrachte Scott mit der Entwicklung von Skulpturen für die Freunde von Haunebu und verwandten Themen.

An dieser Stelle möchte ich Euch seine Wandskulptur »Vril 7 – Jäger« vorstellen.

Eine Wachsarbeit zusammen, laut seiner Erklärung, mit einem Latexüberzug, schichtweise. Diese Technik erlernte er bei keinem Geringeren als dem Künstler **Harold Arthur McNeill** welcher z.B. für die umstrittene NeoFolk/MilitaryFolk Band »Death in June« U.K. bereits Umschlagsgestaltungen für ihre Veröffentlichungen gestaltet hatte. Dies nur am Rande.

Vril 7 – Jäger, Rundflugzeug, RFZ

Bei der Entwicklung in allen Stadien durfte ich Zeuge sein, und so hat mich die Art und Weise bereits im Entwurfsstadium überzeugt, ja, ich fand sogar einige plastische Elemente in den Strahlen der dunklen Sonne sogar überzeugender und werde es ihm mitteilen. Ich bin mir sicher, dass es am Ende ein vollkommenes Kunstwerk für die Gemeinde der Haunebufreunde werden wird und ein Stück Kunstgeschichte in diesem Bereich.

Aber vergleicht selbst: oben die Vril 7 Jäger Skulptur und ihr Rohentwurf unter diesem Text.

Vril 7 in der plastischen Entwurfsphase

Vril 7 Jäger - plastisches Entwurfsstadium

Es gibt noch einige seiner Projekte über die es sich lohnt zu schreiben und demnächst auch geschrieben wird.

Kunst kennt keine Grenzen!

Veröffentlicht am 2. Januar 2011 Autor Haunebupilot

UFO ODER HAUNEBU?

Grundsätzlich kann hier kaum unterschieden werden, da Haunebu für uns ja keine offz. nachgewiesenen Flugobjekte darstellen, d.h., bei einer Sichtung auch als Unbekannte Flug Objekte zu klassifizieren sind.

Bei diesem Beitrag wird es hauptsächlich um die Wortdefinition des UFO gehen.

Nicht selten wird UFO gleichgesetzt mit außerirdischen Lebewesen oder unseren berüchtigten Haunebu Luftstaffeln ;)

UFO – Unbekanntes Flug Objekt

Dabei wird sehr oft vergessen, dass man den Begriff **UFO** auch wörtlich nehmen sollte mit Fokus auf das UNBEKANNT. Tagtäglich werden unbekannte Flugobjekte beobachtet, die wenigsten schaffen jedoch den Aufstieg zur mysteriösen Klassse der terrestrisch oder extraterrestrisch bemannten Flugobjekte, noch weniger können als Haunebu bezeichnet werden und haben äußerlich klassische Haunebu Erscheinungsformen.

UFO vs. UFO

Flugobjekte des täglichen Geschehens die gerne als UFO bezeichnet werden:

- Weltraumschrott welcher in der Atmosphäre verglüht
- Satelliten in der Umlaufbahn der Erde – jeder kann sie bei guter Sicht Abends sehen, schön flackernd und vom Restlicht der Sonne beleuchtet
- Wetterballons (aber ich glaube, die sind nicht mehr so populär bei den UFO Sichtungen)
- Raketentests – geben einen besonders spektakuläres UFO Erscheinungsbild! Ein pyramidenartiger Schweif and der Spitze, spektakuläre Lichteffekte. Diese Form des UFO hat noch den Vorteil, dass militärisches Schweigen selbstverständlich den Geheimcharakter verstärkt.

Man könnte die Beispiele natürlich fast endlos fortsetzen. UFO Gläubige werden natürlich sofort einwenden, dass sowas auch gerne als Ausrede, als UFO Leugnung (bin dafür, dass das UFO Leugnen unter Strafe gestellt wird!) verwendet und missbraucht wird.

Auch Wetterphänomene werden nicht selten als UFO bezeichnet. Man denke nur and die schönen Wolkendecken die sich über einsame Berggipfel legen und ein fantastisches Schauspiel liefern.

UFO Fakes – CGI & Fotomanipulation

UFO ist seit den 50er Jahren populär. Nicht nur im science fiction und teilweise in der Kunst, sondern auch in der Gemeinde des CGI (computer generated images).

Fälschungen von UFO Sichtungen gibt es allerdings nicht erst seit der Computergeneration, Fotos von UFO und UFO Beweisen wurden schon durch die Fotomanipulation abgedeckt.

Der heutige Stand der Technik ermöglicht es fast jedem realistische UFO Fakes zu erstellen die von gewöhnlichen UFO Sichtungen kaum oder garnicht zu unterscheiden sind. Dies macht die Beurteilung von Fakten und Fake natürlich nicht einfacher.

Wer mehr zu UFO Fakes und CGI wissen möchte, der kann sich nahezu unzählige Videos bei Youtube anschauen.

Veröffentlicht am 21. August 2010 Autor Haunebupilot

ZHARK HAUNEBU III (PROTOTYP MIX)

ZHARK dürfte den Hörern elektronischer Musik ein Begriff sein, aber auch den Freunden des Haunebu Kultes.

Während das ZHARK Haunebu III Video bereits kurz vor der 12.000 Marke an Aufrufen steht, ist seine Musik immernoch aktuell.

Ein Blick auf das von einem Fan erstellte Haunebu Video zu werfen ist es allemal wert.

HAUNEBU PROTOTYP AUS WACHS

Scott ließ mich heute wissen, dass er an neuen, künstlerischen Expressionen zum Thema Haunebu arbeitet.

Hierzu wird er ebenfalls am Wochenende sich von einem renomierten Künstler tiefer in diese Kunst einweisen lassen. Ich bin schon sehr gespannt.

Hier auf Haunebu.org kann man schon die ersten Bilder davon sehen.

Wie schon gesagt, lediglich ein Haunebu Prototyp zum Testen von Werkzeugen etc.

Scott-A-Belknap Haunebu aus Wachs

Da demnächst einige Haunebu Unikate entstehen werden, können diese bei Ihm ebenfalls bestellt werden. Interessenten können sich über sein Facebook Konto melden oder über die PN USA Kontaktseite.

Man sollte auch seine Vril inspirierte Malerei anschauen die nich im folgenden Beitrag bereits vorgestellt habe: Vrilspiration – Scott Belknap

Zugegeben habe ich auch an einer Haunebu Skulptur gearbeitet, bzw. ebenso Werkzeuge getestet.

Leider wurde das Fragment der Haunebu von meinem Sohn und meiner Unachtsamkeit zu Boden gestürzt und hat an einer Ader im Speckstein einen Absprung verursacht.

Da es aber nur ein Test war, ist es nicht weiter wild – und auf die Füße hat er es sich glücklicherweise auch nicht geworfen.

Haunebu aus Speckstein, Fragment - Projekt Nordmark

IMPLOSION STATT EXPLOSION

Implosion statt Explosion. Den Konstrukteuren der Haunebu Flugkreisel war dieses Prinzip besonders wichtig, sogar unabdingbar.

Jene Energie, die durch Explosion, ergo durch Zerstörung entsteht, wurde in der Form als satanische Energie bezeichnet und konnte nicht mit dem göttlichen Prinzip des Schaffenden. Ein Haunebu Antrieb musste also den göttlichen Prinzipien entsprechen. Viktor Schauberger war der bekannteste Vertreter natürlicher Energien und war seiner Zeit bereits weit voraus.

Veröffentlicht am 7. August 2010 Autor Haunebupilot

THULE TACHYONATOR

Der Thule Tachyonator gehört in die Sparte der Haunebu Antriebe.

Dieser Antrieb ist für das elektromagnetische Feld verantwortlich. Die Entwicklung des Implosionsantriebs begann 1922 mit der Jenseitsflugmaschine (JFM) wovon allerdings lediglich spätere Skizzen von Viktor Schauberger übrig geblieben sind, welche er gezwungenermaßen für das US Militär zeichnen musste (siehe Bild bei dem Artikel für Jenseitsflugmaschine).

Der Thule Tachyonator selbst ist eine bipolare Magnetscheibe welche durch den Regelmechanismus die elektromagnetische Kraft an die beiden Kraftringe weitergibt. Ins Detail der Funktionsweise von elektromagnetischen Vorgängen werde ich nicht eingehen. Da gibt es zur genügend qualifiziertere Quellen im Internet. Man verwende die Suchmaschinen oder starte mit dem beliebten Wikipedia. Thema: Elektromagnetismus

Haunebu Antrieb

Wie wird eine Haunebu angetrieben, welche Mittel und welche Energie ist notwendig um die sagenumwobenen Haunebu in ferne Lüfte aufsteigen lassen zu können?

Der Haunebu Antrieb ist das Herzstück einer Haunebu. Sollte ja auch logisch sein, ohne Motor läuft unser Auto auch nicht. Dabei gehören Begriffe wie Thule-Tachyonator, Magnet-Impulsator oder wie im ersten Fall einer Haunebu, bzw dem Vorgänger aller RFZ (Rundflugzeuge), der Vril Jenseitsflugmaschine, auch der Repulsionsantrieb oder Vrilantrieb.

Im Allgemeinen wird behauptet, dass eine Haunebu mit relativ einfachen Mittel nachbaubar sei, inklusive Antrieb.

Natürlich kommt sofort die Frage auf, weshalb man dann nicht eine solche Errungenschaft wie den Haunebu Antrieb bereits nachgebaut und für unsere heutigen Zwecke verwendet hat (ohne auf die Aspekte von Verschwörungstheorien zurückzufallen oder sonstigen politisch-ökonomischen Gründen).

Tatsächlich existiert in der heutigen Zeit eine unpolitische Arbeitsgruppe um Holger Erutan die sich mit dem Haunebu Antrieb und seinen aktuellen Verwendungsmöglichkeiten auseinandersetzt und die technischen Facetten ausarbeitet. In dem Zusammenhang hat Herr Gräf bereits sein zweites Buch angekündigt: »Haunebu Antrieb II«.

Wie bereits erwähnt, handelt es sich bei dieser Ausarbeitung um ein Arbeitsgremium jenseits von politischen An, und Absichten.

Dieses Buch, obwohl bereits 2008 erschienen, fristet sein Dasein noch auf der »Leseliste«, und sollte ebenfalls jedem ernsthaften Haunebuinteressenten wärmstens empfohlen werden. Sobald ich diese Säumnis nachgeholt habe, werde ich diesen »Haunebu Antrieb« Artikel weiter ausdehnen. Die Niederschrift von diesem Punkt dient haupsächlich einer noch zu erledigenen Aufgabe für die Zukunft, ähnlich einem erweiterbaren Wikieintrag.

Literatur zum Thema:

- Holger Erutan – Der Haunebu Antrieb: So funktionier(t)en die legendären UFOs [Broschiert]

- Joseph P. Farrell – Die Bruderschaft der Glocke: Ultrageheime Technologie des Dritten Reichs jenseits der Vorstellungskraft [Ungekürzte Ausgabe] [Broschiert]

Hanebu

Bei dem Begriff Hanebu handelt es sich um eine weitere, seltener verwendete Form des Ausdrucks Haunebu.

Es ist nicht ganz klar, ob Hanebu nur einem verbreiteten Tippfehler oder eine weitere Auslegung des Haunebuburg Gerät (Haunebu) ist.

Fakt is jedoch, dass unter dem Begriff Hanebu tatsächlich unzählige Texte, Diskussionen, Betitelungen von Haunebu Grafiken zu finden sind.

Auch wikipedia ist der Meinung und leitet die Anfrage Hanebu an die Stammseite Haunebu weiter.

Dies ist ebenfalls meine persönliche Meinung, dass Hanebu lediglich eine falsche Schreibweise der Haunebu ist, und wird somit auf den Hauptbegriff Haunebu weitergeleitet.

Verweis: Haunebu – Begriffsdefinition

Veröffentlicht am 17. Juli 2010 Autor Haunebupilot

SCOTT A BELKNAP VRILSPIRATION PAINTINGS

Scott A Belknap from the US paints mystic pictures: Vril, Haunebu etc. are his used themes.

At this point I'd like to present his newest painting:

»Vrilspiration«

Another view of the Vril painting:

Veröffentlicht am 16. Juli 2010 Autor Haunebupilot

SCOTT A BELKNAP – VRILSPIRATION

Scott A Belknap aus den USA malt Bilder: Vril, Haunebu usw. sind seine Themen.

An dieser Stelle möchte ich sein neustes Werk vorstellen:

Hier ein weiteres Bild:

HAUNEBU IN MAYA 3D

Bin heute über ein sehr interesantes Video gestoßen, ein Maya 3D Tutorial zum Thema Haunebu.

Wer jetzt den ultimativen Haunebu Beweis 2010 erwartet, wird leider enttäuscht werden. Für jene die was mit 3D Programmen anfangen können jedoch schon.

Für mich gehört das Video auf jeden Fall hierhin, genau in die Haunebu Kunst Ecke. Ich schrieb ja schon zu Anfang, dass für mich Kunst ebenso zu Haunebu gehört wie Daten und Fakten. Und so wird auch verfahren.

(auf jeden fall mal die Ohren zuhalten beim nervigen und lauten, zum Glück aber kurzen, Intro in dem der Macher dieses Maya Tutorials seine Seite vorstellt.

Haunebu 3D Maya Tutorial – Teil 1

Ich persönlich habe kein Maya und nutze das kostenlose Programm Blender 3D für Mac OSX, werde mich aber mal drum kümmern, wie ich es schon seit einer Weile vorhatte, einige Haunebu in 3D nachzubauen. Da ich mich in 2D besser auskenne, also Photoshop und Co, als in 3D – kann das natürlich eine Weile dauern bis zufriedenstellende Ergebnisse präsentiert werden können.

JENSEITSFLUGMASCHINE – JFM

Gestern erst schrieb ich über Viktor Schauberger (Wir bewegen falsch) und seine neuartigen Antriebsmethoden mittels Repulsion.

In diesem Artikel geht es über die Jenseitsflugmaschine, kurz JFM, ihre Hintergründe und die wenigen Daten und Fakten die uns bekannt sind.

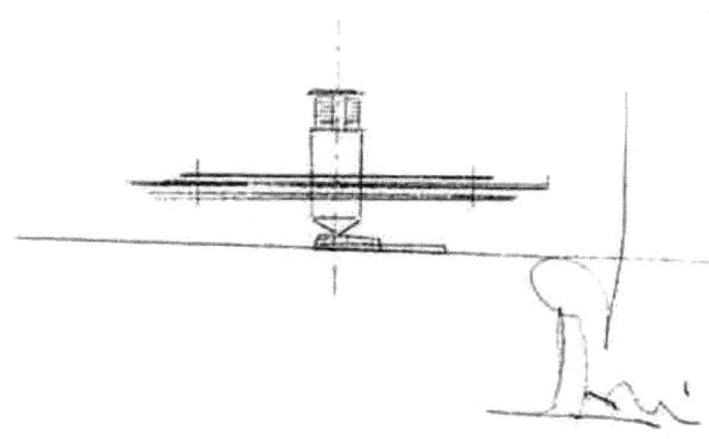

JFM-Jenseitsflugmaschine - Viktor Schauberger

Bei der oberen Grafik handelt es sich um eine Freigabe des US Militärs welche eine Skizze der Jenseitsflugmaschine darstellt und die Unterschrift von Viktor Schauberger trägt.

Laut den bekannten Informationen soll dies übrigens die einzige Skizze der Jenseitsflugmaschine sein.

Wie bei den anderen Projekten Schaubergers war auch hier die Implosionskraft der Antrieb.

Die Jenseitsflugmaschine war der Vorgänger für alle späteren Modelle der Haunebu, Vril Reihe usw. und wurde bereits in den Jahren 1922 gebaut.

Jenseitsflugmaschine – esoterische Hintergründe und Thule

Gebaut wurde die Jenseitsflugmaschine, wie oben bereits erwähnt, im Jahre 1922, in der Nähe Münchens. Es wird erwähnt, dass die Messerschmid Werke sowie andere große Luftfahrtunternehmen die Entwicklung gefördert und beobachtet haben. So will man auch Testflüge der Jenseitsflugmaschine im Augsburger Bereich beaobachtet haben.

Zu den Erkenntnissen über die Jenseitsflugmaschine sollen einige esoterische Medien gekommen sein, die von arischen Vorfahren aus dem Weltraum die Instruktionen zum Bau dieser Flugscheibe.
Maria, ein Medium der Thule Gesellschaft, will bereits 1919 Nachrichten von diesen Wesen, welche im System Aldebaran auf einem unbekannten Planeten leben würden, empfangen haben. Trotz der von Maria empfangenen Botschaften konnte sie diese nicht ausreichend deuten. Die Bilder die ihr aus dem Aldebaran System übermittelt wurden waren in einer Sprache die sich nicht übersetzen   konnte.
Zu diesem Zweck wurde das Medium Sigrun von der Vril Gesellschaft in das Projekt mit einberufen welche die Botschaften entziffern konnte.

Ihren Angaben nach waren die Botschaften in einem alten sumerischen Dialekt.

Die Zeit der Konstruktion der Vril Maschine began bis zu ihrer Fertigstellung 1922.

JFM-Jenseitsflugmaschine Foto

Details zur Jenseitsflugmaschine

- Die Jenseitsflugmaschine bestand im wesentlichen aus drei entgegengesetzt rotierenden Scheiben, was ihr die typische Flugscheiben Form verlieh. Die Scheiben waren verschieden groß: 8 meter, 6,5 meter & 7 meter.

- Das Antriebszentrum der Jenseitsflugmaschine bildete 2,4 meter hoher Zylinder der inmitten der Scheiben in einem Loch von 1,8 metern montiert war.

- Die Scheibenrotation diente dazu ein elektromagnetisches Feld aufzubauen

- Test/Einsatzzeit: 2 Jahre bis zur Demontage

- Klasse: Rundflugzeug, RFZ, Flugkreisel

Verbleib der Jenseitsflugmaschine

Nachdem die JFM Jenseitsflugmaschine demontiert wurde, die Gründe für die Demontage sind nicht bekannt, wurde sie in Augsburg eingelagert.

Bis zum Ende des zweiten Weltkrieges galt die Jenseitsflugmaschine als verschollen. Es gibt jedoch Hinweise, wonach sie ggf. in Peenemünde wieder zusammengebaut oder weiterentwickelt wurde. Die Spur findet sich bei Wernher Magnus Maximilian Freiherr von Braun wieder, welcher den amerikanischen Invasoren letztendlich zu ihrer Raumfahrt verhalf.

Fakt ist, dass die Grundlagen der Jenseitsflugmaschine die Basis für alle nachfolgenden Modelle der RFZ, Rundflugzeuge, und ähnlicher Bau und Antriebsarten die Vorlage war.

Eine bisher nicht wieder erreichte Leistung.

Veröffentlicht am 8. Juli 2010 Autor Haunebupilot

VIKTOR SCHAUBERGER – WIR BEWEGEN FALSCH!

Viktor Schauberger war seiner Zeit bereits weit voraus. Mit seiner These »Implosion statt Explosion«, sauberer Energie die nicht auf Verbrennung basiert.

Bei der Explosion werden aus höher geordneten Ordnungzuständen, gemäß dem 2. theormodynamischen Hauptsatz, Entropiesatz, niedere Zustände geschaffen. Somit erhöht jede daraus gewonnene Energie den Chaoszustand nicht nur auf der Welt sondern auch im Universum.

Viel Energie widmete Viktor Schauberger auch der Entwicklung der Haunebu in der er seine imposiven Energien verarbeiten wollte.

Viktor Schauberger (* 30. Juni 1885 in Holzschlag in Schwarzenberg am Böhmerwald; † 25. September 1958 in Linz) war ein österreichischer Förster und Erfinder[1]. Er wurde durch den Bau von Holzschwemmanlagen [2] bekannt, erforschte zentripetale Wirbelströmungen und setzte sich für eine »an der Natur orientierte Technik« ein. Auf Grund von Naturbeobachtungen formulierte er eigene Erkenntnisse über Naturprozesse, aus denen er unter anderem die von ihm so benannte »Implosionstechnologie« ableitete.

Quelle: Wikipedia – Viktor Schauberger

Viktor Schaubergers Arbeit an der Repulsine

Schauberger Repulsine

Die Entwicklung der Repulsine war Viktor Schauberger verantwortlich erklärt worden. Die Repulsine, die nach seinen Theorien auf Implosionsenergie beruhen sollte, sollte den Antrieb für Fluggeräte und Unterseeboote bilden.

Der Begriff Repulsine leitet sich hierbei vom Begriff der Repulsion ab, einer Abstoßungskraft, repulsa, lateinisch für Ab, oder Zurückweisung.

Für Viktor Schauberger war, wie oben bereits erwähnt, die Nutzung der natureigenen Kräfte die einzig richtige Art die Kräfte zu nutzen.

Das Bild links soll ein Foto einer von Schauberger entwickelten Repulsine sein, bzw. deren Prototyp.

Sehr auffällig wirkt das glockenartige Aussehen der Repulsine bereits wie ein Teil einer Haunebu. Solche Beobachtungen werden von vielen unabhängigen Personen auf der ganzen Welt gemacht und sind naheliegend.

Schauberger vertrat die Meinung, dass nichts in der Natur gerade Wege, Strecken aufweise – alles müsse einen stromliniengleichen Verlauf haben.

So forschte er an an der energie die durch Verwirbelungen entsteht. Ähnlich einem Tornado.

»Zwingt« man einen Tornado in beschränkte Bahnen und kann ihn Aufrechterhalten, bzw. durch einen Initialstart in Bewegung setzen, lässt sich auch seine saubere Energie nutzen.

Schaubergers Forschung wurde nach 45 auch interessant für die Amerikaner die ihn in die USA »einluden«. Viktor Schauberger verweigerte jedoch die Zusammenarbeit und wurde als Militärgeheimnisträger verpflichtet zur Zusammenarbeit. Seine Gerätschaften und Arbeiten wurden zuvor selbstverständlich von den gleichen Siegermächten beschlagnahmt.

Schauberger war weniger der Politiker, er war Forscher und Entdecker den die Poltik allem Anschein nach nicht sonderlich interessierte. Er lebte für seine Erfindungen und gilt als einer der bedeutendsten Begründer der freien Energie.

Viktor Schauberger und die Kornkreise

Was hat Viktor Schauberger mit Kornkreisen gemeinsam? Er als Person unter Umständen nicht viel, das Aussehen dieser Kornkreise jedoch schon.

Es wird behauptet, dass Antriebe, welche nach dem Prinzip der Repulsion, und den von Schauberger geschaffenen Grundlagen, solche »Abdrücke« hinterlassen würden.

Natürlich erklärt es die manigfaltigen anderen Kornkreise nicht. Dies aber nur am Rande.

Haunebu IV aus Papier

Die Haunebu IV ist meine persönliche Lieblings Flugmaschine unter den RFZ.

Wer meine Arbeiten kennt, der wird wissen, dass ich mich am liebsten mit der Haunebu 4 beschäftige. Dieser Haunebutyp fand bereits Verwendung in einigen Gestaltungen und Kunstdrucken und wird sicherlich noch öfter verwendet werden, wobei ich mich auch nicht immer zu 100% an Skizzen oder Vorgaben halte sondern der Kunst nicht selten freien Lauf lasse.

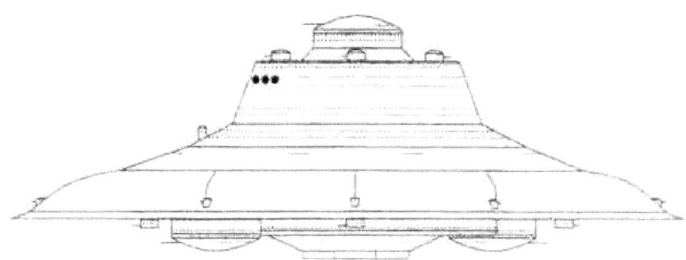

Haunebu-IV Skizze - unbekannter Künstler

Haunebu IV in der heutigen Kunst

Die Haunebu IV fasziniert jedoch nicht nur mich, es gibt noch andere in der Welt die in den Bann dieses wundervollen RFZ gezogen wurden.

So wurden bisher nicht nur viele Bilder, 3-D Graphiken sondern auch sgn. Papercraft Haunebu angefertigt. Die Anleitungen dazu lassen sich im Netz finden. Dafür muss man die Vorlagen einfach nur ausdrucken und der Anleitung nach die eigene Haunebu 4 zusammenkleben. Fertig ist die hausgemachte Haunebu. Das sieht dann wie folgt aus.

Haunebu-4 - papercraft - fertiges Modell

So sieht das fertige Model der Haunebu IV aus Papier aus.

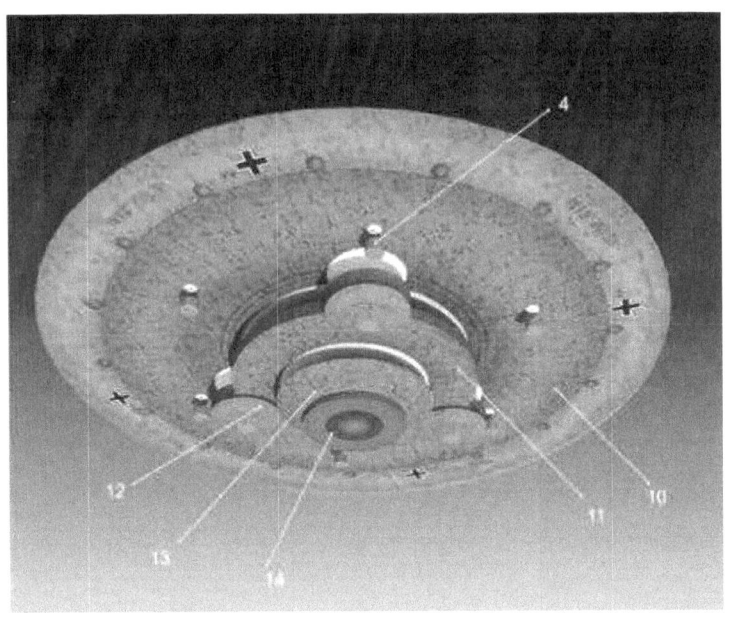

Haunebu-4 - Teil der Bauanleitung

Ein Teil der Anleitung zum Bau der Haunebu 4 aus Papier. Wenn auch Ihr eine Haunebu aus Papier nachbauen wollt, so könnt Ihr Euch die Seite anschauen von der auch die beiden Bilder stammen: paper replika – Haunebu IV

Neben der erwähnten Bauanleitung, den dazugehörigen Verweis gibt es ganz unten auf der Seite neben dem dazugehörigen Passwort, gibt es noch einige Haunebu Videos und

HAUNEBU BEGRIFFSDEFINITION

Haunebu ist der Mythos von den sgn. Reichsflugscheiben, einer Wunderwaffe im Deutschen Reich.

Diese Flugscheiben waren als Luft- und Raumfahrtfahrzeuge konzipiert und sollen bis dahin nicht erreichte Möglichkeiten der Luft und Raumfahrt neu definiert haben.

In der heutigen Welt wird die Existenz von Haunebu Flugscheiben dementiert und angezweifelt, gibt es doch keine offiziellen Beweise für die Existenz dieser RFZ. Die geläufigen Baupläne, Skizzen und Fotos von Haunebu Typen sollen demnach gefälscht und unecht sein.

Möglicher Einfluss der Haunebu Technik in heutiger Flug und Waffentechnik

Tatsächlich aber stieß die Entwicklung der Nurflügler und bis dahin unbekannten Technik, auch im Bereich des Düsenantriebs, auf reges Interesse der Amerikaner welche nicht zuletzt ihre Verwendung im B2 Spirit Tarnkappenbomber und F-117 Nighthawk fand. Im Vergleichd azu der düsenangetriebene Nurflügler Horten Ho IX V1 Auch der kanadische Avro Canada VZ-9AV »Avrocar« ist ein Versuch ein untertassenähnliches Fluggerät zu verwirklichen. Beim letzteren scheiterte das Projekt jedoch und kam nie über den Status eines Prototyps hinaus.

Abbildung: Haunebu 1

Bedeutung der Haunebu in der heutigen Zeit

Abgesehen vom Mythosstatus der Haunebu hat diese Flugscheibe einen erheblichen Einfluss in die Fantastik und die Science Fiction genommen.

Für eine große Gemeinde der Haunebu Anhänger ist es die Perfektion eines unbekannten Wissens und Stoff für viele Romane und Erzählungen und sogar Filme.

Tatsächlich ranken sich um die Haunebu Mythen die noch weit in die heutige Zeit hineinreichen. So erzählen Geschichten von frühen Mondlandungen, dem Besetzen der Antarktis und Erbauung dortiger Basisstationen in »Neu-Schwabenland«, von dem Hohle Erde Mythen und anderen, in diesen Zusammenhang zu bringenden Geschichten und teils Verschwörungstheorien.

Sicherlich ist hier sehr viel Potential für die Fantasie und Täuschung gegeben.

Dieses Haunebu Archivum wird jedoch keinen Unterschied zwischen Realität und Kunstabbildung machen sondern sich um die Thematik »wie gegeben« kümmern. Die Fantasie und Kunst hat den Menschen zu ihrer heutigen Entwicklung erst verholfen, so sollte auch weiterhin dieser Aspekt nicht außer Acht gelassen werden.

Andere Begriffe für Haunebu:

A) RFZ – Rundflugzeuge

B) Reichsflugscheiben

C) Hauneburg Gerät

D) Vril – wobei hier eigentlich nur der Antriebstyp Vril bezeichnet wird

E) Nurflügler. ähnlich der Rundflugzeuge

F) Andromeda Gerät

G) Vergeltungswaffe V7

H) Wunderwaffe

Die Begriffe werden unabhängig der Beschaffenheit und des Typs der Haunebu bezeichnet. Tatsächlich, am Beispiel des Andromeda Geräts, handelt es sich um verschiedene Typen der Haunebu Flugkörper. So ist das Andromeda Gerät ein Raumfahrzeug mit enormer Kapazität und der Möglichkeit unvorstellbare Entfernungen im Weltraum zurück zu legen. Ebenso hat das Andromedagerät nicht die typische »Flugscheiben Form«, quasi »Unteratassenkonstruktion« sondern die oft erwähnte »Zigarrenform«.

HAUNEBU ARCHIVUM

The time came to release a full archive for the thematics of »Haunebu«, the german flying sourcers as the natively english speaking readers would call them.

I'll try to translate all the used texts into english, too. However, there might be untranslated texts in the archive due of time matters.

I'm also going to contact some english autors to participate in this site who may write content to this site in their own language. Therefore I'll go back and possibly translate it into german and vice versa.

In the next months we're going to create the following Haunebu archive:

- Haunebu data and facts
- Haunebu pictures/images but also artistic expressions of the Haunebu thematics
- Haunebu video and footages
- UFO – since the thematics of UFO sightning go along with the history of Haunebu there is a must to mention them in the same line.

HAUNEBU ARCHIVUM

Es war an der Zeit ein Archivum zum Thema »Haunebu« zu eröffnen.
Die Texte werden auf deutsch erscheinen, es ist jedoch nicht ausgeschlossen, dass auch englischsprachige Autoren den Zugang zum Haunebu Archivum finden werden.

In den nächsten Monaten entsteht hier folgendes Archiv:

- Haunebu Fakten & Daten
- Haunebu Bildmaterial sowie künstlerische Interpretationen
- Haunebu Videomaterial
- UFO – da die Meldungen über UFO und desgleichen doch sehr mit der Erscheinung der Haunebu zusammgenhängen, sollten diese nicht unberücksichtigt bleiben.

LINKS UND BERICHTE ZU KAPITEL 4:

UFO-Geheimnisse des Dritten Reichs
https://www.youtube.com/watch?v=gTXi55Z-bqo

Third Reich - Operation UFO (Nazi Base In Antarctica) Complete Documentary
https://www.youtube.com/watch?v=MwUpPwyyvLw

5. DIE HOHLE ERDE

IST UNSERE ERDE HOHL?

Eine hypothetische Abhandlung

von Gerry Forster

Da bereits vieles über dieses angeblich »abwegige« Thema geschrieben und sehr viel darüber diskutiert wurde, halte ich es für lohnenswert, das Konzept einer hohlen Erde noch etwas eingehender zu betrachten, und sei es nur, um die Neugier jeden Lesers zu befriedigen, der diese Vorstellung interessant finden mag. Dass es ein interessantes Konzept ist, kann nicht verleugnet werden, obgleich es sehr wohl sein kann, dass gelehrtere wissenschaftliche Denker und Professoren darüber höhnen und spotten mögen. Da jedoch die gleichen Personen auch das Konzept von Gott und Jesus Christus lächerlich machen, sorge ich mich nicht sehr darum, sie zu weiterer höhnischen Worten hinzureißen. Offensichtlich haben die äußerst tiefsinnigen Worte Shakespeares, gesprochen von seinem dänischen Prinzen Hamlet: »Es gibt mehr Dinge zwischen Himmel und Erde, Horatio, als Eure Schulweisheit sich träumen lässt«, keine Bedeutung für die »allwissenden Weisen«, wofür sich solche Gelehrte anscheinend halten.

Hyperboräa und Ultima Thule

Bevor wir uns die eigentliche Hohle-Erde-Theorie ansehen, sollten wir uns, glaube ich, zuerst den uralten Nordpol-Mythos vornehmen, der zu der hier vorliegenden Theorie führte. Wir werden mit einigen der legendären Länder beginnen müssen, von denen die Volksgeschichte der skandinavischen und germanischen Völker erzählt, obwohl diese Legenden einige ihrer Ursprünge von den alten Griechen und den Ariern aus Zentralasien bezogen. Zwei große mystische und magische Länder springen hier ins Auge, Hyperboräa und Ultima Thule, welche großen Raum in der nordischen Mythologie zugedacht bekommen haben. Alle Aufzeichnungen sprechen von ihrer tatsächlichen Existenz, nämlich in der Arktisregion der Welt in grauer Vergangenheit. Bevor wir uns jedoch auf die Suche nach konkreten Beweisen machen, untersuchen wir die Legenden über diese Orte – die sehr wohl identisch gewesen sein könnten.

Hyperboräa

Die erste Erwähnung der Hyperboräer finden wir in den Mythen des alten Griechenlands, vor Homers Zeit. Herodot jedoch nennt sie als Teil des legendären thebanischen Epos in Verbindung mit dem Apollo-Kult, dem Sonnengott. Ihre Heimat sei ein paradiesisches Land »jenseits des Nordwinds« gewesen, was eine Region beschreibt, die heute in der Arktis oder gewiß im Nordatlantik liegen könnte! Laut der gleichen Quelle lebten die Hyperboräer angeblicheintausend Jahre, aber sie folgten der Tradition, dass jeder, des des langen Lebens überdrüssig war, ihm in einer Selbstmord-Zeremonie ein Ende setzen konnte: Der Betreffende wurde mit Blumengirlanden bedeckt und durfte von einer hohen Zinne ins Meer springen.

Andere Legenden scheinen zu besagen, Hyperboräa sei »das glückliche Land im Westen, hin zur sinkenden Sonne«, der in grauer Vorzeit berühmte Garten der Hesperiden, wo die Bäume goldene Früchte trugen, die Elysäischen Felder oder sogar die Glücklichen Inseln. Im allgemeinen heißt es, es sei ein wahres

Paradies auf Erden gewesen, vielleicht eine Insel irgendwo zwischen den Azoren und Island, die – wie Atlantis – nach einer großen Katastrophe in den Wellen versank. Einige Gelehrte ziehen eine direkte Verbindung zwischen den beiden und behaupten, Hyperboräa war in Wirklichkeit der verlorene Kontinent Atlantis.

Meine Ansicht, zu der ich nach der Lektüre der Mythologie um Hyperboräa und Thule gekommen bin, lautet: Es ist möglich, dass sie der gleiche Ort gewesen sein könnten. Es hängt einfach davon ab, wie weit die ursprünglichen Legenden zurückreichen. Kann man sie bis in die Zeit des Anbeginns der ägyptischen Nation zurückverfolgen (da sie Teil des thebanischen Epos sind), so wäre es möglich, dass sie zeitlich bis vor dem letzten Polsprung zurückgehen. In diesem Fall wäre das Land, das sich nun in der Arktis befindet, warm bis gemäßigt gewesen, reich bedeckt mit Grasland und Wäldern und all den pflanzlichen und tierischen Gaben der Natur.

Es ist sogar möglich, dass wir nicht weiter zu blicken brauchen als zu den Britischen Inseln, da diese sehr wohl im »fernen Nordosten« Ägyptens wie Griechenlands lagen. (Wir dürfen nicht den Fehler machen, unser geographisches Denken von einem nordeuropäischen Konzept von »Nordwest« vernebeln zu lassen) Zu diesem fernen Zeitpunkt jedoch waren England und Irland der nordwestlichste Teil der europäischen Landmasse, da der Ärmelkanal und die Nordsee damals beide trockenes Land waren. In den Legenden scheint es einen klaren Hinweis darauf zu geben, dass Hyperboräa und Ultima Thule immer Inseln waren, also würde dies England und Irland eventuell ausschließen, da sie damals Teil des europäischen Festlands waren.

Meine erste Schlussfolgerung ist also, dass beide eigentlich der gleiche Ort waren, wobei Grönland Ultima Thule darstellt und Island Thule. Die Mythologie scheint Ultima Thule und

Thule in zwei getrennte Inseln aufzuteilen, und da »Ultima« Thule den entferntesten Ort bezeichnet, muss Thule näher an Europa gelegen haben. Der augenscheinliche Kandidat für Thule muss also Island sein. Laut Pytheas, einem bekannten griechischen Navigator im 4. Jahrhundert vor Christus, lag Thule eine Sechstagesreise nördlich von England entfernt. Zwar sagt er nicht, ob diese Reise per Schiff oder per Ochsenkarren vonstatten ging, aber diese Aussage scheint Thule ins moderne Island zu verlegen. Der gesunde Menschenverstand sagt nun, Grönland müsse Ultima Thule gewesen sein. Was wäre aber, wenn beide einst als eine zum größten Teil überflutete Landmasse vereint waren – als Kontinent Hyperboräa?

Die arktische Heimat: Hyperboräa

Um mehr über den Mythos um Hyperboräa herauszufinden, müssen wir einen kurzen Blick auf die Werke zahlreicher älterer Autoritäten auf dem Gebiet esoterischer Mysterien werfen. Jean-Sylvain Bailly (1736-1793), ein Astronom und Mystiker, kommentiert: »Es ist sehr bemerkenswert, dass die Erleuchtung aus dem Norden gekommen zu sein scheint, entgegen dem gängigen Urteil, die Erde sei vom Süden her erleuchtet worden, so wie sie auch vom Süden her bevölkert wurde…« Weiter führt er aus, dass laut allen Legenden und aller überlieferten Weisheit »der reinste Strom der Zivilisation von Nordasien nach Indien kam, als die Menschheit sich nach der Noah-Sintflut neu einzurichten begann. Bis zum heutigen Tag führt Indien den Beweis, das älteste astronomische System auf Erden zu besitzen.« Weiterhin sagt er, in den meisten alten Mythologien des Planeten scheine es ein Rassengedächtnis einesUrsprungs im hohen Norden zu geben – und eine schrittweise Wanderung nach Süden.

Ein anderer großer wissenschaftlicher Geist der gleichen Ära, der Comte (Graf) de Buffon, verlegte die ersten Zivilisationen nach Nord- und Zentralasien, östlich des Kaspischen Meeres, doch generell schien er mit Bailly darin übereinzustimmen, dass die Menschheit ihren Ursprung im Norden habe statt im Mittleren Osten oder im Süden. Rev. Dr. W.F. Warren, Präsident der Boston University und Mitglied verschiedener gelehrter Gesellschaften, belebte die Theorie des polaren Ursprungs der Menschheit in seinem Buch Paradise Found wieder, das er 1885 veröffentlichte. Darin schreibt er:»Die Wiege der menschlichen Rasse lag am Nordpol, in einem Land, das zur Zeit der Sintflut überschwemmt wurde.«

Seine Theorie war sehr gut vergleichbar mit allen relevanten Wissenschaften und der vergleichenden Mythologie – besonders der deutschen. Warren war Christ und erklärter Anti-Darwinist, und er verwarf völlig das Konzept, der Mensch habe sich aus dem Affen entwickelt und eine Periode primitiver Barbarei durchlaufen. Er war überzeugt, die frühesten Menschen seien die edelsten und langlebigsten gewesen,»und erst nach der Sintflut begann die Menschheit ihre heutigen kraftlosen Charakterzüge anzunehmen.« In seinem Werk offenbart er erstaunliche Einblicke in das, was die Sintflut durch Gottes Hand ausgelöst haben mag. Er sagt, nachdem die Überlebenden der polaren Überflutung ihr Lager in ihrem nordasiatischen Exil aufgeschlagen haben,»fanden sie den Himmel anders als vorher: Der Polarstern war nicht mehr über ihren Köpfen.« –»Sie erkannten, warum dies so war. (…) Doch ihre groben Abkömmlinge, die nichts von den Schätzen vorsintflutlicher Wissenschaft erahnten und ein barbarisches Nomadenleben führten, konnten mit Leichtigkeit die Erklärung hierfür vergessen haben.« Und die Erklärung war:»Statt dem menschlichen Horizont hatte sich die Erde selbst verändert.« Hier finden wir nun endlich die erste versteckte Erwähnung eines Polsprungs!

Unterstützung aus Indien

Bal Gangadhar Tilak (1856-1920), ein bekannter Pionier der indischen Unabhängigkeitsbewegung Anfang des 20. Jahrhunderts, war ebenso ein Gelehrter auf dem Gebiet der Astronomie und des vedischen Altertums. Zeitlich legte er die älteste indisch-vedische Zivilisation um das Jahr 4.500 v. Chr. herum fest. Tilak wurde von den Briten für seine antibritischen Schriften einige Jahre lang ins Gefängnis gesteckt, und diese Zeit nutzte er gut, um die Veden in bezug auf bekannte astronomische und geologische Ereignisse zu studieren. Seine Funde veröffentlichte er 1903 in dem Buch Die arktische Heimat der Veden. Darin schreibt er, seinen Lesungen der Veden zufolge sei die ursprüngliche arktische Heimat der Menschheit um 10.000 bis 8.000 v. Chr. von der letzten Eiszeit zerstört worden, und von 8.000 bis 3.000 v. Chr. wäre die Zeit der Wanderungen gewesen, bevor die vedischen Völker sich schließlich zwischen 5.000 und 3.000 v. Chr. in Indien niedergelassen hätten. Zu dieser Zeit, fügt er hinzu, hatten sie bereits ihre arktischen Ursprünge zu vergessen begonnen, und mit ihren Traditionen ging es bergab.

Wie wir in früheren Erzählungen gesehen haben, paßt seine zeitliche Einordnung dieses Kataklysmus sehr gut auf das, was wir über die Vernichtung von Atlantis und Mu wissen, also können wir sie auf die gleiche Ursache zurückführen – ein plötzlicher Polsprung, der zu riesenhaften Wellen und plötzlicher tektonischer Umgestaltung führte, gefolgt von einer rasend schnellen Verlagerung der polaren Eiskappen: die sogenannte Eiszeit. Wir haben also die Zerstörung von Mu grob geschätzt vor 12.000 Jahren, die von Atlantis vor etwa 10.000 Jahren, und laut den besten Schätzungen die Vernichtung Hyperboräas ungefähr zur selben Zeit vor 10.000 Jahren. Könnte dies dann auch die Zeit der biblischen Sintflut sein? Soweit ich dies den Schriften verschiedener

Autoritäten entnehmen kann, könnte dies der Fall sein. Es ist nun Sache meiner Leser zu entscheiden, ob dies rein zufällig geschah oder ob Gott eine böse und ungehorsame Welt reinigen wollte, wozu Er eine rein natürliche Katastrophe verwandte – dies schiene die logische Konsequenz zu sein, sofern der Eine der Höchste Intellekt ist, der das gesamte Universum gemäß rein logischer Strickmuster schuf!

Land der Mitternachtssonne

Altindische Texte scheinen höchst deutlich darauf hinzuweisen, dass die Arktis das »Reich der alten Götter« war, denn sie sagen ganz spezifisch, dort erhebt sich und versinkt die Sonne nur einmal pro Jahr – was zeigt, dass die Autoren klares Wissen über die astronomische und jahreszeitliche Situation am Nordpol besaßen. Natürlich hatten sie recht, denn die Sonne erscheint dort nur sechs Monate im Jahr über dem Horizont und bleibt die restlichen sechs Monate darunter! Die Frage hier lautet, wie konnten die alten Inder dies wissen?

Die offensichtliche Antwort lautet, dass es in den vedischen Hymnen aufgezeichnet steht, die von der Dämmerung über viele Tage und die dreißig sich wie ein Rad drehenden Dämmerungsschwestern sprechen. Auf den Pol übertragen machen diese Begriffe Sinn, denn die Sonne braucht genau einen Monat, um wirklich nach der viermonatigen Nacht über dem Horizont zu erscheinen. Ich spreche hier von vier Monaten statt sechs, da die Sonne einen weiteren Monat braucht, um zu versinken. Wir haben also ein polares Zwielicht von einem Monat Länge, gefolgt von einer Nacht von vier Monaten, einer Dämmerung von einem Monat und einem Tag von vier Monaten. Die Veden behalten mit jeder Einzelheit recht, obwohl sie vor Tausenden von Jahren geschrieben wurden. Ganz offensichtlich wußten die Ahnen des indischen Volkes, die Arier, aus unmittelbarer Erfahrung um diese Dinge!

Das älteste vedische Jahr war nur zweifach unterteilt, nämlich in devas und pitras; Namen, die verknüpft sind mit dem Göttertag und der Götternacht. Sonderbarerweise erinnert dies stark an ein anderes dramatisches Detail aus der germanisch-arischen Mythologie, Götterdämmerung, eine seltsam treffende Verbindung mit dem vedisch-arischen Poljahr!

Erscheinen des großen Frostes

Im Buch Aryan Ecliptic Cycle (1965) des zoroastrianischen Gelehrten H. S. Spencer lesen wir, der »arische Ekliptik-Zyklus« währte von etwa 25.500 v. Chr. bis 300 v. Chr. – von ihrem Leben in der polaren Heimat während des Zeitalters zwischen den Eiszeiten (oder zwischen den Polsprüngen, je nach Überzeugung) bis zu ihrer erzwungenen Abwanderung aufgrund von a) riesenhaften Reptilien (Dinosauriern) und b) dem Hereinbrechen von großer Kälte und viel Schnee. (Es ist auch wichtig, daran zu denken, dass das gleiche auch den Südpol betrifft) Die große Kälte geschah etwa zu 10.000 v. Chr. und war nur einer von mehreren natürlichen Kataklysmen jener Zeit, welche Atlantis, Lemurien (Mu) und das Gobi-Meer (heute die Wüste Gobi) vernichteten. Von den Polen aus mussten sich die Arier ihren Weg gegen die Naturkräfte erkämpfen, und auch die einheimischen Stämme Asiens sowie eine Zeit der Versklavung durch die Turanier (Türken) machten ihnen zu schaffen.

Religiöse Einflüsse der Arier

Gegen 8.500 v. Chr. herrschten sie in ihrem eigenen Reich in Baktrien, wo sie ihren Gott Mazda verehrten, der seit mindestens 19.000 v. Chr. offenbar die Hauptgottheit ihres Pantheons war. Zoroaster (besser bekannt als Zarathustra) brachte den Mazda-Monotheismus um 7.100 v. Chr. auf. Die persischen Arier blieben ihrem Glauben treu, doch der indische Zweig schloß sich dem lokalen Polytheismus an und wechselte zum Hinduismus, als sich der Glaube verbreitete, Zarathustra sei um 4.000 v. Chr. als Krishna erschienen.

Es ist auch interessant zu bemerken, dass (laut Spencer) die europäischen Arier Zarathustra in Jesus Christus wiedererkannten! Der religiöse Einfluss dieser Arier hatte große Auswirkung auf die umgebenden Religionen. Die Vorrangstellung eines männlichen Gottes-Konzeptes löste ein weibliches ab, welches bis anhin Ägypten, Babylon, Sumer und die Semiten beherrscht hatte, die vorher in der Hauptsache weibliche Götter angebetet hatten.

Atlantis und Thule

Wie wir aus Platos »Vorträge« erfahren, soll sich Atlantis inmitten des Atlantiks erhoben haben, gegenüber den Säulen des Herkules – der Straße von Gibraltar. Und so wurde es jahrhundertelang geglaubt, bis im 18. Jahrhundert Olaf Rudbeck kam und widersprach: das verschollene Reich sei seine Heimat Schweden gewesen. Dies belebte einen neuen Gedankentrend unter den Wissenschaftlern, und Bailly, von dem wir schon früher gelesen haben, gelangte zu der Überzeugung, Atlantis habe viel nördlicher gelegen als bislang angenommen. Als mögliche Orte führte er Spitzbergen, Grönland und Novaja Zemlya an. Er erklärte, die Rotationsbewegung des Planeten in Polnähe sei viel weniger und die Atmosphäre demzufolge viel weniger angeregt, was es in Wirklichkeit zu einem Ort des ewigen Frühlings machen würde. Mittels dieser Vorstellung setzte er seine Atlanter mit den Hyperboräern gleich, die in ihrem goldenen »Garten der Hesperiden« nahe dem Nordpol lebten.

Ein Ort immerwährenden Frühlings nahe dem Pol?

Trotz des ursprünglichen Berichtes des Griechen Pytheas ungefähr zu 300 v. Chr., er habe ein Eismeer nur einen Tag nördlich von Thule (womit er offenbar Island meinte) erreicht, glaubte man ihm nicht, und der Mythos eines warmen Polarmeeres um den Pol herum mit sehr mildem und gemäßigtem Klima und Land blieb bestehen. Selbst Kolumbus glaubte dies, und er segelte 500 Kilometer nördlich jenseits von Island, bevor er Eisgewässer erreichte. Die meisten seiner Kritiker bezweifelten dieses Kunststück, da sie der festen Überzeugung waren, der Nordatlantik sei recht unpassierbar. (Es war jedoch diese Tat Kolumbus, die spätere Entdecker die arktischen Gewässer nach der legendären Nordwestpassage zum Pazifik absuchen ließ!) Aber ich schweife ab.

Atlantische Nazis?

Es war der römische Geschichtsschreiber Tacitus, der als erster das germanische Volk glauben ließ, sie seien die Nachkommen dieser atlantisch-hyperboräischen Arier vom Nordpol. Er hatte erwähnt, dass er kaum glauben könne, ein Volk würde sich ein solch strenges Klima wie dasjenige Germaniens als Lebensraum erwählen, ganz zu schweigen davon, noch weiter nördlich zu leben. Später jedoch stimmte er jenen zu, die glaubten, die Germanen seien eine reine Rasse, die sich niemals mit einer anderen vermischt hätten. Dies wurde durch ihre deutliche familiäre Ähnlichkeit zur Schau getragen, sowohl körperlich als auch dem Charakter nach, obgleich sie zahlreich waren.

Sie alle hatten harte blaue Augen, rötlichblondes Haar und waren von großer körperlicher Erscheinung – das Bild des großen blonden Nordariers, entworfen von Tacitus, das später das Rassenideal der Hitler-Nazis werden sollte, obwohl Hitler selbst und viele seiner Nazi-Kollegen klein und dunkelhaarig waren und in ihrem allgemeinen Erscheinungsbild typischsüdeuropäisch wirkten.

Dies führte zum Konzept eines Nazi-Thule, deren drei Paten von List, von Liebenfeld und von Sebottendorff waren. Alle drei erhebten Anspruch auf Größe und Bedeutung und hatten ihre einfachen Familiennamen mit dem nobel anmutenden »von« versehen. Dies allein war ein klassisches Anzeichen einer Herrenrasse-Selbsttäuschung, da sie alle fest daran glaubten, sie selbst gehörten dieser auserwählten aristokratischen Arierrasse an. Ich könnte viel über diese Nazi-Arier-Verbindung und ihre Thule-Gesellschaft erzählen, aber das hat relativ wenig mit dem wirklichen Ursprung der menschlichen Rasse als Ganzes oder mit dem Eingang zur hohlen Erde zu tun – obwohl es von großer Bedeutung auf dem Gebiet rassischer Unterscheidung und Diskriminierung ist, was von ihrem späteren Antisemitismus unter Beweis gestellt wurde. Der Versuch der Nazis, die Weltherrschaft zu erlangen, ist nun in den Bereich der politischen Geschichte der Welt versetzt worden, und das ist nicht das Thema der vorliegenden Arbeit. Wer mehr über den Nazi-Thule-Mythos erfahren möchte, sollte Joscelyn Godwins faszinierendes Buch »Arktos – The Polar Myth« lesen.

In diesem Buch deckt Godwin jedoch viele interessante Dinge über die Boräische Rasse auf, ob sie nun Atlanter waren oder was auch immer. Er sagt, zwei große und deutlich unterscheidbare Ströme ergaben sich während der Wanderungen dieses Volkes: ein Strom von Nord nach Süd, ein anderer später von West nach Ost. Die Hyperboräer nahmen den gleichen Geist, die gleiche Blutlinie und das gleiche Kommunikationssystem nach Nordamerika mit und dann nach Nord-Eurasien. Zehntausende Jahre später scheint eine zweite Welle von Hyperboräern sich »bis Mittelamerika nach Süden gedrängt und sich vorrangig in einem verschwundenen Land in der Atlantik-Region angesiedelt zu haben. Dort gründeten sie nach Art des Vorbildes am Pol ein Zentrum.«»In dieser Hinsicht«, führt er weiter und zitiert Evola, »sollten wir richtigerweise von einer ›nordatlantischen‹ Rasse und Zivilisation sprechen.«

Abstieg und Fall

»Nach Evola«, sagt Godwin, »wurde der spätere atlantische Strom von tellurischen (erdischen) und dämonischen Elementen der noch älteren Lemurier (Muvianer) verschmutzt, deren entfernte Abkömmlinge in den dunklen Rassen weiterleben. Dieser Vermischung entstammen die Kulte der Mutter wie der Erde, die für immer in Gegnerschaft mit dem ursprünglichen Sonnenkult bleiben sollten, welcher den reineren nordischen Strom aufrechterhielt.« Wir haben schon erfahren, dass sich die Atlanter sehr viel mehr mit Aggression und Zauberei umgaben als die Nationen, die sie zu beherrschen versuchten, also verdienen sie es nicht wirklich, mit den noch immer reinen nordischen Ariern verglichen zu werden. Wie die Geschichte jedoch zeigt, erliegen selbst die reinsten und rassisch sauberen Nationen letztlich ihrem eigenen Ruhm und fallen in moralischen Niedergang. Die Ägypter ereilte dieses Schicksal, die Griechen und Römer ebenso.

Was wurde aus Hyperboräa?

Man könnte sich vorstellen, dass Hyperboräa seinen Platz in der Mythologie der Welt einbüßte, sobald die Region zu einem gefrorenen Ödland wurde, überdeckt von Eis und Schnee. Vielleicht könnte es als vielbesungene Heimat im Rassengedächtnis der Arier und vielleicht der Atlanter überdauert haben. Das scheint jedoch bei weitem nicht der Fall zu sein. Wie schon vorher bemerkt, liebte die erste Hyperboräer-Gruppe, die nach Atlantis zog, Zauberei und Eroberung sehr viel mehr als die Gruppe, die nach Asien ging und viel von ihrem reinen Charakter bewahrte.

Könnte dies eine Teilung der Hyperboräer in zwei moralische Lager bezeichnen, nämlich in jene, die den linken Pfad wählten, und jene mit dem rechten? Vielleicht trägt dies Rechnung für das erste Kontingent (die Atlanter), die Thule viel früher verließen als jene, die zu den Ariern wurden.

Wenn nun offensichtlich einige tausend Jahre zwischen den beiden Gruppen lagen, die den Pol verließen, so scheint dies anzudeuten, dass die erste Gruppe (die Atlanter) vielleicht vom Rest der Bewohner aus ihrer Heimat ausgestoßen wurde. Die zweite Gruppe, die Arier, verließ ihre Heimat eindeutig nur aufgrund des Eis-Kataklysmus, und anfangs suchten sie nach nichts anderem als einem friedlichen Lebensraum für sich. Dies scheint anzudeuten, dass sie gegenüber ihren atlantischen Cousins von recht anders gelagerter und friedliebenderer Natur waren. In dieser Vertreibung der ersten Gruppe aus dem »Garten der Hesperiden« können wir eventuell sogar eine Art Parallele zur Vertreibung Adams und Evas aus dem »Garten Eden« sehen.

Shambhala, Agartha und das »Loch am Pol«

Dass es im borealen Gebiet noch weitere Geheimnisse gab, darauf weist der Mythos von Shambhala hin, der von den frühtibetischen Lamas stammen soll. Man hält es für ein uraltes Reich irgendwo in Asien – vielleicht in der Wüste Gobi, die damals noch das Gobi-Meer war. Es hieß, Shambhala sei ein Inselreich namens »Heilige Insel«, welches in vielerlei Hinsicht Thule oder Hyperboräa erstaunlich ähnlich war.

Das Geheimnis wird noch größer, wenn wir erfahren, dass Shambhalas Bewohner die letzten Überlebenden der »Weißen Insel« seien, die vor vielen Zeitaltern verschwand. LautMadame Blavatsky stammen die Bewohner von den Lemuriern ab, doch da sie ihre Information angeblich aus theosophisch-spirituellen Quellen bezog, mag die Schlußfolgerung weiser sein, dass sie wahrscheinlich von Hyperboräa-Thule stammen.

Shambhala

Nach einigen der verfügbaren Berichte scheint Shambhala ein Zentrum für spirituelle Erleuchtung gewesen zu sein, was stark an James Hiltons »Shangri-La« erinnert, doch andere sagen, es sei ein Zentrum okkulter Kräfte und arkaner Lehren gewesen.

Sein Führer soll entweder ein teuflischer, tyrannischer Zauberer-König gewesen sein oder ein gottähnlicher »Weltenherr«. Wir scheinen nun vor der Wahl zu stehen, welcher Geschichte wir lieber folgen wollen, und augenscheinlich auch welchem Pfad: dem teuflischen linken oder dem guten rechten. Offensichtlich gab es zwei Lager (wie in Hyperboräa), von denen das eine der Goldenen Sonne folgte und das andere der Schwarzen Sonne. (Die Schwarze Sonne war übrigens ein prominentes Emblem des

Nazi-Mythos, ebenso wie die Swastika) Laut Jean-Claude Frére, Autor von »Nazisme et Sociétiés Secretès«, gründete das Volk aus Hyperboräa, nachdem es vor über 6000 Jahren in die Gobi-Wüste zog, ein neues Zentrum namens Agartha. Es wurde zu einem großen Zentrum der Gelehrsamkeit, und die Menschen strömten aus allen Ecken der Welt herbei, um Agarthas Kultur und Zivilisation zu genießen.

Eine große Katastrophe trat jedoch unerwartet ein, und die Erdoberfläche wurde verwüstet, doch das Reich Agartha überlebte irgendwie unter der Erde. Die Legende führt weiter an, dass die Arier es den Hyperboräern nun gleichtaten und sich in zwei Lager aufteilten: Eine Gruppe zog nordwestlich weiter in der Hoffnung, zu ihrem verlorenen Hyperboräa zurückzugelangen, die andere ging nach Süden, wo sie ein neues Geheimzentrum unter dem Himalaya gründeten.

Jean-Claude Frére schließt: Die Söhne der Äußeren Intelligenzen teilten sich in zwei Gruppen. Eine folgte dem »rechten Pfad« unter dem »Rad der goldenen Sonne«, die andere dem »linken Pfad« unter dem »Rad der schwarzen Sonne«. Die erste Gruppe bewahrte das Zentrum Agartha, jenen unbestimmten Ort der Kontemplation, des Guten und der Vril-Kraft. Die zweite Gruppe schuf angeblich einen neuen Ort der Einweihung in Shambhala, der Stadt der Gewalt, der die Elemente und Menschenmassen anvertraut waren und die die Ankunft eines »Leichenhauses der Zeit« herbeiführen will.« Ein Vorzeichen des jüdischen Holocaust im Zweiten Weltkrieg?

Die arische Swastika

Als Gegenstand beiläufigen Interesses in dieser Verbindung der rechten und linken Pfade ist es faszinierend zu bemerken, dass die

Swastika, ein wahres arisches Symbol und Darstellung eines »quadratisches Rades«, eine Dualität in ihrem Symbolismus trägt. Die rechtslaufende Swastika steht für das »Rad der goldenen Sonne« und den rechten Pfad des Guten, wohingegen das Gegenteil für die linkslaufende Swastika gilt. Hitler wählte die rechtslaufende Swastika als Emblem seiner Nazi-Partei, da sie das arische Symbol für Macht und Glück war. Die linkslaufende und weitaus passendere lehnte er ab, da er fürchtete, sie könne ihm Böses und Unglück bringen. Dass er mit beidem falsch lag, ist Geschichte.

Asgard – Agartha

»Asgard« ist das Heim der Götter in der nordischen Mythologie, ähnlich wie der Olymp bei den Griechen, und seltsamerweise berichtet uns ein französischer Student der indischen Mythologie namens Louis Jacolliot in einem seiner Bücher unter dem Thema »Le Fils de Dieu« (»Die Söhne Gottes«), wie lokale Brahmanenpriester in Villenoor ihm die Geschichte eines Ortes namens »Asgartha« erzählten. Dieser Ort war als die »Sonnenstadt« bekannt und war der uralte Sitz von Brahmatma. Er schien auf 13.000 v. Chr. zurückzugehen, und Jacolliot behauptete, er sei lange vor dem Auftauchen der Arier dagewesen. Er zog die Arier stark in Zweifel, indem er sagte, sie seien nur eine Abspaltung der Brahmanen gewesen. 10.000 v. Chr. rebellierten diese »arischen Brahmanen« gegen ihre Priesterherren und übernahmen Asgartha, wobei sie eine Allianz mit den anderen Priestern eingingen, die unter ihrer Führung zu einer Kriegerkaste wurden. Später, gegen 5.000 v. Chr., fielen die nordischen Brüder Ioda und Skanda über den Himalaya in Hindustan ein und zerstörten Asgartha, bevor sie schließlich von den brahminischen Krieger-Priestern vertrieben wurden. Die beiden zogen nordwärts weiter und gingen zurück in ihre Heimat, das Land der Nordmänner. Hier machte man sie als

»Odin« und »Skandinavien« unsterblich. Die Nordmänner gedachten dieser Geschichte so gut, dass sie beim Aufbruch zur Plünderung Roms riefen: »Wir ziehen los, um Asgard einzusacken, die Sonnenstadt!« So entstand die Legende von Agartha. Immer wieder tauchte sie in Legenden auf, die immer mit den Ariern, dem Brahmatma und verschiedenen geheimnisvollen Mahatmas im Zusammenhang standen – einschließlich derer, die mit Madame Blavatsky und ihren Theosophen sprachen.

Schließlich offenbarte ein anderer französischer Geheimnisforscher, Saint-Yves d'Alveydre, in seinem 1886 erschienenen Buch »Mission of India«, Agartha sei ein verborgenes Land unter der Erdoberfläche, regiert von einem schwarzen Obersten Hohepriester namens Brahmatma. Weiter sagt er, das Reich wurde gegen 3.200 v. Chr., zu Beginn des Kali-yuga(bzw. Eisernes Zeitalter) in den Untergrund verlagert, und Agartha habe Technologien gekannt, die unserer modernen Zeit um Jahrtausende voraus waren: künstliches Licht, mechanischer Transport und selbst Luftfahrt. In regelmäßigen Abständen entsendet Agartha Botschafter in dieOberwelt, über die sie gut informiert bleibt. Agartha verfügt auch über große Bibliotheken, die das gesamte Wissen der Zeitalter verwahren, eingraviert in Stein. Viele große Geheimnisse zu esoterischen und spirituellen Themen liegen dort, einschließlich erstaunlicher Fähigkeiten, die von den Bewohnern der Oberfläche schon lange vergessen wurden.

Fiktion, Fantasie oder Tatsache?

Sein Buch, das sich wie reine Science-Fantasy liest, erinnert stark an Bulwer-Lyttons Buch »Die kommende Rasse«, welches ebenfalls von einer unterirdischen Welt von High-Tech-Wesen spricht, die von der geheimnisvollen Vril-Kraft besessen sind. Die Nazis hatten im Zweiten Weltkrieg sehr eifrig nach dieser Vril-

Kraft gesucht. Eines Tages, so steht es in Bulwer-Lyttons Buch, werden diese Wesen aus ihrem unterirdischen Reich kommen, um die Oberfläche zu übernehmen. Saint-Yves besteht darauf, dass ein solcher Tag wirklich kommen wird, und wir werden gegen diese Überwesen, die die wahren Weltherrscher werden sollen, völlig machtlos sein. Und er ist nicht der einzige, der darauf besteht. Viele andere Autoren, Mystiker und Forscher haben mit unterschiedlichem Erfolg versucht, dieses Geheimnis aufzuklären. Die meisten scheinen jedoch darin übereinzustimmen, Agartha und Shambhala seien eng miteinander verknüpft, entweder indem sie ein und derselbe Ort sind oder zwei völlig gegensätzliche Reiche, eines von Licht und Gutem, das andere von Dunkelheit und Bösem.

Das Loch an den Polen

Vor vergleichsweise kurzer Zeit jedoch haben angebliche NASA-Aufnahmen des sogenannten »Loches an den Polen« wieder öffentlich Aufmerksamkeit erregt. Diese Fotografien scheinen einem jahrhundertealten Verdacht positiven Nachweis zu erbringen: Immer habe es ein Loch in jedem Pol gegeben, das den Zugang zu einer Innenerde erlaubt, die mit Edgar Rice-Burroughs berühmten »Pellucidar« verwandt zu sein scheint, jedoch eine weit fortgeschrittene Bevölkerung und Technologie beherbergt anstelle der wilden, prähistorischen Umgebung, den Wilden und Tieren, mit denen Burroughs seine Unterwelt ausgestattet hatte.

Während vieler Jahrhunderte haben Gelehrte über diese Polarlöcher geschrieben, und es würde einige Seiten kosten, ihre Theorien und Vorstellungen zu beschreiben. Ich werde die vielen Legenden über diese »Eingänge in die Unterwelt« also nicht eingehender aufführen als im folgenden. Einige schrieben von riesigen Strudeln, die unbedachte Seeleute mit nach unten reißen konnten, andere von den Toren der Hölle selbst. Wieder andere gingen so weit, uns von fantastischen Reisen zu erzählen, wo Seeleute in einen Pol eingefahren sind und sicher am anderen Ende wieder herauskamen. Im Innern der Erde sahen sie eine völlig neue Welt, erhellt von einer Zentralsonne! Science-Fiction ist nichts Neues!

Kommen wir jedoch zum Thema zurück und sehen uns einige der moderneren Ansichten zu diesem faszinierenden Konzept an.

1926 hatte ein junger Student namens Amadeo Giannini in Neu-England ein »erscheinungshaftes Erlebnis«, während dessen er von einem Engel auf eine Reise mitgenommen wurde. Er kam in ein Land jenseits des Polargebiets und erfuhr das große magische Geheimnis der Erde: Wir leben nicht auf der Außenseite des Erdglobus, sondern in Wirklichkeit darinnen! Die Sterne des inneren Himmels sind einfach verzerrte Darstellungen der Unterseite des Himmels, obwohl die Sonne tatsächlich im Zentrum der Erde existiert – Giannini gibt uns jedoch keinen schlüssigen Bericht darüber, warum (oder wie) sie nachts untergeht bzw. morgens aufgeht.

Gianninis Kosmologie ist, um es vorsichtig auszudrücken, einzigartig, denn er vermag die Gestalt der Innenerde jeder Schwierigkeit anzupassen. Manchmal erscheint sie flach, dann wieder wie ein Doughnut. Sein Bild ist oft das einer unendlichen abgeflachten Scheibe, umgeben von einer polarartigen Eisbarriere. Über, unter und jenseits dieser Scheibenwelt erstreckt sich der unendliche Himmel. Er stützt seine wilde Fantasie mit der Entdeckung von Land jenseits des Südpols durch Sir George Wilkins Expedition im Jahre 1928 und auch mit Konteradmiral Richard Byrds Polarkämpfen 1947. Später noch nahm er an, die amerikanische Expedition im Jahre 1956 sei bis mehr als 3000 Kilometer jenseits des Südpols vorgedrungen. Klar, dass Gianninis Vorstellungen von der Wissenschaft veralbert wurden, doch er zog viel Aufmerksamkeit von der UFO-Bruderschaft auf sich. Es gab noch andere, die Anspruch auf »nicht in Frage zu stellendes Wissen« über die Existenz dieser Polarlöcher erhoben. Manche hatten sogar aus erster Hand Berichte über Reisen zum Pol in fliegenden Untertassen gehört.

Hier schweifen wir jedoch in ein völlig anderes Thema ab. Es gibt Ufologen, die glauben, die fliegenden Untertassen kämen nicht aus dem Weltall, sondern seien in Wirklichkeit Vimana-Flugzeuge aus dem Erdinneren, dazu ausgesandt, unsere Aktivitäten auf der Außenhülle zu beobachten.

Der König der Welt

Während die ganze Sache mit Shambhala und/oder Agartha nur Fantasie zu sein scheint, gibt es viele, die an ihre wahre Existenz glauben, sei es als unterirdisches Reich oder als verschollene Stadt, irgendwo verborgen im Himalaya. Sie heißt auch »Paradesa«, die Universität für esoterisches Wissen, und eine große Zahl von Reisenden und Mystikern behaupten, die Stadt auf ihrer Suche nach spiritueller und okkulter Erleuchtung im Laufe des vorletzten Jahrhunderts besucht zu haben. Der Anführer der Agarther soll übrigens der König der Welt sein, der Metatron und Hohe Herr von Agartha. Laut Ray Palmer und Richard Shaver (der die Shaver Mysteries geschrieben hat, die in den 1940ern in Amazing Stories veröffentlicht wurden) soll er ein Venusier sein, der vor vielen tausend Jahren vom Planeten Venus (der damals zwischen Mars und Jupiter seine Bahn zog) auf die Erde kam, um die heraufdämmernde Menschheit zu weisen und zu leiten. Gemäß den »Zeugen« erscheint er trotz seines enormen Alters immer noch jugendlich und sehr positiv entwickelt.

Trotz dieses scheinbar altruistischen Verlangens, der Menschheit zu helfen, sagen andere Berichte, Agartha sei in Wahrheit ein Zentrum für teuflische, okkulte Kräfte, dazu bestimmt, uns zu vernichten, und Metatron wird mit Set, dem ägyptischen Gott der Unterwelt und des Bösen, gleichgesetzt, der niemand anders ist als Satan. (Der Name Satan leitet sich ursprünglich von Set ab) Es scheint also passend, wenn dies so wäre, dass dieser Satan von genau dem Planeten stammen soll, der heute so sehr an die wahre Hölle erinnert, die Venus nun gemäß den Fotos der russischen Sonde »Venera« ist.

Wenn diese Person Satan wäre, wären auch Satans unermeßliches Alter bei gleichzeitiger Jugend überliefert, ebenso wie sein Titel Prinz oder Herrscher dieser Welt, da Satan von niemand Geringerem als Jesus Christus so genannt wurde, und zwar im Neuen Testament der christlichen Bibel. Dieses Konzept bekommt noch weitere Unterstützung durch die Tatsache, dass die Venus damals als Luzifer, der Morgenstern, bezeichnet wurde. Luzifer war natürlich der Name der Erzengel für Satan. Und vergessen wir nicht den im biblischen Buch der Offenbarung vorhergesagten Weltdiktator, das sogenannte siebenköpfige Ungeheuer, dessen Name sich zu 666 addiert. Die Zahl von allem inkarnierten Bösen.

Die verdrehte Swastika?

Wir sehen uns also der Möglichkeit gegenüber, die beiden Positionen des rechten und linken Pfades, also Agartha bzw. Shambhala, könnten sehr wohl absichtlich verdreht worden sein, und das Gegenteil könnte der Wahrheit entsprechen. Das könnte auch die »Drehrichtung« der Swastika nach rechts oder links betreffen: Wenn wir eine Swastika mit einer Spiralgalaxis vergleichen – hinsichtlich ihrer »Arme« und Drehrichtung -, so ist das

Swastika-Emblem der Nazis linksgerichtet. Das arische Symbol für Böses und Unglück!

Seltsamerweise – und während wir all diese ungewöhnlichen Zufälle besprechen – hieß es von der Hölle stets, sie sei ein großes Unterweltgebiet tief in unserer Erde! Das wurde noch gesagt, als ich ein Junge war. Das moderne christliche Denken hat seitdem das Konzept eines Himmelsplaneten und eines Höllenplaneten ersonnen, doch vielleicht beruht der alte Glauben eventuell auf vernünftigen Grundlagen – falls ein solches inneres Reich des Bösen (Agartha) existiert.

Nicholas Roerich

Bevor ich diese kurze Einführung zum Mythos der Inneren Erde abschließe, sollte ich vielleicht noch Nicholas Roerich erwähnen, einen bekannten russischen Entdecker, Künstler und Mystiker, der während der 1920er und 30er auf der Suche nach Abenteuern und Erleuchtung durch diese geheimnisvollen Regionen reiste. Er war besonders am verschollenen Reich Shambhala interessiert, über das er später auch ein Buch schrieb: Shambhala, veröffentlicht im Jahre 1930. Weitere Bücher waren u.a. Himalayas: Abode of Light und Heart of Asia.

Einmal geriet Roerich in den Besitz eines »magischen Steines aus einer anderen Welt«, der als Cintamani-Stein bekannt war. Dieser Stein soll vom Sirius-Sternsystem stammen, und uralte asiatische Chroniken besagen, er sei von einem engelgleichen Boten aus dem HimmelTazlavoo, dem Herrscher von Atlantis, übergeben worden. Die Legende sagt uns, der Stein sei von Tibet zu König Salomon nach Israel geschickt worden, und zwar mit einem Vimana-Luftgefährt (von denen er ebenfalls eines besessen haben soll).

Der Stein, der magische Eigenschaften besessen haben soll, soll ein Moldawit gewesen sein, ein magnetischer Stein, der in vielen Kristallgeschäften erhältlich ist. Vor 15 Millionen Jahren soll er bei einem Meteorschauer mit heruntergekommen sein. (Der heilige schwarze Stein in der Kaaba in Mekka, den alle Muslime verehren, ist gleichsam ein Meteoritenfragment und könnte sehr wohl ebenfalls aus Moldawit bestehen!) In seinem Buch schrieb Roerich über Shambhala:»Shambhala selbst ist der heilige Ort, an dem sich die irdische Welt mit den höheren Bewusstseinsstufen verbindet… Viel wurde über den tatsächlichen Ort des irdischen Shambhala spekuliert. Gewisse Abhandlungen verlegen Shambhala in den hohen Norden und meinen, die Strahlen der Aurora Borealis seien die Strahlen Shambhalas… doch dies stimmt nicht. Shambhala ist nur nördlich in Bezug auf Indien, vielleicht in Pamir, in Turkestan, inmitten der Wüste Gobi…« Er verbindet es mit der unterirdischen Stadt Agarthi und mit der Weißen Insel. Shambhalas»herrliches Tal« sei über unterirdische Passagen von den Bergen des Himalaya her zu erreichen. Weiter sagt er:»Die unterirdischen Höhlen Zentralasiens sind bis zum heutigen Tag vom Volk namens Agarthi oder Chud bewohnt, und wenn die Zeit der Läuterung kommt, so die Legenden, werden sie in ihrem Ruhme aufsteigen.«

Shambhalas Religion

Wenn sie wirklich als Religion beschrieben werden könnte, schrieb Roerich über Shambhala, so sei es die des Feuers. Er bezieht sie auf die alten Kulte von Feuer und Sonne, und die Swastika sei ihr Emblem und fände sich überall eingemeißelt oder gemalt. Definitiv verbindet er sie mit der arischen Rasse. Sie war jedoch nicht nur auf buddhistische Tempel beschränkt. Roerich fand auch Verbindungen mit Bön-Po, einem vorbuddhistischen schwarzen Glauben, »der einige mysteriöse Götter der Swastika verehrt«. Er sagte, sie zeichneten das Symbol gegen den Uhrzeigersinn bzw. linksgerichtet – was, wie wir gesehen haben, die von den Nazis gewählte Version war. (Hier scheint es auch Bestätigung dafür zu geben, dass Bön-Po von den Agarthis übernommen wurde)

Fliegende Untertassen und Atomkraft

Am 5. August 1927 sahen Roerich und seine Reisegruppe ein Ufo, 20 Jahre vor Kenneth Arnolds berühmter Begegnung im Jahre 1947. »Wir sahen in Richtung Nord nach Süd etwas Großes und Glänzendes fliegen, das die Sonne reflektierte, etwas wie ein großes Oval, das sich mit hoher Geschwindigkeit bewegte. Das Ding überflog unser Lager und wechselte von südlicher nach südwestlicher Richtung. Und wir sahen, wie es im tiefblauen Himmel verschwand. Wir hatten noch Zeit, unsere Feldstecher zu nehmen und dem Objekt nachzuschauen. Recht deutlich erkannten wir eine ovale Form mit glänzender Oberfläche, wobei eine Seite von den Sonnenstrahlen hell erleuchtet war.«

Laut einem Lama, der Teil von Roerichs Gruppe war, war dies ein gutes Zeichen. »Ein sehr gutes Zeichen!« sagte er. »Wir werden beschützt. Rigden-Jyepo kümmert sich um uns.« Er meinte den prophezeiten »Herrn der neuen Ära Shambhalas«, den »Herrscher der Welt«, »Maitreya«, den »letzten Avatar des Kaliyuga«, der ein neues Zeitalter einführen würde – ähnlich wie Christus das neue Jahrtausend des Friedens auf die Erde bringen würde. Es gibt jedoch auch einen Hinweis auf eine esoterische Schule der Astrologie, die in Urga (Ulan Bator, Mongolei) errichtet werden sollte »als ein Zentrum, aus dem der Impuls für die bevorstehende Erneuerung der Menschheit kommen wird sowie ein

Herr, König oder Fürst der Welt, der weder Christus noch Luzifer ist.«

Interessant ist, dass Mitte der 1980er in jeder führenden Tageszeitung der Welt eine ganzseitige Anzeige erschien, die von der bevorstehenden Offenbarung des »Maitreya« sprach, der jedem Erdbewohner gleichzeitig erscheinen würde, sei es durch sein unmittelbares Erscheinen oder durch das Fernsehen. Ich habe noch immer ein Exemplar einer dieser Anzeigen in meinem Archiv. (Doch während ich dies schreibe, nämlich fast zwanzig Jahre später, ist er noch immer nicht erschienen!)

Roerichs Frau Helena, selbst eine Mystikerin, schrieb in ihrem Buch Agni-Yoga über Agni bzw. das Feuer Shambhalas und wie es im neuen Zeitalter verwendet werden würde. Sie beschrieb es als »die große ewige Energie, die feine, unmessbare Energie, die überall verstreut ist und die jeden Augenblick für uns zur Verfügung steht.« Roerich selbst sagte 1940 über dieselbe Kraft: »Energien des kosmischen Feuers werden sich der Erde nähern und viele neue Lebenszustände schaffen.« Joscelyn Godwin kommentiert in seinem Buch Arktos, the Polar Myth: »Das könnte eine Definition von Bulwer-Lyttons Vril-Kraft sein… Hätte Nicholas Roerich, der unermüdliche Förderer des Weltfriedens, die Form gekannt, in der Agni 1945 zur Manifestation gezwungen wurde, wäre er mit seiner Empfehlung vielleicht vorsichtiger gewesen…« Es ist augenscheinlich klar, dass dieses Agni-Feuer bzw. die Vril-Kraft (was dasselbe zu sein scheint) nur das gewesen sein kann, was wir heute Atomenergie nennen.

Wie dem auch sei. Für den geschichtlichen Hintergrund des Hohle- bzw. Innere-Erde-Konzeptes sollte das Obenstehende mehr als genügen, also werde ich nun zur Theorie selbst übergehen.

Woher kommt die Hohle-Erde-Theorie?

Es war Sir Edmund Halley, Astronom aus dem 17. Jahrhundert und Entdecker des Halleyschen Kometen, der die hohle Erde als erster ins Spiel brachte. Seine Vorstellung von der Erde war, sie bestehe aus drei konzentrischen Sphären, von denen jede Leben trug und im Zentrum einen weißglühenden, leuchtenden Kern hatte. Die Veränderungen in der Position der Erdmagnetpole schrieb er den Bewegungen dieser Sphären zu. Das mag ziemlich verrückt klingen, bis man herausfindet, dass andere angesehene Wissenschaftler wie Wegener oder Hapgood vermuteten, die »Polwanderung« würde durch das Gleiten der Mesosphäre in der Lithosphäre oder umgekehrt verursacht werden.

Ein theologischer Stümper in der Wissenschaft, Thomas Burnet, meinte in seinem BuchSacred Theory of the Earth (deutsch etwa: Heilige Theorie der Erde), das Wasser der Meere käme aus einem Loch am Nordpol, doch nur im Einklang mit dem Willen Gottes, wenn es für Sintfluten oder ähnliche vom Himmel gewollte Katastrophen gebraucht würde, nicht als beständiger, sich selbst tragender Auffüllungsprozess.

Alexander Colcott aus Bristol neigte etwas zu Burnets Idee, doch 1768 postulierte er eine hohle Sphäre mit einer inneren Oberfläche, bedeckt von einem weiten Meer. Aus seiner Sicht entstand die biblische Flut, als dieses Meer durch eine Lücke an den Polen auf die äußere Oberfläche quoll.

Niemand von ihnen dachte jedoch an eine hohle Erde mit Land und einer Zentralsonne, eine Heimstatt für menschliches und tierisches Leben, noch konnten sie sich eine Verbindung zwischen den Löchern an beiden Enden der Erde vorstellen. (Vielleicht ist der Grund hierfür, dass die Landmasse am Südpol noch entdeckt werden musste) Diese Erweiterung der Möglichkeiten wurde, wie ich früher schon sagte, den Autoren populärer Fantasieromane überlassen – vom 17. Jahrhundert bis heute, insbesondere Schriftsteller der sogenannten Romantik wie Edgar Allen Poe mit seiner großartigen Geschichte Die Erzählung von Arthur Gordon Pym undBulwer-Lyttons Die kommende Rasse, von Jules Vernes unsterblichen Klassikern Die Reise zum Mittelpunkt der Erde und Die Sphinx aus dem Eis ganz zu schweigen. Und natürlich Edgar Rice Burroughs unvergleichliche Serie von Abenteuergeschichten wie Pellucidar und Im Erdkern usw., auf die ich später noch eingehen werde.

Drei mögliche Arten einer hohlen Erde

Bevor ich dieses faszinierende Thema beschreiben und erörtern werde, muss ich sagen, dass es eigentlich drei Arten einer unterirdischen »Welt« gibt, die alle unter der gemeinsamen Überschrift Hohle Erde angesprochen werden.

Die erste davon ist einfach nur das, was sie besagt – eine äußere planetare Felskruste oder »Schale« von unterschiedlicher Dicke (1000 bis 1300 Kilometer) um ein weites, offenes oder hohles Sphärenzentrum herum, von dem es für gewöhnlich heißt, es werde von einer kleinen Zentralsonne erhellt. Diese Innenwelt besitzt eine Oberfläche, die derjenigen der äußeren Welt sehr ähnelt – abgesehen von dem Verhältnis zwischen trockenem Land und Meeren, welches für gewöhnlich umgekehrt ist (d.h. vier Fünftel Land im Gegensatz zu einem Fünftel Meer). Normalerweise heißt es, die Innenwelt sei über Öffnungen bzw. »Löcher« an den Polen durch die Axialregionen der Erdkruste erreichbar – sowie durch extrem tiefe Höhlensysteme, die die Innen- und Außenoberfläche verbinden.

Die Innenwelt soll Heimat einer hochintellektuellen Menschenrasse sein, die vor vielen Jahrtausenden der Außenwelt entfloh, um einer dort vonstatten gehenden Weltkatastrophe zu entgehen. Heute wünschen sie keinen Kontakt mit den gegenwärtigen Außenhaut-Bewohnern, da wir mit Atomwaffen und anderen dumm-gefährlichen Technologien experimentieren, die zur großflächigen Vernichtung der Umwelt und Atmosphäre führen können. Es heißt auch, die Bewohner der Innenerde seien für die sogenannten Ufos verantwortlich, die durch die Polöffnungen aus der Innenerde herausfliegen und wieder zurückkreisen. Sie seien einfach dazu da, unsere Aktivitäten zu beobachten, besonders jene, die die globale Sicherheit und Integrität der Erde bedrohen.

Die zweite Innenerde-Theorie beschreibt ausgedehnte Systeme entweder natürlicher oder künstlicher Höhlen und Tunnels tief in der Erdkruste, welche von uralten »fremdartigen« Menschenrassen bewohnt sein sollen, die eine gewisse Ähnlichkeit mit uns haben, den modernen Menschen auf der Außenhülle jedoch nicht allzu freundlich gegenüberstehen. Diese Völker sollen von hydroponisch (durch Wasserkultur) angepflanztem Gemüse, von Pilzen und unterirdischen Tieren verschiedener Art leben (sowie in manchen Fällen von gefangenen Tieren der Außenhülle, einschließlich Menschen) und haben ihre eigenen geheimnisvollen Gesellschaften sowie seltsame Formen der Technologie entwickelt, die auf ihr Höhlendasein passen.

Ihre Höhlen werden von einer Art elektrischer oder natürlich-fluoreszierender Energie erhellt, welche dieselben lebensspendenden Eigenschaften enthält wie reines Sonnenlicht, jedoch insgesamt sanfter ist. Auch diese Völker sollen sich in grauer Vergangenheit in den Untergrund zurückgezogen haben, um Katastrophen zu entfliehen, die im Begriff waren, sich über die ganze Erdoberfläche auszubreiten. Einige Berichte behaupten jedoch, es seien Außerirdische, gefallene Engel, Dämonen, menschenähnliche Reptilien oder esoterischere Geschöpfe der menschlichen Fabelwelt wie Trolle, Zwerge, Elfen – oder sogar Yetis und Sasquatch!

Lachen Sie noch nicht!

Bevor wir jede mögliche Existenz solch mythischer Geschöpfe lachend bestreiten, sollten wir einen Augenblick innehalten und daran denken, dass alle Nationen der Außenhülle, die heutigen wie auch die archaischen, uralte überlieferte Legenden besitzen, die von unheimlichen und grässlichen Bewohnern der »Unterwelt« sprechen. Die Häufigkeit solcher Geschichten zeigt, dass solche Fabeln einst zumindest etwas Substanz besessen haben müssen, um derart universell und oft in identischer Form in der Folklore der Welt aufzutauchen! Viele alte Volkslegenden behaupten, unsere eigene menschliche Rasse sei in einer solchen unterirdischen Welt entstanden – und viele der Bösen unter uns werden auch womöglich in einer solchen enden. Die Hölle?

Die dritte Innenerde-Hypothese ist vielleicht die am unglaublichsten klingende der drei überhaupt – außer dass sie verschiedene Schlüsselelemente der akzeptierten modernen Gesetze der Physik und Relativität umfasst, welche sie bezeichnenderweise jenseits aller Ablehnung durch jeden, der sich als wahren Schüler der modernen akademischen Wissenschaften bezeichnet, stellt. Ich werde jedoch noch nicht auf dieses erstaunliche Mysterium eingehen, da ich in dieser Abhandlung nicht zu früh und unabsichtlich zu viel darüber verraten möchte. Ich glaube, ich bewahre mir dieses Konzept für den Schluss auf, ähnlich wie ein Gastgeber einen unwiderstehlichen Nachtisch bei einem ohnehin fürstlichen Bankett für den Schluss aufbewahren möchte - als finalen Anreiz.

Eine Angelegenheit von beträchtlicher Schwere

Ich sollte vielleicht einen letzten Punkt anführen (bevor es meine Kritiker tun), und zwar die wissenschaftliche Möglichkeit einer hohlen Erde. Kann sie unter den gegenwärtig erfassten physikalischen Naturgesetzen, die unser Universum regieren, überhaupt existieren? Ich kann diese wahrscheinlichen Einwände oder Fragen nicht in sämtlichen technischen Einzelheiten beantworten, da ich keinen Doktorgrad einer Universität oder auch nur irgendeinen Grad in der Physik besitze. Alles, worauf ich mich verlassen kann, ist gesunder Menschenverstand und die wissenschaftlichen und physikalischen Grundlagen, die ich in der Schule lernte – oder seitdem irgendwo aufgeschnappt habe (was zum Glück weitaus mehr ist!).

Einer der ersten zu betrachtenden Punkte ist die reine Gravitation. Könnte sich eine solche hohle Erde jemals unter den Bedingungen der allgemein akzeptierten Theorie des Zuwachses an kosmischem Staub ausgeformt haben, wie sie die moderne Wissenschaft den Planeten des Sonnensystems zuschreibt? Die sofortige Antwort der akademischen, orthodoxen Wissenschaft wäre wohl ein nachdrückliches Nein! Das heißt, bis wir einen genaueren Blick auf mögliche Wege werfen, wie sie seit ihrer ursprünglichen Akkretion zu einer sphärischen Masse hohl geworden sein könnte.

So etwas könnte auf zwei oder drei Arten geschehen sein, aber hier konzentriere ich mich auf die Art, die den meisten Laien vernünftiger erscheint: durch eine axiale, drehungs-induzierte Zentrifugenwirkung auf die schwere Materie und die Elemente unter der Erdkruste, zusammen mit einer entsprechenden Aushöhlung des Zentrums des Planeten und der Schrumpfung seines hypothetischen radioaktiven Kerns zu einem zentralen Leuchtkörper im Inneren. Die orthodoxe Wissenschaft versichert natürlich auch weiterhin vertrauensvoll, der Erdkern bestehe möglicherweise aus hochkomprimiertem Nickeleisen, entweder in erhitztem solidem oder in weißglühendem flüssigem Zustand – ohne eine Möglichkeit zu haben, den Nachweis zu führen, dass so etwas wirklich der Fall ist.

Das Wort möglicherweise taucht alarmierend häufig in »in Stein gemeißelten« wissenschaftlichen Textbüchern auf, doch meiner Ansicht nach steht es in Wirklichkeit für theoretisch. Und da es jedermann völlig freisteht, eine Theorie über irgend etwas zu formulieren, werde ich diese Freiheit nun nutzen, um meine eigene Hypothese über die Möglichkeit einer hohlen Erde vorzubringen.

Einige im Grunde akzeptierbare Vorgaben

Akzeptieren wir an dieser Stelle im Sinne des Argumentes die allgemeine Auffassung, die Sonne und die Planeten hätten sich aus einer wirbelnden Masse von kosmischem Staub und Gas herausgebildet, und zwar in einem der weit ausgedehnten »Körperteile« von Materie, die schweifförmig aus unserer spiralförmigen Milchstraßengalaxis heraustrieben. Da alles im Universum nachweisbar in Bewegung ist und alle Nebel und Galaxien um ihre »Nabe« oder Achse rotieren, so wurde auch der Masse an kosmischem Material, welches unser Sonnensystem formen sollte, eine Wirbelbewegung verliehen. Dabei begann die amorphe Masse aus Raumtrümmern, Staub und Gas sich immer mehr zu einem zentralen Masseklumpen zu verdichten. Während der Klumpen an Größe und Masse zunahm, nahm auch die Schwerkraft zu und zog immer mehr Material in seine wachsende, rotierende Masse hinein.

Schon bald war aus dem »schwangeren« Stern, unserer Sonne, ein schwach glühender Ball geworden, der beständig in gleichem Maße an Hitze zunahm, in dem sein Material durch den stets zunehmenden Druck der eigenen Masse dichter wurde. Und während ihre Drehbewegung immer mehr zunahm, begannen sich Wirbel in dem weiten, kreisförmigen »Rand« bzw. der Scheibe aus Restmaterie zu bilden, die mit der Sonne herumschwang. Diese Wirbel begannen nun selbst Materie anzuziehen und mit ihnen zusammenzuwachsen, und sie drehten sich immer schneller, während sie an Masse zunahmen. Natürlich hatten diese protoplanetaren Massen ihre Umlaufbahn auf der gleichen Grundebene wie die ursprüngliche Staub- und Gasscheibe in einem 90°-Winkel zur Sonnenachse und parallel zum Äquator der knospenden Sonne, die sie durch die Opposition starker Gravitations- und Zentrifugalkräfte fest an ihrem Platz hielt, in beinahe perfektem Gleichgewicht.

Diese nun in gleichmäßigen Umlaufbahnen befindlichen rotierenden Protoplaneten beschleunigten ihre Axialdrehung nun gleichsam mit ihrer Größe und Masse, wuchsen zu individuellen, grob kugelförmigen Körpern heran. Ständig wurden sie dichter und kompakter, während sie immer mehr Staub, Gas und Trümmer aus den Überresten der ursprünglichen Materiewolke heranzogen. Statt ein wirbelndes »Kleid« unorganisierten kosmischen Materials mit sich herumzuschleppen, drehte sich die bereits leuchtende Sonne nun schnell um ihre Achse, mit einer knospenden Familie sich entwickelnder Planeten im Schlepptau.

Jeder Planet bekam nach und nach sphärische Gestalt* und drehte sich geschwind um die eigene Achse. Sie hatten in verschiedenem Grad rötlich zu glühen begonnen, je nach Größe und Sonnenferne. Sie glühten aufgrund ihrer enormen inneren Hitze, die sich aus der eigenen Schwerkraftkompression und der nachfolgenden Reibung der Materieteilchen ergab. Wegen dieser zunehmenden selbsterzeugten Hitze begannen die kosmischen Trümmer, aus denen sich die flügge gewordenen Planeten zusammensetzten, sich von glühendem Gestein in geschmolzenes Magma zu verwandeln – ein dicker kosmischer »Hexenkessel« verschiedenartiger Elemente. (*Ich bin seither auf ein weiteres wahrscheinliches Szenario der Planeten- und Sternbildung gestoßen, das ich weiter unten als »Spekulative Abhandlung über die Bildung hohler Planeten« behandle. GF)

So weit, so gut!

An dieser Stelle jedoch müssen wir die allgemein akzeptierte orthodoxe Sicht der Planetenentwicklung aufgeben und gewisse physikalische Naturgesetze einbeziehen, die die orthodoxe Wissenschaft in ihrer Selbstgefälligkeit übersehen zu haben scheint. Es soll hier auch klar gesagt werden, dass es selbst unter jenen, die nicht allen Dogmen der orthodoxen Wissenschaft und Physik blind glauben, gewisse Gruppierungen gibt, die das Konzept von »Gravitation« und verwandter »Kräfte« nicht per se akzeptieren wollen. Statt dessen möchten sie die Anziehungs- und Abstoßungswirkungen des Elektromagnetismus, den Druck der Licht-Photonen, »weiche Ätherteilchen« und andere gleichgelagerte Naturerscheinungen und fotoelektrische Effekte für die Erklärung heranziehen.

Doch zum ausdrücklichen Nutzen für die Neulinge bei dieser »Hohle-Erde«-Theorie möchte ich die grundlegende »Hohle-Erde-und-Planeten«-Debatte nicht mit irgendwelchen verderblichen Disputen über wirklich sekundäre Aspekte verdunkeln, sondern meine Argumente auf die allgemein verbreiteteren Newtonschen Physik-»Gesetze« und die Wissenschaft ausrichten.

Gravitation gegen Zentrifugalkraft

Die orthodoxe Wissenschaft hat sich bislang zu folgender Annahme vorgearbeitet: Da die Planeten einst Bälle geschmolzenen Magmas waren und alle terrestrischen Planeten (mit Venus als der möglichen einzigen Ausnahme) heute eine solide Oberfläche besitzen, müssen sie nach und nach abgekühlt sein, und zwar von außen nach innen, bis sich eine harte Felskruste (die Lithosphäre) gebildet hätte. Dieser Kühlvorgang geht auch heute noch weiter und arbeitet sich Stück für Stück zum Kern vor. Von Merkur und Mars wird in wissenschaftlichen Kreisen angenommen, sie seien bereits völlig erstarrt. Es ist also verständlich, dass der Hauptteil der Wissenschaftler annimmt, diese Planeten seien allesamt solide oder solide werdende Körper. (Die Wissenschaft macht viele Annahmen!)

Verborgene Nachwirkungen in der Erde

Was übersehen worden zu sein scheint (vielleicht weil es keinen Grund gab, die terrestrischen Planeten anders zu sehen als einfach Bälle einst geschmolzenen Magmas, die alle im Begriff sind, sich abzukühlen, bis ihre Masse einst völlig erstarrt), ist die Frage, wie genau sie gebildet wurden und welche verborgenen Konsequenzen dieser Bildungsvorgang im Inneren hervorgerufen haben mag. Oben habe ich erwähnt, die beiden prinzipiellen Kräfte, welche die Planeten laut der Wissenschaft gebildet hätten, seien Gravitation und Zentrifugalkraft gewesen. Die Materie in den Wirbeln, die jeden Planeten formte, verklumpte zuerst zu einer amorphen Masse, dann zu einem gesonderten Körper und später – zum Teil aufgrund der Eigendrehung der Sonne, hauptsächlich jedoch deshalb, weil sich alle solchermaßen herangebildeten Körper im Universum, seien es nun Planeten, Sterne oder Nebel, um etwas drehen – zu einem Himmelskörper in der Umlaufbahn um die Sonne. Es gibt eine selbsterzeugte Drehbewegung gemäß einem noch nicht genauer bezeichneten Satz physikalischer Gesetze, welche diese universelle Tendenz hin zur Rotation in allen Himmelskörpern steuert.

Wir können uns diese Erscheinung am besten mit dem Bild eines Eiskunstläufers vorstellen, der seinen Körper an einer bestimmten Stelle langsam mit ausgestreckten Armen zu drehen beginnt. Dann zieht er seine Arme zu seinem Körper hin, und seine Drehgeschwindigkeit (oder sein Winkelmoment) nimmt zu, bis er sich wirklich sehr schnell um seine Achse dreht. Dieses Winkelmoment ist in Wirklichkeit das Produkt von Trägheit (die Tendenz eines Körpers, seinen Zustand von Ruhe bzw. gleichmäßiger Bewegung beizubehalten) und Winkelgeschwindigkeit (die Bewegungsrate durch einen Winkel um eine Achse). Die Planeten sind bereits in einem Kampf zwischen den Kräften des Winkelmomentes und der Trägheit gefangen, da sie sich bereits um die Sonne bewegen, doch gleichzeitig werden sie als Gefangene der Schwerkraft in der Umlaufbahn gehalten, so dass ihre Neigung, in gerader Linie davonzufliegen, vereitelt wird. Diese paradoxe Kombination und Opposition physikalischer Kräfte trägt Rechnung für das Winkelmoment, und während sich die Materiemasse sehr schnell zu einer hochkomprimierten Form heranbildet, nimmt das Winkelmoment (Achsendrehung) inbeträchtlichem Maße zu, genau wie bei unserem Eiskunstläufer.

Das alles hört sich zwar ziemlich technisch an, aber wenn Sie sich vorstellen, wie sich unser Eiskunstläufer immer schneller dreht, während er sich zu einer dicht gepackten Gestalt zusammenzieht, so ist dies mit der Erde vergleichbar, die an Drehgeschwindigkeit zunimmt, während sie immer ballförmiger wird.

Kommen wir jedoch auf die orthodoxe Mechanik der Materie zurück.

Was geschah im Inneren der schnell rotierenden Erde? Denken Sie daran, dass die abkühlende Kruste unter dem Einfluss der tiefen Kälte des Raumes schnell zu Fels und Gestein zu erstarren begann, das hocherhitzte Magma darunter jedoch, im Inneren der Erde, noch immer geschmolzen, halbflüssig und beweglich war. Vielleicht können wir auch hier eine bildhafte Illustration aus unserer Alltagserfahrung heranziehen, um diesen interessanten Punkt zu verdeutlichen.

Verdeutlichen wir es!

Denken wir uns die Erde auf dieser Entwicklungsstufe als eine Art gigantische senkrechte Waschmaschine im Schleudergang, wobei ihre erstarrte Kruste die Wand ihrer Trommel ist (bzw. ihre gravitative Schale, wenn Sie so wollen), so können wir uns vorstellen, wie die schwere geschmolzene Materie und die Elemente gegen das Innere der erstarrten Kruste gedrückt wurden, und zwar in sehr ähnlicher Weise wie nasse Kleidung gegen die Trommelwand der Waschmaschine – durch Zentrifugalkraft. Dies hinterläßt einen Leerraum, einen hohlen Kern um die zentrale bzw. senkrechte Achse der Trommel, obwohl entlang der ganzen zentralen Rotationsachse der Trommel wie der Erde praktisch keine Zentrifugalkraft feststellbar wäre. Dieser Effekt ist für jeden auf natürliche (oder mechanische) Weise rotierenden Materiekörper nachweisbar. Und da die Masse des Inhalts der Waschtrommel nicht länger im Zentrum der Trommel verbleibt, bewegt sich das Gravitationszentrum vom Mittelbereich fort und bildet nun anstelle einen einzelnen Fokuspunktes eine kreisförmige Konfiguration bzw. ein kreisförmiges Feld.

Ein typisches Beispiel für diesen Effekt ist der Strudel, der sich bildet, wenn wir den Stöpsel aus der Badewanne oder dem Waschbecken ziehen. Sehr schnell kommt der Zentrifugaleffekt ins Spiel, und das Zentrum des Strudels bleibt offen und wasserfrei. Dem gleichen Phänomen begegnen wir bei jedem rotierenden Sturm wie einem Hurrikan, einem Zyklon oder einem drehenden Tornado, wo das Zentrum des Strudels das berühmte offene »Auge des Sturms« ist.

Und die gleiche Regel gilt für alle natürlich drehenden Objekte im ganzen Universum, seien es Nebel oder Galaxien (oder selbst schwarze Löcher), wo die zentrale Hauptmasse des Objektes noch nicht zu einer soliden Masse zusammengedrückt wurde. Es scheint, dass das Phänomen der Rotation immer das naturgegebene Resultat ist, wo auch immer dieses Zusammentreffen physikalischer Naturgesetze auftritt, und mit einer solchen Rotation kommt die Zentrifugalkraft (oder auch Zentripedalkraft) ins Spiel, was unveränderlich eine zentrale Strudelröhre oder Kernöffnung irgendeiner Art hervorbringt.

Das Gravitationszentrum in einem solchen Strudel befindet sich irgendwo in den Wänden ihrer Röhre – nicht im offenen Zentrum der Röhrenachse, die frei von Schwerkraft ist. (Auf diese Weise konnte auch Dorothys Haus im »Auge« des Wirbelsturms im Magier von Oz emporgehoben werden. Es gab keine Gravitation innerhalb des Strudels, um es niederzuhalten!) Erkennen Sie, was ich meine? (Wenn nicht, besorgen Sie sich das Video und sehen Sie selbst!)

Ein anderes (recht wirres) Beispiel

Der gleiche Effekt wie bei der Waschmaschine ergibt sich, wenn wir einen Modellglobus mit dampfend heißem, matschigem Kartoffelbrei oder Milch-Porridge füllen und ihn dann mit he Geschwindigkeit drehen, bis alles abgekühlt ist. Wenn wir den Globus nun öffnen, finden wir (hoffentlich) den Kartoffelbrei oder das Porridge zusammengepreßt um das ganze Innere des Globus herum, wobei die dickste Stelle um die Äquatorregion liegt und ein ansehnlicher Leerraum in der Mitte zu finden ist. Vielleicht wären wir auch überrascht zu entdecken, dass an den Polenden der Achse des Globus nur eine sehr dünne Schicht zu finden ist – wenn überhaupt. (Sie können das selbst überprüfen – aber verlangen Sie keinen Ersatz für Ihren Globus von mir!) Den gleichen Effekt sehen wir nebenbei bei jedem Betonmischer, wie viele von uns vielleicht schon entdeckt haben mögen – besonders wenn wir vergessen haben, die Trommel mit Wasser auszuwaschen, und den Inhalt über Nacht fest werden ließen. Stimmen Sie mir zu?

Der Grund, weshalb wenig oder gar keine Materie an den Polen der Achse des Spielzeugglobus verbleibt, ist der gleiche wie bei unserer Waschmaschine – und es ist meine Überzeugung (und darin stimme ich mit vielen anderen überein, die weitaus mehr wissen als ich), dass ebendieses Phänomen genauso gut und recht logisch auch auf die Erde und die anderen Planeten (und selbst die Sterne) zutrifft, nämlich aufgrund der genau gleichen Umstände, physikalischen Gesetze und Mechanik. Leider vergessen viele Gelehrte, die Diagramme von hohlen Planeten zeichnen, diesen Effekt der durch die Erddrehung hervorgerufenen Zentrifugalkraft zu berücksichtigen, also sind ihre Schaubilder nicht völlig akkurat.

An dieser Stelle sollte ich die bekannte Tatsache erwähnen, dass dieselbe Zentrifugalkraft die Erde zu einem gewissen Grad am Äquator ausbauchen und an den Polen etwas abflachen lässt. Kurz gesagt sieht ihr Äußeres mehr horizontal abgeplattet aus. Das bedeutet, die Erdkruste ist am Äquator weitaus dicker als an

die Folgerungen dieser Kombination einfacher, beobachtbarer physikalischer Gesetze in einer Situation von solcher Größenordnung wie der Bildung eines Planeten nachzudenken. Ich glaube jedoch, für den Augenblick genug über diesen Punkt geredet zu haben, also gehe ich zu jenen anderen Erscheinungen über, die sehr eng mit unserer Hohle-Erde-Theorie zusammenhängen: zu den Löchern an den Polen und der Zentralsonne.

Die Löcher an den Polen

Die meisten Berichte und Beschreibungen zu diesen Eingängen ins Innere der Erde umfassen große Löcher, Öffnungen oder ähnliche Anomalien bei einer Polarkappe oder bei beiden. Einige dubiosere Berichte ansonsten achtbarer Polarforscher und Abenteurer »beschrieben« diese Öffnungen als zwischen 150 und 2250 Kilometer weit. Einer der bedeutenden Menschen, von denen es heißt, sie hätten diese seltsame Erscheinung gesehen, ist der bekannte amerikanische Konteradmiral Richard E. Byrd, der 1947 die Eiskappe des Nordpols überflog und die Antarktis im Jahre 1956. Seine erstaunlichen überlieferten Berichte der seltsamen Phänomene sind eine ungewisse Angelegenheit, doch ich verweise meine Leser auf die vielen Darlegungen anderer Autoren über seine angeblichen Funde.

Andere bekannte Forscher, die auf ähnliche (aber nachweisbarere) verblüffende Anomalien im Bereich des Nordpols trafen, sind u.a. Dr. Frederick Cook im Jahre 1908 und Konteradmiral Peary 1909. Und lange vor ihnen machte der berühmte norwegische Polarforscher Fridtjof Nansen einige äußerst gespenstische Erfahrungen auf seiner Arktisexpedition 1885-86 auf der Suche nach dem Nordpol.

Viele andere Forscher hatten seitdem die gleiche Art unheimlicher Erlebnisse an den Polen, doch ich muss den Leser erneut auf die sehr zahlreichen Berichte im Internet und anderswo verweisen, die von erstaunlichen Entdeckungen sprechen, denn sonst müsste ich hier Seiten über Seiten über diese sehr ähnlichen, erstaunlichen und oft recht unglaublichen Berichte schreiben. Ich glaube, ich sollte vielmehr einige hervorstechende Punkte zu den Polen erklären, bevor ich weitermache.

Einige Hintergrundinformationen

In seinem bekannten Buch »Die hohle Erde« beschrieb Dr. R. W. Bernard, Bachelor of Arts, Master of Arts und Doctor of Philosophy, den verbreiteten Glauben der hohlen Erde in einer ansehnlichen Fülle von Einzelheiten, und er konnte einige faszinierende Daten ausfindig machen, um diesen Glauben zu untermauern. Ich werde einige bemerkenswerte Passagen aus seinem fesselnden Buch zitieren. Zuerst behandelt er die wissenschaftliche Annahme, die Erde sei ein solider Körper:

»Der Glaube, die Erde besäße ein glühendes Zentrum, erwuchs möglicherweise der Tatsache, dass es umso wärmer wird, je tiefer man in die Erde eindringt. Die Annahme jedoch, dieser Temperaturanstieg nehme zu bis zum Zentrum der Erde, ist weit hergeholt. Es gibt keinen Beweis, der diese Ansicht stützen könnte. Wahrscheinlicher ist, dass der Temperaturanstieg nur weitergeht, bis wir die Ebene des Ursprungs vulkanischer Lava und von Erdbeben erreichen, vielleicht durch die Existenz einer Menge radioaktiver Substanzen. Nach dieser Schicht maximaler Hitze besteht jedoch kein Grund, weshalb es nicht kühler und kühler werden sollte, während wir uns dem Erdenzentrum immer weiter nähern.«

»Die Oberfläche der Erde mißt etwa 500 Millionen Quadrat-kilometer, und ihr geschätztes Gewicht beträgt sechs Sextillionen Tonnen. Wäre die Erde eine solide Kugel, wäre ihr Gewicht weitaus größer. Dies ist einer der wissenschaftlichen Hinweise, dass die Erde ein hohles Inneres besitzt. Der Autor glaubt, die wahrste Auffassung der Struktur der Erde gründe auf der Vorstel-lung, dass Zentrifugalkräfte während des geschmolzenen Zustan-des bei ihrer Formierung die schwereren Substanzen nach außen in Form von Fels und Metallen gegen ihre Peripherie drückten, woraus die Außenkruste entstand. Das Innere blieb hohl, mit Öffnungen an den Polen, wo weniger (oder gar keine) Zentrifu-galkräfte wirkten und wo die Tendenz, Materialien nach außen zu pressen, geringer war. Diese Tendenz war am Äquator weit stärker, was die Ausbauchung der Erde in dieser Region zur Folge hatte. Schätzungen besagen, als Resultat der Erdrotation um ihre Achse während ihrer Formationsstufe hätten sich polare Vertie-fungen und Öffnungen gebildet, die 2250 Kilometer im Durch-messer mäßen.«

»Wir werden unten auch Beweise anführen, um darauf hin-zuweisen, dass einiges des ursprünglichen feurigen und leuchten-den (vielleicht atomischen) Materials im Erdenzentrum verblieb(en sein könnte), um eine Zentralsonne zu bilden, viel kleiner zwar als unsere Sonne (in Wirklichkeit vergleichsweise winzig), doch fähig, Licht auszusenden und Pflanzenwachstum zu unterstützen. Wir werden auch erkennen, dass die Aurora Borea-lis bzw. die flutenden Lichter im arktischen Nachthimmel von dieser Zentralsonne stammen, deren Strahlen durch die Polöff-nung schimmern.«

»War die Erde nun ursprünglich ein Ball aus glühendem, ge-schmolzenem Material, so blieb etwas von diesem Feuer im Zentrum, während die Zentrifugalkraft infolge ihrer Achsenrota-tion ihre solide Materie nach außen drückte, wo sie eine solide

Kruste bildete und das Innere hohl beließ, mit einem leuchtenden Ball im Zentrum, der Zentralsonne, welche Licht (und Hitze) für pflanzliches, tierisches und menschliches Leben schenkt.«

Bernard sagt weiter, der erste, der diese Theorie einer hohlen Erde mit Löchern an den Polen vorgebracht habe, sei William Reed gewesen, Autor des 1906 erschienenen Buches Phantom of the Poles, das die erste Zusammenstellung wissenschaftlichen Wissens zum Thema darstellt, basierend auf den Berichten der Arktisforscher. Das Buch unterstützt die Theorie einer hohlen Erde mit Öffnungen an den Polen. Offensichtlich schätzte Reed die Dicke der Erdkruste auf etwa 1300 Kilometer Durchmesser und das hohle Innere auf ungefähr 10.250 Kilometer Durchmesser. Seine revolutionäre Theorie faßte er in folgender Weise zusammen:

»Die Erde ist hohl. Die Pole, nach denen so lange gesucht wurde, sind Phantome. Es gibt Öffnungen am nördlichen und südlichen äußersten Ende. Im Inneren gibt es weite Kontinente, Meere, Berge und Flüsse. Pflanzliches und tierisches Leben ist in dieser Neuen Welt offensichtlich, und womöglich ist es von Rassen bevölkert, die den Bewohnern der Erdoberfläche unbekannt sind.«

Er stellte auch heraus, dass die Erde keine echte Kugel ist, sondern an den Polen abgeflacht. Wenn man sich dem hypothetischen Nord- oder Südpol nähert (denn es gibt keine, da sich dort die Öffnungen zum hohlen Inneren befinden), beginnt es flacher zu werden. Die (imaginären) Pole befinden sich also in Wirklichkeit in der Luft, in der Mitte der Polöffnungen, und nicht auf der Oberfläche, wie Möchtegern-Entdecker der Pole behaupten. Weiter sagt er, die Pole können nicht entdeckt werden, da die Erde an ihren Polpunkten hohl ist. Diese Polpunkte »existieren in der Luft aufgrund der dortigen Existenz der Polöffnungen, die ins Innere führen.« Dann betont Reed, dass die Forscher, welche glaubten, sie hätten die Pole erreicht, in Wirklichkeit von dem exzentrischen Verhalten des Kompasses in hohen Breitengraden, nördlich wie südlich, in die Irre geführt wurden. Er behauptet, dies sei im Falle von Peary und Cook geschehen, von denen keiner wirklich den Nordpol erreicht habe. Nehmen wir ein paar Augenblicke für die Untersuchung dieses besonderen Problems her.

Probleme mit Kompassen

Laut allen Hinweisen, die ich bislang gefunden habe, hatten praktisch alle großen Polarforscher ernsthafte Probleme mit ihren Magnetkompassen, sobald sie 80° bis 85° nördlicher Breite überschritten hatten. Ihre Kompaßnadeln machten alle möglichen wahllosen Schwünge, hoben und senkten sich. Wie schon erwähnt, passierte dies sowohl Peary als auch Cook, und so verfehlten sie den Nordpol komplett, so wie es vielen anderen vor und nach ihnen geschah.

Auf Admiral Byrds Luftexpedition gab es ebenfalls Probleme mit den Instrumenten. In seinem Logbuch notierte er, wie sowohl sein Magnet- als auch sein Kreiselkompaß zu »rotieren und schwanken« begannen, und zwar in einem solchen Maße, dass sie »unfähig waren, mittels unserer Instrumente unseren Kurs zu halten«. Da er sich jedoch weit oben in einem Luftfahrzeug befand, konnte er mittels eines Sonnenkompasses seinen Kurs bestimmen, und er wusste, dass er sich dem Pol näherte. (Später komme ich nochmal auf Byrds Polarflug zurück, da er völlig erstaunlich ist)

Der bekannte russische Polarforscher Snegirew berichtet, wie der Magnetpol »eine Art trügerische Biegung« hat, die es »mühselig macht, allein per Kompass zu reisen. Der Pfeil zeigt nordwärts, schwenkt dann gen Westen und kehrt fast widerstrebend zu seiner Ursprungsposition zurück.« In seinem Buch The Hollow Earth schreibt Dr. Raymond, dass diese seltsame Bewegung des Kompasses »von vielen Erkundern der Arktis beobachtet wurde. Als sie hohe Breitengrade um die 90° erreichten, waren sie perplex ob der unerklärlichen Kompassbewegung und dessen Tendenz, senkrecht nach oben zu zeigen.« Dann fügt er die Erklärung an: »Sie waren nämlich in der Polöffnung, und der Kompaß zeigte zum magnetischen Nordpol entlang des Randes der Öffnung.« (Hervorhebungen wieder von mir. GF.)

Ray Palmer, amerikanischer Autor und Herausgeber mehrerer hervorragender Magazine im Zusammenhang mit mysteriösen Phänomenen, beschrieb in einem Leitartikel mit dem Titel The North Pole – Russian Style »bemerkenswerte Entdeckungen von russischen Arktisforschern, welche die Theorie einer hohlen Erde und polarer Öffnungen bestätigen, gleichsam den Beobachtungen von Arktisforschern, die wir unten anführen werden.« Ich kann seinen Artikel hier nicht vollständig wiedergeben, aber ich werde einen Auszug daraus bringen, der für dieses Zeitalter täglicher Polüberflüge durch kommerzielle und militärische Flugzeuge sachdienlich ist.

»Eines, auf das wir mit am beharrlichsten bestehen, ist, dass niemand je am Nordpol war und alle dahingehenden Behauptungen falsch sind. Der Pol ist kein ‚Punkt‘ und kann nicht im herkömmlichen Sinn ‚erreicht‘ werden. Den Militär- und Zivilpiloten, welche behaupten, den Nordpol ‚täglich‘ zu überfliegen, haben wir mit Erfolg widersprochen. Im Falle der Militärflieger haben wir das Standardmanöver herausgestellt, welches es automatisch unmöglich macht, jenseits des Pols zu gelangen, indem man quer darüber fliegt. (Also über die Polöffnung statt hinein – Autor) Dies liegt an Navigationsschwierigkeiten durch Kompasse aller Art.«

»Ein ‚verirrter' Flieger (dessen Kompass nicht so funktioniert, wie er sollte) findet die Orientierung wieder, indem er eine Wendung in irgendeine Richtung macht, bis sein Kompass wieder funktioniert. Im Falle der kommerziellen Fluggesellschaften, die sich in ihrer Werbung damit brüsten, zweimal täglich über den Pol zu fliegen, nehmen sie es mit der Wahrheit nicht so genau. (Sie überfliegen lediglich den magnetischen Rand der Polöffnung, wo der Kompaß den höchsten Grad Nord registriert, aber sie erreichen nicht wirklich den Nordpol, den Zentralpunkt der Polöffnung innerhalb dieses Randes – Autor)«

(Die Hervorhebungen sind wieder meine eigenen – GF)

Jedoch eine Warnung zur Vorsicht...

Ich sollte anmerken, dass laut geologischer Untersuchungen im Arktischen Meer das Wasser beträchtlich tiefer wird, wenn wir uns 85° nördlicher Breite nähern. Nansen selbst prüfte die Tiefe an diesem Breitengrad und maß über 2.000 Faden (3.660 Meter), und er sagte, die Tiefe nehme weiter zu, je weiter nördlich er käme. (Die aktuellste offizielle Angabe für die geschätzte Meeresboden-Position des Nordpols ist 4.148 Meter)

Ich muss jedoch auch sagen, dass neuere Tiefseediagramme des arktischen Meeresbodens zwei große parallele Bergrücken um die polare Tiefsee-Ebene zeigen, wo der Nordpol sein soll. (Niemand kann sich hierbei jedoch sicher sein, nicht einmal heute. Das liegt an den ständigen Abweichungen des Magnetkompasses) Es handelt sich um den Lomonosow-Rücken und die Nansen-Kordillere (auf einigen Karten auch Gakkel-Rücken genannt), und sie liegen 400 oder 500 Kilometer auseinander. Somit scheinen sie den größtmöglichen Durchmesser eines möglichen Polarloches auf maximal etwa 400 Kilometer zu beschränken, im Gegensatz zu früheren Behauptungen von über 1000 Kilometer großen Löchern. (Ich persönlich glaube, nachdem ich mir Daten und Computerbilder auf der Basis von Satelliten-Radarscans der Erdtopographie angesehen habe, dass das »Polarloch« (sofern es überhaupt existiert) weniger als 100 Kilometer im Durchmesser haben mag)

Nebenbei stieß ich kürzlich auf einen Bericht im Internet über eine schwedische Polarexpedition, die am 12. Juli 1996 auf dem Eisbrecher Oden aufbrach, um die klimatische und umwelttechnische Entwicklung in den innersten polumspannenden Gebieten der Arktis zu erforschen. Die Oden sollte vom deutschen Forschungsschiff Polarstern begleitet werden. Die beiden Schiffe haben schon vorher erfolgreich zusammengearbeitet, und zwar während der 1991er IAOE (Internationale Forschungsexpedition im Arktischen Meer), wo sie behaupteten, den Nordpol erreicht zu haben – auf dem Wasserweg! Mein Interesse flammte auf, als ich erfuhr, eines ihrer geologischen Forschungsziele sei das Studium des Seebodens des arktischen Polarbassins durch Fernsensoren. Zudem wollten sie Teile davon sowie vom Lomonosow-Rücken und der Nansen-Kordillere per Tiefenbohrung herausholen. Noch immer habe ich die Funde bei dieser Expedition noch nicht auffinden können, aber ich werde sie hier einfügen, sobald ich sie entdecke – falls ich sie entdecke. Es wird interessanter Lesestoff!

...und noch einige optimistische Worte

Wir sollten jedoch nicht die Tatsache vergessen, dass einige dieser polaren Tiefen sehr wohl Schätzungen oder gepfuschte Angaben sein mögen, einfach aufgrund der offenkundigen Unmöglichkeit, ein ozeanisches Forschungsschiff um oder durch das zentrale, solide gefrorene Arktis-Packeis zu schicken, und selbst Atom-U-Boote wären für ihre präzise Positionierung von Magnet-Kompassen abhängig.

Könnte jedoch eine ähnliche Art von Satellitentechnik wie z. B. MOLA (Martian Orbiting Laser Altimeter), das zur Messung der Tiefe, Höhe und allgemeinen Topographie der Marsoberfläche verwendet wurde, dazu eingesetzt werden, einige seltsame Mysterien unserer eigenen irdischen Meerestiefen – wie das bekannte Bermuda-Dreieck (um verschwundene Schiffe und Flugzeuge zu erklären), den südwestlichen Pazifik (für Spuren des verlorenen Kontinents Mu), den Indischen Ozean (für Beweise für Lemuria) und den antarktischen Kontinent (für einige Zeichen eines möglichen südlichen Polarloches und vielleicht sogar für ein verlorenes Atlantis unter der mächtigen Eiskappe) – könnten wir eventuell sehr viel mehr über unseren Planeten lernen und gleichermaßen sehr viel mehr über die tatsächliche innere Struktur der anderen terrestrischen Planeten.

Meiner bescheidenen Meinung nach bleibt noch viel zu entdecken und zu forschen, sowohl auf als auch in unserem Planeten, was unendlich viel weniger Geld, Zeit und Mühe in Anspruch nehmen würde als die offenbar fruchtlose Erforschung des Weltraums (dazu später mehr). Nicht dass ich den leisesten Einwand gegen die Erkundung unserer Nachbarplaneten hätte, aber ich glaube, wir sollten zuerst alles, was wir können, über unseren noch immer sehr geheimnisvollen und rätselhaften Planeten herausfinden.

Einige relevante Punkte

Bevor ich zu weiteren interessanten Aspekten dieses Hohle-Erde-Konzeptes vordringe, möchte ich sagen, dass der Nordpol häufig von Wolken und/oder Nebel bedeckt ist und somit von hochfliegenden Flugzeugen und Satelliten im Erdorbit die meiste Zeit über nicht wahrgenommen wird, obwohl das Loch aufgrund der Präsenz einer hellen zentralen Sonne in der Erde vielleicht nicht als dunkles Loch erscheint, sondern als eines, das Licht aussendet. (Vielleicht eine Art leuchtender Fleck?)

Tagsüber kann man sich gut vorstellen, dass sich das äußere Sonnenlicht auf dem Eis und die Helligkeit eines inneren Leuchtkörpers gegenseitig aufhebt, besonders da die Sonnenstrahlen von Eis und Wasser während des sechsmonatigen arktischen Sommers recht hell reflektiert werden, wenn die Wolkendecke oft sehr verstreut oder in einigen Gebieten dann und wann sogar völlig abwesend ist.

Die Aurora?

Im arktischen Frühling und Herbst kann man oft ein weiteres Phänomen an den Polen beobachten, das Schauspiel der Auroren namens Nord- oder Südlicht – Aurora Borealis bzw. Aurora Australis. Die Wissenschaft erklärt diese senkrechten, schönen und vorhangartigen Effekte als »verursacht durch geladene Teilchen von der Sonne, welche hoch in der Ionosphäre auf verdünnte Gase treffen und sie leuchten lassen«, auf ähnliche Weise, wie elektrische Ladung das Gas in einer Neonröhre aufleuchten lässt. Denken wir jedoch an eine innere »Sonne«, welche durch Öffnungen in der Erdkruste an den Polen scheint, könnten wir dann nicht erwarten, in geeigneten, vergleichsweise wolkenfreien Nächten einen sehr ähnlichen Effekt zu beobachten – ähnlich wie eine Gruppe verstreuter Scheinwerferstrahlen, die von der Eiskappe aus nach oben strahlen? Nun – vielleicht.

Eine andere offizielle Erklärung scheint zu sein, dass die Auroren von solaren Protonen und Elektronen hervorgerufen werden, welche zu den Erdmagnetpolen hinabgezogen werden und ihre Farbe in bezug auf »die Höhe, in der die Kollision stattfindet, und auf die Wellenlänge der beteiligten Teilchen« ändern. Was wäre jedoch, würde die Situation umgekehrt sein und die Teilchen nach oben freigesetzt werden, also von der inneren Sonne (möglicherweise ebenfalls ein mäßig radioaktiver Körper) durch die Polöffnungen? Würden wir nicht ein sehr ähnliches Phänomen erwarten? Wieder: vielleicht. Die orthodoxe Wissenschaft würde eine solche Vorstellung vielleicht als völlig unsinnig von sich weisen – doch ist es eine solch lächerliche Vorstellung?

Nach sorgfältigem Nachdenken muss ich leider zugeben, dass diese Vorstellung ein wenig weit hergeholt ist, und ich muss der wissenschaftlichen Erklärung zustimmen, solche Aurorenphänomene würden wahrscheinlich von kosmischen und solaren Teilchen hervorgerufen, welche auf die Ionosphäre der Erde stoßen und von ihr »gebremst« werden, was zu Photonen-Erregung führt, die sie aufleuchten lässt. Vielleicht werden sie danach in der Stratosphäre ausgebrannt. Die Freisetzung großer Mengen Licht nach oben von »Polarlöchern« aus in Arktis und Antarktis wäre mit Sicherheit von vielen Flugzeugpiloten, die den Pol überflogen, lange zuvor dokumentiert worden. Folglich ist die »Nach-oben-Leuchten«-Theorie eindeutig unstimmig.

Es ist auch gut, daran zu denken, dass der magnetische Nordpol von der Geologie nach Nordkanada verlegt wird, nahe Bathurst, bei etwa 78° nördlicher Breite, also etwa 750 Kilometer südlich des geographischen Nordpols. Der magnetische Südpol soll vor der Küste von Wilkes Land liegen, bei 64° südlicher Breite, also über 2700 Kilometer nördlich des geographischen Südpols, und scheinbar verändern diese Magnetpole jedes Jahr ihre Position.

Man würde die Magnetpole sicherlich auf einer Magnetachse vermuten, die von Nord nach Süd durch die Mitte der Erde verläuft, so wie es die wahre Polachse tut – sofern die Erde wirklich ein gigantischer sphärischer Magnet ist, wofür sie gemeinhin gehalten wird und wofür auch ich sie immer hielt. Seitdem habe ich jedoch erfahren, dass die Magnetosphäre, welche die Van-Allen-Gürtel enthält, in Wahrheit mehr von der Form eines sehr dicken Doughnuts um die Hauptmasse der Erde ist, die Polregionen jedoch mehr oder weniger offen gegenüber EMF-Einflüssen beläßt.

Wie also kommt diese eigenartige Anomalie zustande, die zeigt, dass die Magnetachse der Erde nicht durch ihren geozentrischen Punkt läuft, sondern von 90° N zu 64° S und somit gewaltige 36 Grad von der geographischen Nord-Süd-Polarachse abweicht?

Schnell füge ich an, dass ich keine konkrete Antwort auf dieses Rätsel beisteuern kann, abgesehen von dem möglichen Vorkommen größerer Konzentrationen von Kupfer oder Eisenerz in der Erdkruste dieser Regionen, welche eine große Rolle bei diesem Mysterium spielen könnten – aber ich wäre sehr daran interessiert zu hören, was die geologische Bruderschaft dazu zu sagen hat. Der Gedanke könnte einem vergeben werden, dass vielleicht die magnetischen und geographischen Pole keinen wirklichen physikalischen Zusammenhang haben.

Wie auch immer. Man muss mich noch überzeugen, dass sich die Erscheinung der Auroren tatsächlich direkt auf die Magnetpole konzentriert – in einem solchen Fall könnte der wahre Grund für die Auroren-Effekte in der erdeigenen Magnetosphäre zu finden sein, und zwar in der oben von mir vorgeschlagenen Weise, und einfach auf solare und kosmische Teilchen zurückgehen, die in der Ionosphäre fluoreszieren.

Sehr deutlich erinnere ich mich daran, wie ich als Junge in Nordbritannien die Aurora Borealis beobachtet habe. Immer schien sie mir zum wahren Norden hin zu erscheinen, und nach dem Polstern zu Polaris. Ansonsten hätte ich in eine leicht andere

Richtung blicken müssen, nach Nord-Nordwest. (Vielleicht sollte ich anfügen, dass ich damals ein junger Pfadfinder war und somit einen hervorragend geübten Richtungssinn hatte)

Eine weitere Möglichkeit betreffs dieses Erdmagnetismus ist, dass er sich sehr wohl als eine Art unter der Oberfläche befindliches, lokalisiertes Phänomen erweisen könnte, welches ausschließlich in der Lithosphäre der Erde zu finden ist – ein Phänomen, das auch auf andere Planeten terrestrischer Art übertragbar ist. Der Erdmagnetismus mag von keiner bestimmten lebenswichtigen Bedeutung für die Funktionsweise oder das Wohlergehen unseres Planeten sein, abgesehen davon, dass er einen nützlichen »Orientierungsleitfaden« für wandernde Tiere wie Karibus, Moschusochsen und Rentiere sowie Vögel darstellt, die alle offenbar die natürliche Erdmagnetkraft mittels eines Sinnes umsetzen können, der uns Menschen abhanden gekommen ist. Wir Menschen müssen stattdessen auf Mechanismen wie den Magnetkompass zurückgreifen.

Bald mag es jedoch neue Informationen zu diesem Thema geben, die das gegenwärtige Denken der Wissenschaft über die sogenannten »Magnetpole« der Erde radikal verändern könnten.

Ein spätes Update zum Geomagnetismus

Weiteres zu meinen Bemerkungen über den Erdmagnetismus. Ich entdeckte einen recht aktuellen Bericht des Geological Survey of Canada (innerhalb deren Territorium der magnetische Nordpol liegt), der besagt, man glaube, der irdische Geomagnetismus, wie er sich in den Magnetpolen manifestiert, würde durch elektrische Ströme hervorgerufen, die im superheißen Magma des (angeblich) flüssigen äußeren Kerns der Erde ihren Ursprung finden, vielleicht sogar in den großen unterirdischen Seen oder Meeren geschmolzenen Magmas – was hauptsächlich unter den Rändern der tektonischen Platten zwischen den tieferen Krustenschichten konzentriert ist, wie ich glaube. Dieser Fluß von elektrischen Strömen soll beständig dahinfließen, was bedeutet, dass auch das von ihm erzeugte Magnetfeld ständigen Veränderungen unterworfen ist.

Dieses Phänomen wurde in einer Studie der Ortungen des magnetischen Nordpols bis ins Jahr 1829 zurück geboren. Nachfolgende Ortsangaben für den Magnetpol in den Jahren 1831, 1903, 1945, 1962, 1973, 1984 und 1994 haben gezeigt, dass der magnetische Nordpol während dieser 165 Jahre entlang eines beinahe geschlängelten Pfades von der Boothia-Halbinsel (70° N) bis zur Noice-Halbinsel (77° N) wanderte, etwa 1100 Kilometer nordwärts, grob entlang dem 105. Längengrad. Und er bewegt sich weiterhin nordwärts mit sich ständig beschleunigender Geschwindigkeit. Früher waren es 10 Kilometer pro Jahr, heute 15.

Es mag einem die Erwartung vergeben werden, es müsse eine ähnliche Ortsveränderung beim südlichen Magnetpol zum Süden hin geben, aber hier scheint das Gegenteil der Fall zu sein. Der magnetische Südpol wandert sehr viel langsamer als sein nördliches Gegenstück nach Norden, und zwar insgesamt etwa 200 km entlang des 140. Längengrades. Genau wegen diesem konstanten Ortswechsel der Magnetpole und demzufolge ihrem zweifelhaften Wert als präzise Ausrichtungspunkte für Karten, wenn man einen Magnetkompaß verwendet, vermute ich, die geschätzte Position des wahren Nordpols könnte sich mit Leichtigkeit in recht beträchtlichem Maße verändert haben seit der Zeit der frühen Erforscher – ein Fehlerspielraum, der noch immer wahrnehmbar in vielen heute vorgenommenen Berechnungen der wahren Position des Pols fortdauern mag.

Neueste Informationen zu den IAOE-Entdeckungen

Nachdem ich oben das »neueste Update« geschrieben habe, habe ich einige vorläufige Ergebnisse der 1996er International Arctic Ocean Expedition erfahren. Nicht weniger als 29 Kolbenkerne aus Sedimentgestein wurden dem Lomonosow-Rücken zwischen 85° und 89° nördlicher Breite entnommen, und als ich den neuen Bericht im Mai 1997 schrieb, wurden sie noch immer ausgewertet. Bald sollte es aufgrund der Daten vom Lomonosow-Rücken sowie dem benachbarten Arktischen Bassin ein umfassendes visuelles geologisches Computermodell geben.

Diese hochdetaillierte Forschung scheint jedoch anzudeuten, dass die mögliche Existenz eines Loches im Meeresboden am Nordpol jetzt (leider) recht unwahrscheinlich ist. Doch trotz jeder angeblichen offiziellen »Alibi-Verschwörung« bin ich sicher, eine solche Entdeckung wäre irgendwann doch »durchgedrungen« und wäre in der Medienlandschaft der Welt längst zu einer großen Schlagzeile geworden.

Nach gründlichem Nachdenken über diese »Polarloch«-Idee denke ich folgendes: Während es eine erkennbare Achsenöffnung an jedem Pol geben mag, ist es eine logische Annahme, dass sich über Jahrtausende hinweg das Sedimentgestein von den Polarmeeren oder Staub in der Luft und andere feste Materialien in diese Löcher abgesenkt und sie gefüllt haben, entweder teilweise oder vollständig. Dies gilt, wenn wir die Vorstellung übernehmen, dass das Gravitationszentrum eines »Hüllen«-Planeten die Form eines kugelförmigen Gravitationsfeldes irgendwo in der Mitte der Erdkugel annimmt.

Dies liegt einfach daran, dass die Gravitationszone auf halbem Wege durch die Felsenkruste einen unsichtbaren »Boden« aus elektromagnetischer Kraft gebildet haben wird, der dieses Sediment davon abhielt, in die innere Erde hineinzufallen. Dies wäre natürlich auch andersherum so, da der gleiche Effekt auch innerhalb der planetaren Hülle arbeitet. Eventuelle Löcher würden mit festen, stabilen »Pfropfen« auf beiden Seiten gefüllt.

Aufgrund dieser einfachen Erscheinung des »sphärischen Gravitationszentrums« wäre es praktisch unmöglich, die Lage der Löcher per Seitenscanradar, Laser oder irgendeiner anderen bodendurchdringenden Scanmethode, die es heute gibt, in der Erdenhülle zu orten.

Es gibt auch keinen logisch gesunden Grund zu glauben, die Achsenpole wären der einzige Ort für solche Öffnungen. Aus einer Vielzahl von Gründen könnten sie an vielen anderen Orten auf dem ganzen Globus erschienen sein, einschließlich extrem gewaltsamer Einwirkung durch rasend schnell heranjagende Feuerkugeln und Meteore. Selbst ein Gravitationskraftfeld kann nicht alles aufhalten!

Dies verschafft uns weitaus größeren Raum für Spekulation, wo solche versteckten Löcher sein könnten, und es mag sogar Vermutungen über bekannte Land- und Seegebiete erlauben, wo vieles auf unerklärbare Weise verschwand, insbesondere große Objekte wie Schiffe und Flugzeuge, aber auch – vor langer Zeit – Gebäude und Städte. Denken Sie nur an das Bermuda-Dreieck und an Städte wie Atlantis! Es ist auch nicht völlig unvorstellbar, dass die »Pfropfen« solcher Öffnungen zuweilen für mächtige Hi-Tech-Geräte durchdringbar sind, z. B. für ausgerichtete Antigravitationsstrahlen, die vom Erdinneren her auf den Pfropfen einwirken. Wer an solche Dinge glaubt, für den könnten diese Öffnungen sogar Ein- und Ausflugpunkte für Ufos sein. Wir können wahrlich nicht erahnen, welchen Grad an Technologie eine solch uralte und isolierte Rasse errungen haben mag. Alles, was wir in unserer gegenwärtigen Unwissenheit anstelle von wirklichen Beweisen von solch fantastischen Dingen haben, sind Theorien und Spekulationen.

Denken wir jedoch immer daran, dass selbst die wildeste Spekulation und Theorie die Menschheit des öfteren zu erstaunlichen wissenschaftlichen Entdeckungen geführt hat, also sollten wir dieses Ziel weiterhin eifrig und unermüdlich verfolgen.

Der einzig mögliche Hoffnungsschimmer für jene, die noch immer ernsthaft an die Existenz offener Polarlöcher glauben, glitzert schwach in der äußerst geringen Möglichkeit einer Art offiziellem und extrem dichtem »Sicherheitsdeckel«, jedem wahren Fund in dieser Richtung übergestülpt von der amerikanisch angeführten Hierarchie der Neuen Weltordnung; dies scheint in Verbindung mit einigen anderen wichtigen Entdeckungen der Wissenschaft geschehen zu sein, die die Aufmerksamkeit der NWO erregt haben, verschwiegen wurden und das rote Etikett »Top Secret« erhalten haben. »Pro Bono Publici« – so würden der amerikanische CIA, das FBI und andere militärische Geheimdienste solche unterdrückten Dinge vielleicht beschreiben.

Man kann solche geheimen Aktivitäten wie jene, die gelegentlich ans Licht kommen, nicht wirklich ignorieren. Beispiele sind streng geheime Operationen wie Roswell, Area 51, Dulce, Cheyenne Mountain und andere angebliche »Verschwörungen, Vertuschungen und geheimen Einrichtungen« der Regierung, nicht nur in den USA, sondern auch in Europa, Russland, China und selbst in Australien. Schon einmal von Pine Gap gehört? (Und wer weiß – vielleicht gibt es sogar ein Stargate (siehe gleichnamige Serie) in irgendeinem ausgehöhlten Berg?)

»Sollen wir es den Menschen sagen?«

Es scheint wenig Zweifel daran zu geben, dass sehr viel heikle Information von der Weltöffentlichkeit ferngehalten wird, um massive Entrüstung, Aufstände oder Panik unter der Bevölkerung abzuwenden. Wir alle haben diese Weltuntergangs-Filme gesehen (normalerweise amerikanischer Herkunft), in denen eine große und unaufhaltsame Katastrophe die Welt zu zerstören droht, und die Wissenschaftler und Politiker bemühen sich jeweils, diese schreckliche Tatsache geheimzuhalten, da eine solche Nachricht vorhersehbar chaotische Konsequenzen unter der Bevölkerung zur Folge hätte.

Vielleicht sind sie ja prophetisch! Wenn es jedoch konkrete Beweise gab (oder gibt), dass eine andere Rasse im Erdinneren lebt, deren Technologie, von denen »Überwachungs-Ufos« nur ein Beispiel sind, die unsrige weit übertrifft – wie würden Ihrer Meinung nach die Bosse der Neuen Weltordnung reagieren, insbesondere im Hinblick auf ihre augenscheinlich besessene Vorliebe für Geheimnistuerei und verdeckte Operationen, Agendas und Aktivitäten?

Es ist ein trauriger Kommentar auf die Zeit, in der wir heute leben, dass die rechtmäßig gewählten Politiker der meisten Staaten der entwickelten Welt es als ihre Pflicht und Schuldigkeit betrachten, solche wesentlichen Themen vor der Öffentlichkeit geheimzuhalten, statt uns aufzuklären. Sie folgen dem alterprobten Axiom Wissen ist Macht, und schließlich ist Macht Kraftquell und wahrer Zweck der Politik. Und ich muss meine Leser sicher nicht daran erinnern, wie Macht die Politiker verändert. Aber ich fürchte, ich schweife ab.

Zurück zum Thema...

Ich entschuldige mich dafür, vom Thema Magnetpole und Polarlöcher sowie dem IAOE-Seebett und den Forschungsergebnissen ein wenig abgeirrt zu sein, aber ich sehe es als meine Pflicht, meinen Lesern alle wissenschaftlich erwiesenen Tatsachen vorzulegen, so enttäuschend sie manchmal auch sein mögen. Ich führe auch die sehr viel aufregenderen (aber größtenteils spekulativen) Konzepte von inneren Welten und unterirdischen Städten tief in unserem Planeten an.

Die Zentralsonne

Wie versprochen werde ich jetzt zu unserer ursprünglichen Hohle-Erde-Diskussion zurückkehren. Nehmen wir uns nun nach den Polarlöchern die Zentralsonne vor, die nach vielen Autoren der alternativen Wissenschaft die Innenerde erhellen soll – oder Agartha, wie sie oft von einigen der erleuchteren Seelen bezeichnet wird, die behaupten, zu den Wissenden zu zählen, was solche Mysterien betrifft.

Wie oben schon erwähnt, könnte die waschmaschinenhafte Drehung der Erde alle schwereren Elemente der kosmischen Materie nach außen gegen die erstarrende Kruste des sich heranbildenden Planeten gedrückt haben. Die leichteren, gasförmigen Elemente wie Wasserstoff oder Helium usw. wären im Bereich der Achsen-Nabenregion geblieben, nahe dem Gebiet der Null-Gravitation, und wären somit nicht von dem Zentrifugeneffekt der Erdrotation beeinflusst worden.

Demzufolge (obwohl ich das Zentrum damals als praktisch leer und frei von kosmischem Material beschrieben habe) würden solch extrem leichte Elemente wie Neon, Wasserstoff, Helium usw. höchstwahrscheinlich dazu neigen, sich um den Zentralpunkt der hohlen Region zu sammeln. Dort würden sie als gasförmiger Globus in einer völlig gravitationsfreien Zone an ihrem Ort gehalten. Der Rest wäre aller Wahrscheinlichkeit nach eine Neuaufführung der Geburt der Sonne aus gasförmigen Elementen in kleinerem Rahmen – im Zentrum einer zusammengeströmten

Masse aus kosmischem Staub und anderen Trümmern im All. Die Gase erhitzten sich unter der eigenen Schwerkraftverdichtung, was zu atomarer Aktion und Interaktion führte, was wiederum eine anhaltende nukleare Fusionsreaktion auslöste, wie wir sie in unendlich größerem Maßstab in unserer Sonne sehen.

Im Sinne dieser Übung können wir uns also auf vernünftige Weise vorstellen, dass die Zentralsonne in der Erde sehr ähnlich arbeitet wie die Sonne selbst, doch eben in sehr miniaturisiertem Grad, was Hitze, Licht, allgemeine Radioaktivität und Ausstoß betrifft. Dieser Punkt ist sehr wichtig hinsichtlich ihrer angenommenen Nähe zur inneren Oberfläche der dicken soliden Hülle des Planeten. Die Abstrahlung von Hitze und Licht dieser winzigen »Sonne« (insbesondere ultraviolett, aktinisch und nuklear) müsste in genügend geringem Maße sein, um die sichere Entwicklung und Blüte von Lebensformen zu erlauben, ohne dass sie schädlichen Mengen atomarer oder ultravioletter Strahlung ausgesetzt wären. (Obwohl die Hypothese nicht völlig unvernünftig wäre, die Bewohner der Innenerde könnten vielleicht eine natürliche Fähigkeit entwickelt haben, höhere Strahlungslevels auszuhalten als wir hier auf der Oberfläche – obwohl ich das ernsthaft bezweifle)

Da jedoch dieses ganze Konzept spekulativ ist (niemand im 20. Jahrhundert war dort und kam zurück, um uns davon zu berichten – mit der möglichen zweifelhaften Ausnahme von Konteradmiral Richard Byrd natürlich), können wir nur annehmen, dass jede Strahlung einer Innen-Sonne vollkommen im Sicherheitsbereich für Menschen liegen müsste, da sehr viele Berichte besagen, die Bewohner der hohlen Erde seien ursprünglich dorthin geflohen, um katastrophalen Ereignissen auf der Außenoberfläche des Planeten zu entgehen, einschließlich massiver Sonnenausbrüche – und, was mehr als wahrscheinlich ist, periodisch wiederkehrendem Substanzverzehr der Ozonschicht.

(Recht offen widerstrebt es mir, die angebliche Ursache der gegenwärtigen Ozonlöcher auf Aerosol-Sprays zurückzuführen. Sicherlich müssten wir buchstäblich Milliarden von Litern des unverdünnten Fluor-Kohlenstoff-Treibmittels in die Atmosphäre pumpen, um eine solch enorm schädliche Wirkung auf die Ozonschicht auszuüben)

...oder vielleicht eine andere, leichtere Quelle?

Es gibt jedoch noch eine andere Möglichkeit, die Innenerde (oder irgendeine der vermuteten enormen Höhlen, die tief in der Erdkruste existieren sollen) zu erhellen. Diese Alternative ist natürliche Phosphoreszenz, die es an vielen Stellen gibt, selbst im Meer. Ich selbst habe große Gebiete dieses Meeresleuchtens auf einer langen Seereise von Großbritannien nach Australien an Bord eines Hochsee-Linienschiffes gesehen.

Es ist erstaunlich, wieviel man vom obersten Deck eines großen Passagierschiffes aus sehen kann, besonders nach dem Einsetzen der Dunkelheit, wo ich dieses gespenstische, aber recht hell leuchtende Phänomen beobachten konnte. Jemand sagte mir, es hieße, eine besondere Art von Plankton sondere diese Art glühwürmchenhafter Phosphoreszenz ab. Seitdem habe ich jedoch erfahren, dass man der gleichen Erscheinung oft in ansonsten stockfinsteren Höhlensystemen begegnet. Einiges davon ist in Wirklichkeit Biolumineszenz, ein kaltes grünlich-blaues Licht, das man bei vielen lebendigen Organismen findet, wie z. B. bei Plankton, Algen und natürlich Glühwürmchen, die in großer Zahl dunkle Höhlen bewohnen. Bei lebendigen Geschöpfen liegt dies an der Absonderung einer Substanz namens Luziferin, doch in der Natur und Physik gibt es auch andere natürliche Ursachen für Lumineszenz.

Es ist die Natur von Atomen, Photonen auszusenden, wenn sie angeregt sind, und wir beobachten dies bei vielen Formen natürlicher Strahlung, einschließlich des Aurorenlichtes an den Polen. Ohne dies in ausufernden Sätzen auf hochgeistigem wissenschaftlichem Wege erklären zu wollen, mag es genügen zu sagen, dass es Fluoreszenz genannt wird, wenn eine solche Aussendung von Photonen unmittelbar nach dem Anregen von Atomen durch eine Energiequelle geschieht. Hält dieses Lichtglühen bzw. das Leuchten für einige Zeit nach Ende der Stimulierung an, heißt dies Phosphoreszenz. Elektrischer Strom, der durch ein Gas geschickt wird, ist eine gewöhnliche Methode, um Lumineszenz herbeizuführen, und wir sehen dies überall um uns herum in fluoreszierenden Lichtröhren. Sich schnell bewegende Elektronen erzeugen die hellen Bilder auf einem Fernsehbildschirm, wenn sie auf den Phosphormantel auf der Innenoberfläche der Bildröhre treffen. Es ist somit nicht schwer, sich ein Szenario vorzustellen, worin die Atome der Atmosphäre in einem hohlen Planeten oder einer großen Höhle zum Glühen gebracht werden, und zwar durch ein rein natürliches, elektrisch anregendes Phänomen, das es dort geben mag.

Das Seltsame dabei ist, dass es trotz der Weithergeholtheit des ganzen Konzeptes viele Aspekte gibt, die ihm sehr guten und logischen wissenschaftlichen Sinn verleihen. Nehmen Sie zum Beispiel die Umstände nach einem gigantischen Meteoreinschlag im Pazifik – einige behaupten, ein solcher habe die alte Zivilisation von Mu vernichtet – oder vielleicht eine plötzliche Polneigung der Erde, was beides berghohe Gezeitenwellen um den Globus schicken würde.

Nehmen wir den mächtigen Zentrifugaleffekt der Erdrotation, den wir uns schon früher angeschaut haben, und die Tatsache, dass seine Auswirkungen entlang der Polarachse praktisch null sind, so ist die Folgerung nicht schwer, dass diese hochzerstörerischen Gezeitenwellen kaum die Polregionen beeinflussen würden – wenn überhaupt. Selbst wenn es also Polöffnungen zur Innenerde gäbe, würden die Gezeitenwellen nicht durch sie ins Innere fluten. Auch ein Polsprung würde eine solche Innenwelt nicht in gleichem Ausmaß treffen wie die Außenseite.

Natürlich gäbe es eine Art Umwälzung von Meereswasser – doch da das Meer im Inneren laut einigen Kreisen nur ein Viertel von der Größe der Landmasse besitzt (praktisch das Gegenteil von unserem Verhältnis von vier Fünftel Meer und einem Fünftel Land auf der Außenhülle), würde dies nicht dasselbe Chaos hervorrufen wie auf der Außenseite.

Wo wir schon beim Thema solcher Katastrophen wie 300-Meter-Gezeitenwellen oder jahrzehntelange Staubwolken-»Blackouts« durch Kometeneinschlag sind, wäre es denn nicht praktisch, wenn die Geschöpfe der Außenkruste jederzeit Zuflucht im Erdinneren suchen könnten? Dies ist eine weitere Möglichkeit, die ich an späterer Stelle näher beleuchten werde.

Admiral Byrd und das »Land jenseits der Pole«

Ich komme noch einmal kurz auf die Polöffnungen zurück, bevor ich es eine Zeitlang zurückstelle. Es ist immer möglich, dass es eine denkbare geheime Agenda irgendeiner Art geben könnte (möglicherweise von der Sorte »Regierungs-Verschwörung«), um ihre Existenz zu einem sorgsam gehüteten Geheimnis vor der Bevölkerung zu machen, während die jeweiligen Regierungsgeheimdienste die fortgeschrittene Technologie solcher fortgeschrittener Rassen, die in der Erde wohnen mögen, für ihre eigenen ruchlosen »Verteidigungszwecke« erwerben und ausbeuten.

Würde herauskommen, dass dies der Fall ist, könnte es vielleicht die eigenartigen, »irrlichternen«, praktisch mythischen Logtagebücher von Konteradmiral Richard Byrd erklären. Angeblich hat er das Land jenseits der Pole tatsächlich besucht (d. h. er ging durch ein Polarloch in ein grünes, warmes Land jenseits davon) und wurde von »seltsamen scheibenförmigen Fluggeräten« mit seltsam vertrauten »Swastika«-Zeichen zu einem Landeplatz eskortiert. Von dort aus begleiteten ihn und seinen Funker einige große, blonde Männer mittels einer »sich bewegenden Plattform ohne Räder« in eine hochfuturistische, wundersame »Buck Rogers«-Stadt. Dort, wie Byrd angeblich geschrieben haben soll, begegnete er dem scheinbar alterslosen patriarchalen Meister dieser Innenwelt (offenbar Arianni* genannt).

*(Anmerkung: Die Insignien der Fluggeräte, die blonden Überwesen und der Name ihrer Innenwelt, Arianni, lässt dem Leser wenig Zweifel über die »reine germanisch-nordisch-arische« Natur dieser Rasse. GF)

Der Leibwächter des Meisters sprach Englisch mit nordischem oder deutschem Akzent. Er führte Byrd und seinen Kollegen Howie in ein Gästezimmer, wo sie für kurze Zeit alleingelassen wurden. Dann erschienen angeblich zwei ihrer »wundersam aussehenden Gastgeber« und eskortierten Byrd nach unten, unter den Erdboden, mittels einer Art leise arbeitendem, offenem Aufzug. Sie informierten ihn, er werde zu einer Audienz mit dem Meister gebracht. Der Aufzug hielt, und Byrd wurde in einen großen, palastartigen Raum geleitet, dessen luxuriöse und wunderbare Schönheit Byrds »Beschreibungsvermögen überstieg«.

Hier, so angeblich von Byrd überliefert, wurde er herzlich begrüßt und von diesem Individuum freundlich unterhalten. Dann sprach der Meister lange Zeit mit ihm über all die sinnlosen Kriege und die anderen dumm-zerstörerischen Aktivitäten der äußeren Rasse sowie ihrer närrischen Entwicklung von Waffen wie der Atombombe, bei der er darauf bestand, sie würde der Menschheit letztlich den Untergang bescheren. »Zu dieser alarmierenden Zeit entsandten wir unsere Flugmaschinen, die Flügelräder, an eure Oberfläche, um herauszufinden, was eure Rasse getan hatte«, sagte der Meister. Dann sagte der »Meister«, er sei bereits im Kontakt mit den großen Führern der Außenwelt gewesen und habe sie vor der schrecklichen Gefahr gewarnt, der sie der Erde aussetzen, aber sie scheinen sich entschieden zu haben, ihn zu ignorieren.

Byrd war ausgewählt worden, die Tatsache zu bezeugen und zu beglaubigen, dass die Innenwelt der Arianni wirklich existiert und ihre Kultur und Wissenschaft derjenigen der Außenrasse um viele Jahrtausende voraus war. Nun gab der Meister Byrd diese letzte Warnbotschaft, die er persönlich den Führern seiner Nation überbringen sollte, um sie vor der heraufdämmernden Gefahr zu warnen:

»Eure Rasse hat nun einen Punkt erreicht, an dem es keine Rückkehr mehr gibt, denn es gibt jene unter euch, die lieber eure Welt zerstören würden, als auf ihre Macht zu verzichten«, wurde ihm gesagt. »Ein mächtiger Sturm braut sich in eurer Welt zusammen, ein schwarzer Zorn, der für viele Jahre nicht verraucht… Die dunklen Zeiten, die für eure Rasse anbrechen werden, werden die Erde bedecken wie ein Leichentuch, doch ich glaube, einige von euch werden diesen Sturm überleben. In großer Ferne sehen wir eine neue Welt aus den Ruinen eurer Rasse entstehen… Wenn diese Zeit anbricht, werden wir wieder herauskommen und euch dabei helfen, eure Kultur und Rasse wiederzubeleben.«

Nach dieser erstaunlichen Audienz ging Byrd wieder zu seinem gleichsam verblüfften Kompagnon Howie zurück, und sie wurden von den beiden blonden Übermenschen mittels der sich bewegenden Plattform zu ihrem Flugzeug zurückgebracht, dessen Motoren bereits im Leerlauf waren. Sie gingen an Bord, und sobald die Frachttür geschlossen war, wurde das Flugzeug von einer unsichtbaren Kraft bis auf 825 Meter hochgehoben, wo sie von zwei der seltsamen Kreisflügler begleitet wurden. Die Kontrollen ihres Flugzeugs waren auf geheimnisvolle Weise blockiert, und die Kreisflügler brachten sie mittels einer unbekannten Kraft oder eines Kraftfeldes »mit sehr hoher Geschwindigkeit«, wie Byrd angeblich schrieb, durch die Eingangsöffnung. Sobald sie draußen waren, verabschiedeten sich die Flügelräder mit dem folgenden Abschiedsgruß über den Funkempfänger des Flugzeugs: »Wir verlassen Sie jetzt, Admiral, Ihre Kontrollen sind frei. Auf Wiedersehen!« Von da an flogen Byrd und sein Begleiter, der Funker Howie (von dem wir leider keine weitere Erwähnung in Byrds geheimnisvollen Tagebüchern finden), ohne Zwischenfall über Schnee und Eis der Arktis zu ihrem Basislager am Rande der Nordpol-Eiskappe zurück.

Am 11. März 1947 nahm Byrd an einem Stabsmeeting im Pentagon teil, wo er seine erstaunliche Entdeckung und Erfahrung in ganzer Länge wiedergegeben haben soll. Alles wurde sorgsam aufgezeichnet, und der Präsident wurde darüber in Kenntnis gesetzt. Dann wurde Byrd einige Stunden festgehalten und sehr intensiv von Top-Sicherheitsleuten befragt sowie von einem medizinischen Team der Regierung körperlich untersucht. Nach dieser langgezogenen Feuerprobe sah er sich unter die strikte Überwachung der National Security Provisions der USA gestellt. Ihm wurde der recht unglaubliche Befehl erteilt, »zu schweigen in Hinblick auf alles, was ich erfahren habe, der Menschheit zuliebe«. Die Berichte besagen, er sei intensiv daran erinnert worden, er wäre ein Mann des Militärs und müsse Befehlen Folge leisten.

Gemäß aller verfügbaren Berichte verbarg Byrd seine Entdeckung getreulich für neun lange Jahre bis zum Dezember 1956, als ihn eine Krankheit überwältigte und er beschloss, sein langgehütetes Geheimnis, das sicher in seinen privaten Tage- und Logbüchern verschlossen war, offenzulegen. Während der dazwischenliegenden Jahre, seit seiner Rückkehr von der Innenerde, hatte er weiterhin Luftuntersuchungen der Pole über der Arktis wie der Antarktis durchgeführt und überwacht, und zwar trotz des fantastischen Geheimwissens, das er in seinem Herzen trug. Wir wissen nicht, ob er je den Eingang zur Innenwelt wiederentdeckte, da er ihn niemals wieder erwähnt. Er wurde jedoch von einer dankbaren Nation für seine vielen mutigen bekannten Erkundungsflüge mit Preis und Ehre überschüttet. Byrds letzter Polarflug – diesmal über der Antarktis – war im Januar 1956, als er zum Senior-Regierungsbeamten der USA ernannt wurde und die Verantwortung über die Antarktis-Angelegenheiten der USA übertragen bekam. Er starb früh im März 1957 und wurde mit vollen militärischen Ehren im Militärfriedhof Arlington begraben.

Die große Frage

Ich glaube, was wir uns fragen müssen, ist folgendes: Könnte ein ganz besonders stabiler und rationaler Militärbeamter von solch hohem Ansehen in offiziellen US-Kreisen (einschließlich dem Weißen Haus und der Herzen des amerikanischen Volkes) wirklich ein solch unglaubliches Szenario wie dieses geträumt oder erfunden haben? Hätte er es wirklich riskiert, alles so hochdetailliert in seinem geheimen Tagebuch niederzuschreiben, selbst wenn er alles erfunden hätte?

Und wenn alles nur die Fantasie eines verwirrten Geistes war, wie einige Skeptiker bemerkten, welchen möglichen persönlichen Gewinn, welches Ansehen könnte er dadurch zu erringen hoffen, wenn man sich vor Augen hält, dass er vom Präsidenten und der Bevölkerung seines Landes bereits fast als ein gottgleicher Held verehrt wurde?

Konteradmiral Richard E. Byrd hat dieses Geheimnis mit ins Grab genommen, ebenso wie jene, die ihn 1947 im Pentagon befragten. Alles, was wir heute haben und als Beweis anbieten können, sind seine angeblichen geheimen Tagebücher, die angeblich nach seinem Tod entdeckt wurden, sowie Tausende und Abertausende von angeblichen Sichtungen der geheimnisvollen Flügelräder (oder Ufos).

Und so endet das rätselhafte und herausfordernde Mysterium von Byrds Entdeckung dessen, was er selbst als das Land jenseits der Pole beschrieb. Oder nicht? Um Byrds eigene Worte anzuführen: »So wie die lange arktische Nacht endet, wird der helle Sonnenschein der Wahrheit wieder hervortreten, und jene, die in Dunkelheit sind, sollen in ihr Licht fallen.« Doch trotz all diesen berührenden rhetorischen und technischen Details wundert man sich, ob diese geheimen Tagebucheinträge wirklich von Richard E. Byrd verfasst wurden, oder ob sie nicht vielmehr Teil eines gigantischen Schwindels sind, gemacht zu dem Zweck, um quasi wissenschaftliche Bücher zu verkaufen? Ich muss zugeben, dass ich es sehr, sehr einfach finde, nach dem Lesen von vielem, was über die hohle Erde geschrieben wurde, der ganzen Vorstellung sowie der vernünftig scheinenden »Wissenschaft«, in der sie sehr klug eingebettet zu sein scheint, gegenüber skeptisch zu sein.

Kommen wir zu einer Schlussfolgerung?

Mein erstes allgemeines Grundgefühl, nachdem ich mir zum ersten mal das Thema Hohle Erde angeschaut habe, war, dass es sehr wohl die ausgefeilte Erfindung einiger (wenn nicht vieler) kluger Köpfe sein könnte, ausgelöst durch die brillanten Geschichten solch genialer Science-Fiction-Autoren wie Jules Verne, Edgar Allan Poe, Herbert George Wells und Edgar Rice Burroughs. Somit mag sich die Sache für viele schöpferische Geister als viel zu aufregende und verlockende Hypothese erwiesen haben, um sie brachliegen zu lassen, ohne sie pseudowissenschaftlich auszubeuten, und sei es nur in den hochfliegenden Reichen der Super-Science-Fiction eines Arthur C. Clarke – oder als faszinierende, herausfordernde Übung in abstrakter Philosophie, ausgearbeitet von einem gelangweilten Intellektuellen.

Vielleicht haben die »New Age«-Denker recht, dass solche scheinbaren »Science-Fiction-Fantasien« (als welche sich diese Theorie noch erweisen müsste) oft das Erproben durch echte wissenschaftliche Methoden wert sind. Wir verdanken bereits so viele große wissenschaftliche Fortschritte in allen Bereichen kosmischer und technologischer Entdeckungen und Erfindungen der lebhaften Vorstellungswelt inspirierter Science-Fiction-Visionäre wie Jules Verne, Herbert George Wells, Isaac Asimov und Arthur C. Clarke.

Nüchterne Nachgedanken...

Doch soviel man diese ganze Vorstellung leichtfüßig als blanken Unsinn abzutun versucht, liegt doch ein gewisses unentziehbares Etwas in diesem Hohle-Erde-Konzept, das ansonsten völlig rationale, auf dem Boden der Tatsachen stehende wissenschaftliche Denker anzieht wie Eisenspäne an einen Magneten. Ich für meinen Teil erlebe einen unerklärbaren Widerwillen, mich einfach von alldem zurückzuziehen und zu pragmatischeren geistigen Bestrebungen zurückzugehen. Gleich wie sehr man es mit gesunden wissenschaftlichen Argumenten wegzurationalisieren versucht, die Idee bleibt weiterhin im Hintergrund des eigenen Bewusstseins als riesenhaftes schattengleiches Mysterium, das noch immer weiterer Betrachtung und Forschung würdig ist.

Mein Bauchgefühl sagt mir heute (nach sorgfältiger Betrachtung aller Hinweise und abgeleiteter Beweise), alle Planeten und Sterne einschließlich der Erde seien hohl. Und nicht nur das, ich neige auch zu dem Konzept, unsere menschliche Rasse könnte vielleicht sogar von dort stammen! Das sage ich nicht einfach so. Ein solcher Ursprung für unsere Spezies würde das völlige Fehlen jeglichen natürlichen Schutzes vor der Strenge der äußeren Erde erklären, und das gilt für heute ebenso wie für die Zeit vor einigen hunderttausend Jahren, als die Sonnenstrahlung weitaus stärker war als heute und die nackte Haut des Menschen recht gnadenlos verbrannte, von ihrer Auswirkung auf unsere Augen ganz zu schweigen.

Man muss sich nur anschauen, dass die Menschheit die vielleicht einzige Spezies auf der Oberfläche dieses Planeten ist, die sich künstlichem Schutz für ihre zarte Haut anvertrauen musste, und zwar nicht nur Schutz vor der UV-Strahlung der Sonne, sondern auch vor allen Elementen - extreme Hitze und Kälte, Winde, Sandstürme, Schnitte und Risse durch Dornen und scharfkantigen Fels usw. Die meisten Tiere sind von Natur aus vor solchen Gefahren geschützt: dichtes Fell, dicke Schuppenhaut, harte ledrige Rückenschilde, nachtsehende Augen. Warum nicht der Mensch?

Nun, einige haben haarige Körper und können dichte Bärte und langes Haupthaar wachsen lassen, aber sie sind in der Minderzahl. Die meisten Menschen, besonders Afrikaner und Asiaten, sind im Vergleich praktisch frei von Körperbehaarung. Und alle Frauen haben für gewöhnlich weiche Haut. (Kopfhaar wäre ein wesentlicher Schutz für Höhlenbewohner gegen das Stoßen an Tunneldecken und andere vorspringende Dinge wie Stalaktiten!) Zweifellos gab es viele Anpassungsvorgänge, besonders bei den Völkern in kalten Klimazonen, um diesen Mangel zu kompensieren. Dies gilt insbesondere für die Männer, denn die Frauen waren durch ihre natürliche Rolle als Mütter und Hausfrauen in der Hauptsache auf die Höhlen, Hütten oder Häuser beschränkt - von vorgeschichtlicher Zeit bis heute.

In grauer Vorzeit waren die Männer Jäger und Versorger sowie die Krieger-Bewacher der Frauen und Kinder. Aufgrund dieser Rolle mussten sie sich so gut wie möglich an die unmittelbare Strenge der Außenwelt anpassen, und zwar mit dem wenigen Schutz, den sie in bezug auf Bärte und Kopf- wie Körperhaar besaßen. Wo dies noch immer nicht genügte, lernten sie bald, sich in den Pelz gejagter und getöteter Tiere zu hüllen. In heißen, sonnigen Klimazonen, wo die Wärme von Tierpelzen zuviel gewesen wäre, mussten sich die Menschen zu einem gewissen Grad anpassen, indem sie zusätzliche Melanin-Pigmente absonderten, um ihre nackte Haut vor der UV-Strahlung der Sonne zu schützen - oft soweit, dass sie eine indigo-schwarze Körpertönung bekamen.

Doch trotz dieser Anpassung und des künstlichen Schutzes sind wir Menschen noch immer nackte und verletzbare Geschöpfe, die wir danach trachten, mit Hilfe unserer fabrizierten Kleidung und Sonnenbrillen zu überleben und uns vor der Sonne und den Elementen soweit möglich in unseren klimatisierten, künstlich errichteten »Höhlenhäusern« zu verbergen.

Aus diesen Gründen sollte es offensichtlich sein, dass wir eine Spezies sind, die in einer fremdartigen Umgebung zu überleben versucht. Obwohl die Elemente wie Luft, Wasser, Erde und sogar Feuer natürlich für uns sind, kann das nicht die ursprüngliche Umgebung unserer Ahnherren sein. Wir sind Geschöpfe des Schattens und des Halblichtes, nicht der offenen Ebenen oder des strahlenden Sonnenscheins. Auch in Wald und Dschungel sind wir nicht wirklich sicher, da unsere Haut nicht dick genug ist, um den ständigen Kratzern und Rissen durch scharfe Dornen und rauhe Zweige oder dem Kontakt mit den Blättern giftiger Pflanzen standzuhalten - von all den gefährlichen lauernden Dschungelbewohnern ganz zu schweigen! Wären wir gewappnet, so besäßen wir dichten Pelz oder zähe, ledrige Haut sowie wirkungsvolle natürliche Verteidigungswaffen wie starke Klauen und Fangzähne sowie gute Nachtsicht.

Trotz aller Behauptungen von Anthropologen, wir hätten uns zu einer werkzeug- und waffenherstellenden Spezies entwickelt und folglich keinen Bedarf mehr für solche natürlichen Verteidigungselemente, so dass sie vollständig verkümmert sind, bin ich sehr weit davon entfernt, überzeugt zu sein. Der Haushund, einst ein wilder, wölfischer oder dingoartiger Fleischfresser, brauchte diese Attribute zum Überleben. Der Mensch hat ihn nun seit mehr als hunderttausend Jahren - vielleicht auch seit zehnmal soviel - gezähmt, und dennoch besitzt er seine kompletten ursprünglichen Angriffs- und Verteidigungsanlagen, bis hin zu den knochenzermalmenden Backenzähnen. Man sollte doch sicherlich erwarten, dass der Hund - oder irgendein anderes gezähmtes Tier - zumindest angefangen hätte, einiges von dieser unnötig gewordenen, uralten »Überlebensausstattung« nach so vielen Tausenden von Generationen in der Gemeinschaft und Obhut des Menschen abzuwerfen. Das ist aber einfach nicht der Fall.

Alle Hunde können sich im Handumdrehen zu wilden, gefräßigen Untieren verwandeln, sollte es die Situation erfordern, und innerhalb weniger Generationen zu ihrem ursprünglichen ungezähmten Zustand und der entsprechenden Erscheinung zurückkehren, wenn sie freigesetzt oder in der Wildnis ausgesetzt werden. Das gibt Darwins »Evolutionstheorie« wenig Auftrieb, denn selbst genetische Modifizierung, künstliche Kreuzungen und Konditionierung des Verhaltens sollten einen messbaren Grad an »Evolution« hervorbringen, sollte Darwins Theorie wirklich greifen. Das geschieht jedoch recht offensichtlich nicht - wie von vielen anderen modernen Forschern mehr als adäquat bewiesen wurde, die in solchen Dingen weit gelehrter und bewanderter sind als ich.

Somit weise ich das Konzept vollständig zurück, die Menschen hätten sich aus einer niedrigeren Säugetierordnung (wie dem Vorfahren der Menschenaffen) entwickelt. Ich würde mich eher für den Kreationismus einsetzen - allerdings würden diejenigen unter meinen Lesern, die atheistische Neigungen haben, durch einen solchen theistischen Glauben unbefriedigt sein, also belasse ich es einfach als klare Zurückweisung der Darwinschen Evolution als echte lebensfähige Theorie.

Statt dessen möchte ich meinen Lesern die Annahme vorbringen, dass im Hinblick auf die vielen Hinweise gegen die Theorie, der Mensch habe sich auf der offenen Oberfläche dieses Planeten entwickelt, seine Ursprünge woanders liegen müssen, nämlich an einem der folgenden zwei möglichen Orte:

1) In den düsteren Höhlen und Tunnellabyrinthen der Erdkruste - oder sogar tief innen im tatsächlichen hohlen Zentrum der Erde – oder:

2) Auf einer außerirdischen Heimatwelt, vorzugsweise innerhalb unseres Sonnensystems statt auf irgendeinem fernen Stern. (Vielleicht böte sich Mars an - oder sein nun schon lange erloschener Mutterplanet -, denn weder Merkur noch Venus sind meiner Ansicht nach auch nur entfernt fähig, Leben, wie wir es verstehen, zu tragen, und auch die großen Gasriesen scheinen gleichsam unhaltbar für irdische Arten von Lebensformen zu sein, ebenso wie ihre Trabanten - zumindest soweit wir wissen!)

So gerne ich hier auch dieses Konzept namens »Wir stammen von anderswo« darlegen und über die stichhaltigeren Optionen spekulieren möchte, denke ich, ich muss diesem Drang widerstehen und bei der grundlegenden Frage bleiben: »Ist unsere Erde wirklich hohl?« Ich werde diesem Thema jedoch in einer eng verwandten Hypothese zum Mars noch viel eingehender nachgehen.

Zurück zur Hauptfrage

Ich denke, nun werde ich mit meinen Forschungen und Theorien über die Möglichkeit vom wirklichen Vorhandensein eines Reiches tief im Inneren unserer Erde fortfahren, wie unwahrscheinlich ein solches Reich auch sein mag. Diese Vorstellung hat so viele Facetten, dass sie einen in ihrem Bann hält wie pendelnder Goldschmuck in der Hand eines Hypnotiseurs. Man fühlt sich gezwungen, der Theorie bis zum Ende zu folgen, wohin auch immer sie führen mag. Ich glaube, im Geist der meisten einfallsreichen Denker ist mehr als nur eine Prise Indiana-Jones-Mentalität. Und welches noch größere Abenteuer kann unsere jetzige vielbenutzte und gründlich bekannte Oberflächenwelt uns jetzt noch bieten, da sie so viele ihrer eifersüchtig gehüteten, aber oberflächlichen Geheimnisse jenen früheren furchtlosen Erforschern preisgab? Nur noch ein solch großes Geheimnis, das letzte und größte Geheimnis von allen, nämlich dass es eine andere, völlig neue und wunderbare lebendige Welt in unserer eigenen gibt!

Weitere Punkte und Änderungen

Ich nehme mir die Freiheit und führe hier einen Teil eines Briefes an, den ich vor einiger Zeit an einen Freund in Übersee schrieb. Ich glaube, er ist es wert, hier aufgeführt zu werden, da er viele der oben angeführten Punkte unterstützt und verwandte wissenschaftliche Dinge der Gegenwart einschließt. Ich hoffe, einige meiner Leser werden ihn unterhaltsam und erbaulich finden!

Ein spekulativer Diskurs über die Formung hohler Planeten Abstrahiert aus einem langen Brief von Gerry Forster an einen Freund in Übersee

Lieber D…

Noch immer erfreue ich mich meiner Studien im Internet, und kürzlich trat ich einigen Diskussionsgruppen im Netz bei, die über die Möglichkeit sprachen, die Erde könne innen in Wirklichkeit hohl sein (ähnlich einem Tennisball, wobei das Schwerkraftzentrum kugelförmig ist und inmitten der Kruste der »Tennisball«-Erde liegt, die 950 bis 1300 Kilometer dick sein soll).

Ich weiß, das mag sich für Dich ein wenig weit hergeholt anhören, aber Tatsache ist, dass niemand - nicht einmal der weltgrößte Geologe - wissen kann, ob die Erde solide ist oder nicht! Man kann auch nicht verneinen, dass sie hohl ist! Das bislang tiefste Bohrloch ist in Südamerika, und während ich dies schreibe, sind sie bei 17,5 Kilometer angelangt und bohren noch immer. Das letzte, was ich hörte, war, dass sie auf eine dicke Basaltschicht gestoßen sind - eine große Überraschung, da sie erwartet hatten, schon einige Kilometer früher auf die obere halbgeschmolzene Magmaschicht zu treffen. Auch die gemessene Temperatur hat schon vor langem zu steigen aufgehört und statt dessen sogar wieder zu fallen begonnen! Etwas am gegenwärtigen geologischen Lehrbuchwissen ist also eindeutig falsch.

Dieses Hohle-Erde-Konzept würde sicherlich helfen, recht viele Anomalien bei der Gravitation aufzuklären, besonders hinsichtlich der neuentdeckten Tatsache, dass sich die Erde als Globus seit dem Jura (Zeit der Dinosaurier), also seit 260 Millionen Jahren, ausgeweitet hat! Diese aufregende neue »Ausweitende-Erde«-Geologie untermauert die Theorie des Kontinentaldrifts extrem gut, und mit ihr kann man nun beweisen, dass alle Kontinente einst perfekt zusammenpaßten und eine Erde, die nur ein Drittel so groß war wie heute, vollständig bedeckten.

Tektonische Platten sind die Übeltäter, da sie das Auseinanderdrängen der Kontinentalplatten durch Herauspressen geschmolzener Lava verursachen, wo sich ihre rauhen Kanten treffen und aneinanderschaben. Diese Lava entstand entweder durch Substrate von Grundgestein, geschmolzen durch die Hitze ständiger unvorstellbarer Reibung, oder direkt durch den Mantel aus halb geschmolzener Materie, und über Hunderte von Millionen Jahren hinweg quoll sie unablässig zwischen den Plattenrändern hervor und erstarrte.

Einfach durch die konstante Ansammlung von erstarrter Lava an ihren Rändern wurden die Platten mit ihren jeweiligen Kontinenten langsam weiter und weiter auseinandergetrieben. Das erklärt auch, wie sich identische Dinosaurier-Spezies auf verschiedenen Kontinenten über den ganzen Globus ausbreiten konnten - besonders da so viele von ihnen sehr groß und enorm gewichtig und schwerfällig waren, so dass sie nicht schwimmen konnten.

Wenn dieses großartige neue »Ausweitende-Erde«-Konzept korrekt ist, konnten die gigantischen Dinosaurier vor 260 Millionen Jahren einfach auf trockenem Land von einem künftigen Kontinent zum anderen wandern, da Afrika, Europa und Südamerika damals eng beisammenlagen.

Es wurde entdeckt, dass sich der Atlantik gegenwärtig zwei bis drei Zentimeter pro Jahr ausweitet - was Nord- und Südamerika noch weiter von Afrika und Europa entfernt! Das hört sich erst einmal nicht viel an, aber man muss nur die nötigen Berechnungen anstellen (was ich tat), um herauszufinden, dass dies über die letzten 260 Millionen Jahre hinweg einer mittleren Distanz von 4.500 Kilometern entspricht - die heutige mittlere Ausdehnung des Atlantiks!

Der »Motor«, der diesen Antrieb erzeugt, ist der mittelatlantische Rücken, ein 13.000 Kilometer langer vulkanischer Riß im Meeresboden, der bis zum heutigen Tag immer noch konstant neue flüssige Lava ausspeit! Die Erdkruste ist überall von solchen Plattenrissen durchzogen, also werden alle Kontinente voneinander fortgedrückt - mit dem offensichtlichen Resultat, dass die Erde selbst stets an Größe zunehmen muss!

Das alte Konzept des »Niederzwingens« der Plattenränder unter andere Plattenränder ins innere flüssige Magma hinein ist kein Rätsel mehr, da es einfach nicht geschieht! Aus dem, was ich entdecken und ableiten kann, besteht wirklich kein Grund für die Annahme, die tektonischen Platten, welche die Kontinente tragen, würden auf einem See aus flüssigem Magma schwimmen. Diese Lavastauungen mögen hier und da in tiefen unterirdischen »Reservoirs« oder »Seen« vorkommen, prinzipiell unterhalb der Plattengrenzen, wo sich die meiste tektonische Aktivität konzentriert.

Die Erde kann aber nur auf diese Weise expandiert haben, wenn sie so hohl ist wie ein Tennisball! Trotz ihrer augenscheinlichen Härte und Festigkeit (für uns) ist das Gestein auf globaler Ebene überraschend biegsam und formbar. Interessanter Punkt zum Nachdenken, nicht wahr? Somit lautet der logische Schluss: Ist die Erde ein hohler Rotationsellipsoid, so müssen auch alle anderen Planeten einer sein! Wenn man etwas sorgfältiger darüber nachdenkt, so ist die hohle Sphäre etwas sehr Häufiges in der Natur und Physik, überall im Universum. Denke nur an einfache Blasen oder an den Kugelblitz.

Es ist nicht schwer, sich vorzustellen, dass die meisten sogenannten »soliden« Teilchen, Photonen und Elektronen und sogar die Atome selbst, die elektrische Ladung tragen, bloß Miniatur-Energieblasen sind. Von da aus ist es ein leichter mentaler Schritt, die ganze Angelegenheit auf etwas von Sternen-Ausmaß zu übertragen - und so weiter, bis zu galaktischen und sogar universellen Dimensionen!

Sieht man die Erde an ihrem Anfang als eine Art Ballon aus elektrischer Energie, so wurde sie nach und nach (wegen natürlichem Elektromagnetismus oder statischer Elektrizität) mit feinen kosmischen Staubteilchen überzogen. Dies ging weiter bis zu einer solchen Größenordnung, dass alles schließlich zu einer soliden, dicken, kugelförmigen Hülle aus Gesteinsmaterie wurde. Aufgrund der angesammelten Masse wurde die ursprüngliche EMF-Sphäre zu einer Gravitations-Sphäre - man kann sehen, dass es eine weitaus einfachere Weise gibt, wie sich das Sonnensystem oder gar das ganze Universum geformt haben mag!

Ich erinnere mich, dass mein Lehrer mir damals die Ausweitung des Universums erklärte. Dazu verwandte er dieses imaginäre Konzept des »sich selbst aufblähenden, unsichtbaren Ballons«. Alle Nebel und Galaxien waren als kleine Farbkleckse in gleichen Abständen auf der durchsichtigen Ballonhaut dargestellt. Ich konnte sofort verstehen, was er mir sagen wollte. Mir war nun klar, warum alle Nebel aus Sicht der Astronomen sich von uns fortbewegen, und zwar nicht nur von einem gemeinsamen Zentrum, sondern auch voneinander! Der alte Rotverschiebungs-Effekt!

Was das Sonnensystem betrifft, so hielt ich die Sonne für einen rotierenden Ball aus angehäufter kosmischer Materie oder kosmischen Staubes, der eine weite, radartige Scheibe von Staubmaterie um seinen Äquator wirbeln hat wie eine Ballettänzerin ihr wirbelndes Kleid, und dass die Planeten aus Klumpen von verklebtem Staub innerhalb dieses rotierenden »Kleides« geformt wurden.

Heute jedoch bin ich versucht zu glauben, die Planeten könnten möglicherweise allesamt frei umherreisende Kugeln oder Bälle aus Energie gewesen sein, die vom rotierenden Gravitationsfeld der Sonne »gefangen« wurden, und dass sie nun einfach durch den Widerstreit ihres eigenen Elektromagnetismus und dem der Sonne in ihrer Umlaufbahn gehalten werden, abhängig davon, wie stark ihre individuellen EMF-Felder sind.

Wäre es nur eine Kombination aus Zentrifugalkraft und Gravitation allein, die uns in der Umlaufbahn um die Sonne hält, würde irgendwann einer der beiden Himmelskörper die Oberhand bekommen, da unsere Sonne gravitativ und elektromagnetisch gesehen keineswegs stabil zu nennen ist, und ihr Energieausstoß vergrößert und verringert sich recht ungleichmäßig gemäß dem veränderlichen Phänomen der »Sonnenflecken«-EMF-Aktivität (ausgedehnte Magnetstürme und -strudel), die in krampfartigen Intervallen aufflackern.

Ergo könnten die Umlaufbahnen der Planeten extrem regellos sein, und unsere orbitale Distanz von der Sonne könnte zu einem solchen Grade variieren, dass die Folgen für das Leben auf der Erde tödlich wären. Eine Variation von 20 bis 30 Grad Celsius könnte alles Leben auf der Oberfläche fast sofort entweder erfrieren oder verbrennen lassen.

Ich glaube, die elektromagnetische Kraft ist unentwirrbar mit der sogenannten Gravitation verbunden. Also sollten solch gewaltige Fluktuationen im elektromagnetischen Feld der Sonne unseren Planeten schon lange während einer Aufwallung ihrer EMF-Kraft aufgesogen haben. Oder alternativ: Während einer Abnahme dieser solaren EMF-Kraft könnte die orbitale Zentrifugalkraft die Erde sehr wohl auf einer Tangente in die Freiheit befördert haben, hinaus aus dem Einflußbereich der Sonne!

Deshalb kann ich nur schlussfolgern, dass meine frühere Prämisse der opponierenden EMF-Felder korrekt sein muss und Einsteins allgemeine Relativitätstheorie genau so funktioniert, wie er es vorhersagte. (Du kannst die Theorie selbst überprüfen - wenn Du wacker bist!)

Bevor ich dieses Thema von höchster Schwere sein lasse, sollte ich noch sagen, dass das Gravitationszentrum der Erde - wenn sie eine große, felsummantelte Energieblase mit einer Hülle von etwa 950 bis 1300 Kilometer Dicke wäre - kein fokaler Punkt im Zentrum des Globus wäre. Es würde sich viel wahrscheinlicher als ein völlig kugelförmiger »Fokus« erweisen, vielleicht inmitten der Hüllenkruste, da dort die Masse der hohlen Erde (und demzufolge ihre Schwerkraftanziehung) am stärksten wäre. Wenn wir uns weiter in die hohle Erde hinein bewegen, würde die Gravitation immer schwächer werden, bis wir den Mittelpunkt des Globus erreichen, wo sie durch widerstreitende schwache Gravitations-»Züge« aus jeder Richtung aufgehoben würde. Ich würde erwarten, dass diese Zone mehr oder weniger eine Null-Gravitationszone ist.

Die Konzepte »weiche Teilchen« und »nichtgravitativer Schub«

Ich kann mich nicht dazu durchringen, eine der komplizierten Alternativen zu massebasierter Gravitation zu akzeptieren - wie z. B. Eulers Impulsations-Theorie über unsichtbaren ätherischen Teilchendruck mit unmerklichem Schubeffekt, der uns und alle anderen Masseobjekte mehr oder weniger auf die Erde nagelt - oder Caters Weiche-Teilchen-Physik, die von einem ganz ähnlichen Effekt spricht. Ich glaube einfach nicht, dass es nötig ist, gegenwärtig akzeptierte und bewiesene physikalische Gesetze zu verlassen, um zu zeigen, warum die Erde, ihre Schwesterplaneten und die meisten Himmelskörper hohl sein könnten.

Während ich mich recht gut mit dem Konzept eines universalen Äthers anfreunden kann, der als nicht intervenierender Träger für alle Formen von Strahlungsenergie agiert, kann ich mir nicht denken, dass eine solch unsichtbare, substanzlose Impulsation, wie Euler sie vorschlägt, eine Alternative zur direkten, einfachen und ehrlichen Newtonschen Gravitation ist, die uns bislang in allen Weltraumvorhaben so trefflich zu Diensten war - und ebensolche guten Dienste im Nachweis der Hohle-Planeten-Theorie leisten sollte! Die bekannten und gemeinhin akzeptierten Gesetze der Natur und Physik neigen zur Unterstützung der Occams-Rasiermesser-Ansicht:»Halten sich alle Faktoren die Waage, so ist die einfachste Antwort oft die plausibelste.« Warum alles also weiter komplizieren?

Bevor ich nun von diesem Thema der hohlen Planeten ablasse, möchte ich die seltsame Anomalie des Asteroidengürtels zwischen Mars und Jupiter erwähnen. Viele Physiker und Astronomen versuchten den Ursprung dieser Gesteinsfragmente zu bestimmen - meiner Ansicht nach konnte dieser Gürtel nur durch die explosive Zerstörung eines Planeten entstehen, der einst in dieser Umlaufbahn um die Sonne zog. Leider scheinen die meisten Astronomen jedoch darin einig zu sein, dass dies nicht der Fall sein kann, da alle Fragmente zusammengenommen einen Planeten ergeben, der nicht einmal so groß ist wie der Mond!

Sie - und ich - neigen dazu, zu glauben, dass jeder Planet in dieser Umlaufbahn recht umfangreich gewesen sein muss, gewiss der größte aller terrestrischen Planeten, und sei es nur, um die grundlegenden Bedingungen von Bodes Gesetz zu erfüllen. Dr. Tom Van Flandern, der Alterspräsident der Astrophysik des Internets (meiner Meinung nach) teilt offensichtlich diese Ansicht.

Wenn jener Planet jedoch kein solider Gesteinsball war, sondern eine kugelrunde Felsen-Hülle, wie ich es für alle restlichen terrestrischen Planeten behaupte, so könnte die Materie, aus denen er ursprünglich bestand, sehr gut den heutigen Asteroidengürtel bilden - obwohl recht viele dieser Fragmente von der Explosion weit hinaus in den Raum getrieben worden sein könnten und heute auf sehr weiten Umlaufbahnen als Meteore und Meteoriten periodisch wiederkehren. Ich denke, wenn es möglich wäre, alle Asteroiden und Meteore sowie die auf Mars gelandeten

Trümmer zusammenzufügen, es praktisch einen fast riesenhaften terrestrischen Hüllenplaneten ergeben würde, von dem der Mars sehr wohl ein großer Mond sein könnte. Es ist sogar vorstellbar, dass unser eigener Mond einer der Satelliten dieses terrestrischen Superplaneten war, ebenso wie jene, die heute um Jupiter und Neptun kreisen.

Was die Rotation von Sternen oder Planeten betrifft, so scheint dies ein universelles Gesetz zu sein, das auf geheimnisvolle Weise ins Spiel kommt, wenn ein Himmelskörper Materie bis zu einer gewissen kritischen Masse ansammelt und durch die zunehmende Reibung zwischen und in den Teilchen seiner Hülle eine entsprechende Druckhitze erreicht. Niemals werden wir von einem orthodoxen Wissenschaftler eine adäquate Erklärung für die Ursachen von Rotation, Drehung oder Revolution hören, weil sie einfach keine zu bieten haben! Nebel, Galaxien und Sonnensysteme rotieren um einen Mittelpunkt und alle Sterne und Planeten um ihre individuellen Achsenzentren. Es scheint ein unwandelbares Gesetz des Universums zu sein, das mit dem bescheidenen Atom beginnt und mit dem Universum selbst endet, dass alle Materiekörper rotieren und sich in einer Umlaufbahn befinden müssen.

Ich kann dieses Phänomen nur als eine natürliche Konsequenz der Ansammlung von Masse und Hitze bis zu einem bestimmten kritischen Grad beschreiben. Ich glaube, das ganze ist auf einfache kinetische Energie zurückzuführen, die durch chemische Reaktionen hervorgerufen wird, welche unendlich kleine elektrische Ladungen (Photonen) aus Atomen freisetzen. Obwohl orthodoxe Physiker das bestreiten würden, glaube ich, dass alle Atomkerne elektrische Ladungen in elektrostatischen Dipolen tragen und folglich ihre eigenen winzigen Magnetfelder haben, gleich wie winzig diese sein mögen. Ihre Begleitelektronen sind gleichermaßen mit elektrostatisch geladenen Dipolen versehen, sowohl negativ als auch positiv. Die Anziehung und Abstoßung zwischen benachbarten Atomen (einschließlich ihrer Elektronen-»Satelliten«) muss deshalb eine Art allgemeiner elektromagnetischer Reizung verursachen, die ein grundlegende elektromagnetische Taumel- oder Drehbewegung durch ihre Dipole hervorruft - eine fundamentale Rotation, wenn Du magst!

Zieht man die kumulative Wirkung vieler Myriaden solcher magnetisch geladenen Atome in Massenbewegung in Betracht, so wird die Hauptursache für eine solch generalisierte Bewegung in großen Materiemassen klar. Sie kann nur durch die Erzeugung eines kollektiven elektromagnetischen Felder initiiert werden, nachdem eine bestimmte große Menge an kinetischer Energie durch die Kombination von Masse und Hitze erreicht wurde. Denken wir daran: Wenn selbst dem winzigsten Molekül, Teilchen, Atom oder sogar Elektron bereits ein Potential für Reizung oder Bewegung innewohnt, so lautet der logische Schluss, dass eine große Ansammlung solch selbstangeregter, negativ und positiv geladener Teilchen ihre Effekte weiter zu einer unendlich größeren Drehbewegung des ganzen Körpers bzw. der ganzen Masse angesammelter Teilchen kombiniert.

Als bloßer Amateur kann ich mir dieser Dinge nicht völlig sicher sein. Dennoch glaube ich, dass atomare Reaktionen in einer ähnlichen Art geschaffen werden, nachdem eine bestimmte »kritische Masse« radioaktiver Materie zusammengebracht wurde.

Doch kein Atomwissenschaftler scheint klar erklären zu können, warum eine kritische Masse verbrennen, explodieren oder sonstwie mit solch sofortiger Spontaneität reagieren sollte. Soviel ich über das Thema gelesen habe, entdeckten die Wissenschaftler durch die Versuch-und-Irrtum-Methode nur, dass es so etwas wie eine »kritische Masse« gibt. Bei dieser Methode überwiegen leider die Irrtümer. (Ich glaube, das wird hochmütig »Experimentieren« genannt)

Ich schätze, das ist wieder eins dieser unheimlichen Dinge, das uns arme ungeschickte Sterbliche erstaunt auf jene Höhere Erfindungsreiche Autorität blicken lässt, die so viele andere ähnliche und erstaunlich einfache Universalregeln aufgestellt hat (die wir so erhaben Gesetze der Natur und Physik nennen), als Er diese ganze »Trickkiste« schuf, die wir Universum nennen!

Ich glaube, ich lasse es mal dabei, mein Alter, und übe mich wieder ein wenig im scharfen Nachdenken. Man braucht kein Doktor der Mathematik zu sein oder ein Genie in angewandter Himmelsphysik, um augenfällige Antworten auf diese Art Rätsel zu finden. Denk daran, dass uns Sir Arthur Conan Doyle durch die Taten seines hochbegabten (wenn auch nur fiktiven) Detektivs Sherlock Holmes zeigte, dass sein gesunder Menschenverstand, seine bodenständige Logik und seine Verstandeskräfte makellos waren - obwohl Doyle ein regelrechter Dummkopf in Sachen Mathematik war. Es braucht ein wahres Genie, um ein erdachtes wie eines von Sherlock Holmes erstaunlichem Kaliber zu erfinden!

Nebenbei ist auch bemerkenswert, dass Sherlock Holmes einer der vielleicht größten Exponenten des lateralen Denkens war; ein wundervoller Trumpf für jeden Lehnstuhlphilosophen und Amateur-Wissenschaftstheoretiker. Das Wörterbuch gibt übrigens folgende Definition von Wissenschaft an: »Das Studium von Natur und Verhalten des physischen Universums, basierend auf Beobachtung, Experiment und Messung.« Weiter sagt es: »Systematisches und in Formeln gebrachtes Wissen; die Studien oder Prinzipien desselben.« O weh! Ich bin in beidem nicht gut - Systeme oder Formeln! Doch tauchen wir wiederum ein wenig tiefer ein, und wir entdecken, dass die wirkliche Antwort in der Etymologie des lateinischen Wortes Scientia liegt, das schlicht und einfach Wissen bedeutet - also etwas, was wir alle frei erwerben können, wenn wir es so beschließen!

Obige weitschweifige heftige Kritik ist vielleicht mehr als eine grob umrissene und unzusammenhängende Lappalie. Ich neige dazu, einfach draufloszuschreiben. Vielleicht mag jedoch ein disziplinierterer Geist als der meinige all dem etwas Wertvolles entnehmen! Wie dem auch sei, ich schreibe Dir später wieder, nachdem ich noch einiges geistiges Schürfen und Graben im Garten des Gehirns unternommen habe. Beim nächsten Mal lasse ich Dich wissen, worauf ich sonst noch gestoßen bin!

Wie immer Dein guter Freund
Gerry Forster

Gerry Forster, 2000

Und hier endet die Abstraktion, doch meine Leser mögen die Gedanken und Schlussfolgerungen hierin vielleicht nützlich finden, um ihre eigenen Überlegungen zum Thema dieses Dokuments auszuweiten. Jetzt werde ich zu einigen der anderen möglichen Aspekte jedweden seltsamen Reiches übergehen, das unter unseren Füßen in der Erde verbogen sein mag.

Die zweite innere Erde

Wie ich anfangs bemerkte, gibt es drei mögliche »Innenwelten«, wenn wir von einer hohlen bzw. inneren Erde sprechen. Wir haben bereits einen flüchtigen Blick auf das klassische Primärbeispiel geworfen, über das während der letzten zwei Jahrhunderte so viel geschrieben und fantasiert wurde. Es bleiben jedoch noch zwei andere Möglichkeiten, die wir in Betracht ziehen müssen.

Die zweite Innenwelt ist das schaurige, düstere, rötlich glühende Höllenreich der Teufel und Dämonen oder anderer schrecklicher Kreaturen, welche die Dunkelheit lieben. Es ist der Schlupfwinkel der Kobolde und Gespenster aus unseren Kindheitsalpträumen und der grässlichen Geister, Trolle, Zwerge und Drachen, die in unserer späteren Kindheit spukten. Es ist der gefürchtete Styx-hafte Wohnort jener schrecklichen Untiere und Monster, die die Annalen der alten klassischen Legenden füllen - die Vampire, Zombies und untoten Leichen aus gotischen Schreckensgeschichten.

(Wo wir gerade beim Thema Vampire sind: Es ist interessant zu wissen, dass sie das Sonnenlicht meiden, von bleicher weißer Hautfarbe sein und von menschlichem wie tierischem Blut leben sollen. Diese gleichen Merkmale scheinen sie mit den sogenannten außerirdischen »Grauen« gemein zu haben, die auch nur nachts umherziehen, für ihre Entführungen und die »Experimente« an Menschen und großen Tieren bekannt sind - von denen sie Organe und Körpersäfte entnehmen - und die laut Autopsieberichten ein nur äußerst rudimentäres Verdauungssystem besitzen - was ideal zu einer Ernährung mit solch unmittelbarem Nährwert wie frischem Blut passen würde. Könnte es da eine Verwandtschaft geben?)

Laut einigen der unzähligen Geschichten über diese schaurige Unterwelt ist dort nicht alles völlig düster und höllisch. Es ist auch der Zufluchtsort für Feen und Elfen über Tag; die verzauberte Domäne von Magiern und Hexen und ihrer unterjochten Prinzessinnen und verwandelten Froschkönige. Es ist auch der altehrwürdige, schattenhafte Ruheort, wo Britanniens einstiger und künftiger König Artus und seine tapferen, tugendhaften Ritter zusammen mit ihren Pferden schlummern und auf Merlins großen Trompetenruf warten, um in die letzte Schlacht zu gehen, den Kampf am Ende der Welt.

Die eindrucksvolle Unterwelt

Die gespenstische unterirdische Welt unter unseren Füßen, von der wir erstmals in unserer Kindheit erfuhren - ein seltsamer und schreckengebietender Ort aus labyrinthhaften Tunnels, Höhlen und Abgründen, das angebliche Reich von Kobolden, Zwergen und Trollen, von Dämonen, Teufeln und anderen fürchterlichen Geschöpfen der Dunkelheit, lange Zeit von den meisten Menschen sehr gefürchtet.

Doch ungeachtet unserer inneren Furcht vor tiefen, dunklen unterirdischen Orten übten sie schon immer eine seltsame Faszination auf die Menschen aus und waren stets eine üppige Quelle für alle möglichen Geschichten. Vielleicht tragen wir alle eine Art atavistisches Rassengedächtnis in uns, das uns sagt, solche Orte seien unseren ersten Vorfahren auf der Oberfläche der einzig wirkliche Schutz vor einer brutalen, grausamen Welt gigantischer Fleischfresser, vulkanischer und tektonischer Umwälzungen und entsetzlicher Stürme gewesen, trotz der Gegenwart furchterregender Höhlenbären und Berglöwen (ja, und sogar Drachen!), mit denen sie diese gefährlichen Untergrundbehausungen teilten.

Heute gehen mutige junge Abenteurer solche riesenhaften Spalten und Tunnels unter großen Risiken hinab, rein im Namen der Höhlenforschung, sowohl als Wissenschaft als auch als Zeitvertreib, seitdem es während der letzten 50 Jahre zu großer Beliebtheit unter jungen Männern und Frauen gelangte.

Amateur-Höhlenforscher, wie man sie nennt, waren einst nur sehr dünn gesät, und viele blieben leider verschollen, da es vor fünfzig oder sechzig Jahren noch keine richtige Höhlenforscher-Ausstattung gab oder im besten Fall sehr zu wünschen übrig ließ. Doch seitdem es passende, leichtgewichtige Sicherheitshelme gibt, leicht tragbare und kraftvolle elektrische Leuchten und Lampen, Körperschutz und praktisch unreissbare Nylonseile, schwang sich dieser Sport sogleich zu großer Beliebtheit auf, und viele vormals unerreichbare Höhlen und Tunnelsysteme gaben ihre langgehüteten Geheimnisse nun jenen mutigen »Höhlenmenschen« preis. Sie haben viele tausend ausgezeichnete Farbfotografien der oft unglaublich lieblichen und eindrucksvollen Kammern und Gewölbe mitgebracht, auf die sie unterirdisch gestoßen sind: Oft sind die hohen Decken mit erstaunlichen hängenden Stalaktiten bedeckt, und unten erheben sich gleichermaßen erstaunliche Stalagmiten, um mit ihnen zusammenzutreffen.

Die versteckten Skulpturengalerien der Natur

Einige dieser Stücke natürlicher Kunst sind recht spektakulär, ebenso wie einige der wunderbar feinen Maßwerke verschiedenfarbigen Kalksteins, die die Höhlen zieren. Man muss wahrhaft staunen über die Handarbeit, die so verwickelt und wundersam geformt und gewebt wurde, ausschließlich von dem unablässigen Herabtropfen winziger Tropfen Kalkwasser, die viele Jahrtausende lang durch den porösen Kalkstein hindurchgequollen waren. Als Junge war ich ein großer Fan von Norbert Casteret, einem schon lange verstorbenen französischen Höhlenforscher, der eine Reihe von ausgezeichneten Büchern über seine erstaunlichen Abenteuer und Entdeckungen in den tiefen Höhlen und Abgründen in den Pyrenäen und anderen Bergregionen Frankreichs geschrieben hatte. Ich sammelte einige seiner faszinierenden Bücher, voll mit alten Blitzfotografien, und ich wuchs mit dem Bewusstsein dieser schrecklich gefährlichen, aber gleichzeitig wundervoll ausgeschmückten Welt unter unseren Füßen auf. Casterets poetische Beschreibungen seiner Funde nährten meine Vorstellung mit wunderbaren Visionen der unglaublichen, zerbrechlichen natürlichen Schönheit, die er als erster zu entdecken das Privileg hatte.

Ist dies (was ich jedenfalls aufrichtig glaube) Gottes wunderbares Werk, so fragt man sich, warum Er es so lange ungesehen wachsen und erblühen ließ. Dann erkennt man, dass der Mensch im großen und ganzen eine schrecklich zerstörerische Kreatur ist, der nichts mehr liebt, als seine natürliche Umgebung niederzureißen und zu zerstören, statt sie gewähren zu lassen, um in ihrer ursprünglichen natürlichen Schönheit zu gedeihen. Wäre dies nicht so, bräuchten wir keine Nationalparks, nationalen Stiftungen oder Umweltschutzbestimmungen, um unsere Umwelt vor Vandalentum oder kommerzieller Zerstörung zu bewahren.

Dies ist jedoch nicht das richtige Forum, um solche Umweltschutzgedanken anzubringen, gleich wie sehr sie von Herzen kommen mögen, und obgleich meine Leser meine Ansichten vielleicht voll unterstützen mögen, muss ich geschwind mit meinem Hauptthema fortfahren.

Die Hohlheit der Erdkruste

Eines der großen Ergebnisse all dieses speläologischen (Höhlenforschung) Interesses an der labyrinthhaften Unterwelt war die erstaunliche Enthüllung, wie viel des scheinbar soliden Bodens unter uns buchstäblich durchzogen ist mit Höhlen, Tunnels und gewaltigen Schächten und Grotten - wie ein riesiger Schweizer Käse.

Kein Wunder, dass unsere fernen Vorväter glaubten, es sei eine wahrlich düstere Welt von Tod und Dunkelheit, voll von allen möglichen lauernden, schrecklichen Kreaturen. Eigentlich müsste man erwarten, dass diese uralte Vorstellung in der heutigen erleuchteten Welt nicht mehr tragbar ist, da es anscheinend kaum noch einen Winkel gibt, der nicht von den Menschen erkundet und von unserem elektrischen Licht beleuchtet worden ist. Dies ist jedoch offensichtlich überhaupt nicht der Fall.

Glauben wir der Fülle beunruhigender Berichte, die heutzutage das Internet überfluten - vor allem aus amerikanischen Quellen -, so sind die alten schrecklichen Reptilmenschen-Bewohner jenes Reiches der Dunkelheit zurückgekehrt, um den modernen Menschen in seinen unterirdischen Bergbauaktivitäten, seinen unterirdischen geologischen Forschungen und seinen Konstruktionen tiefer Untergrund-Militäreinrichtungen und strahlungssicheren Zufluchtsstätten für die politische, finanzielle und militärische Elite zu bedrohen. Ständig lesen wir von Begegnungen mit diesen dämonischen Bewohnern des Untergrundes und ihrer Aktivitäten gegen jene, die es wagen, ungebeten in ihre Untergrundgebiete einzudringen - von ihrer angeblichen Vorliebe für menschliches Fleisch und Blut ganz zu schweigen.

Durch diese angeblichen Begegnungen ist ein komplett neuer Mythos entstanden, besonders in den USA (obgleich nicht ausschließlich dort), der besagt, diese widerlichen Geschöpfe - und ihre »grauen« Helfer, die menschlicher Gestalt sind - seien in Wirklichkeit Außerirdische, die geheime bienenstockartige Hauptquartiere im Untergrund eingerichtet hätten und sich auf eine massive weltweite Übernahme der Oberfläche dieses Planeten vorbereiten würden.

»Non Alienus, Sed Terrestris!«

Meine persönliche Ansicht ist: Während das meiste davon wahrscheinlich reiner Hype und Sensationsmache ist - nicht ohne ein liberales Maß von Hysterie bei jenen, die sich bedroht glauben -, muss eine solche Vorstellung gewisse Grundlagen haben, genau wie jede Mythologie dieser Welt ein gewisses Maß an tatsächlichen Ereignissen und Begebenheiten in grauer Vergangenheit besitzt. Wenn ich mir jedoch die extrem lange Geschichte der Begegnungen mit solch unterirdischen Bewohnern in den Mythen und Legenden der meisten Länder dieser Welt betrachte, so neige ich schwer dazu, die Vorstellung abzulehnen, sie seien Außerirdische von einem anderen Sonnensystem. Existieren solche humanoiden Unterweltrassen wirklich, so sind sie ebenso Erdenbürger wie wir selbst - und vielleicht noch älter. Scheint es in einem solchen Fall nicht weitaus wahrscheinlicher, dass sie die Oberflächenbewohner jahrtausendelang gemieden haben und erst in letzter Zeit wieder aus ihren Verstecken kommen, um der Bedrohung durch den gewaltsamen technologischen Einfall der modernen Menschen in ihr Territorium zu begegnen? Kommen wir jetzt aber zur dritten alternativen Innenwelt.

Das dritte Innenerde-Konzept

Das dritte und letzte Innenwelt-Szenario ist jedoch vergleichsweise wirklich alt, wurde als Konzept aber kürzlich neu aufgegriffen. In ihm werden alle unsere gegenwärtigen Auffassungen von der Erde und dem Universum buchstäblich von außen nach innen gekehrt. Dennoch handelt es sich noch immer um eine wirkliche Innenerde, die, wenn wir nie etwas von ihr erfahren würden, niemals auch nur im geringsten Grad unser normales Alltagsleben oder unsere globale Wahrnehmung beeinflussen würde.

Dieses Konzept ist das bei weitem kontroverseste der drei, da es besagt, wir würden bereits (genau in diesem Augenblick!) auf der inneren Oberfläche einer hohlen Sphäre leben. Dieses besonders »abgefahrene« Konzept ist als das celestozentrische Modell bekannt und ist Teil einer universellen »Zellenkosmologie«, in der Himmel und Erde als Teil eines einzigen gigantischen zellenartigen Organismus angesehen werden. Einer der Hauptverkünder dieser scheinbar absonderlichen Idee war ein Amerikaner namens Cyrus Teed, und er entwickelte das Konzept hauptsächlich zur Zufriedenstellung seiner persönlichen religiösen Überzeugungen, und seltsamerweise passen sie wunderbar in Gottes Rahmengebung der schöpferischen Ordnung, wie sie im ersten Kapitel des biblischen Buches Genesis beschrieben steht.

Von Natur aus würde man erwarten, dass Teed alle Ereignisse der sechs Schöpfungstage in seine Theorie einfließen lassen würde, doch was besonders an dem von ihm beschrieben Konzept erstaunt, ist, dass unsere modernen Physiker und anderen Wissenschaftler selbst mit ihrem enormen modernen Wissen Teeds Theorie nicht widerlegen können, gleich wie sehr sie es versuchen mögen. Sie wurde als verrückt machende, nicht zu widerlegende Theorie beschrieben, und das ist keine leere Feststellung von wissenschaftlicher Seite.

Ich brauche wohl nicht zu sagen, dass Teeds Kosmologie-Konzept genau jenen gut gefiel, die religiös-fundamentalistische Ansichten vertraten. Der Status der Erde wurde wiederhergestellt: Nachdem sie von Kosmologen zu einem winzigen Staubkorn in der Weite des Universums reduziert wurde, kam Teed und hob sie wieder zu einer Position großer kosmischer Wichtigkeit empor. So wie in Genesis 1. Aus Teeds Sicht ist das, was wir als die große äußere Unendlichkeit des Raums und all die verstreuten Nebel, Galaxien und Sternsysteme sehen, in Wirklichkeit in einer amorphen, dunklen, sphärischen Masse im Zentrum unseres invertierten Weltenglobus enthalten ist, dessen Fokuspunkt natürlich die Unendlichkeit ist. Sonne und Mond ziehen ihre Kreise innerhalb der Erdensphäre, irgendwo zwischen dieser »himmlischen Region« und der konkaven Innenoberfläche unserer hohlen Welt.

Selbst Albert Einstein hätte keine wissenschaftlichen Unzulänglichkeiten in diesem Konzept finden können, da er selbst bewiesen hatte, dass aller Raum gekrümmt ist, ebenso wie alle Lichtstrahlen. Laut seiner Relativitätstheorie muss selbst ein Lichtstrahl letztlich wieder zu seinem Ausgangspunkt zurückkehren! Dieses Konzept bedeutet, dass das Universum ebenso kugelförmig und endlich ist wie unser hohler Globus. Einsteins berühmte Relativitätstheorie passt in vollkommener Weise auf Teeds Idee; hätte er sich also jemals Cyrus Teeds umgekehrte Weltsicht vorgenommen, hätte er kaum eine Wahl gehabt als sie zu akzeptieren, da alle seiner eigenen hochgepriesenen kosmologischen Ideen darin auftauchen. Deshalb ist Teeds Theorie von der modernen Geometrie und den Regeln und Gesetzen der Physik fast unmöglich zu widerlegen.

In Teeds Welt (oder »hohlem Kosmos«) wird die Wissenschaft, wie sie heute gelehrt wird, völlig umgedreht: Nicht Gravitation, sondern einfach Zentrifugalkraft hält uns auf der inneren Oberfläche dieses hohlen Globus. Jeder Motorrad-Stuntman, der durch diesen spektakulären zylindrischen oder kugelförmigen Käfig namens Todeswand gefahren ist, wird die Ähnlichkeit dieser Kraft mit der Gravitation bezeugen. Wir erleben die Zentrifugalkraft auch in Freizeitparks, wo sich die Leute in schwingende und wirbelnde Geräte setzen und dort von dieser Kraft an die Innenoberfläche »geklebt« werden. Zweifellos haben viele meiner Leser dies in ihrer Kindheit oder Jugend selbst erlebt. Diese gleiche Zentrifugalkraft bewahrte die Flieger der Anfangszeit vor dem Herausfallen aus ihren offenen Cockpits, während sie in ihren alten Doppeldeckern Loopings drehten, unbehindert von Sitzgurten und mit den Köpfen zum Boden zeigend.

Die eigenartige Kosmogonie einer umgedrehten Welt

Offensichtlich (und da ich kein anerkannter Wissenschaftler bin, muss ich hier die Worte anderer akzeptieren) werden hier alle Gesetze der Geometrie und Physik umgedreht, und laut Einsteins Relativität verlangsamt und schrumpft alles, während wir uns dem Zentrum des kosmischen Globus nähern - einschließlich unserer selbst und jedes Messgeräts, das wir verwenden mögen. Aufgrund der kreisförmigen Beugung der Lichtstrahlen bekämen wir eine »Fischaugen«-Sicht des Teiles der Innenerde, der sich unmittelbar unter uns befindet, wenn wir zurückblicken. Wegen eines bekannten fotografischen Phänomens namens sphärischer Aberration würde dies genau so aussehen, wie ein NASA-Astronaut die Erde sieht, wenn er sie von seinem Space Shuttle aus anblickt.

Es gibt also keinen wissenschaftlichen Weg, um zu beweisen, dass Teeds Welt nicht die unsrige ist. Vom Boden aus würden wir die innere Sonne am Himmel sehen, wie sie über unser Gebiet schwebt, und ihre Helligkeit würde uns von Natur aus nicht die zentrale, dunkle, kugelförmige kosmische Masse sehen lassen, durchsetzt mit Sternen, so wie uns das Leuchten unserer äußeren Sonne uns nicht die Schwärze des Kosmos und seine Sterne sehen lässt. Wenn die innere Sonne hinter dieser Masse verschwindet, wird das Licht schwächer, und die Sterne würden in der aufkommenden Dunkelheit sichtbar werden. Wegen des vorher schon angesprochenen Effektes der beidseitig wirkenden sphärischen Aberration würden wir die Sterne bis an die Grenzbereiche unseres visuellen Horizonts verstreut sehen - was zufällig auch eine optische Täuschung ist! Während des Tages könnten wir nicht die Antipoden-Region der Erde direkt über unseren Köpfen sehen, und zwar aus den folgenden Gründen:

Erstens würde uns die Dichte der Luft - die aufgrund von Sauerstoff und Ozon von nebelblauer Trübheit ist - nicht gestatten, durch zwei dicke Atmosphärenschichten hindurchzusehen, nämlich einer über uns und einer über dem gegenüberliegenden Gebiet. Zweitens: Selbst wenn wir fähig wären, eine Entfernung von 9.500 bis 11.000 Kilometer zu überblicken (der angenommene Durchmesser der Innenerde), würde uns die Helligkeit des Lichtes der Innensonne nachhaltig daran hindern, da es von den atomaren Teilchen der Atmosphäre verstreut würde und somit entfernte Regionen verdeckt wären.

Der gleiche Effekt würde umso mehr auch unsere horizontale Sichtweite begrenzen, da wir hier durch eine viel dichtere Atmosphärenschicht blicken, was einen dunstigen kreisförmigen »Horizont« um unseren Gesichtspunkt herum schafft. Sind Sie, lieber Leser, je an Bord eines Schiffes über ein weites Meer gereist, werden Sie sich wohl deutlich an dieses Phänomen erinnern. Es ist, als ob das Schiff alleine auf einem kreisförmigen Meer reise, das abrupt am Horizont zu enden scheint, wo die Dichte der Atmosphäre die Entfernung »vernebelt«.

Soviel zum Horizont selbst. Teed selbst erfand und baute einen sehr langen, horizontal bewegbaren Apparat namens Rektilineator, mit dem er beweisen konnte, dass ein gerader Strahl, der exakt parallel zur Oberfläche einer vollkommen stillen Wasserfläche wie z. B. einem weiten See verlief und visuell als gerade Linie projiziert wurde, nach bloß sechs Kilometern im Wasser verschwand.

Dieses Experiment wurde mehrmals von verschiedenen Gruppierungen von Wissenschaftlern mit exakt dem gleichen Ergebnis wiederholt. Wie könnten wir dies durch irgendeine andere wissenschaftliche Methodik widerlegen? Ein führender kanadischer Mathematikprofessor, H.S.M. Coxeter, hat bereits gesagt, er könne sich keinen wissenschaftlichen Weg vorstellen, um zu beweisen, dass wir nicht innerhalb einer hohlen Weltsphäre leben. Um seine eigenen Worte zu gebrauchen: »Jede Beobachtung, die wir auf der Außenfläche der Erde anstellen können, hat ihr exaktes Duplikat im Inneren. Es gibt keinen Weg, um zu sagen, was die Wahrheit ist.«

Der bekannte ägyptische Wissenschaftsautor Mostafa A. Abdelkader schrieb kürzlich einen Artikel, in dem er die Behauptung, wir würden wirklich im Inneren einer hohlen Erde leben, einer ernsthaften Betrachtung unterzog. Darin sagte er, der einzige Weg, um die Gültigkeit der Theorie zu prüfen, sei, einen Tunnel quer durch die Erde zu bohren, von einer Seite zur anderen. Er schrieb:»Bevor ein solches Experiment ausgeführt wird, scheint es, dass die Anzeichen sehr die Theorie zu untermauern scheinen, dass eine hohle Erde unser eigentliches Universum ist.«

Religiöse Aspekte

Teed sagte, die Erdenschale unter unseren Füßen (als Bewohner dieser Innenerde) sei etwa 80 bis 240 Kilometer dick, und was außerhalb von ihr ist, sei nur dem Schöpfer bekannt. Doch angesichts der Tatsache, dass alle großen Religionen lehren, unter unseren Füßen läge eine Unterwelt von tiefer Dunkelheit, in der Gott nicht wohnt, scheint dies der Ort zu sein, auf den sich Jesus mit den Worten bezog:»Aber die Kinder des Reiches werden ausgestoßen in die Finsternis hinaus; da wird sein Heulen und Zähneklappern.« (Matthäus 8,12) Jesus sprach auch vom Weltende, wenn die Engel kommen und die Bösen von den Guten trennen sollen:»Und werden sie in den Feuerofen werfen; da wird Heulen und Zähneklappern sein.« (Matthäus 13,50 Was sagt uns dies anderes, als dass auf der Außenseite unserer Erdenschale eine Region von Dunkelheit und Feuer liegt? Sofort entsteht im Geist das Bild eines weiten, Styx-haften Gebietes, in der die stockdunkle Düsternis nur durch das mattrote Glühen tobender Vulkane und Lavaseen durchbrochen wird. Was wir also daraus entnehmen können, ist, dass jenseits der Erdkruste entweder die Hölle oder der See aus Feuer liegen. Da jedoch Jesus eines Tages selbst die Hölle in den See aus Feuer werfen wird (zusammen mit ihren Bewohnern?), muss die Hölle ein separater Ort sein - möglicherweise im Inneren der Unterwelt?

Auch die Vorstellung, die Erde sei eine »enthaltene« Welt, also in irgendeiner Weise umschlossen, wird oft in der Bibel angedeutet, wenn sie davon spricht, dass Dinge und Personen die Welt betreten bzw. in sie hineinkommen - so wie man in ein Zimmer oder Gebäude geht. Es gibt auch biblische Hinweise auf Christi Besuch des Erdinneren (in einem Geistkörper) während der drei Tage, als sein Körper nach der Kreuzigung im Grabmal lag. Könnte dies bedeuten, dass er vielleicht zu den Bewohnern der Innenwelt predige - oder beschreibt das einfach eine »Rettungsmission« für diejenigen, die in der Hölle gefangen sind? Es gibt jedoch auch viele Verweise auf Menschen auf der Erde, was zumindest für mich ein Stehen außerhalb der Erdkruste anzudeuten scheint, aber vielleicht mag sich diese besondere Zeile interessanter Semantik als nicht so fruchtbar erweisen, als sie es sein mag.

Andere erwähnenswerte Punkte

Wenn man all das oben Beschriebene betrachtet, sollte man vielleicht daran denken, dass Gelehrte und Akademiker von Natur aus konservativ sind und jeder Veränderung des »orthodoxen Wissens« vehement widerstehen werden, wenn neue Wahrheiten enthüllt werden. Leider liegt dies genau in ihrem akademischen Interesse, denn es besteht immer die Möglichkeit, dass eine ganze Lebenszeit des Studiums und akademischer Errungenschaften von einem Augenblick zum anderen unwichtig wird, wenn eine völlig neue und andersartige Grundlage für eine bestimmte Wissenschaft entdeckt wird als diejenige, auf der der jeweilige Wissenschaftler seine eigenen beachtlichen intellektuellen Konzepte aufgestellt hat.

Leider regen Akademiker selten zu vorläufigen Theorien an. Sobald eine Theorie vorgebracht und von der Kollegenwelt gepriesen wird, wird mit jedem zur Verfügung stehenden Mittel versucht, die Theorie geschwind in wissenschaftliche Wahrheit zu verwandeln. Hitlers Propaganda-Gefolgsmann, der silberzüngige Dr. Joseph Goebbels, entwickelte diese Fähigkeit während der furchtbaren Nazi-Herrschaft des Totalitarismus und Terrors zu einer feinen Kunst. Unter seiner ausgeklügelten Verabreichung von Propaganda und Desinformation konnte Schwarz schlüssig als Weiß bewiesen werden, und zwar ohne jeden Schatten eines Zweifels. Unter seinem Befehl wurde die Verwandlung von Theorie in unleugbare Tatsache eine Wissenschaft für sich, nur mit ein paar glatten Worten und einigen lebhaften Bewegungen seiner Hand. Leider wohnt dieser Geist noch immer in den geheiligten Hallen der Gelehrsamkeit. Wir müssen also allem gegenüber, was die Wissenschaftler uns als bestätigte und bewiesene Fakten präsentieren, stets sehr wachsam und misstrauisch sein. Denken wir daran, dass wir als einfache Laien nur deren Wort dafür haben - und sie neigen im großen und ganzen dazu, zu glauben, sie besäßen eine Art von wissenschaftlicher »päpstlicher Unfehlbarkeit«.

Fragen nach Beweisen

Pontius Pilatus fragte einst: Was ist Wahrheit? Wahrscheinlich hatte er recht, so zu fragen, denn die meisten von uns können Wahrheit nicht von Unsinn unterscheiden. Wir müssen uns auf »verlässliche Autoritäten« beziehen. (Der arme Pilatus hatte den Urheber aller Wahrheit vor sich stehen, als er seine rhetorische Frage stellte, doch leider war er völlig unwissend darüber!) Ein klassischer Fall von falsch investiertem Vertrauen in scheinbar »untadelige Autoritäten« ist der völlig blinde Glaube der westlichen Welt an alle Taten und Erklärungen der NASA. Die meisten von uns akzeptieren ohne Hinterfragen jedes Stückchen Information, mit dem sie uns über ihre Satelliten und Weltraummissionen füttern. Warum sollten sie je lügen wollen?

Seit der Existenz des Internets gab es jedoch eine großangelegte Überprüfung und Revision ihrer Apollo-Mondmissionen durch die Öffentlichkeit. Viele der von der NASA veröffentlichten Fotos, die von den Apollo-Astronauten auf der Mondoberfläche aufgenommen worden sein sollen, werden nun von privaten Experten neu bewertet und in Frage gestellt.

Warum? Einfach weil es scheint, dass viele dieser Mondfotos selbst von Amateurastronomen und Lehnstuhl-Physikstudenten als Fälschungen bewiesen werden können! Ohne hier auf Einzelheiten eingehen zu wollen (meine Leser können dies auf vielen Websites nachlesen, die dieser Suche nach wissenschaftlicher Glaubwürdigkeit gewidmet sind): Die Fotos sollen voller seltsamer Anomalien sein wie falsche Schatten, Hintergrundbeleuchtung, das Fehlen von Sternen, eindeutig unmögliche Aktivitäten und Bilder auf einer Welt, wo wegen dem völligen Fehlen einer Mond-Atmosphäre alles gänzlich beleuchtet und schwarz beschattet sein müsste - das sollte jedes mögliche Vorkommen des sanft abgestuften, reflektierten Lichtes und Schattens auf den NASA-Fotografien verbieten.

Apollo - ein Schabernack, der ins Auge ging?

Es scheint die Überzeugung einer wachsenden Zahl sehr intelligenter, professioneller Menschen zu sein - einschließlich geübter Fotografen und Astronomen -, dass viele dieser Bilder nur von auf der Erde stehenden Kameraleuten auf einem irdischen Filmset geschossen worden sein können, sei es in einem Studio oder an einem geeigneten trockenen und menschenleeren Ort, und zwar in einer dichten, erdähnlichen Atmosphäre. So viele offenbar simple, aber dennoch krasse visuelle »Fehler« scheinen der abschließenden Inspektion der fertigen Bilder entgangen zu sein, dass es lächerlich erscheint - wären da nicht die horrenden Summen amerikanischer Steuergelder, die in eine solch angebliche massive Betrugssache geflossen sind.

Doch warum in aller Welt würde die US-Regierung solch enorme und unehrliche Schritte unternehmen wollen, um die Menschen weltweit glauben zu lassen, es seien Männer auf dem Mond gelandet? Die Antwort mag im vorhergehenden Satz zu finden sein: die Menschen weltweit. Besonders jene, die damals als erklärte Feinde der USA angesehen wurden, beispielsweise die ehemals kommunistischen Russen und die heutigen Chinesen.

Wenn eine solche Scharade wirklich stattgefunden hat, so war dies im wesentlichen nur ein großes »PR-Säbelrasseln«, eine Propaganda-Übung, dazu ausgelegt, diese Staaten mit guter alter amerikanischer Technikhexerei und »Know-how« zu beeindrucken und anzudeuten, dass die Vereinigten Staaten von Amerika keine Nation sind, mit der man sich in die Wolle kriegen sollte.

Ich muss jedoch auch betonen, dass es genauso glaubwürdig ist, dass die NASA eine Studioversion der »Mondlandung« gemacht haben soll, einfach für den Fall, dass etwas auf der eigentlichen Mission radikal falsch lief - oder als »Rückendeckung«, falls die Übertragungsqualität der Bilder vom Mond sich als so schlecht und unscharf erweisen würde, dass sie für das gespannt zuschauende Publikum auf der ganzen Welt praktisch undechiffrierbar wären.

Die Van-Allen-Gürtel

Die Russen wussten jedoch bereits von den Gefahren der Van-Allen-Strahlungsgürtel und der Magnetosphäre (welche sie auch beide geflissentlich vermieden), die sich zwischen 80.000 und 320.000 Kilometer über der Erde befinden und alles Leben auf der Erdoberfläche vor der tödlichen solaren und kosmischen Strahlung schützen. Soweit bekannt, fangen ihre Magnetschichten fast alle schädlichen radioaktiven Teilchen ein, bevor sie sich der Erde nähern können. Folglich sind die beiden als Filter wirkenden Schichten vollgepackt mit eingefangenen hochgefährlichen Teilchen und sind somit eine extrem tödliche Region für jede Art von irdischer Lebensform, die die Strahlungsgürtel auf dem Weg zum Mond oder woandershin zu durchdringen sucht. Der Mond und das Weltall können jedoch erreicht werden, ohne durch diese radioaktiven Gürtel zu fliegen, da sie eine dicke, einem abgeplatteten Doughnut ähnliche Region um die Erde herum bilden, aber klare Öffnungen über den Polar- und Subpolargebieten lassen. Das All ist dem Menschen und anderen Lebensformen also nicht so unerreichbar, wie viele Desillusionierte glauben. Trotzdem ist es natürlich seltsam, dass kein amerikanischer Astronaut seit Dezember 1972 dem Mond einen erneuten Besuch abgestattet hat.

Satelliten in der Erdumlaufbahn

Die zahlreichen Satelliten und Raumstationen in der Erdumlaufbahn kreisen im allgemeinen in etwa 300 bis 400 Kilometer Höhe, also besteht relativ wenig Risiko für die Besatzungen. Es ist aber unwahrscheinlich, dass es bislang irgendeinen Versuch gab, einen bemannten Satelliten innerhalb des ersten Van-Allen-Gürtels um die Erde kreisen zu lassen. Und hier ist auch der Grund für den ganzen »Apollo-Schabernack«-Aufschrei zu finden - der auf der Annahme beruhte, dass die Verantwortlichen das wahre Wissensausmaß unter der allgemeinen Laienbevölkerung um solche Weltraumangelegenheiten unterschätzt hatten. Diese angebliche Verschwörung wird als der wahre Grund betrachtet, warum es in den 30 Jahren, die seitdem vergangen sind, keine nachfolgenden Reisen zum Mond gab. Verschwörungstheoretiker glauben, dass es den NASA-Autoritäten plötzlich schmerzhaft bewusst wurde, dass ihre angebliche »unzulässige Filmerei« auf schlimme Weise kompromittiert wurde, und sie mussten sich bemühen, etwas zu finden, was die Aufmerksamkeit ablenken würde - etwas wie Skylab.

Es gab also die Viking- und Voyager-Programme und andere gleicher Art einschließlich der MOLA-Marsmissionen, von denen keine einzige eine Besatzung erforderte. Ich persönlich finde jedoch, dass alle diese Missionen, bemannt und unbemannt, völlig glaubhaft sind, da sie sich sehr wohl im Möglichkeitsbereich der modernen Weltraumtechnologie befinden.

Dennoch sind die Van-Allen-Gürtel noch immer ein großer Stolperstein für die bemannte Raumfahrt, da weder die Russen noch die Europäer versucht haben oder planen, ein bemanntes Raumfahrzeug zum Mond zu schicken. Warum man nicht die Nordpol-Öffnung benutzen könnte, wie die NASA es bei den Apollo-Missionen getan haben muss, ist schwer zu begreifen. Vielleicht ist sogar das recht riskant, obwohl ich nicht annehme, dass es noch lange eine unüberwindliche Gefahr darstellt. Ich glaube, die NASA wird bald einen hocheffektiven, leichtgewichtigen Strahlenschild für Raumschiffe und Astronauten entwickeln, vielleicht sogar ein magnetisches Abstoßungsfeld gegen Strahlung und die hüllendurchdringenden Mikrometeoriten - eine große, aber stark heruntergespielte Bedrohung weit jenseits des Bereichs der Van-Allen-Magnetosphäre.

Soviel zu meiner schlecht zusammengefassten Studie menschlicher Fehlbarkeit! (Selbst unter den olympischen, gottgleichen NASA-Wissenschaftlern!) Kommen wir nach dieser Diskussion über die Natur von Beweisen zu einer anderen damit im Zusammenhang stehenden Frage bzw. kehren wir zu einer solchen zurück: die interessante Sache mit dem klaren wissenschaftlichen Beweis für Teeds Konkave-Welt-Theorie.

Die seltsame Sache mit den Pendelgewichten

Als etwa um 1901 der Versuch gemacht wurde, die Größe der Erde mit höherer Genauigkeit festzustellen, damit man unsere Entfernung von der Sonne besser berechnen könnte, kamen die Geologiespezialisten der französischen Regierung auf eine neue Idee. Sie fanden eine Methode, um die Distanz (an beiden Enden) von zwei stark verlängerten vertikalen parallelen Linien zu messen. Da keine Struktur in der benötigten Länge auf der Erdoberfläche errichtet werden konnte, hatte ein heller gallischer Kopf den brillanten Gedanken, einen eine Meile tiefen Minenschacht zu benutzen, in den zwei lange Pendelgewichte gehängt werden konnte, und zwar Seite an Seite in geringer Entfernung voneinander. So konnten sie die Differenz der Distanz zwischen beiden Enden der Pendel messen, und zwar sowohl an der Erdoberfläche als auch eine Meile darunter.

Man hatte erwartet, dass die Pendelgewichte unten etwas näher zusammenstehen würden als oben, und aus der Differenz wollten sie die Linien geometrisch ins Erdinnere projizieren und den exakten Punkt errechnen, an dem die Linien zusammentreffen würden. Auf diese Weise wollte man das Gravitationszentrum entdecken und einen ziemlich akkuraten Radius für unseren Planeten errechnen. Das Experiment zeitigte jedoch sehr seltsame Ergebnisse. Man entdeckte, dass die Pendelgewichte unten in der Mine weiter auseinander waren als oben.

Erneute Versuche führten zu den gleichen Resultaten, also setzten sie sich in ihrer Verzweiflung mit einem berühmten Physikprofessor in Verbindung, Dr. MacNair vom Michigan College in Mines, USA. McNair wiederholte das Experiment, und als er dasselbe Ergebnis bekam, überlegte er, ob die Pendelgewichte sich nicht magnetisch abstoßen würden und doch besser Bleigewichte verwendet werden sollten. Dies brachte jedoch auch keine Veränderung - die Resultate waren noch immer genau dieselben.

Ein anderer amerikanischer Professor an der Columbia University war mittlerweile auf die Sache aufmerksam geworden, und zwar Professor Hallock. Er glaubte, es seien die beiden aus Klavierdraht bestehenden Schnüre, die sich gegenseitig anziehen würden, und ließ ein neues Experiment in den Tamarack-Minen bei Calumet, Michigan, durchführen. Natürlich brachte das nicht den leisesten Unterschied, und obwohl die Gewichte in zwei weit auseinanderliegenden, eine Meile tiefen Minenschächten, die miteinander durch einen vollkommen horizontalen Tunnel unten verbunden waren, gehängt wurden, kam es wiederum zu dem gleichen unglaublichen, unlogischen und unbegreiflichen Resultat. Die Pendelgewichte standen unten weiter auseinander als oben und zeigten an, dass sich die geometrisch verlängerten Linien in 6.500 Kilometern Höhe im Weltall treffen würden, würde man sie in Gedanken nach oben hin verlängern statt nach unten.

Eine verrückt machende Folgerung

Man folgerte daraus, dass das Gravitationszentrum der Erde nicht an einem einzelnen Punkt 6.500 Kilometer tief im Innern der Erde war, sondern an jedem Punkt 6.500 Kilometer weit oben im Himmel. Dies bedeutet, das irdische Gravitationszentrum müsse in Wirklichkeit in kugelförmiger Konfiguration von etwa 26.000 Kilometer Durchmesser existieren und die Erde wie ein unsichtbarer Gravitationsschild umgeben.

Die ganze Sache brachte viel Unruhe in geophysikalische Kreise, und das amerikanische Geodätik-Forschungsteam brachte weitere zwei Jahre mit Experimenten zu, von denen eines die Oberflächenmessung eines großen Sees in Florida umfasste. Man nahm an, sein stilles, flaches Wasser müsse mit der Krümmung der Erde übereinstimmen und ihr demnach folgen. Man nahm eine sehr lange, schnurgerade Art von Wasserwaage, um eine echte Sichtlinie zu projizieren. Doch auch das führte zu einem erstaunlichen Ergebnis: Die unbewegte Oberfläche des Sees schien sich in allen Richtungen nach oben zu biegen statt wie erwartet nach unten! Die Wissenschaftler scheinen sich völlig verblüfft zurückgezogen zu haben; vielleicht haben sie versucht, die ganze Sache einfach zu vergessen.

Koreshs Auftritt

An diesem Punkt erschien Cyrus Teed, der nun seine Rolle als religiöser Mystiker angenommen hatte, unter dem Namen Koresh (die hebräische Version seines Vornamens). Trotz seines Mystik-Deckmantels ging Koresh sehr praktisch an dieselben Experimente heran, die die Akademiker so stutzig gemacht hatten. Er wiederholte sie in wahrer Ingenieursmanier und errichtete auf den

Ergebnissen ein völlig neues religiöses Konzept von der Erde, welches die wissenschaftlich nicht erklärbaren Resultate umfaßte. Tatsächlich verwandte er sie in ausgezeichneter Weise, indem er die Erde wissenschaftlich als konkave Sphäre bewies, in deren Inneren sich die ganze Menschheit - und alles andere, einschließlich Sonne, Mond und Sterne - befand. Damit widersprach er dem alten Weltbild einer konvexen Erde, wo alle Geschöpfe und Pflanzen auf der äußeren Oberfläche zu leben scheinen und wo der Himmel und die Himmelskörper hoch droben und darum herum zu sein scheinen, draußen in der Unendlichkeit des Universums.

Von da an konnte Teed eine große Anhängerschaft überzeugter Schüler anziehen und eine brandneue Koresh-Religion gründen, die völlig auf seiner unglaublichen neuen Theorie beruhte. Teed/Koresh hätte mit seiner völlig neuen Weltsicht sehr viel weitergehen können, begann sich jedoch leider als der wiedergekehrte Christus zu sehen, und während seine Gemeinde diese Blasphemie akzeptierte und ihrem neugegründeten »Glauben« treu blieb, entschied Koresh, nur ein echtes Zölibat würde sie in den Himmel bringen. Ohne die späteren Auswirkungen seiner Tat in Betracht zu ziehen, brachte Koresh/Teed somit unabsichtlich eine natürliche »Selbstzerstörungs«-Periode in seine Organisation ein, und im Laufe der Zeit starben seine glühenden Anhänger einfach, und die Bewegung verging. Und nun möchte ich dieses interessante Fragment der Hintergrundgeschichte zu dieser dritten und extrem seltsamen Variante einer hohlen Erde, der celestozentrischen, inversen Erde, zu einem Ende bringen.

SCHLUSSFOLGERUNGEN

Was kann man schlussfolgern?

Was kann als Entkräftung dieser scheinbar unwiderlegbaren Theorie vorgebracht werden, wenn es überhaupt etwas gibt? Leider nicht viel außer Beobachtung und gesundem Menschenverstand. Eine Überlegung wäre die, dass die Zentrifugalkraft, würden wir von ihrauf der Innenfläche einer rotierenden Sphäre gehalten werden, sicherlich an den Achsenpolen ihrer Rotation nicht vorhanden wäre, was jeden in Polnähe in einen Schwebezustand versetzen würde. Bislang scheint es keine derartigen Berichte gegeben zu haben, weder von den Eskimos noch von den Erforschern der Arktisregion noch von den Wetterwissenschaftlern am und um den antarktischen Pol!

Wenn sich dieser Erden-Kosmos jedoch dreht, so gebieten es die Gesetze der Mechanik (wenn sie auch in einer solchen Erde wirken), dass er sich um eine Achse dreht. Warum aber müsste er sich überhaupt drehen, wenn sich das gesamte Universum bereits hier drin bei uns befindet? Und worin dreht er sich? Wenn es nichts außerhalb der Kruste gibt, auf der wir leben, was bringt ihn dann zum Drehen - und wozu? Nur um uns auf der Innenseite der Kruste zu halten? Vielleicht sind das Fragen, die wir dem Einen stellen sollten, der es angeblich so eingerichtet hat.

Einer der interessantesten und vielsagendsten Punkte jedoch, von dem ich bisher nichts gesagt habe, ist die einfache Tatsache, dass man am Meer zuerst die Spitze des Vordermastes eines sich nähernden Schiffes am Horizont sieht, dann den Schornstein, dann nach und nach den Überbau und die Hülle - alles scheint sich vom Rand des Ozeans emporzuheben. Das ist sicherlich ein kristallklarer Beweis, dass sich das Meer nach oben über die Horizontlinie krümmt und sich dann nach unten auf den Beobachter zubewegt - auf konvexe Weise.

Aus dem Teed-Modell einer konkaven Erde erkenne ich auch, dass das fokale Zentrum des Globus angeblich von einer dunklen, tintenschwarzen Masse besetzt ist, die ein Einsteinsches »relatives Universum« birgt, in dem sich jeder Himmelskörper, den wir im Weltraum erkennen können, finden lässt, sei es mittels unserer Augen oder durch die Teleskope unserer Astronomen. Sonne und Mond sollen zwischen der Innenoberfläche und der Wolke sterndurchsetzter Dunkelheit um diese Masse kreisen, und wenn sie hinter ihrem Rand vergehen, fort von unserer Position, scheinen sie zu vergehen und wiederzukommen. Doch auch wie im Fall des sich nähernden Schiffes zeigt uns einfache Beobachtung, dass wir Sonne und Mond immer am westlichen Horizont herabsinken sehen, um am östlichen Horizont wieder aufzugehen. Welche Beweise brauchen wir noch, um wirklich zu wissen, dass die Erdoberfläche, auf der wir leben, konvex ist?

Warum aber sollten Sonne und Mond in einer Umlaufbahn kreisen, wenn sich die Erdkruste selbst dreht? Moderne Koresh-Anhänger würden diese Frage mit der kategorischen Behauptung beantworten, die Erde würde sich überhaupt nicht bewegen. Sie ist, wie sie sagen, vollkommen statisch und wird von einem dichten Plasma Styx-hafter äußerer Dunkelheit umgeben (auf die die Bibel einige rätselhafte Hinweise gibt, wie wir gesehen haben). Würde die Erde ohne jede Gravitation in ihrer kugelförmigen Schale (was von dem Wolkenuniversum im Zentrum impliziert wird, welches - quod erat demonstrandum - sicherlich eine fantastisch große Masse haben sollte) jedoch nicht rotieren, so könnte die einzige andere Kraft, die uns an der Oberfläche halten könnte - die Zentripedalkraft - nicht existieren. Nach einer recht oberflächlichen Untersuchung durch selbst den bescheidensten wissenschaftlichen Laien fällt die ganze Zellenkosmogonie-Theorie Koreshs somit zusammen wie ein Kartenhaus.

Die religiöse Komponente

Man könnte sich fragen, wie so viele Millionen von Menschen so mühelos davon überzeugt werden können, solche oft recht lächerlichen Vorstellungen im Namen Gottes anzunehmen. Die Antwort ist einfach, dass praktisch alle empfindenden menschlichen Wesen eine Art äußereswohlmeinendes Wesen brauchen, an das sie sich klammern und ihre Hoffnungen hängen können. Sei es eine übernatürliche Gott- Gestalt, menschlich oder animistisch, ein magischer Talisman oder auch nur die Glücksgöttin - die große Mehrheit unserer Spezies spürt dieses starke Bedürfnis nach einer Art übernatürlichem Wächter und Beschützer.

Fehlte uns wie den meisten Tieren der kluge Intellekt, so machten wir uns keine Gedanken über etwas jenseits des unmittelbaren Hier und Jetzt. Als rein instinktgesteuerte Geschöpfe würden wir uns nicht darum sorgen, welcher Schaden uns heimsuchen könnte, oder über spirituelle Dinge oder ein mögliches Danach. Doch wir Menschen sind kluge Geschöpfe mit aktiven, lebendigen Vorstellungen, und deshalb fühlen wir uns oft schutzlos und verletzbar angesichts eines erschreckenden Unbekannten - besonders angesichts des Todes. Daher dürfte das treibende Bedürfnis nach Religion in irgendeiner Form unter den meisten Vertretern unserer Spezies kommen.

Ein relativer Kosmos?

Um auf das Konzept des Kosmos in relativistischer Form um das irdische Fokalzentrum herum zurückzukommen: Wäre dies so, so könnten wir (sofern ein geeignetes Raumschiff verfügbar wäre) durch den oben genannten Unendlichkeitspunkt hindurchfliegen und auf der anderen Seite herauskommen, wieder auf die Erde zufliegen und auf dem Weg wieder an Größe und Masse zunehmen. Oder würden Raumschiff und Besatzung einfach weiter an Größe abnehmen, gemäß Einsteins Gesetz der Relativität, bis sie völlig in der Unendlichkeit verschwinden würden?

Oder könnte es dort vielleicht eine Art Wurmloch geben, das mit der Unendlichkeit des Himmels selbst verbunden ist? Wie es der unsterbliche Barde von Avon (Shakespeare) in seiner gewöhnlichen poetischen Art beschrieb:»Das unentdeckte Land, von dessen Grenze kein Reisender wiederkehrt.« Vielleicht führen ja beide Szenarien am Schluss zum gleichen Ergebnis! Und vielleicht kann nur ein großes Genie von der intellektuellen Statur Isaac Newtons, Albert Einsteins oder Stephen Hawkings eines Tages eine vernünftige Antwort auf dieses Rätsel geben.

Ich kann jedoch keine geben, obwohl mich das nicht davon abhält, mein eigenes instinktives und völlig unwissenschaftliches Bauchgefühl über die Richtigkeit oder Falschheit dieser Theorie zu haben - oder von der unangenehmen, unheilverkündenden Erkenntnis, dass Koreshs konkave Erde anfangs vermutlich als aufrichtige Theorie wahrgenommen, später jedoch angepasst und bearbeitet wurde, um einen weiteren quasiwissenschaftlichen, religiösen Betrug zu kreieren, dazu ausgelegt, große Summen Geldes von einer Menge ernsthafter, aber leichtgläubiger Anhänger zu schröpfen. Leider werden wir das niemals herausfinden, und an diesem Punkt, lieber geduldiger Leser, muss ich diese weitschweifige Diskussion über etwas, das - nachdem alles gesagt ist - keinerlei greifbaren Unterschied für unser Alltagsleben bedeutet, zu einem Ende bringen.

Eine letzte Frage

Sollte sich einer dieser drei theoretischen Fälle durch einen seltsamen Zufall als wahr erweisen, so gibt es eine letzte Frage, die wir uns alle stellen sollten. Was wäre wohl die Reaktion der Regierungen der mächtigen Nationen? Wie würden sie an eine solche Entdeckung herangehen? Würden sie sich sputen, ihren Bürgern die aufregende Nachricht der Entdeckung einer anderen Welt - oder anderer Welten - innerhalb des Globus, auf dem wir leben, mitzuteilen? Oder fände im Verborgenen ein Wettbewerb statt, die erste Nation zu sein, die in die versteckte Welt eindringt und ihre Nationalflagge auf deren Boden aufstellt, um das neue Gebiet als Lebensraum für ihre überzählige Bevölkerung zu beanspruchen?

Oder noch schlimmer - würde man entdecken, dass diese Welt bereits bewohnt ist, würde man einen gnadenlosen Krieg anzetteln, um sie auszurotten, um die geheimgehaltene innere Welt für eigene ruchlose Zwecke zu gebrauchen? Und würde man entdecken, dass diese innere Welt reich an wertvollen Mineralien und Erzen ist (was wahrscheinlich ist), würde man sie dann gnadenlos ausbeuten und von einem scheinbar endlosen Vorrat an Öl oder Gold oder anderen seltenen Rohstoffen auf den Weltmärkten profitieren?

Bei der erschreckenden Chronologie der reicheren und mächtigeren Nationen wie den USA, der Europäischen Gemeinschaft und China in solchen Bereichen glaube ich, dass wir alle diese Frage für uns selbst beantworten können. Wird je eine solche Entdeckung gemacht, und eine mächtige Regierung kriegt Wind davon, so können wir sicher sein, dass wir, die bescheidenen Bürger der Oberflächenwelt, vielleicht niemals davon hören werden. Und das, liebe Leser, sollen die letzten Worte in diesem Werk sein.

Weiterführende Literatur

»Hollow Planets« von Jan Lamprecht. Im Internet zum Kauf angeboten unter

http://www.worldwidemagazines.com

»The Land of No Horizon« von Kevin und Matthew Taylor. Im Internet zum Kauf angeboten unter

http://www.tlonh.com

»Mysteries of the Inner Earth« von David Pratt. Frei im Internet erhältlich unter

http://ourworld.compuserve.com/homepages/dp5/inner1.htm

(Im Internet gibt es viele ausgezeichnete Websites zu den Themen »Hohle Erde und hohle Planeten« und »Inverse Erde«)

UNTERIRDISCHE ZIVILISATIONEN

Führen Höhlen- und Tunnelsysteme in die hohle Erde?

Überall auf der Welt gibt es Höhlen- und Tunnelsysteme, die unerforscht aber dennoch existent sind. Viele wurden aus Menschenhand geschaffen. Bei anderen wiederum half die Natur mit oder war sogar Erbauer. In Berichten und Geschichten über Höhlen und was in ihnen entdeckt wurde, findet sich all das wieder, was auch durch Mythen und Sagen um die Hohle Erde geistert. Es werden über hochgewachsene Menschen genauso berichtet wie über Kleinwüchsige. Es gibt sogar Geschichten von unendlich weit reichenden Schächte in welchen Relikte unbekannter Zivilisationen entdeckt wurden.

So haben auch heute noch viele Städte solche Höhlen- oder Tunnelsysteme. In Moskau gibt es ein von Stalin geschaffenes Untergrundsystem, in dem sich hunderttausende Menschen neben militärischen Befehlszentren, Versorgungslagern, Reparaturwerkstätten, Waffenkammern und einem Bahnhof befinden. Unter Prag wurden seit dem vierzehnten Jahrhundert beständig, Steinbrüche, Lagerhöhlen, Bunker oder Versammlungsräume, ausgebaut. Bis zu 15 Kilometer unter den Straßen der argentinischen Hauptstadt Buenos Aires liegt ein Netz von Räumen die alle mit Gängen verbunden sind. Nur ein Bruchteil ist für Touristen zugänglich. Es gibt Vermutungen, dass Jesuiten diese Untergrundbauwerke angelegt hätten. So etwas ähnliches gibt es auch in Cordoba und Parana (beides argent. Städte). Es existieren Gerüchte über eine Menge unterirdischer Bauten unter New York (nicht die U-Bahn). So liegt dort angeblich ein dreieckiges Tunnelsystem, dass von einer Freimaurerloge genutzt werden soll. Für Manhattan gilt dasselbe. Im Jahre 1962 wurden Probebohrungen am East River Park durchgeführt. Bei 200 Fuß (ca. 70 m) brach der Bohrer in einen Hohlraum ein. Die Kirche St. John the Divine soll über dem Eingang zu einem uralten Tunnel erbaut worden sein. In Crafton, Maryland stießen die Bauarbeiter einer Tiefgarage auf künstliche Höhlen. Auch in Eureka, Nevada hat man selbes entdeckt. Ungewiss bleibt auch wer in der Nähe der ungarischen Stadt Eger ein über 60 km umfassendes recht altes, aber technisch hochstehendes, Tunnelsystem erbaut hat.

Dr. Ron Anjard kommt nach jahrelangen auswerten der Legenden der Indianer der USA zu dem Schluss, dass es in der USA 44 unterirdische Städte gegeben hat bzw. gibt. Einige Stämme so Anjard, würden immer noch Geheimnisse über unterirdische Städte und deren Zivilisationen hüten. So glauben die Hopi – Indianer, dass ihre Vorfahren aus dem inneren der Erde gekommen sind um auf Erden ein neues Leben zu errichten. Ähnliches gilt für gewisse Eskimostämme und einige südamerikanische Indianerstämme, sowie Eingeborenenstämme in Afrika.

Goldschürfer fanden im Juli 1895 in Yosemite Valley, Kalifornien eine über 7 Fuß (ca. 2,5 m) große Frauenmumie. Ebenso wurde in Nevada ein Unterschenkelknochen eines Menschen gefunden, der daran gemessen über 3 Meter groß sein musste. In den Cascade Mountains fand ein J. C. Brown eine Höhle voll mit Gebeinen großer Menschen. Ebenfalls in der Nähe von Wilson, Arizona, soll das Gleiche gefunden worden sein. Auch südlich des Mount Panamit in der Colorado – Wüste entdeckte ein Dr. R. F. Bruce 1964 ein Höhlensystem mit den Resten einer ca. 80000 Jahre alten Zivilisation. Dr. Bruce schloss anhand der Überreste und einigen Mumien, dass die ehemaligen Bewohner zwischen 8 und 9 Fuß (ca. 2,7-3,0 m) groß gewesen sein müssten. Dieses Höhlensystem hat eine Größe von 290 km². Der Psychoanalytiker Dr. Bruce dachte, das untergegangene Königreich von Mu entdeckt zu haben.

Genauso rätselhaft sind die sich durch Süddeutschland, Österreich, Frankreich, und Spanien ziehenden Höhlen- und Tunnelsysteme, die sogenannten Erdställe. Sie wurden oft als Verstecke für Mensch, Vieh, oder Reichtümer gedeutet. Da sie aber schon urkundlich erwähnt wurden lässt sich darauf schließen, dass sie weder zum Reichtum horten, noch um Tiere zu verstecken gemacht wurden, also nicht mehr geheim waren. Weder Tiere noch Kinder haben diese Höhlen- und Tunnelsysteme gebaut. Die Erdställe wurden auch nicht wie so oft behauptet, im Mittelalter angelegt, sondern zu dieser Zeit eher ausgebaut. In seinem Werk (Über das Rätsel der Erdställe) schreibt Kießling:

»Die Ausmaße….. dieser künstlichen Höhlen sind derartig, dass man als Erbauer solcher Werke nur kleinwüchsige Menschen annehmen muss, auch für die Höhlungen, die heute größere Ausmaße zeigen. Die Zeit, in der diese Zwerge gelebt haben, war die des Übergangs der jüngeren Stein- in die Kupfer- bzw. Erzzeit, also etwa 2500 bis 200 vor Christi. Die weit ins Altertum zurückreichende Vorstellungen von eigenartigen, sehr kleinwüchsigen Wesen, die sich im Volke so nachhaltig erhalten haben (Zwerge, Kobolde, Wichtel usw.), lassen in diesem Beispiel auf uralte Überlieferungen aus der Zeit des wahrhaften Zwergenmenschentums schließen.«

1912 wurde in einem Erdstall in der Steiermark, Skelette kleinwüchsiger Menschen gefunden.

Bevor jetzt gleich an Märchen gedacht wird, sollte man nicht vergessen, dass auch heute noch, kleinwüchsige Menschen auf der Erde leben. Die Buschleute im südlichen Afrika, die Pygmäen und die Akka in Zentralafrika, die Wedda auf Ceylon, die Aino auf Sachalin und andere Völker in Melanesien und auf Jawa (man könnte hier noch einige nennen) erreichen alle eine Körpergröße von 1,30m – 1,50 m. Sind das etwa keine »Zwerge«? Worin besteht also das Problem sich vorzustellen, dass ein solches »Zwergenvolk« in Europa lebte oder sogar noch lebt?! Hier in Europa, wie etwa in den Sagen und Mythen der Schweiz oder Deutschland, gibt es hunderte von Berichten die sich quer durch die Jahrhunderte ziehen, in denen von Zwergen oder anderen kleinwüchsigen Wesen geschrieben steht. Die Alpen werden nicht umsonst als »Hochburg der Zwerge« bezeichnet.

Auch unterirdische Gänge, im Erdinneren verborgene Reiche, mit Schätzen gefüllte Höhlen und verschiedene Rassen (Menschen, Riesen, Schlangenmenschen…)die darin leben und die Eingänge zur hohlen Erde bewachen, waren zu jeder Zeit und auf jedem Kontinent der Welt bekannt. Als Gegenleistung wurden diese Rassen von den Völkern der hohlen Erde im Erdmantel geduldet.

Auch in der Sprache gibt es Zusammenhänge aus denen interessante Schlussfolgerungen gezogen werden können, wie z.b. Troglodyten (griechisch: Höhlenbewohner).

Mit Troglodyten wurden in der Antike Völker bezeichnet, die angeblich in Höhlen wohnten. Das heutige Eritrea hieß damals Tragodytenland. Auf Teneriffa, im Westsudan, in Galizien, Südfrankreich, Ostafrika, USA oder der Türkei finden sich noch heute Überreste solcher Höhlenstädte.

Viele dieser Höhlen- und Tunnelsysteme sollen als Verbindungswege zu weit entfernteren Orten führen (in die hohle Erde!?!!). Die Dolstenhöhle (Norwegen) soll unter dem Meer nach Schottland führen. In Westafrika wurde anscheinend von Wissenschaftlern der Eingang eines Tunnels entdeckt der unter dem atlantischen Ozean verlaufen soll.

Die Vorstellung, dass die Erde »hohl« sei existiert auch heute noch in vielen Ländern, Stämmen und Religionen. So glauben die Eskimos ursprünglich aus einem wärmeren Land weit im Norden gekommen zu sein. Auch in den vedischen Schriften der Hindus wird die Existenz, der im inneren bewohnten Welt, beschrieben. Für die Hopi – Indianer existieren 4 Welten. Wir befinden uns auf der 4. Die drei anderen Welten befinden sich im Erdinneren. Indianerstämme aus Alaska erzählen von einem Stamm der in eine riesige unterirdische Höhle abgewandert ist, die unter den Bergen nördlich der Stadt Tanana liegen soll. Der arabische Orden El Khaf kennt ein geheimes Land mit dem Heiligtum Bit Nur, dass alleine durch Höhlen zu erreichen ist. In der griechischen Mythologie stiegen oft die sogenannten Halbgötter oder manchmal sogar Menschen in das Reich unter der Erde, den Hades, hinab. Auch in den germanischen Mythen und Sagen wird von einem Land weit oben im Norden berichtet welches nur durch die Regenbogenbrücke (Bifröst) oder direkt über das Meer erreichbar ist. Selbst im Buddhismus ist die Welt im inneren

Hohl und bewohnt. In buddhistischen Klöstern in Tibet und Nepal gibt es anscheinend Eingänge ins Erdinnere in welcher der »König der Welt« herrschen soll. Der jetzige Dalai Lama gibt an der Stellvertreter auf Erden des »Königs der Welt« zu sein und in Kontakt mit ihm zu stehen.

Es gibt noch wesentlich mehr Indizien und Beweise die darauf schließen lassen, dass im Inneren unserer Erde Leben existiert. Themen wie:

- militärische Stützpunkte an der Nord- und Südpolregion
- Flugscheiben und die hohle Erde
- religiöse Aspekte und Fakten der hohlen Erde
- Kryptologie und die hohle Erde

werde ich mich später in anderen Texten widmen.

(Quellen: Die innere Erde eine Übersicht, Einblicke in die innere Erde, Ausblicke auf die innere Erde, Zeitenschrift, Arktos, Mystische Stätten, Indianische Seher und ihre Prophezeihungen, Germanische Göttermythologie und etliche Berichte aus dem Netz)

Die nachfolgenden Informationen stammen zum größten Teil aus dem Buch »Die verlorene Welt von Agharti« von Alec Maclellan (Kopp-Verlag). Ich halte einige der Informationen in diesem Buch für interessant genug, um diese kurz zusammen zu fassen, damit man eine ungefähre Vorstellung von den Tunneln hat, welche ins Erdinnere führen.

Wenn man verschiedene Informationen über Tunnel ins Erdinnere vergleicht, so ergeben sich oft folgende Gemeinsamkeiten. Die Zugangstunnel führen meistens auf langen Strecken, geradlinig ohne Krümmung steil nach unten. Etwas, was man weder bei natürlichen Höhlen, noch bei Bergwerken findet. Die Seitenwände sind oft sehr hart bzw. sehen bearbeitet aus. Der Boden kann teilweise so aussehen als wäre er mit Sandstein gepflastert. Eine solche Höhle wurde zum Beispiel im Oktober 1944 von Doktor Antoin Horak in der Tschechei entdeckt. 1965 wurde seine Entdeckung in einem ausführlichen Bericht im Magazin der Speleologischen Gesellschaft der Tschechei veröffentlicht. Doch auch in anderen Teilen der Welt soll es derartige Tunnel geben, wie z.B. in der Nähe der Stadt Tanana im Herzen Alaskas gibt es Felsspalten von denen man aus zu einem unterirdisch lebenden Volk gelangen soll, welches von ansässigen Amerindianern, vom Stamm der Athapascans, als die »Eqidleet« bezeichnet werden. (Mehr Informationen zu den Eqidleet findet man im Buch »Arktische Abenteuer - mein Leben im kalten Norden« von Peter Freuchen, 1935).

Im Altaugebirge in Sibirien soll es einen Ort Namens Ergor geben, an dem ein Eingang zu dem liegt, was die dortigen Menschen »Belovodye« nennen, das gesegnete Land, Agharti. In Tunhwang (China), in den Höhlen der tausend Buddas, soll es eine vorborgene Treppe geben, die nach Agharti führt. In Lhasa (Tibet) gibt es eine rote Tür in einem Tempel, hinter der es ebenfalls einen Zugang nach Agharti geben soll. In Turpan, in den Klippen oberhalb von Kurlyk gibt es ebenfalls einige Höhlen, die sehr tief in den Fels eindringen. Wie tief wurde bisher noch nicht erforscht... usw.

Der Glaube an eine unterirdische Welt findet man auch im alten Ägypten, zu deren beudeutendsten Göttern Osiris gehörte, der Herr der Unterwelt. Angeblich soll auch die folgende Passage aus dem berühmten ägyptischen Totenbuch auf das Tunnelsystem hinweisen: Ich bin der Sprössling dessen, was war. Geboren aus den Tunneln der Erde, werde ich zu meiner bestimmten Zeit erscheinen.

Welche Hinweise könnte es nun geben, um derartige Tunnel zu finden, welche nach Agharti bzw. zu einem unterirdischen Tunnelnetzwerk führen könnten. Meiner Meinung nach könnte hierfür hauptsächlich die Höhlen infrage kommen, von denen über Jahrhunderte hinweg berichtet wird, das es zum Beispiel in diesen spuken soll, oder wo es Berichte über Kobolde oder alte Sagen gibt, die mit Höhlen und darin lebenden Menschen zu tun haben. An dieser Stelle möchte ich kurz ein paar Beispiele anbringen. In der Tschechei gibt es einige Kilometer östlich von Ruzomberok einen Ort, den man Tal Demänovska dolina (Tal der Dämonen?) nennt und es auch eine Höhle geben soll. Oder in Deutschland, im Fichtelgebirge/Frinkenwald gibt es die Sage von einer Höhle, die sich nur an einem Tag im Jahr für kurze Zeit öffnen soll, oder die Barbarossa-Sage des Harzes, usw.

Über die Welt Agharti im Inneren und deren Bewohner gibt es leider nur wenig Informationen, wenn man mal vom umstrittenen Tagebuch Admiral Birds absieht. Seit einiger Zeit gibt es auch noch einen Bericht bei onelight.com von einem Colonel der United States Air Force, Billie Faye Woodard der behauptet über 11 Jahre in dieser Welt gelebt zu haben. Man findet auf der Seite [http://onelight.com/colb/part1.htm] sowohl Informationen zu den Tunneln als auch über die Bewohner Aghartis. Was von diesem Bericht zu halten ist, mag ein jeder für sich selbst entscheiden.

DEUTSCHER SPION ENTHÜLLT GEHEIMEN US-HOHLE ERDE PAKT ZUR GLOBALEN KONTROLLE

9. August 2012 Vincimus

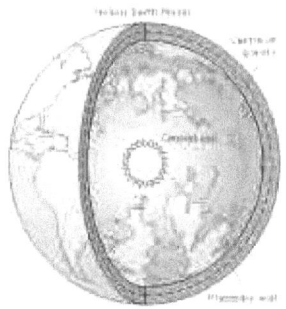

von Sorcha Faal übersetzt von Dream-soldier 8. August 2012

Ein wirklich bizzarer FSB Bericht zirkuliert heute im Kreml über einen SVR-Agenten, der gestern durch den deutschen BND verhaftet wurde wegen Staatsspionage und dieser deutscher Nationalität sei und Russische Offizielle mit »zwingenden Beweisen« versorgt hat, dass die Vereinigten Staaten einem »Geheimpakt« mit »ungenannten Kräften« eingegangen ist, die die innere Regionen der Erde bewohnen, für den Zweck einer Weltregierung.

Westliche Medienquellen berichten über diesen Zwischenfall und teilen mit, dass BND Kräfte einen Mann mit Namen Manfred K., Alter 60, verhaftet haben und sagen, dass er beabsichtigte, diese Informationen, die er erworben hatte, einer »dritten Partei« zu übergeben, unbestätigten Berichten war es tatsächlich der SVR.

Mutmaßlicher Spion in Ramstein festgenommen

Manfreg K. war nach diesen Berichten ziviler Mitarbeiter auf der US – NATO Ramstein Airbase in Deutschlands Staat Rheinland Pfalz, die ein Kommando und Kontroll Drehkreuz für die europäische Raketenabwehr und Hauptquartier der US Luftstreutkräfte in Europa ist und Zugang zu vielen höchst geheimen Dokumenten hat.

Wie es in diesem FSB Bericht heißt, gelangten einige der Kassiber an den SVR durch Manfred K., einschließlich Kartenwerke aus dem deutschen Nazireich in den Jahren von 1930 bis 1940, die detailliert ihre Untergrundbasen auf dem Antarktischen Kontinent zeigten, am schockierendsten eine, die die große Tiefe der hohlen inneren Erde zeigt und das Land, das dort existiert.

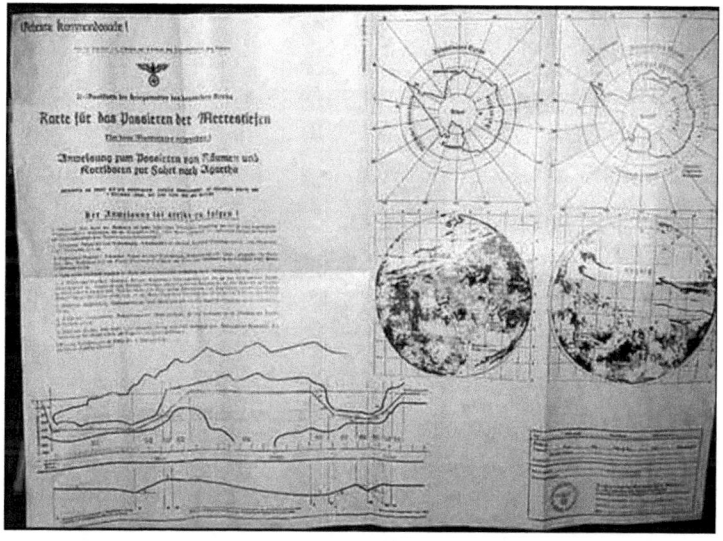

Es ist wichtig, festzuhalten, das die Deutschen seit langem fasziniert waren von der Antarktis, nachdem der bekannte deutsche

Wissenschaftler Johann Carl Friedrich Gauss (1777-1855), einer der historisch einflussreichsten Mathematiker, sagte, dass die Geschichte der Erde, ihre Physik und Geograhie nur erklärt werden kann, dass der Planet hohl und innerhalb bevölkert ist und seine Eingänge am Nord- und am Südpol lokalisiert sind.

Von 1901 – 1903 wurde die erste Forschungsreise der Antarktis durch die Deutschen durchgeführt, die Gauss-Expedition genannt wird, auf der sie für sich selbst ein riesiges Gebiet auf dem südlichen Kontinent unseres Planeten beanspruchten.

Fasziniert durch die Entdeckungen der deutschen Wissenschaftler während der Gauss Expedition, begann der große amerikanische Forscher Admiral Robert Edwin Peary, Sr. (1856-1920) mit einem ähnlichen Auftrag und erreichte im Jahre 1909 als erster Mensch den Nordpol und wurde danach mit der Kaiserlich Deutschen Geographischen Gesellschaft Nachtigall Goldmedaille ausgezeichnet, unter vielen anderen internationalen Auszeichnungen und Ehrungen.

Basierend auf die Erkenntnisse sowohl von der Gauss-Expedition in die Antarktis und Admiral Peary in die Arktis, verfasste der berühmte amerikanische Wissenschaftler Marshall B. Gardner im Jahr 1920 ein Buch mit dem Titel »Eine Reise in das Erdinnere – oder – Sind die Pole wirklich entdeckt worden?« das er dann sowohl der USA -, als auch der deutschen Regierung präsentierte und sie bat, viele Dinge zu erklären, einschließlich:

»Wie erklären Wissenschaftler die Tatsache, dass wenn wir nach Norden gehen, es immer kälter wird bis zu einem bestimmten Punkt und dann wieder wärmer wird? Wie erklären sie den weiteren Fakt, dass die Quelle dieser Wärme nicht irgend ein Einfluss aus dem Süden ist, sondern einer Reihe von Strömungen des warmen Wassers und der warmen Winde aus dem Norden – wo ein Land aus massivem Eis sein sollte? Woher kommen diese Strömungen? Warum kommen sie keinesfalls von der offenen

See? Und warum sollte dort warme offene See an dem Ort sein, wo Experten erwarten, ewiges Eis zu finden? Woher könnte dieses warme Wasser möglicherweise herstammen?«

»Warum sollten Forscher auch unwirtliche Eiskippen im hohen Norden finden, die in weiten Teilen mit roten Pollen von einer unbekannten Pflanze bedeckt sind? Und warum sollten sie Samen von tropischen Pflanzen in diesen Gewässern finden, wenn sie nicht in weiter südlichen Gewässern gefunden werden? Warum sollten Stämme und Äste von Bäumen in diesen Gewässern gefunden werden, manchmal mit frischen Knospen an ihnen, alles von der warmen Strömungen aus dem Norden hergetragen?«

»Warum sollten die nördliche Teile von Grönland der weltweit größte Lebensraum von Mücken sein, ein Insekt, das nur in warmen Ländern gefunden werden kann? Wie könnten sie nach Grönland gekommen sein, wenn sie aus dem Süden kämen? Woher kommen all die Füchse und Hasen, die gesehen wurden, als sie in Richtung Norden auf Grönland zogen? Wohin gehen die Bären? War es möglich, dass große Tiere wie Bären Nahrung auf der Ebene des ewigen Eises finden?«

»Wie erklären Wissenschaftler die Tatsache, dass praktisch jeder kompetente Forscher aus den frühen Tagen bis zu Nansen hinunter zugegeben haben, dass wenn er weit in den hohen Norden ging, seine Theorie seiner Erwartungen falsch waren und seine Methoden, seine Position zu finden, auch nicht funktionierten? Wie erklären Wissenschaftler diese Passage von Nansen, die wir zitiert haben, zeigen, dass er absolut verloren war in der arktischen Region?«

»Wie erklären Wissenschaftler die Migration jener Vögel, die in England und anderen nördlichen Staaten ein Tei des Jahre erscheinen, in den Tropen einen anderen Teil des Jahres, aber vollständig im Winter verschwinden?«

Bis 1938, Deutschland war bereits unter der Kontrolle der Nazis, wurden keine Fragen von Gardner beantwortet, woraufhin Reichskanzler Adolf Hitler eine weitere Expedition in die Antarktis anordnete, die bis 1939 dauerte.

Was in der Antarktis durch die Nazis während der Expedition 1938-1939 entdeckt wurde, bleibt bis zum heutigen Tage unter den höchsten Weltregierungen streng geheim mit vielen Spekulationen, dass ein »Geschäft« am Ende des Krieges in Europa (WW II) zwischen Deutschland und den Vereinigten Staaten gemacht wurde, was den Amerikanern erlaubte, deutsche Technologie zu erhalten (Atombomben, Raketen-Technologie, Düsenjäger-Technologie, etc.) und im Austausch dafür sich höchste Deutsche Führer (einschließlich Adolf Hitler) auf ihre massiven Basen »zurückziehen« durften, die sie auf und unter dem südlichen Kontinent gebaut hatten.

1946 versuchten offenbar westliche Alliierte, geführt von den Vereinigten Staaten, die Antarktis von den Nazis zurückzuerobern durch die sogenannte »Operation Hohsprung«. Obwohl diese Mission angeblich wissenschaftlicher Art war, sagen zahlreiche andere Berichte aus, dass die von Amerikanern geführten Kräfte gezwungen waren, sich zurückzuziehen, nachdem sie 1500

Truppen verloren hatten und massive materielle Verluste beim Militär erlitten hatten.

Zurück in den USA 1947, sprach Admiral Richard E. Byrd (1988-1957), Kommandant von Operation Hochsprung, die Warnung aus, dass »die größte Bedrohung nun vom Südpol kommt, weil sie Luftschiffe beobachtet haben, die mit einer beeindruckenden Geschwindigkeit fliegen konnten.«

Auf die Bedeutung von Admiral Byrds Führung von Operation Hochsprung wurde eingegangen durch den Amerikanischen Wissenschaftler Dr. R.W. Bernard, der 1964 in seinem Buch mit dem Titel »Die hohle Erde – die größte geographische Entdekung in der Geschichte« Byrd anerkannte durch die Entdeckung beider Öffnungen am Nord – und am Südpol in die inneren Bereiche unseres Planeten und in seiner Widmung heißt es:

»Die Zukunft der Forschung der Neuen Welt liegt jenseits des Nord- und Südpols in der hohlen, inneren Erde. Wer wird den historischen Flug von Admiral Byrd über 1700 Meilen jenseits des Nordpols und das seiner Expedition über 2300 Meilen jenseits des Südpols wiederholen, ein neues, unbekanntes Terrain zu betreten, was auf keiner Karte gezeigt wird und eine immende Fläche bedeckt, dessen gesamter Umfang größer als Nord-Amerika ist, bestehend aus Wäldern, Bergen, Seen, Vegetation und Tierwelt.

Der Flieger, der der erste sein wird, dieses neue Gebiet zu erreichen, unbekannt bis Admiral Byrds erste Entdeckung, wird in die Geschichte eingehen als der neue Kolumbus, größer als Kolumbus, denn Kolumbus entdeckte einen neuen Kontinent, er wird eine neue Welt entdecken.«

Sollte dieser FSB Bericht wahr sein und die USA einem Pakt mit denjenigen eingegangen sein, die in unserer inneren Erde wohnen, gibt es den Hinweis, dass das älteste Symbol, was mit diesen inneren Erdbewohnern verknüpft wird, das älteste der Erde ist, zurückdatiert bis zu dem Beginn der Zeit von der alten Indus-Kultur, jedoch besser bekannt in seiner letzten Inkarnation als das gehasste und gefürchtete Symbol der Nazi Deutschen, die Swastika.

http://www.whatdoesitmean.com/index1606.htm

Quelle Text:
http://bm-ersatz.jimdo.com/startseite/neues-wissen/sorcha-faal/

ZUSAMMENFASSUNG UND ANALYSE DES WHISTLEBLOWER WILLIAM TOPKINS VON JUSTIN DSCHAMPS

Zusammenstellung und Übersetzung durch Taygeta

Einführung und Übersicht

William Tompkins ist ein 94-jähriger Whistleblower und ehemaliger Insider, der unter anderem behauptet, an der Entwicklung der Antigravitations-Raumschiffe im frühen amerikanischen Geheimen Raumfahrtprogramm (SSP) teilgenommen zu haben. Viele seiner Aussagen beglaubigen Corey Goode und andere Insider, die an die Öffentlichkeit getreten sind und die Existenz von fortgeschrittenen Luft-und Raumfahrt-Projekten enthüllten, die im Geheimen im Laufe des 20. Jahrhunderts entwickelt wurden.

Corey Goode und David Wilcock geben einen Überblick über die Zeugnisse von Tompkins und diskutieren sodann den Zusammenhang mit anderen Informationen, die in dieser Staffel der Kosmischen Offenlegungen gebracht wurden.

Tompkins Geschichte begann als außerordentlich begabter Junge mit einer Leidenschaft für Konstruktionszeichnungen und Modellbau. Als Kind zeigte er eine scharfe räumliche Intelligenz, die es ihm erlaubte, unglaublich präzise Modelle zu bauen, nur aufgrund von dem, was er sah. Er interessierte sich für Marineschiffe der unterschiedlichsten Typen (Schlachtschiffe, Kreuzer und Flugzeugträger), die er mit höchster Präzision zu skizzieren und modellieren vermochte.

Nach der Herstellung von mehreren unglaublich genauen Modellen von damals geheimem militärischen Ausrüstungen, wie etwa von Radartürmen, die während des Zweiten Weltkrieges auf Flugzeugträgern montiert waren, nahm die Marine Tompkins Vater fest, um ihn zu befragen. Die Marine hatte den Verdacht, dass er möglicherweise ein Spion sei, denn sie waren verwirrt, dass der junge Tompkins in der Lage war, seine Arbeiten mit einer derart großen Präzision durchzuführen, oft sogar Faksimilien herstellend, die aufgrund ihrer Genauigkeit geheim gehalten werden sollten.

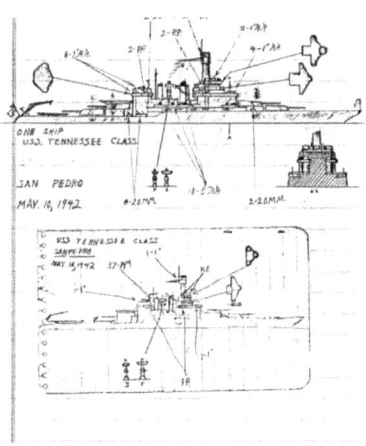

Tompkins beschreibt, wie er als junger Mann (während Navy-Besuchstagen) auf dem Flugdeck einiger dieser Schiffe entlang hinauf und hinunter ging und den Schatten auf dem Boden beobachtete (und insgeheim ausmaß), als er vorbeiging. Mit seiner hervorragenden räumlichen Vorstellungskraft konnte er sich so das schattenwerfende Objekt vorstellen, in einigen Fällen hochgeheime Radargeräte. Er ging nach Hause und skizzierte das, was er gesehen hatte, anscheinend genau genug, um die Aufmerksamkeit der Regierung auf sich zu lenken.

Nach der Auswertung der Gespräche mit Tompkins und seinem Vater rekrutierte man das junge Genie für das Militär, und dort versetzte man ihn schnell in geheime Regierungsprojekte. Offenkundig als eine Kapazität arbeitete er bei der Luftfahrt-Firma Douglas Aircraft und nahm heimlich an Projekten zur Rückwärtskonstruktion von abgestürzten UFOs teil.

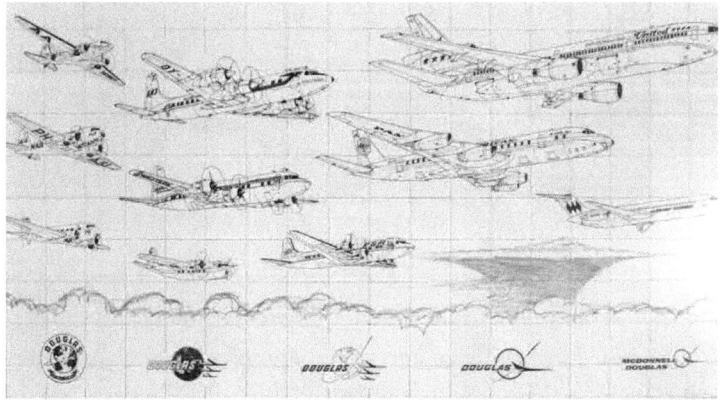

Während des Krieges erbeuteten die US-Truppen mehrere hochentwickelte NS-Einrichtungen und Anlagen, die sie auseinander nahmen, um zu entdecken und zu verstehen, wie sie arbeiteten. Tompkins war offenbar ein wichtiger Faktor in diesem Prozess. Die obersten Ränge im Militär glaubten zu jenem Zeitpunkt nicht, dass die Berichte über fortgeschrittene Nazi-Fluggeräte glaubwürdig waren. Immerhin aber wurde ein spezielles Projekt für die Entwicklung von Trägern von Raumfahrzeugen in Gang gesetzt.

Dabei war Tompkins mit seinen Fähigkeiten massgeblich beteiligt. Er fuhr fort Schiffe zu entwerfen, die später in riesigen unterirdischen Werften gebaut wurden. So wurden in den späten 1970er Jahren die ersten Raumschiffe für Solar-Warden produziert.

Tompkins erfuhr während seiner Arbeitszeit an geheimen Projekten, dass die Deutschen vor und während des Krieges bedeutende Fortschritte in der Luft-und Raumfahrttechnik gemacht hatten. Offenbar taten sie dies mit Hilfe von mehreren nicht-irdischen Gruppen, den ‚Nordischen' und den Reptiloiden. Die Untertassen-förmigen Fluggeräte hatten eine Grösse von 20 bis 150 Metern, einige waren aus CroMoly-Stahl gebaut und wogen Tonnen über Tonnen. Die Geräte wurden mit Anti-Schwerkraft-Technologie angetrieben, den die Deutschen zunächst durch ihre frühe Zusammenarbeit mit Viktor Schauberger und Winfried Otto Schumann [siehe »Schumann-Frequenz«] entwickelten, später unterstützt durch ihre Allianz mit den Reptiloiden, sagt Tompkins.

Bei der Vereinbarung der Deutschen mit den Reptiloiden stellte sich heraus, dass es auch um die Entwicklung und den Bau einer Weltraumflotte ging, die in der Lage sein sollte, in der ganzen Galaxis zu operieren und die den außerirdischen Verbündeten zur Eroberungen von Planeten und zur Versklavung der jeweiligen Bevölkerung verhelfen sollte. Goode und Wilcock spekulieren, dass die von Tompkins erwähnte Repto-Gruppe, die den Deutschen geholfen hatten und später zum Aufbau der ‚dunklen Flotte' führte, die Gruppe der Drakos sein könnte. Doch ist diese Vermutung derzeit noch nicht bestätigt. Darüber hinaus produzierten die Deutschen während des Dritten Reiches mit dieser Allianz fantastische Waffen und defensiven Fähigkeiten. Die Deutschen waren in der Lage, viele dieser Weiterentwicklungen im Geheimen durchzuführen, in unterirdischen Anlagen und unter Einsatz von Sklavenarbeit unter repressiven Bedingungen.

Tompkins behauptet, dass vor und während des Zweiten Weltkriegs Deutschland die einzige große Nation war, die über die Präsenz von Außerirdischen im Detail Bescheid wusste. Neben der Entwicklung von fortgeschrittener Infrastruktur und Technologie in Luft- und Raumfahrt, trieben die Deutschen auch genetische und Biotech-Forschung voran. Die Frucht davon war eine geklonte Armee, von der Tompkins sagte, dass sie noch während des Krieges aktiv war, mit Soldaten, die in der Lage waren, große ‚Heldentaten' im Kampf mit den Russen zu vollbringen.

Die Deutschen beschäftigten sich auch mit der Entwicklung einer Lebensverlängerungs-Technologie mit dem Ziel, die Biologie einer Person so zu verbessern, dass der IQ erhöht wurde, Altersregression möglich war, und das Leben auf bis zu 2.000 Jahre verlängert werden konnte, allein durch eine Serie von Injektionen oder die Einnahme von Kapseln über einen Zeitraum von sechs Monaten.

Diese Programme könnten inspiriert worden sein durch ihre nordischen Verbündeten, die eine Lebensspanne zwischen 1.400 und 2.200 Jahren aufweisen, in ihrem Aussehen aber genau wie wir sind. Diese Nazi-Programme, wie auch andere Projekte, wurden nach dem Krieg in die USA gebracht und brachten die entsprechenden amerikanischen Bemühungen schnell voran. Seitdem bemühen sich große Biotech-Unternehmen das Projekt weiterzuführen, und diese Technik wird nach Tompkins in zwei Jahren für wenige Auserwählte verfügbar sein.

Tompkins fügt hinzu, dass ein Grossteil der sogenannten Fortschritte in den letzten 100 Jahren, in der Luft-und Raumfahrttechnik, der Energieerzeugung und so weiter, absichtlich mit Fehlern und Ungenauigkeiten angereichert wurden, um die Massen zu benebeln.

Tompkins meint, dass ein Teil dieser Verwirrung, die innerhalb der menschlichen Bevölkerung wuchert, die Folge sei von »Zeugs«, das von Reptiloiden in den menschlichen Geist gepflanzt wurde – vermutlich irgendeine Art von genetischer oder sonstiger physiologischer Krankheit, die das menschliche Potential reduziert. Diese Manipulation bezeichnet er als »Mind Control«, und in gewissen Kreisen sei es bekannt, dass dies seit Jahrtausenden geschehen sei. Einige der erfolgreichsten Zivilisationen, von denen wir wissen, wie etwa die Römer, waren ebenfalls von diesen Mind-Control-Manipulationen betroffen.

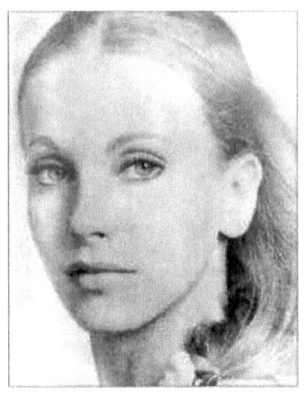

Maria Orsic, das Medium der Vril-Gesellschaft, benutzte ihre Psi-Fähigkeiten, um in den 1920er- und 30er-Jahren jenseitige Intelligenzen zu kontaktieren. Corey Goode beschreibt sie als eine schöne Frau, aber menschlichen Ursprungs. Im Unterschied dazu behauptet Tompkins, dass Orsic zur Grupp der ‚Nordischen' gehörte, die mit den Deutschen in Kontakt waren. Er fährt fort indem er sagt, dass sie und ihre acht Kollegen (Kolleginnen) eigene Antigravitations-Raumfahrzeuge entwickelten, die die Deutschen schließlich entdeckten, beschlagnahmten, und deren eigenständige Aktivitäten stoppten. Offenbar schafften es zwei dieser von Orsic entworfenen Schiffe in die Area 51. Die deutsche SS versuchte, Orsic zu vereinnahmen, aber Hitler erlaubte es ihnen später, ein weitgehend unabhängiges Programm zu haben. Orsic wollte nicht, dass ihre Fortschritte von den zu jenem Zeitpunkt sehr ruchlosen Deutschen verwendet werden, was darauf hindeutet, dass sie und ihr Team wohlwollender Natur gewesen sein könnten. Tompkins sagt, dass sie schließlich mit Hilfe der deutschen reptilischen Verbündeten in die Antarktis entkamen.

Die Reptiloiden hatten bereits die besten Lagen in der Antarktis für subglaziale Einrichtungen besetzt und offerierten den Deutschen einige der kleineren Regionen. Die kleineren Höhlen hatten noch eine enorme Grösse, nach Tompkins so groß wie ein US-Bundesstaat.

Im Rahmen der Operation High Jump machte sich Admiral Byrd mit einer Invasions-Flotte zur Deutschen Enklave auf und stiess auf sehr starken Widerstand. Tompkins sagt, dass die Deutschen Hilfe bekamen von ihren reptilischen Verbündeten. Mit Hilfe der hochentwickelten Raumschiffe und Waffen vermochten sie die angreifenden Amerikaner abzuwehren. Die gleichen Verbündeten halfen den Deutschen nach dem Krieg, ihr Raum-Programm ins Sonnensystem und darüber hinaus auszuweiten.

Analyse (von Justin Deschamps)

Tompkins Zeugnis hat zahlreiche undnstarke Übereinstimmungen mit den Berichten von Goode.

Beide Informanten diskutieren die frühen deutschen SSPs (Geheimen Weltraumprogramme), die mit Unterstützung durch nicht-irdische Allianzen, und den auf medialem Weg gewonnenen Erkenntnissen etwa von Maria Orsic entwickelt wurden. Und Goode deutet an, dass einige der Informationen, die er während der Zeit, als er in das Programm eingebunden war, den Smart Glas Pads entnehmen konnte, von der Arbeit von Tompkins und seinen Mitarbeitern kommen konnte. Tompkins entwarf auch die Solar-Warden Raumflotte, in der Goode später während seiner Dienstzeit stationiert war.

Ein weiterer interessanter Punkt ist die Entwicklung von Klonen und Lebensverlängerungs-Technologien, ähnlich wie die Alters- Regressionsmethode, die als ‚Zwanzig-Jahre-Zurück-Programm' auf Goode angewendet wurde, nachdem er seine Dienstzeit beendet hatte. Goode wurde in eine Kammer gebracht und bekam Spritzen, die das Alter seines Körpers irgendwie in jenen Zustand zurückbrachten, als er 17 Jahre alt war. Tompkins erwähnt, dass die Deutschen an ähnlichen Technologien arbeiteten, die bis zu einem gewissen Grad erfolgreich waren, machte aber keine Angaben darüber, wie weit fortgeschritten dieses Programm war.

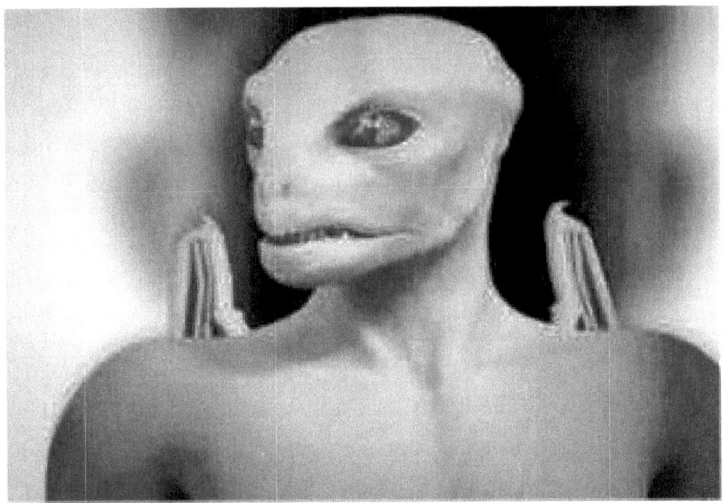

Es gibt aber einen Verweis auf die Manipulation der Menschheit durch die Reptiloiden, die unsere Fähigkeit einschränkten, und zwar schon in sehr frühen Zeiten. Diese Aussage enthält einige interessante Punkte.

Erstens hätten die Reptiloiden die Manipulation des Menschen vollziehen können, indem sie bei der Geburt eines Menschen Entität-Anhängen eingepflanzt hätten. Um solche Implantationen vornehmen zu können, müsste man jeden einzelnen Menschen einer besonderen Behandlung unterziehen, möglicherweise über eine Entführung oder mit nicht-physischen Mitteln. In einer früheren Staffel von Cosmic Disclosure wies Goode darauf hin, dass in den SSP Plasma-Wesen und Entität-Anhänge verwendet werden, um Gedankenkontrolle und Gedächtnisauslöschung zu erreichen. Auch andere Quellen beziehen sich auch auf die Verwendung dieser ätherischen Anhänge, um eine Wirt-Persönlichkeit zu kontrollieren.

Es gibt eine wissenschaftliche Grundlage zur Bestätigung dieser parasitären Beziehung mit körperlosen Entitäten.

Der menschliche Körper besitzt, wie alle Lebewesen, eine physische und eine ätherische Komponente – auch wenn die moderne Wissenschaft nur die erstere anerkennt. Ein lebender biologischer Organismus erzeugt ein elektromagnetisches Feld um den Körper (eine Aura), der beobachtet und mit speziellen Methoden wie der Kirlian-Fotographie gemessen werden kann. Diese Felder regeln den Fluss der Lebensenergie, die manchmal auch als Chi, Qi, Prana oder Orgon bezeichnet wird. Das Bewusstsein eines Individuums bestimmt zusammen mit der Vitalität des Körpers, ob das was die Felder erzeugen effizient oder verschwenderisch ist.

Intensive emotionale Unruhen verursachen, entweder im positiven oder negativen Sinn, einen Überlauf der Lebensenergie im aurischen Feld, was eine Nahrungsquelle für die ätherischen Entitäten bereitstellt, wie das von vielen Forschern beschrieben wurde. Diese überschüssige Lebensenergie wird auch als »Angst-Nahrung« oder in bestimmter Kreisen als Looshe bezeichnet. Oft werden durch ,Handler' (,Betreuer', Befehlsübermittler, Kontrolleure) oder durch die Entitäten selbst Traumata und oder suchtmachende psychologische Programme installiert, um sicherzustellen, dass die Opfer ein nahezu grenzenloses Angebot an überschüssiger Lebensenergie produzieren. Dieser Überschuss wird von den Entität-Anhängen als Nahrung konsumiert und erleichtert gleichzeitig die Manipulation des Bewusstseins des Wirts.

Obwohl aus Tompkins Aussagen nicht klar wurde, ob die Reptiloiden die Entität-Anhänge zur Gedankenkontrolle in dieser Weise verwenden, wurde von anderen Forschern doch mit einem hohen Mass an Sicherheit nachgewiesen, dass Entität-Anhänge real sind und eine unmittelbare Gefahr für die menschliche Bevölkerung darstellen. Eine Möglichkeit, um die Produktion von »Angst-Nahrung« zu begrenzen und die überschüssige Lebensenergie zum Individuum zurückzulenken, besteht in der Entwicklung und Anwendung von Techniken zur Selbstbeherrschung. Dies kann dann auch benutzt werden, um die individuelle Bewusstseinsevolution zu fördern.

Als zweites wurde die Möglichkeit erwähnt, dass die Reptiloiden irgendwann in der Vergangenheit das menschliche Genom verändert hätten und damit den menschlichen Organismus in seinem Potential beeinträchtigten, so dass sie nicht genügend Erfahrungen sammeln und zur vollständigen Reife gelangen konnten. Wenn die ‚Nordischen' in der Lage sind, 2000 Jahre zu leben und einen ähnlichen Aufbau wie die menschliche Wesen haben, dann erkannten die Deutschen wohl, dass die Humanbiologie so verbessert werden könnte, dass lebensverlängernde Effekte resultieren. Und in diesem Zusammenhang könnten sie Möglichkeiten zur Genmanipulation entdeckt haben.

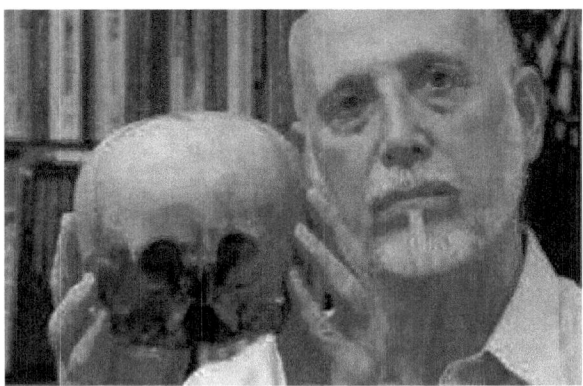

Lloyd Pye war ein Forscher, der sich vor allem mit dem Starchild-Schädel befasste, der in den 1930er Jahren gefunden wurde, daneben sich aber auch in Studien zum menschlichen Ursprung vertieft hatte. Während einer im Jahr 2011 durchgeführten Präsentation enthüllte er eine erstaunliche Menge an Beweisen dafür, dass das menschliche Genom in der Tat zu einem bestimmten Zeitpunkt in der Vergangenheit der Menschheit manipuliert worden war. Er bezog sich auch auf einen Brief, den er von einem Genetiker erhalten hatte, der seinen Namen nicht preiszugeben bereit war. In dem Brief stand, dass es ein im Feld der Biotechnologie bekanntes Geheimnis sei, dass die menschliche DNA deutliche Anzeichen von Manipulation aufweise. Als Beweis dafür wurde das zweite Chromosom genannt. Pye erwähnte auch eine weithin bekannte Tatsache in der Medizin, dass das menschliche Genom in einen viel größeren Anteil mit genetischen Defekten gespickt ist als der Rest des Tierreichs. Dies und weitere der im Artikel zu Lloyd Pye aufgeführten Punkte unterstützen die Idee, dass in der Vergangenheit der gegenwärtige Bestand an menschlichen Genen verändert wurde.

Die Deutschen, und später weitere Biotech-Unternehmen, könnten eine Möglichkeit entdeckt haben, wie das menschliche Genom in seiner ursprünglichen Form wiederhergestellt werden kann, indem das rückgängig gemacht wird, was auch immer getan wurde, um uns in unseren Aktionen und unserer Entwicklung zu limitieren.

Die von Tompkins erwähnten menschenähnlichen Nordischen könnten auch zu den Innere-Erde-Völkern gehören, die Goode während seiner unterirdischen Abenteuer in den letzten Jahren getroffen hatte. Womöglich gibt es eine breite Palette von abtrünnigen Menschheits-Gruppen, die die Erde vor langer Zeit verlassen haben und aus einem noch nicht enthüllten Grund zurückkamen. Eine dieser Gruppen könnten die Nordischen sein, die mit dem frühen deutschen SSP in Verbindung gebracht werden. Oder diese Wesen könnten zu einer der sieben abtrünnigen

Innere-Erde-Zivilisationen gehören, auf die Goode letztes Jahr gestossen ist.

Die von Tompkins erwähnten Reptiloiden wurden nicht unmittelbar mit den Drakos in Verbindung gebracht, die von Goode in seinen Zeugenaussagen und auch von anderen Insidern genannt wurden. Aber angesichts der Tatsache, dass diese Reptiloiden mit den Deutschen zusammen arbeiteten und ihnen Hilfen anboten in der gleichen Art, wie das die Drakos aus den Berichten von Goode taten, lässt den Schluss zu, dass es sich bei den beiden umein und dieselbe Gruppe handelt.

Ausschnitte aus den Gesprächen mit Illustrationen.

(Aus der Niederschrift von Andrew K.)

WT = William Tompkins, DW = David Wilcock, CG = Corey Goode.

WT – Aus irgendeinem Grund war ich von Kind auf interessiert an Schiffen und begann mit 9 Jahren mit dem Bau von Modellen von Kriegsschiffen. Ich ging in die Bibliothek, um mehr Unterlagen zu bekommen und hörte Sendungen im Radio über verschiedene Marine-Schiffe. Wir wohnten damals in Hollywood. In Long Beach bei Los Angeles wurde ein neuer Hafen für die Pazifikflotte gebaut und mein Vater, mein Bruder und ich gingen oft dorthin. Für mich war es wunderbar, was ich dort alles beobachten konnte. Man durfte nicht fotografieren, aber ich skizzierte alle die Dinge, die ich sah. An Wochenenden durften die Leute an Bord gehen und auf den Schiffen herumgehen. Speziell faszinierten mich die Flugzeugträger. Ich besuchte die Schiffe, schaute alles sehr genau an, merkte mir die Grösse und Form von allem und fertigte dann Skizzen davon an, auch von jenen Dingen, die geheim waren wie der Radar oder die Katapultsysteme. Wir waren fast jedes Wochenende im Hafen zu sehen und schauten uns die Schiffe der Marine, die dort im Hafen von Long Beach geparkt waren, sehr genau an.

WT – Dann baute ich die jeweiligen Teile und setzte sie in das Modell der Schiffe ein. So ergab sich eine Kollektion von etwa 40 Schiffen. Einige Leute erfuhren davon, auch Zeitungen, und sie brachten Artikel über ‚die Navy des Jungen'. Ein Geschäft wünschte, das sie die Modelle ausstellen konnten, ich bekam einen Tisch und konnte zeigen, wie ich die Modelle baute. Auch Leute von der Navy kamen und waren verblüfft von der Genauigkeit der Modelle. Einer von ihnen informierte den Geheimdienst.

WT – Der Marine-Geheimdienst ging ins Büro meines Vaters, nahm ihn dort fest und befragte ihn während 2 ½ Tagen, bis sie herausfanden, dass er kein russischer Spion war. Dann kamen sie zu uns nach Hause und durchsuchten mein Zimmer, das ich mit meinem Bruder teilte. Sie studierten alles genau. Sie kamen mehrmals und überprüften jedes Detail. Ich hatte hunderte von Skizzen, Konstruktionszeichnungen und bestimmte Arten von Perspektivzeichnungen. Dann liessen sich mich vom Haken.

WT – Wegen der Arbeit meines Vaters zogen wir nach Long Beach, und so war ich ganz nahe beim Geschehen im Hafen. Ich kam in die High School und besuchte dort auch die Zeichnungskurse. Ich war aber in all diesen Dingen der Klasse weit voraus. Die High School schloss ich in Hollywood ab.

WT – Dann kam erneut der Navy-Geheimdienst, und sie stellten irgendein Programm für mich zusammen, von dem ich nicht wusste, was es war. Ich musste aber nicht in ein Ausbildungslager, sondern sie sandten mich zu Vultee Aircraft, der späteren North American Space Systems, in der Region von Los Angeles. Dort musste ich mich um extraterrestrische Kommunikationssysteme kümmern, sie zum Laufen bringen und sie kopieren. Anschliessend kam ich zu Lockheed.

WT – Dann erfuhr ich, dass bei Douglas in Santa Monica etwas los war und ich wechselte dorthin als Konstruktionszeichner. Die Douglas Aircraft Company übernahm alle meine Modelle und benutzte sie für Reklamezwecke. Ich arbeitete dort während zwei Wochen, mein Abteilungsleiter begann meinen Hintergrund zu untersuchen und er erfuhr alles über meine Vergangenheit. Dann brachten sie mich in einen Think Tank (Denkfabrik, Ideenschmiede) in einem abgeschlossenen Bereich innerhalb von Douglas, in welchem etwa 200 Leute arbeiteten.

WT – So landete ich also in meinem ersten Think Tank. Wie später bei TRW untersuchten wir jeden Aspekt der Außerirdischen, militärisch, kommerziell, usw. Ich wurde beauftragt, für die Navy 16 – 18 verschiedene Klassen von (Raum-)Kampfschiffen zu entwerfen, die größeren waren 1 bis 6 km lang. Die fliegen jetzt im Weltraum herum. Ihr habt die Bilder der US Navy Raumschiffe von Solar Warden gesehen. So entstand Solar Warden aus einem Think Tank der Ingenieurabteilung bei Douglas. Und eine ganze Menge anderer Dinge kamen da heraus. Wir entwarfen Gebäude, Fluggeräte und Raumschiffe für das geheime Weltraumprogramm.

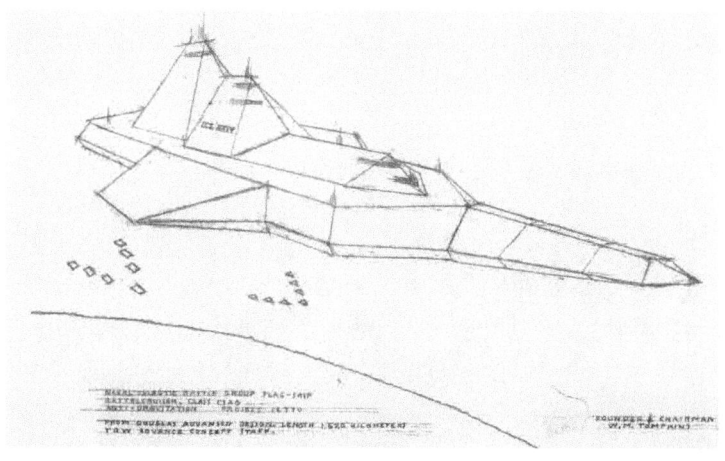

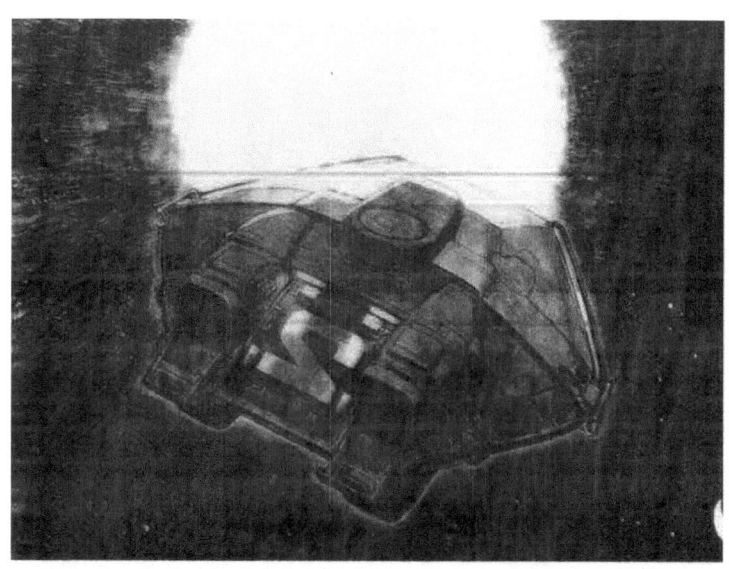

355

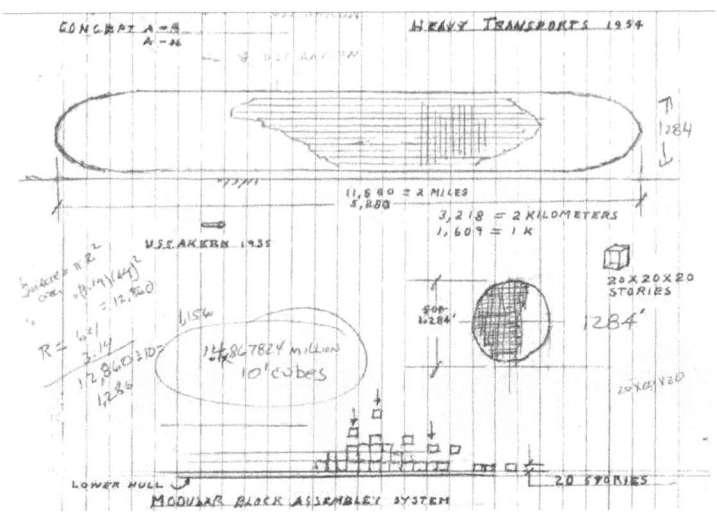

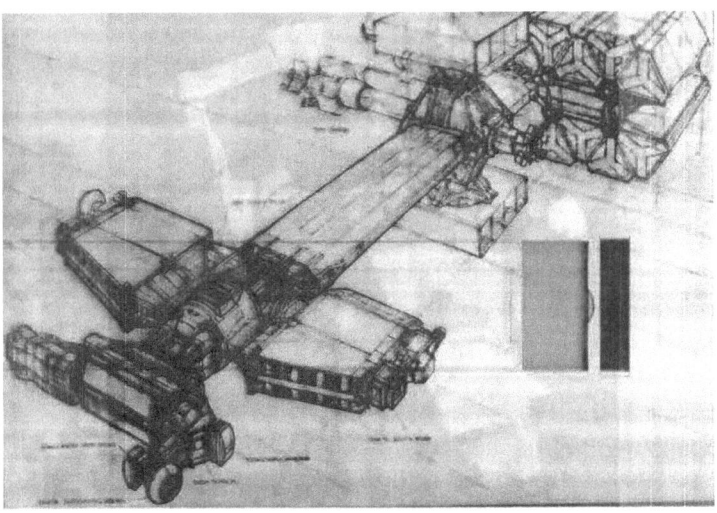

WT – Es ist 1942, es ist Krieg. Rico Botta sandte seine Geheimdienstleute nach Deutschland, und sie klopften alles ab. Sie waren total verblüfft von dem, was sie gefunden hatten. Sie hatten festgestellt, dass Hitler und die SS eine Vereinbarung mit reptiloiden Außerirdischen getroffen hatten.

Rico Botta, Rear Admiral, USN

Sie fanden, dass hunderte von verschiedenen Typen von hochentwickelten Waffen entworfen und gebaut wurden, auch Laserwaffen und runde UFOs mit Durchmessern von 18, 75 und 150
Metern, mit verschiedenen Antriebssystemen, auch unter anderem mit elektromagnetischem Anti-Gravitations-Antrieb.

WT – In ihren massiven, unterirdischen Produktionsstätten wurde alle erdenklichen Kriegsgeräte entwickelt und produziert, darunter Panzer und Kriegsschiffe. Es gingen 11 von diesen UFO-
artigen Geräten in Produktion.

WT – Unsere Geheimagenten versuchten uns das alles zu erklären, doch der Admiral bremste sie und sagte, dass er ihnen nicht
glaube würde. Doch die Agenten kamen immer wieder damit,

und ihr Hauptmann erzählte dasselbe. Nebst dem Admiral und einem oder zwei Hauptleuten war ich der einzige, der bei diesen Informations-Übergaben dabei war, nicht einmal der Sekretär des Admirals hatte die nötige Sicherheitsfreigabe dafür.

WT – Ich arbeitete also für Admiral Rico Botta, und wir besprachen meine Mission – nicht meinen Job, sondern meine Mission. Dies ist bestätigt durch den damaligen Sekretär der Navy, Forrestal, der später die Nummer Eins im Militär wurde (Verteidigungsminister). Forrestal sprach, wie einige andere Leute auch, mit diversen anderen Personen über diese Dinge. Also gab man an, dass er einen Nerven-Zusammenbruch hatte, hospitalisierte ihn in Washington und stiess ihn dort aus dem Fenster. So ging man damals mit diesen Informationen in den USA um.

WT – Als man langsam begann die Realität von dem, was die Deutschen taten, zu erfassen, war der Krieg schon fast zu Ende. Man fürchtete, dass sie den ganzen Planeten erobern würden, und dass sie das in 5 Minuten tun könnten. Sie hatten ein ganzes Bataillon von geklonten Soldaten ausgebildet, die dann in Russland ein unglaubliches Töten veranstalteten. Es ging also nicht nur um das materielle Kriegsgerät, sondern auch um die biologisch-medizinischen Entwicklungen. Der Umfang von dem, was da stattfand schien allen, die davon erfuhren, schlicht unglaubhaft.

WT – Die SS fand also heraus, dass es möglich war, das Leben zu verlängern, und sie führten entsprechende, umfangreiche Programme durch. Und das war ein anderes happiges Stück, das auf dem Tisch von Admiral Botta landete. Später führten wir im TRW ähnliche Studien über ,fortgeschrittene' Lebenssysteme durch, etwa zur Verlängerung der Lebensdauer, doch gibt es dieses Programm jetzt nicht mehr. Es funktioniert so – und ich war da selbst involviert – dass man im Wesentlichen vier Aspirin während 6 Monaten nimmt. Oder man bekommt vier Spritzen, und man ändert sich unmittelbar. Alles wird schöner. Das Mädchen wird dann wieder 21 und der Kerl 29. Es dauert nun aber eine Weile, bis sie das tun.

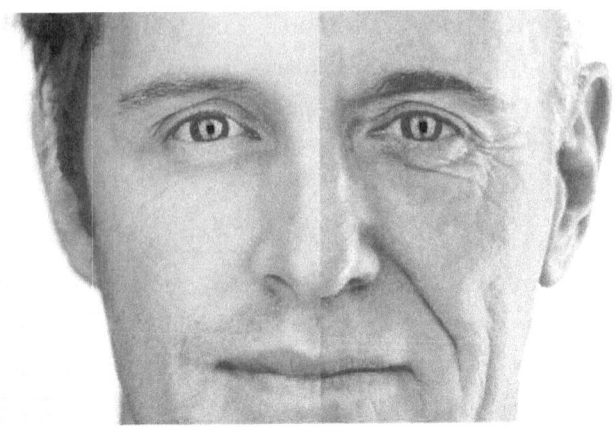

WT – Du kannst dann im Wesentlichen für ein paar tausend Jahre so bleiben. Im Moment brauchen wir kollektiv nur 2.2% unseres Hirns – es ist mir gleich, wie andere Leute das sehen – aber nachher kriegst du mindestens 400% von dem, was du vorher hattest. Das erlaubt dir dann auch deinen Beitrag zu leisten. Jetzt gehst du in eine Firma und sie geben dir allenfalls 20 Jahre oder zwei/drei Jahre mehr, und dann bist du weg vom Fenster, und du hast nicht sehr viel gebracht. Jetzt dann aber lebst du 2000 Jahre und kannst 2000 Jahre deinen Beitrag leisten und 2000 Jahre Spaß haben, denn du veränderst dein Alter nicht.

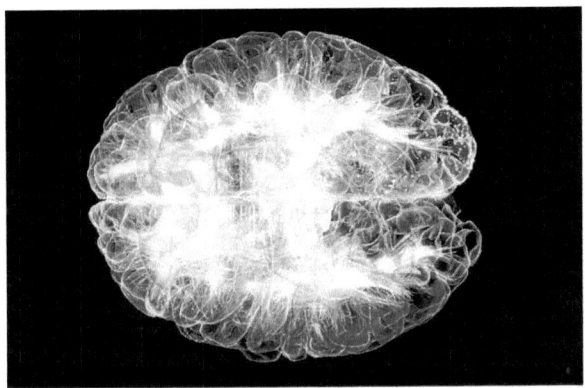

WT – Fünf der Top-Forschungsstätten der Medizin, wie etwa Sripps in San Diego, und hunderte von Firmen sind in diese Sache involviert. Es gibt wirklich eine Menge da draußen, das von unserem Leben weggenommen wurde. Wir sind nun in der Situation, dass alles, was uns gelehrt wurde – ob an der Universität oder in der Medizin oder im Bereich der Technik, ja sogar in der Mathematik – nicht korrekt ist. Weil wir den Reptiloiden erlaubt haben, diese Dinge in unser Gehirn zu pflanzen, verhindert das, dass wir unsere Kapazitäten ausnutzen, und auch unsere gesamte Geschichte erfahren. Wir wissen, dass wir über Jahrtausende zurück kontrolliert wurden, und jetzt müssen wir das herausbekommen und wieder in Ordnung bringen.

David Wilcock und Corey Goode diskutieren die Aussagen von Tompkins und zeigen, dass sie die Aussagen von Goode weitgehend bestätigen:

DW – Wir haben nun eine unglaubliche Menge an Informationen bekommen. Und es gibt sehr viele Bestätigungen für das, was wir schon von Corey Goode erfahren haben.

Es ging jetzt um die Jahre 1942 bis 1946 und die 29 Spione, die in Deutschland tätig waren, mit denen 1200 Nachbesprechungen durchgeführt wurden, und die über die Geheimen Weltraumprogramme der Deutschen aus erster Hand berichtet hatten. Wie geht es dir dabei, Corey, wenn da jemand hervortritt und solche Schlüsselteile von deinen eigenen Zeugnissen bestätigt?

CG – Nun, das ist sehr erfreulich für mich, besonders wenn man weiß, dass er – wie mir gesagt wurde – keine Ahnung hat, wer ich bin, und noch nichts von meiner Geschichte übernehmen konnte. Dies lässt mich glauben, dass von den Daten, mit denen diese Smart Glas Pads gefüttert wurden, aus seinem Programm stammen. Ich las also wahrscheinlich die Ergebnisse seiner Briefings.

DW – Er sagte, dass sogar der Adjutant von Admiral Rico Bottas keinen Zugang zu diesen Informationen hatte, was ein wenig seltsam klingen mag. Glaubst du auf Grund deiner Erfahrung, dass es weitere solche Beispiele gibt?

Tompkins Mission Order as Disseminator of Naval Aircraft Research & Design
Source: William Tompkins, Selected by Extraterrestrials, p. 314

CG – Ja, ich sah, dass das die ganze Zeit über geschah. Man war in einem Briefing (Einsatzbesprechung, Unterrichtungs- /Instruktionsgespräch) mit einer Vorbesprechung, und dann mussten 5 oder 10 Personen aufstehen und den Raum verlassen, weil sie für den Rest der Informationen keine Sicherheitsfreigabe hatten. So etwas habe ich oft gesehen.

DW – Er sagte auch, dass Admiral Rico Botta die Berichte als unglaubwürdig abtat, weil sie einfach zu fantastisch klangen. Und er sagte, dass die Deutschen das einzige Volk, das einzige Land in jener Zeit war, das über Außerirdischen Bescheid wusste. Hast du das auch so erfahren, dass dieser Wow-Faktor eine ziemlich konstante Sache war, dass Leute es schwer verarbeiten konnten, wenn sie zum ersten Mal diesen Informationen begegneten?

CG – Oh ja, absolut. Ich in meinem Fall, als ich davon sprach, dass ich nach meinen 20 Jahren Dienst im Raumfahrtprogramm eine 20Jahre-Altersregression durchlief, erfuhr ich die genau gleiche Reaktion.

Die Nordischen:

DW – In seinem Buch berichtet Tompkins noch genauer über intensive Begegnungen mit jenen, die er als die Nordischen bezeichnete. War das nicht sehr interessant für dich, dass er diesen speziellen Aspekt der Dinge erwähnte?

CG – Ja, die Deutschen waren in Kontakt und arbeiten hart zusammen mit den Reptiloiden. Und daneben gab es auch die Gruppe der Nordischen, mit denen sie bei verschiedenen Teilen des Deutschen Raumfahrtprogramms ebenfalls in Kontakt waren.

Die Reptiloiden halfen den Deuschen:

DW – Nun, er erwähnt, dass die Deutschen Hilfe bekamen von den Reptiloiden – er nennt sie so (,reptilians'), er hat den Begriff Drako (,draco') nicht verwendet. Die Deutschen bauten mit den Reptiloiden eine Raum-Marine auf. Das Ziel der Reptos war nicht nur, die Erde zu beherrschen, sondern auch das Material und das Personal von Nazi-Deutschland zu verwenden, um eine interplanetare, interstellare Eroberungsarmee zu schaffen. Wie war dein Gefühl, als du das gehört hast?

CG – War ich ein wenig schockiert, weil ich wusste, dass er nichts über meine Berichte weiß, denn ich habe bereits vor einiger Zeit schon über die Entstehung von dem, was wir die Dunkle Flotte nennen, gesprochen und genau so ist es. Sie arbeiten vor allem ausserhalb des Sonnensystems, arbeiten neben den Reptiloiden um Territorien zu verteidigen und neue Territorien zu erobern. Das war ihr Mandat.

DW – Es ist für mich persönlich schwer zu verstehen, warum Menschen auf der Erde wünschen, sie würden andere Welten zu erobern, wenn sie herausfinden würden, dass jene Welten vor ein paar Jahren existierten. Glaubst du, dass das nur etwas ist, was ihnen die Drakos erzählten, als Teil des Deals? Wollten sie einfach zur Technologie kommen?

CG – Das war ein Teil der Übereinkunft.

DW – Wieso denn sollten die Deutschen sich um andere Planeten kümmern? Sie wussten ja nichts darüber, sie hatten keinen Hintergrund diesbezüglich.

CG – Na ja, mit dem Bewusstsein und der Wahrnehmung der Welt der 1930ger, 40er Ära – wenn man da über all dieses Zeug da draußen erfuhren hat ... das könnte schon etwas ändern. Sie könnten sehr daran interessiert gewesen sein, hinaus zu gehen und selbst zu sehen. Und wenn man dann noch eine Eroberungs-Mentalität hat, hey, desto besser für die Reptiloiden und ihre Ziele.

Geklonte Soldaten:

DW – Da ist noch eine andere Sache, bei der manche Mühe haben werden, seinem Zeugnis zu glauben, nämlich seine Aussage, dass die Deutschen tatsächlich Soldaten geklont hatten, und dass sie Klone in den Kämpfen während des Zweiten Weltkrieges verwendet hatten. Was ist deine Antwort zu diesem Aspekt?

CG – Gut, das ist neu für mich, dieser Teil. Aber ich weiß, dass es das Klonen später gab. Ich hatte darüber gelesen, dass es die Deutschen taten und auch die Amerikaner damit in den unterirdischen Basen angefangen hatten, in diesen so genannten NBC oder Biowaffen-Einrichtungen. Sie haben damit gearbeitet und viel geklont. [Vgl. auch hier auf unserer Seite.]

In unterirdischen Anlagen gebaute Raumschiffe:

DW – Und was meinst du zu diesen unterirdischen Anlagen, von denen er gesagt hat, dass die Deutschen dort verschiedene dieser Scheiben gebaut hatten? Und dass es mehrere verschiedene Prototypen gab, die bis zu 150 Meter Durchmesser hatten, entspricht das auch dem, was du gehört hast?

CG – Unsere Schiffsdocks oder was auch immer, als wir unsere frühen Fluggeräte bauten? Es geschah in der gleichen Weise, im Untergrund – darüber wurde ich informiert. Sie waren in riesigen unterirdischen Höhlen; sie bauten sie abschnittsweise und setzten sie dann zusammen und flogen dann hinaus in den Raum.

DW –Und dass die Geräte bis 150 Meter breit waren, hast du davon gehört?

CG – Viel grössere.

DW – Und zur Verwendung von CroMoly Stahl, was er auch erwähnte?

CG – Davon habe ich gehört. Die Flugschiffe waren unglaublich dicht und schwer, denn sie verwendeten Materialien entsprechend den Materialkenntnisse jener Zeit. Aber dann begann man mit den Materialien zu forschen, und innerhalb von 20 Jahren oder so hatten sie Schiffe, die sehr ähnlich zu den nicht-irdische Flugschiffen waren. Ich glaube nicht, dass die Deutschen damals so weit waren, aber sie steckten einiges Geld in die Material-wissenschaften, um die Geräte leichter zu machen. Aber das Gewicht spielt wirklich keine Rolle, wenn man die Torsions- oder

Antischwerkraft-Technologie hat. Sie könnten 1.000 Tonnen wiegen und es spielt keine Rolle mehr, wenn die Antigravitationstriebwerke einschaltet sind.

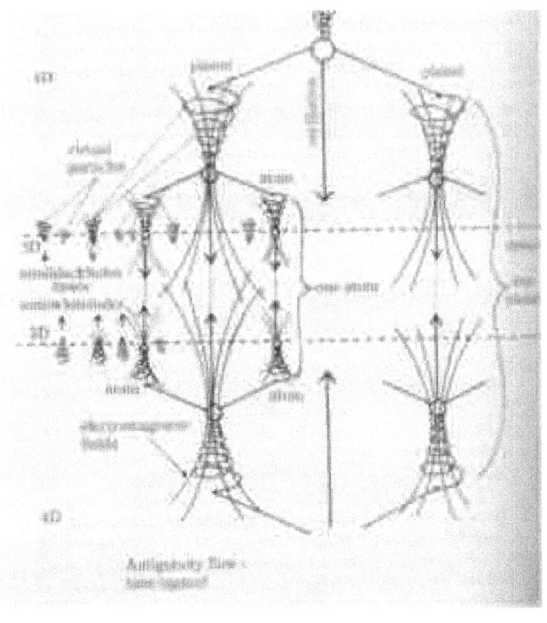

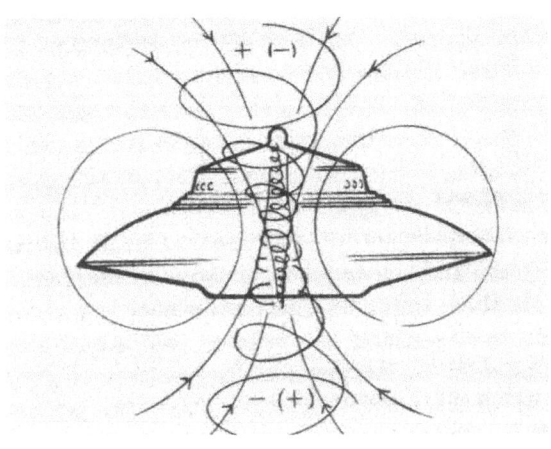

Verbesserung und Verlängerung des Lebens:

DW – Wenn er davon spricht, dass die Nordischen zwischen 1.400 Jahre und 2.200 Jahre lang leben – das ist mehr als 10 Mal, vielleicht sogar 20-Mal länger als die normale menschliche Lebensdauer – dann werden einige Leute damit Probleme haben. Hast du Informationen, die dieses Detail bestätigen?

CG – Ja, wir sprechen hier über das zwei- oder dreifache Alter des Methusalem. Ja, ich denke, dass das eigentlich ziemlich häufig vorkommt da draußen im Kosmos. Sobald sie eine bestimmte technologische Entwicklung erreicht haben, bekommen sie … – der menschliche Körper ist extrem leicht zu manipulieren, zu heilen …. Bei den Körpern dieser Nicht-irdischen würde ich davon ausgehen, dass es ähnlich ist. Und wenn sie durch den Raum reisen können, haben sie auf jeden Fall auch nach innen geschaut und herausgefunden, wie ihr eigenes Genom aussieht und wie man es manipuliert.

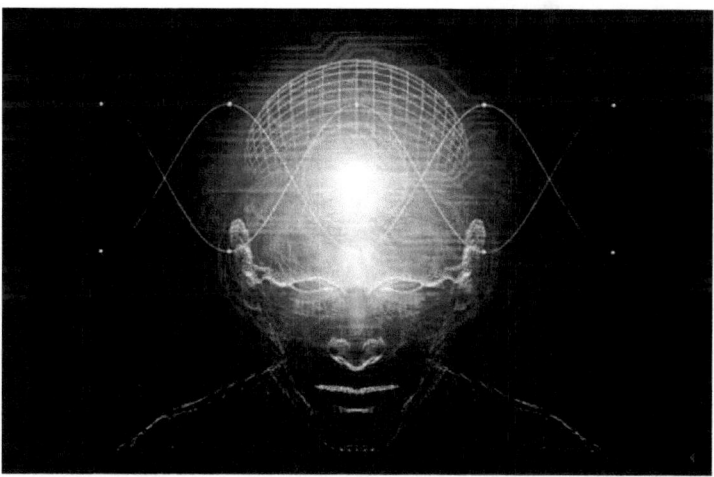

DW – Nun, er sagte auch, dass wir innerhalb von zwei Jahren eine Leben-Verlängerungs-Methode für bestimmte Personen haben werden, und dass man, und das klingt ziemlich unverschämt, einen 400 % IQ Schub bekommen kann, und das Alter auf etwa 29 zurückgesetzt wird, und man dann 2.000 Jahre lang so bleibt. Gibt es eine solche Technologie, von der du etwas weisst?

CG – Ja, und ich habe schon früher gesagt, dass ich mit einer dieser Technologien nach meiner 20-jährigen Dienstzeit ins Alter eines 16, 17-jährigen Jungen zurückgebildet wurde.

DW – Aber du bleibst nicht mit 16, 17 Jahre alt, und du lebst offensichtlich nicht 2.000 Jahre lang?

CG – Nein. Aber es geht hier um das Aufrechterhalten. Wenn ich diese Chemikalien regelmässig bekäme würde das höchstwahrscheinlich möglich sein. Und das ist eines der Dinge mit diesen Programmen: sie wollen die Menschen abhängig machen von denen, die diese Programme fahren, damit man wieder kommt um weitere Spritzen, Pillen, was immer, zu erhalten. Ich bekam keine Pillen, bei mir taten sie es intravenös. Und ich sah nur diese eine pharmazeutische Anwendung und was am Ende meines Dienstes geschah. Die Tatsache, dass er über ‚telomere Manipulation' und solche Arten von pharmazeutischen Innovationen spricht, das war ein recht schönes Detail, worüber ich noch nichts wusste.

DW – Ok. Wir kommen nun zu einigen der interessanteren Aspekte von Maria Orsic und der ganzen Sache mit den Nordischen, von denen Tompkins uns erzählt hat.

Tompkins – Maria Orsic und UFOs:

WT – Da haben wir dieses junge Mädchen, eine Nordische, von etwas ausserhalb von Deutschland. Einige Leute kamen zu ihr und sagten ihr, dass sie nun an einem neuen Programm beteiligt sei, und dass sie große Unterstützung dabei bekommen würde. Insgesamt waren es, glaube ich, acht Mädchen.

Sie waren in telepathischem Kontakt um Angaben zu erhalten für den Bau von Raumschiffen, und sie haben sie tatsächlich gebaut. Zwei von diesen landeten schließlich in der Area 51. Die Nazis erfuhren von den Blondinen und stoppten sie. Dann kam es aber soweit, dass die SS Druck ausübte und die ursprüngliche Gruppe zu kontrollierten versuchte. Aber Hitler erlaubte der Gruppe, unabhängig von den SS-Programmen zu arbeiten – auf die gesamte Entwicklung bezogen.

Einige der wichtigsten "Vril-Damen" zwischen 1922 und 1945

374

WT – So hatten wir zwei Entwicklungen in Deutschland. Die Mädchen wollten nicht, dass ihre Fahrzeuge für etwas anderes verwendet werden, als zum Reisen. Sie hatten Angst, dass jemand seine Hand darauf legen würde und sie dann für das Militär verwendet würden – was natürlich geschah.

Aber die Mädchen landeten schließlich in den großen Anlagen in der Antarktis. Dort hatten die Reptiloiden drei riesige Höhlen. Zwei kleinere überließen sie den Deutschen – wobei die ja auch nicht klein waren, wenn sie so groß wie Kalifornien waren.

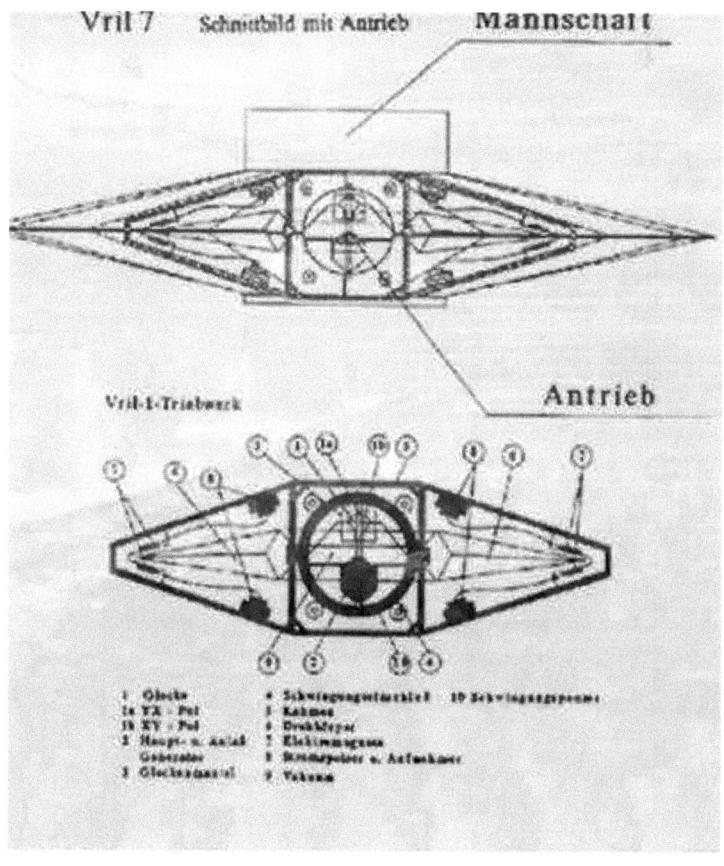

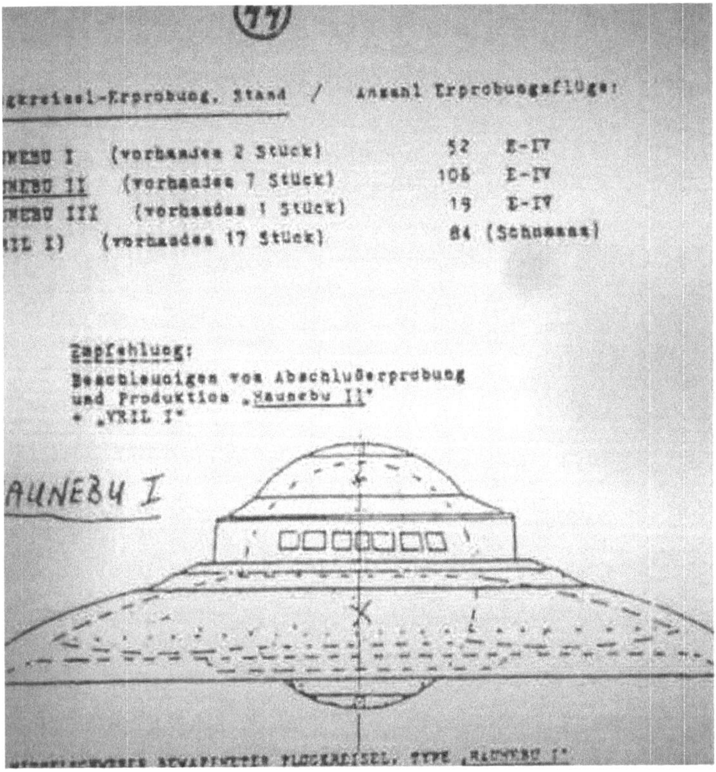

IR (VIII) 7
1944

gkreisel-Erprobung, Stand / Anzahl Erprobungsflüge:

UNEBU I (vorhanden 2 Stück) 52 E-IV
UNEBU II (vorhanden 7 Stück) 106 E-IV
UNEBU III (vorhanden 1 Stück) 19 E-IV
RIL I) (vorhanden 17 Stück) 84 (Schumann)

Empfehlung:
Beschleunigen von Abschlußerprobung
und Produktion „Haunebu II"
+ „VRIL I"

HAUNEBU I

BEMANNTER BEWAFFNETER FLUGKREISEL, TYPE „HAUNEBU I"

376

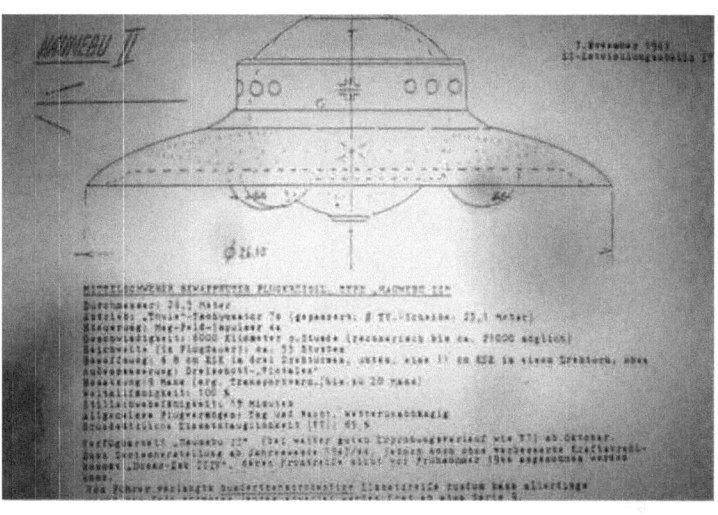

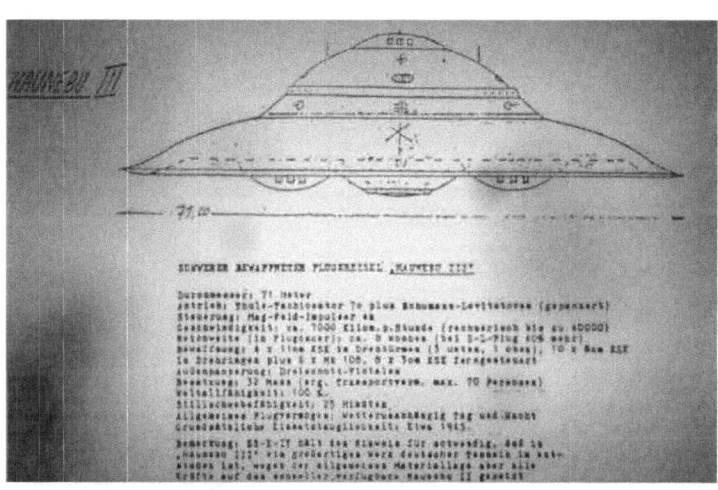

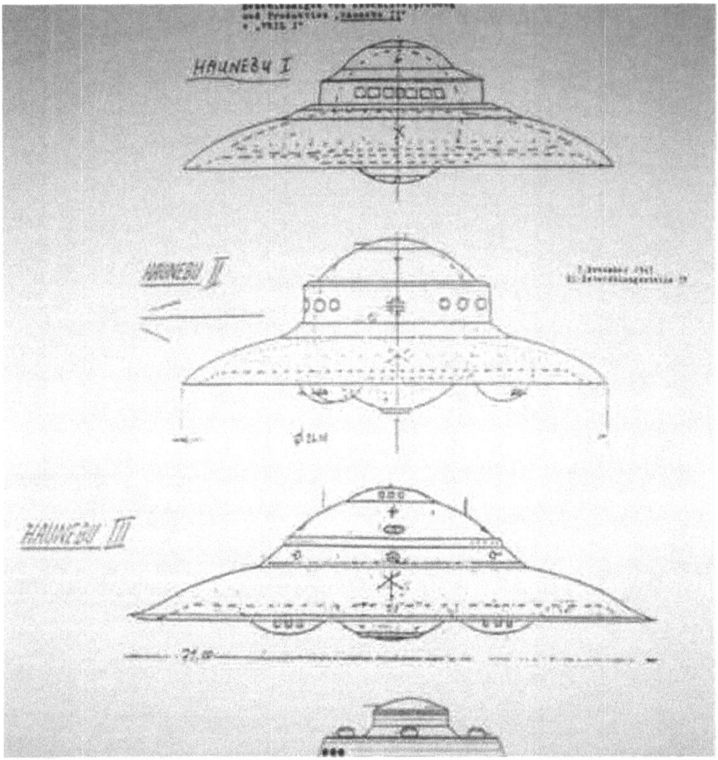
HAUNEBU I
HAUNEBU II
HAUNEBU III

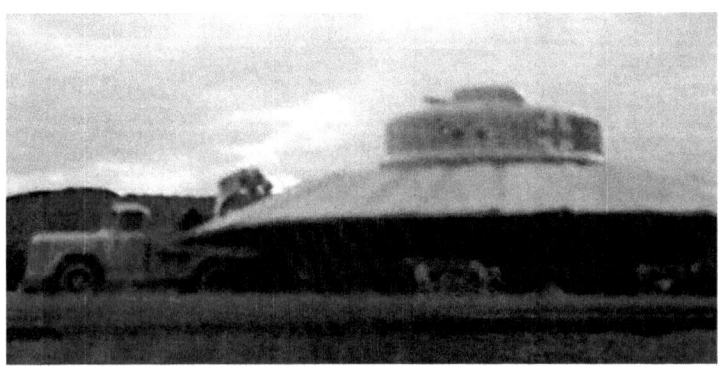

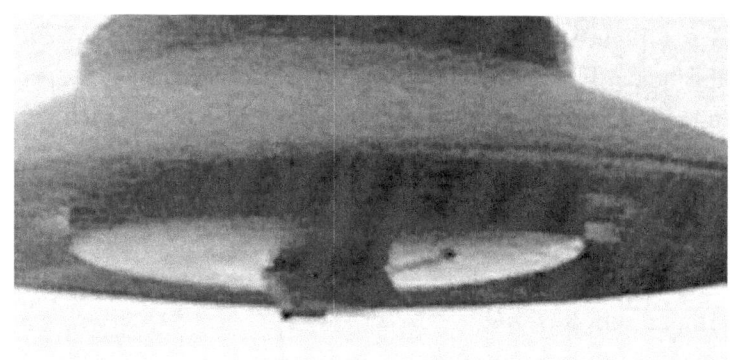

WT – So gab es also Städte in den beiden unterirdischen Höhlen, wo alles hergestellt wurde, was man für das Leben brauchte. Hitlers Gruppe hatte vier Jahre vor dem Ende des Krieges beschlossen, weil der Krieg verloren gehen könnte, alles in die Antarktis zu verlegen. Admiral Byrd wollte dann dorthin gehen und die ganze Sache innerhalb einer Woche einnehmen.

WT – Er nahm die Top-Leute aus allen Bereichen der Marine und besten Flugzeuge, die besten Schiffe – Schlachtschiffe, Zerstörer U-Boote – und die besten Waffen, alles. Fünf Wochen später sahen die Dinge nicht sehr gut aus. Als sie dort unten ankamen tauchten diese ziemlich großen Fliegenden Untertassen aus dem Wasser auf – sie hatten einen Durchmesser von über 30 Metern – und brachten ihnen große Verluste bei und zwangen den Admiral zum Rückzug.

WT – Es gibt eine Reihe von Fotos von einigen der deutschen UFOs. Viele Nahaufnahmen zeigen ein wirklich klares Kreuz auf ihnen.

Was teilweise falsch ist an den veröffentlichten Informationen ist die Tatsache, dass nicht alle Flugobjekte von der deutschen Seite kamen, sondern von den benachbarten Riesenhöhlen, aus denen unmarkierte UFOs und unmarkierte Zigarren … die aus dem Joint Venture stammten mit den Außerirdischen, die dort lebten, von dort aus operierten und dort die Vehikel bauten, die zum Mond und Mars und all den anderen Orten flogen.

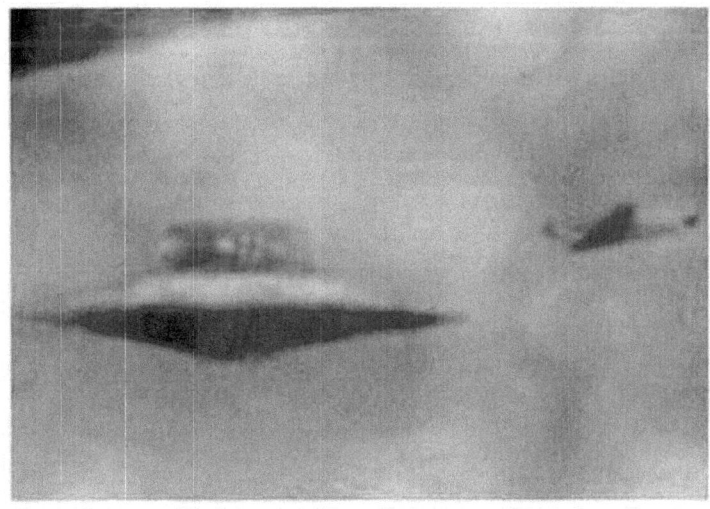

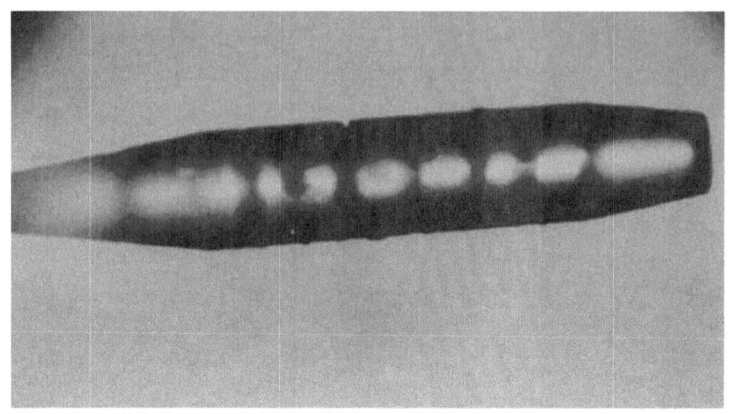

Diskrepanz zwischen den Zeugnissen:

DW – Tompkins sprach von Maria Orsic als einer der Nordischen. Bist du auch der Meinung, dass Maria Orsic in der Tat eine Nordische war, die auf die Erde kam und kein Mensch, der auf der Erde geboren wurde?

CG – Nein. Mein Verständnis war, dass sie den Kontakt herstellte mit verschiedenen Gruppen, eine davon waren die Nordischen. Sie diente als ein Kanal für die Nordischen, die mit ihr in Kontakt waren.

DW – Sie hat vielleicht wie sie ausgesehen, aber sie war hier geboren.

CG – Ja, alle Personen in ihrer Gruppe waren sehr schöne Menschen, man würde die Köpfe nach ihnen umdrehen, wenn sie hier vorbei spazieren würden, mit echt langen Haaren.

DW – Wir haben aus anderen Quellen gehört, dass Maria Orsic eigentlich ihre Arbeit mit automatischem Schreiben begann, und dass sie tatsächlich in der altsumerischen Sprache schrieb. Und es gab nur drei Menschen auf der Erde, die es lesen konnten. Diese wurden von den Deutschen geholt und sie bestätigten, dass es sich tatsächlich um die sumerische Schrift handelte.

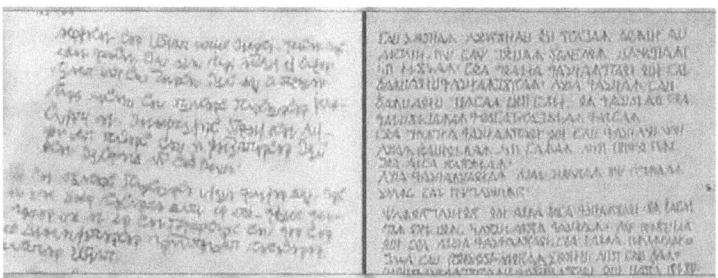

CG – Die gleiche Quelle besagt, dass sie beim automatischen Schreiben dann auch dazu angeleitet wurde Skizzen anzufertigen und auf die Suche zu gehen nach bestimmten alten Dokumenten, die ihren Entwicklungen neuen Schub verleihen würden.

Maria Orsic hatte wahrscheinlich Kontakt mit positiven Wesen:

DW – Weil das Team um Maria ihre Fluggeräte nur für den zivilen Transport verwendet haben wollte, und nicht für militärische Anwendungen, darf angenommen werden, dass es sich bei der Gruppe, die sie unterstützten, nicht um die Drakos handelte, sondern wohl um irgendeine Art von wohlwollender Gruppe wie vielleicht diese so genannten Nordischen. Was meinst du dazu?

CG – Na ja, so ist es, wie es in der Regel passiert. Wenn eine negative nicht-terrestrische Gruppe oder Entität Kontakt herstellt mit den Führern einer bestimmten Gruppe, dann geschieht es sehr oft – entweder so wie bei Maria Orsic oder direkt Von Angesicht zu Angesicht – dass die wohlwollenden Gruppen kommen und warnen und versuchen, ihnen ziemlich viel eine Art Hippie-Liebe und Friedensnachricht zu geben. ‚Befreit euch von den Atomwaffen, und wir geben euch diese und diese Technologien, längere Lebensdauer, Reisen im gesamten Kosmos', all dies. Nur können das die militärischen Köpfe nicht akzeptieren.

Verbindungen zu Smart Glas Pad Informationen:

DW – Wie fühlt es sich an für dich als ein Whistleblower, der da draußen war, sein Leben aufs Spiel gesetzt hat, sich mit allen möglichen Problemen und jeder Art von Schwierigkeiten und Rückschläge auseinandergesetzt hat, wenn dann die Leute kommen und sagen, dass du ein Scharlatan, ein Lügner, ein Fake, etc. bist? Und wie fühlt es sich an wenn dann William Tompkins kommt und deine Aussagen zur ‚Operation High Jump' (Admiral Byrds Expedition) bestätigt?

CG – Es ist erfreulich, aber ein wenig schockierend, weil ich wirklich anfange zu glauben, dass es ein Grossteil seiner Berichte für den Zeitraum ab 1942 in die Datenbank geschafft haben, die ich vor 30 Jahren auf dem Smart Glas Pad las. Es befanden sich dort Dokumente, die mit den alten Schriftsätzen geschrieben wurden (also Aufnahmen waren von damals auf Papier festgehaltenen, maschinengeschriebenen Originaldokumenten), bei denen nur ganz wenige Korrekturen angebracht worden waren.

Antarktis:

DW – Jetzt eine andere Sache, die ich absolut schockierend finde – und ich würde mir wünschen, dass jene, die dies zuhause lesen, dies auch so sehen werden. Er sagte, dass es unter dem Eis in der Antarktis zwei große Bereiche, quasi als Restbereiche gab, die an die Deutschen abgetreten wurden, zusätzlich zu den viel größeren Flächen der Drakos, von denen es drei sehr großflächige gab. Nun hast du ja unabhängig – vor diesem Gespräch, bevor du Tompkins kanntest oder ich Tompkins kannte – gesagt, dass es zwei große Bereiche unter dem Eis der Antarktis gibt, und zusätzlich einige kleinere. Wie fühlt es sich also wieder an zu sehen, mit wie viel Präzision diese Zeugnisse auf der gleichen Linie liegen?

CG – Es macht mich hungrig auf mehr. Du weisst, ich bin bereit, um mehr von Tompkins zu hören und mehr von anderen Whistleblowern, von denen wir hören, dass sie beginnen an die Öffentlichkeit zu treten. Es war spannend, aber wir müssen noch mehr hören. Das ist großartig.

385

DW – Wir sahen also unabhängige, überprüfte Zeugnis von der ‚Operation High Jump'. Alles, was du gesagt hattest, wurde hier in großen Parallelen bestätigt. Nämlich dass Byrd mit einer riesigen Armee nach dort unten fährt und dass sie sehr stark beschädigt den Rückzug antreten mussten. Offenbar geschlagen durch, wie es scheint, die Drakos und die Deutschen.

Abschließende Gedanken:

DW – Ich denke es ist wichtig zu wissen, dass ich einige weitere Leute kenne, die das gleiche sagen wie das, was du sagst, was Tompkins sagt, was andere schon gesagt haben, die aber nicht an die Öffentlichkeit treten wollen. Und wenn man so viele unterschiedliche, unabhängige Quellen hat, die alle das gleiche erzählen, dann muss es sich um Wahrheit handeln, dann hat man etwas Bewiesenes. Der Beweis ist noch so klar ersichtlich, wie die Menschen es sich wünschen, aber wir kommen der Sache näher und immer näher.

CG – Nun, eine Menge diese Skeptiker würden auch dann noch alles verneinen, wenn diese Objekte genau vor ihnen landen würden.

DW – Was wir gehört haben, ist wirklich faszinierend gewesen, es ist sicherlich überwältigend, es ist bahnbrechend, und ich ermutige Sie, allen weiterzusagen, was Sie erfahren haben. Wir brauchen Ihre Hilfe, wir brauchen so viele Menschen wie möglich, die sich über diese Sachen kundig machen. Wie Corey gesagt hat, es ist entscheidend für die Zukunft der Menschheit, dass wir nicht mehr wie Strausse agieren, dass wir wahrnehmen, was wirklich los ist. Dies ist Kosmische Offenlegung („Cosmic Disclosure', die Sendereihe von David Wilcock und Corey Goode). Danke fürs Dabeisein!

http://transinformation.net/kosmische-offenlegung-staffel-5-episoden-1011-ssp-zeugnisse-mit-william-tompkins-corey-goode-und-david-wilcock/

6. AGHARTI

DAS GEHEIMNIS VON SHAMBALLAH

- Vorabhinweise
- Ein innerirdisches Netz von Tunnelsystemen und Städten
- Leben unter der Erde
- Ihr Aussehen
- Nach der Flut / Atlantis
- Es waren die Söhne der Götter
- Von hier wird die Welt gelenkt
- Hinweise zum König der Welt

Dieser Aufsatz lehnt sich an ein Dokument an, welches ich bereits im Jahre 2000 zusammengestellt hatte.

Ich habe es etwas umgestaltet und ihm ein anderes Aussehen gegeben.

Dieses Kapitel ist etwas umfangreich, obwohl ich mich bemüht habe, nur die Essenz zu präsentieren. Dennoch sind die Zitate aus dem Buch: »Die verlorene Welt von Agharti« recht umfangreich geworden.

Auch in diesem Buch werden vorzugsweise andere Autoren zitiert. Insofern handelt es sich hier um Zitate aus Zitaten. Doch um dieses brisante und wichtige Wissen glaubhaft darzulegen, ist es in diesem Fall besser als es in eigene Worte zu fassen.

Quelle: Alec Maclellan: »Die verlorene Welt von Agharti«
Kopp Verlag / ISBN 3-930219-19-0

VORABHINWEISE

Bei dieser heiklen Thematik komme ich nicht umhin, eine kleine begriffliche Grundlage zu legen.

Eine Parallelwelt?

Das ist so gut wie unvorstellbar; eine Welt unter unserer Welt. Eine Welt, die vor unseren Augen verborgen ist. Eine Welt, von der wir nichts wissen.

Es soll sie geben. Immer wieder stoßen wir auf Berichte aus dieser Welt. Und sie stammen auch aus schon lang zurückliegenden Epochen.

Die meisten Hinweise auf diese verborgene Welt stammen aus den Bereichen der Mongolei, Russland, China und Indien, alles Länder, die sich um den Himalaja gruppieren.

Und tatsächlich soll sich hier auch das Herz des legendären Reiches befinden, dessen Hauptstadt den Namen Shamballah trägt.

Von den meisten geleugnet

Ich selber habe die Existenz einer unterirdischen Welt bis vor kurzem vollständig verdrängt. Mag sein, dass daran die Verfechter der »Hohle - Erde -Theorie« Schuld haben. Ein hohles Erdinneres lässt die Physik unseres Planeten nicht zu; dieser Meinung war ich einst. Und außerdem, wie soll es eine von uns unbemerkte Zivilisation im Innern der Erde geben? »Unsinn« dachte ich. Wie dem auch sei. Immer häufiger wurde ich in jüngster Zeit an dieses Thema herangeführt. Schließlich war es mein Sohn, der sich ein

Buch zu diesem Thema bestellte. Ich bekam in diesem Fall einen Anstoß von außen.

»DIE VERLORENE WELT VON AGHARTI«

In Verbindung mit dieser Schrift nahm ich mich des Themas erstmals an. Deswegen mögen meine Informationen darüber noch recht lückenhaft sein.

Das Ganze klingt auf den ersten Blick mystisch, wie ein Märchen, ein Luftschloss oder eher ein »Kellerschloss«? Wie ist es möglich, dass sich eine Zivilisation über viele tausend Jahre unbemerkt von uns Menschen auf der Erde hätte verstecken können? Es gibt dafür eine ganz einfache Antwort. — Diese werde ich an einer späteren Stelle einfügen.

Es soll zu allen Zeiten Menschen gegeben haben, die in dieser ominösen Welt gewesen sind. Sie haben die »dort unten« besucht. Genauso sollen auch Menschen aus dieser »Unterwelt« die »Oberwelt« besucht haben.

So manche Besucher aus dieser Unterwelt mögen sich auch als Außerirdische vorgestellt haben. Damit haben sie ganz geschickt ihre wahre Herkunft verschwiegen. Denn offenbar ist ihnen nicht daran gelegen, dass ihr Vorhandensein in unserer Menschenwelt bekannt ist.

Spätestens an dieser Stelle treten gewichtige Fragen auf: Weswegen hausen diese Menschen im Innern der Erde und nicht wie wir auf der Oberfläche? Da sie über eine sehr fortschrittliche Technik verfügen, hätten sie sich zu allen Zeiten auch auf der Erdoberfläche behaupten können.

Erklärungsansätze

- Ich möchte einige denkbare Erklärungsansätze geben:
- Ihr Organismus ist nicht verträglich mit einem Leben an der Erdoberfläche, z.b. mögen die Sonnenstrahlen für sie schädlich sein.
- Als die, denen das Experiment »Menschheit« anvertraut wurde, haben sie die Auflage bekommen, sich unauffällig zu verhalten, damit das Experiment nicht durch ihren Einfluss verfälscht wird.
- Eine fremde Macht, die möglicherweise mächtiger ist als sie, hat jene Menschenwelt in enge Schranken verwiesen. Asyl auf der Erde ja, aber unter der Bedingung, unauffällig im Bauch der Erde zu bleiben.
- Oder fühlen sich diese Menschen im Innern der Erde sicherer? Benutzen sie die Menschen auf der Erdoberfläche als ein Schutzschild? Wenn sie selber angegriffen werden, würden zuerst die Menschen auf der Erdoberfläche in Mitleidenschaft gezogen werden.
- Es mag auch sein, dass andere Wesenheiten andere Lebensgewohnheiten und Bedürfnisse haben. Im Erdinneren kann man sich eine künstliche Welt ganz nach seinen Vorstellungen schaffen. Jeder nur erdenkliche Komfort wäre denkbar. Nebenbei, Heizungskosten fallen im Erdinneren nicht an.
- Eine Antwort von jenen da unten: Ihre entfernten Verwandten haben einst einen Teil der Welt an der Oberfläche bewohnt. Sie waren dann gezwungen worden, Zuflucht unter der Erde zu suchen, weil die Natur mächtig in Aufruhr geriet, wobei ganze Kontinente untergingen. (Sintflut?) Ein Teil der unglückseligen Rasse, die so schlimm von der Flut überrascht

wurde, hatte sich während des Einbruchs der Flut in Höhlen gerettet.

- Zu klären wäre jetzt, ob dieses unterirdische Reich mit der biblischen Hölle identisch ist? Man sagt ja, dass der Teufel in der Hölle wohnt.

Nur Phantasie

Sollten das nur zufällige Übereinstimmungen sein? Wohl kaum, denn hier treffen einfach zu viele Faktoren aus ganz unterschiedlichen Bereichen zusammen.

Die Hölle, ein feuriger Pfuhl mit sogenannten Höllenhunden und Menschen quälenden Monstern? Phantasien aus dem Mittelalter?

Nun, auch hier gilt, überall mag ein Fünkchen Wahrheit dahinter stecken. Dass es unter der Erde, je tiefer man kommt, immer wärmer wird, ist uns allen bekannt. In der »Hölle« ist es also durchaus warm, wenn nicht sogar heiß.

Zu den Monstern

Von Menschenversuchen, Klonexperimenten und ähnlichem war schon an anderer Stelle die Rede. Dass man hier auf Kreaturen treffen mag, die man anderen Orts noch niemals gesehen hat, mag auch nicht weiter verwundern. In der UFO - Literatur trifft man immer wieder auf Berichte von unterirdischen Anlagen, in denen es um Genexperimente geht. Hier sind dann auch Monsterwesen oder Mischwesen anzutreffen.

In der Antike spielten Monster oder Mischwesen eine große Rolle. Denken wir nur an die Zentauren, halb Mensch - halb

Pferd, die einäugigen Zyklopen oder die Pfauenmenschen, Menschen in Vogelgestalt. Experimente mit Genen wurden auch damals schon eifrig betrieben. — Die Zielsetzungen mögen damals und heute allerdings unterschiedlich gewesen sein.

Aussage der Kirchen

Kommen die Verstorbenen in die Hölle? Einige Kirchen lehren dies. Darauf vermag ich keine Antwort zu geben.

Wenn die Hölle jenes unterirdische Reich ist, dann scheint es sie zu geben. Es tauchen auch immer wieder Berichte auf, nach denen Menschen hier verschwunden sind. Anders formuliert: Es gibt immer wieder Berichte von Menschen, die in »die Hölle« gekommen sind!

Das Thema »Hölle« habe ich aus der Sicht der Bibel in einem separaten Aufsatz behandelt

Auszug aus: »Die verlorene Welt von Agharti«

Verschiedene Namen

Im Lauf der Jahre wurden diesem unterirdischen Reich viele verschiedene Namen gegeben. Wenn es als Ort des Bösen betrachtet wurde, dann nannte man es Hölle, Hades oder Tartarus. Wenn es jedoch - was weit häufiger der Fall ist - als ein glanzvolles Reich des Friedens angesehen wurde, nannte man es Shangri-La, Shamballah oder - weitaus häufiger - Agharti (an dieser Stelle sei erwähnt, dass dieses Wort oft auch in der Schreibweise Asgartha oder Agartha zu finden ist. (S.26)

In dem Buch: »Die verlorene Welt von Agharti« sind Hinweise zu dieser unterirdischen Welt zusammengetragen worden.

Ich habe aus dieser Quelle (die ebenfalls eine Quellensammlung ist) etwas umfangreicher zitiert.

Diese Zitate habe ich grob nach Themen geordnet.

Ein innerirdisches Netz von Tunnelsystemen und Städten

Auszüge jeweils aus: »Die verlorene Welt von Agharti«

Diffuses Licht

Der Erzähler ist von der Legende so fasziniert, dass er mehrere Wochen damit verbringt, die Bergwerke zu erforschen. Unerwartet entdeckt er einen Tunnel, der zur Unterwelt führt. Ein seltsam diffuses Licht ermöglicht es ihm weiter vorzudringen: »Es ist nicht aus Feuer, sondern weich und silbrig, wie von einem Stern des Nordens«. (S. 113)

Stadt des Guten

So behauptete er, dass er 1905 während einer Reise durch Zentralasien von einer gewaltigen unterirdischen Siedlung unter dem Himalaya gehört habe, in der eine Rasse von Übermenschen hausen sollte. Der Name dieses Ortes lautete Agharti, der seiner Hauptstadt Shamballah. Nach Haushofer war Agharti ein »Ort der Meditation, eine versteckte Stadt des Guten, ein Tempel der Nichtanteilnahme am Lauf dieser Welt«.

Stadt der Gewalt

Shamballah war dagegen, eine Stadt der Gewalt und Macht, deren Machthaber die Elemente und die Massen der Menschheit lenken, um das Menschengeschlecht schnell zum Wendepunkt der Zeit« führen. (S.131,132)

Tunnelsystem

Ferdinand Ossendowski und Nicholas Roerich vertreten die, »Orientalische Sicht« Aghartis, nach der vor etwa 60000 Jahren ein Heiliger Mann sein Volk unter die Erde führte, wo sie ein Tunnelsystem erschufen, das Zugang zu sämtlichen Punkten der Erde eröffnet. (S. 258)

Vom Mars

Die Theorien moderner Autoren sind zum Teil noch grandioser. Der Buddhist Robert Dickhoff sagt kategorisch:

Die frühen Bauherren dieser Tunnel waren nicht von der Erde, sondern Besucher, Kolonisatoren von jener Welt, die wir heute Mars nennen. Diese außerirdischen Siedler zogen sich in das Tunnelsystem zurück, um sich für die Entscheidungsschlacht um die Erde vorzubereiten. So errichteten sie unterirdische Anlagen und Städte, darunter auch Agharti.

Tunnelbau

In seinem Buch, Agharta, erklärt er, wie die Tunnel gebaut wurden:

Ich weiß, dass die Linie tatsächlich die kürzeste Entfernung zwischen zwei gegebenen Punkten ist und glaube, dass diese universelle Regel auch den alten Bauherren dieser Tunnel bekannt war. Auf diese Weise bohrten sie sich ihren Weg von Kontinent zu Kontinent und suchten gleichzeitig nach Bodenschätzen und unterirdischen Stoffen, aus denen sie Treibstoff gewannen für ihre Raumgefährte, Raumschiffe, oder wie sie jene feuerspeienden Drachen auch nennen wollen, die in jeder Volksmythologie vom Himmel herniederkamen, um außerirdische Kreaturen auf diese Welt zu bringen. (S. 259)

Artefakte

Es gibt unzählige Menschheitsrätsel. Einige dieser Rätsel hat Erich von Däniken publiziert und so einer großen Bevölkerungsschicht zugänglich gemacht. Es gibt mittlerweile sehr viele Sympathisanten der Präastronautikszene. Hier gibt es etwas, was man nicht leugnen kann. Artefakte gibt es zur Genüge. Man kann sie besichtigen, man kann sie anfassen und fotografieren. Sie sind einfach da.

Da haben sie es einfacher als die UFOlogen. Ihnen wirft man ja vor, alle Fotos und Videos von außerirdischen Fluggeräten könnten Fälschungen sein.

Gefährliche Kernwaffenexperimente

Durch die ganze UFO – Literatur zieht sich ein roter Faden. Was diese Außer- bzw. Innerirdischen überhaupt nicht wollen ist das Herumexperimentieren mit Kernwaffen. Wen wundert es, da es dadurch im Innern der Erde ganz schön kracht.

Ich kann mich daran erinnern, dass viele Channels (Medien) immer wieder erwähnen, dass unsere Kernwaffenexperimente Auswirkungen auf den gesamten Kosmos haben würden. Doch den Erklärungsansatz wie Schockwellen und Resonanzen mit anderen Wirklichkeiten halte ich nur für vorgeschoben. In Wirklichkeit sitzen wir alle in einem Boot. Und jene, in ihren innerirdischen Verliesen müssen um ihr unterirdisches zu Hause bangen, wenn wir da oben zu sehr mit den Kräften der Natur spielen.

LEBEN UNTER DER ERDE

Auszüge aus: »Die verlorene Welt von Agarthi«

Das Vrillicht

… Doch lenkte sie ein, es gäbe eine bestimmte Tiefe, bei der die Hitze so groß ist, dass alles Leben, wie es die Vri/ya kannten, vergehen würde. Sie sagte auch, dass es an den überlegenen Eigenschaften des Vril-Lichtes lag, das alle anderen Formen des Lichtes übertraf, dass die Farben der Blumen und Blätter weitaus brillanter waren und die Pflanzen besser wuchsen als auf der Erde.

Viele Roboter

Das Leben der unterirdischen Menschen verläuft friedvoll und ohne körperliche Anstrengung. »In allen Dienstleistungen«, erklärte Zee', »machen wir Gebrauch von Automaten-Gestalten, die so einfallsreich konstruiert und so auf die Macht des Vril abgestimmt sind, dass sie fast vernunftbegabt erscheinen«. Genau dies muss der Erzähler zugeben, als er einen dieser Roboter sieht: »Es war kaum möglich, diese Wesen von vernunftbegabten Menschen zu unterscheiden, während sie gewaltige Motoren bedienten, die sich geschwinde drehten oder warteten«. (S.117)

Unterirdische Fahrzeuge

In seiner bereits erwähnten Monographie meint Doktor Bernard auch, dass unter den älteren Bewohnern des Umlandes von Santa Catarina Erzählungen über die Existenz einer unter der Erde lebenden Rasse kursieren. Man erzählt sich auch von »unterirdischen Fahrzeugen« mit denen die Tunnel durchkreuzt werden, wobei gewisse Ähnlichkeiten mit den von Ferdinand Ossendowski in Tibet gesichteten Fahrzeugen zu bestehen scheinen. Sie werden im Volksmund als »Fliegende Untertassen« bezeichnet. Später werden wir noch darauf zurückkommen. (S.185)

20 Stunden Wanderung

Der Autor lernte einen Brasilianer kennen, der behauptete, an drei Tagen jeweils 20 Stunden einen Tunnel mit sehr glatten Wänden durchwandert zu haben. Zwei Männer aus der Unterwelt hätten ihn begleitet, bis sie ein riesiges, hell erleuchtetes Gewölbe erreichten, in dem sich Gebäude und sogar eine Obstplantage befanden. Er sah Männer, Frauen, Kinder wie auch verschiedene Tiere, darunter Löwen und Tiger, die so zahm waren wie Katzen, sowie einige Hunde.

Alle um die 20

Es herrschte strikte Geschlechtertrennung und die Frauen sahen alle aus, als wären sie weniger als 20 Jahre alt, obwohl manche von ihnen mehrere hundert Jahre alt waren. Diese Menschen sahen aus, als wäre ein jeder eine Kopie des anderen ohne jegliche Variation. Die Frauen brachten ihre Kinder durch Parthenogenese zur Welt - wahrhaft jungfräuliche Mütter. (S. 186)

Archive der Welt

Die Legende vom unterirdischen Reich, in dem die Meister und die geheimen Archive der Welt in Sicherheit verwahrt werden, stellt eine herrliche Wirklichkeit dar.

Raymond Bernard teilt eher die erdgebundenen Ansichten von Ossendowski und Roerich, indem er dem unterirdischen Königreich einem »Atlantäischen Noah« als Begründer hinzufügt.

Eine Superrasse

In seinem oft zitierten Buch erwähnt er auch, »eine Reihe von Gerüchten, die in Brasilien kursieren«. Mehrere Brasilianer hätten ihm berichtet, dass das Königreich eine Art Garten Eden sei, der von einem seltsamen Lichtschein erleuchtet wird, und in dem Männer, Frauen und Kinder sich fast ausschließlich von Früchten ernähren. Diese Menschen sind deshalb außergewöhnlich gesund, führen ein sorgenfreies Leben und kennen keine Verbrechen: »Sie leben in einem Staat, in dem es keine Ehe gibt. Die Frauen leben nicht nur abseits der Männer, sie gebären Kinder ohne Befruchtung von Männern. Diese Menschen bilden eine Superrasse, deren Mitglieder nie alt werden oder sterben. Stattdessen leben sie jahrhunderte- und sogar jahrtausendelang in jugendlicher Frische!« (S. 261)

IHR AUSSEHEN

Auszüge aus: »Die verlorene Welt von Agarthi«

Asiatisch – Ägyptisch

In einer riesigen Höhle entdeckt er eine Siedlung, in deren Architektur sich asiatische und ägyptische Stilrichtungen vermischen. Er begegnet einem Mann, der in eine Tunika gekleidet ist und auf seinem Kopf eine grell leuchtende Krone trägt; in seiner Hand hält er einen kleinen Stab aus hellem Metall, das wie polierter Stahl wirkt. Doch ist es das Gesicht des Mannes, das unseren Erzähler am meisten fasziniert:

Ebenmäßig schön

Es war das Gesicht eines Mannes, aber doch verschieden von den uns bekannten Rassen. Der treffendste Vergleich in Umriß und Ausdruck wäre der mit der steinernen Sphinx - ebenmäßig schön, intellektuell vollendet… Ich spürte sofort, dass dieses menschenähnliche Antlitz Kräfte zum Ausdruck brachte, die wir Menschen nicht nachvollziehen können. (S.112)

Langes weißes Haar

Eine erstaunliche Geschichte wurde auch von Tom Wilson berichtet, einem 1968 verstorbenen indianischen Scout, der im ganzen südlichen Kalifornien bekannt war. Tom war ein Mitglied des Cahroc-Stammes, dessen Legenden von einem Mann namens Chareya erzählen, der wohl eine sehr ehrwürdige Erscheinung mit langem, weißem Haar war und sich in eine enganliegende Tunika kleidete. Er half den Cahrocs bei manchen Gelegenheiten und verschwand anschließend wieder in einem Tunnel, von dem niemand wusste, wo er endete. (S. 201)

NACH DER FLUT / ATLANTIS

Auszüge aus: »Die verlorene Welt von Agarthi«

In Höhlen gerettet

Der Erzähler erfährt von seinen Gastgebern, dass ihre entfernten Vorfahren »einst einen Teil der Welt an der Oberfläche bewohnten«. Sie waren gezwungen worden, Zuflucht unter der Erde zu suchen »weil die Natur mächtig in Aufruhr geriet«, wobei ganze Kontinente untergingen.

Ein Teil der unglückseligen Rasse, die so schlimm von der Flut überrascht wurde, hatte sich während des Einbruchs der Flut in Höhlen gerettet. Als sie diese nun durchwanderten, vergaßen sie bald den Rückweg zur oberen Welt... In den Eingeweiden der Erde kann man jetzt, wie man mich informierte, die Reste menschlicher Behausungen entdecken - nicht einfach Hütten oder Höhlen, sondern gewaltige Städte, die den Untergang von

Kulturen bezeugen, die lange vor dem Zeitalter Noahs entstanden. (S. 114)

Überlebende von Atlantis

Doktor Dickhoff schreibt: »Tibetanische Lamas sind der Meinung, dass es in Amerika gewaltige Höhlen gibt, in die sich die Überlebenden der Katastrophe von Atlantis retteten… und dass diese Höhlen durch Tunnel miteinander verbunden sind, die von Asien bis nach Amerika reichen« (S. 186)

- Manche reden von Parallelwelten. Denkbar ist, dass auf einer ganz anderen Frequenz der Atome eine oder mehrere Welten gleichzeitig existieren, die mit unserer Welt nicht - oder nur in sehr geringer - Wechselbeziehung stehen. Wir haben das Beispiel bei der Fernsehübertragung. Auf verschiedenen Frequenzen laufen gleichzeitig mehrere Programme, ohne dass sie einander stören.

- Andere reden von Zeitreisenden, die die Möglichkeit haben, uns zu besuchen. Obwohl es mir nicht ganz leicht fällt, mir vorzustellen, ein Besucher aus der Zukunft würde in die Vergangenheit reisen, um so das Rad der Geschichte zu verdrehen. (Beispiel: Der Spielfilm »Terminator«)

- Andere reden von verschiedenen Dimensionen; vielleicht nur eine gewisse Variante der Parallelwelttheorie.

- Ich habe auch schon gehört, dass manche davon ausgehen, dass es eine zweite Erde geben soll. Und zwar immer von uns aus genau hinter der Sonne. Das halte ich für Unsinn. Warum haben dann alle anderen Planeten keinen Zwilling?

- Dann gibt es die sogenannte Hohlwelttheorie, die von einer innen hohlen Erde ausgeht. Hier ist man zwar vor den

Einflüssen aus dem Kosmos geschützt; durch die Schwerkraft wäre ein Aufenthalt auf der Innenseite der Erdkruste sogar denkbar. Es gehört aber sehr viel Phantasie dazu, sich solch eine hohle Erde vorzustellen. Man wird sofort einwenden, so eine Erde wäre viel zu instabil, um Bestand haben zu können. Vielleicht hilft ein Vergleich mit einem Hühnerei weiter. Die Eierschale ist recht dünn, aber dennoch hat ein Ei eine ungewöhnliche Festigkeit.

- Naheliegend wäre, dass es in der Erde Basen von Fremden geben könnte. Diese sind dann entweder in ganz natürlichen Hohlräumen oder auch in künstlich bearbeiteten Tunneln, Schächten, Höhlen…

Lösung vieler Ungereimtheiten

Viele Probleme ließen sich so leicht lösen, ohne dass wir mit den Wissenschaftlern, besonders den Physikern, in Streit gerieten. Sie müssten dann nur die eine Kröte schlucken, dass vor vielen tausend Jahren einige Fremde im Innern der Erde nach einer Erdkatastrophe Schutz gesucht haben, und dass sie, bzw. ihre Nachkommen, hier immer noch leben.

Parallele innere Welt von Außerirdischen

Und wir haben eine »Parallele Welt« und auch eine »Innere Welt«. Und wir haben sogar die Außerirdischen, die wir dann natürlich besser Innerirdische nennen müssten. Es fallen auch die Probleme weg, die sich ergeben, wenn man sich über große Distanzen im Raum hin und her bewegen muss. Hier gerät man unweigerlich an die Schmerzgrenze der Schulwissenschaft.

Und wir haben auch unsere älteren Vorfahren / Brüder dabei, die sich damals retten konnten. Korrigieren wir ihre Aussagen so, dass sie damals nicht Zuflucht auf einem Planeten mit dem Namen Metaria gefunden haben, sondern im Innern der Erde. Metaria soll ein Trabant des Alpha Zentauri Systems sein. (Das sagen die Santiner).

Und natürlich werden wir auch Aussagen der Bibel gerecht, dass die ehemaligen Gottessöhne unter dichter Finsternis ihre Bleibe gefunden haben.

ES WAREN DIE SÖHNE DER GÖTTER

Auszüge aus: »Die verlorene Welt von Agarthi«

Professor Müller zitiert ein altes brahmanisches Manuskript - den Kodex von Manu - aus dem hervorgeht, dass es vor unserer Menschheit sechs andere Rassen gab: »Und so gingen aus Swayambhouva, der sich selbst geschaffen hat, sechs andere Manus hervor, deren jeder eine Rasse von Menschen hervorbrachte. Diese allmächtigen Manus, von denen Swayambhouva der erste war, haben in seinem Zeitalter eine Welt geschaffen und gelenkt, in der bewegliche und unbewegliche Wesen leben«.

Professor Müller erläuterte weiter, dass das Herz dieser »Wiege der Menschheit« auf einer Insel in der Mitte eines großen Binnensees lag. Dieser See erstreckte sich über ein Gebiet, das die heutigen Salzseen und Wüsten Asiens sowie die nördliche Region des Himalaya umfasste. Die Insel selbst war wunderschön und wurde von den letzten Überlebenden jener Rasse bewohnt, die direkt vor der unseren auf die Welt kam. Diese Wesen waren höchst bemerkenswert:

Die Wesen dieser Rasse konnten ohne Schwierigkeiten sowohl im Wasser und in der Luft als auch im Feuer leben, da sie die Elemente beherrschten. Sie waren »Söhne der Götter«. Sie waren es, die den Menschen die seltsamsten Geheimnisse der Natur verrieten und ihnen das mächtige Wort mitteilten, welches nun in Vergessenheit geraten ist. Dieses Wort wurde auf dem ganzen Erdball verbreitet und es gibt einige wenige privilegierte Menschen, die in ihren Herzen noch den schwachen Widerhall seines Klanges vernehmen können. (S. 46)

Er ist derjenige, der die eingeweihten Adepten in aller Welt lenkt. Er ist der Große Einweihende, der an der Schwelle zum Licht thront, es aus dem Kreis der Dunkelheit ansieht, den er nicht zu verlassen gewillt ist; genauso wie er seinen Posten bis zu dem Moment nicht verlassen wird, an dem ihn der letzte Tag seines Lebens ereilt. Unter der stummen Leitung dieses Maha [Großen] Gurus verwandelten sich all die weniger Erleuchteten Lehrer und Meister in Führer; die uns vom Erwachen des menschlichen Bewußtseins an geleitet haben. Durch diese »Gottessöhne« hat der »Säugling Menschheit« zum ersten Mal alle Künste und Wissenschaften erfahren und auch das spirituelle Wissen; und es sind sie, die den ersten Grundstein jener alten Kultur gelegt haben, deren Wunder unsere moderne Generation von Studenten und Gelehrten so sehr verblüfft. (S.69)

»Die großen Wächter der Rätsel beobachten all jene, denen sie ihr Wirken anvertraut haben und die wichtige Missionen für sie ausführen. Wenn ihnen etwas Böses zu passieren droht, wird ihnen sofort geholfen«. (S.97)

Dickhoff glaubt, dass die eigentlichen Bauherren der Tunnel Menschen riesiger Statur waren und sie identisch mit den in der Bibel erwähnten Riesen sind.

Die Genesis erwähnt, dass diese Riesen oder die Giganten in der Erde und nicht etwa auf der Erde lebten, das heißt, dass sie

Tunnelanlagen bauten und nicht anders lebten als die Maulwürfe. Fossilien solcher Riesen wurden beispielsweise auf Java gefunden und werden als primitivste Form des Menschen interpretiert, der vor 500 000 Jahren lebte.

Er behauptet ferner, dass diese Marsianer sich nach dem Untergang von Atlantis in die Erde zurückzogen und die Menschheit erschufen. Der Franzose Robert Charroux ist dagegen der Ansicht, dass die Erbauer der Tunnel Venusianer sind! Er erwähnt, dass diese Theorie nicht von ihm selbst stammt, sondern aus den indischen Veden und dem tibetanischen Bardo Thodo/.

Anscheinend kamen die Venusleute exakt im Jahr 701.969 auf diesen Planeten, im Zeitalter Lucifers - dessen Name »Lichtbringer« bedeutet. Charroux zitiert Paul Gregor, den er als Experten auf diesem Gebiet bezeichnet:

Aus obskuren Gründen sollen sie gigantische Altäre und Schächte erbaut haben, die bis ins Innerste der Erde hineinreichten - zum Kern, wo alles Feuer und alles Wasser der Erde seinen Ursprung nimmt und wo alle Ströme der Lava aller Vulkane entstehen. Dort unten, tief unter den düsteren Fundamenten des Universums, hausten die geheimnisvollen Erbauer. (S. 269)

VON HIER WIRD DIE WELT GELENKT

Auszüge aus: »Die verlorene Welt von Agharti«

Beeinflussen die Geschicke der Menschheit

…der eine prächtige Residenz in Shamballah bewohnt, der Hauptstadt Aghartis. Von hier unterhält er Kontakt zu den Emmissären der »Oberwelt«, was ihm ermöglicht, auch die Geschicke unserer Menschheit zu beeinflussen. (S.28,29)

Subtilen Einfluss ausüben

Die Idee von der Existenz eines unterirdischen Reiches, dessen Tunnelsystem alle Teile der Welt miteinander verbindet, lässt sich bis in die Antike zurückverfolgen. Sie wird bereits in den ältesten Überlieferungen erwähnt und findet sich in antiken Manuskripten, die den ältesten Zivilisationen zugeordnet werden. Darin ist meist die Rede davon, dass sich bereits in der Vorgeschichte Menschen dort niedergelassen haben - eine friedliebende Rasse, die sich zum Ziel gesetzt hatte, einen subtilen Einfluss auf die Geschicke der oberirdischen Zivilisationen auszuüben. (S. 34)

Wurde nie erobert

Dieses unbekannte Land wurde nie von einer menschlichen Macht okkupiert - nicht einmal die mongolischen und europäischen Invasionen unserer Zeit vermochten es, die Geheimnisse der Tempel von Asgartha zu ergründen... Jene, die dort wohnen, besitzen große Macht und wissen alles, was in der Welt vor sich geht. Sie durchreisen die ganze Welt in den unterirdischen Gängen, die so alt sind wie das Königreich selbst. (S.55)

König der Welt

Der Brahmin erzählte d'Alveydre, dass Agartha das große Einweihungszentrum Asiens sei und seine Bevölkerung in die Millionen gehe. Es wurde von zwölf Mitgliedern der »Obersten Weihe« und dem »König der Welt« regiert, der »die gesamten Geschicke dieses Planeten auf eine diskrete und unsichtbare Weise lenkt«.

Getarnte Zugänge

Der alte Priester enthüllte ihm auch, dass es mehrere Zugänge zu dem Königreich gab, die sorgfältig getarnt waren, so dass nur auserwählte Bewohner der Oberwelt sie finden würden. Die Subterraner hätten demnach eine eigene Sprache, das Vattan, welches unseren Linguisten und Gelehrten vollständig unbekannt ist. Zudem verfügen sie über ein »Geheimarchiv der Menschheit«, das die »perfektesten Exemplare aller Maschinen, Menschen und Tiere enthält, die im Laufe der Zeitgeschichte vom Erdboden verschwunden sind; es dient zur Wahrung der geistigen und politischen Errungenschaften der Menschheit«. (S.61)

Millionen Menschen umfassend

Vor mehr als sechzigtausend Jahren verschwand ein Heiliger Mann mit einem ganzen Volk unter der Erde und sie erschienen nie wieder auf der Oberfläche. Doch haben viele Menschen dieses Königreich seitdem besucht, darunter Sakkia Mouni, Undur Gheghen, Paspa, Khan Baber und andere. Niemand weiß, wo dieser Ort liegt. Manche sagen in Afghanistan, andere meinen in Indien. Alle Menschen dort sind vor dem Bösen und dem Verbrechen geschützt, beides gibt es innerhalb seiner Grenzen nicht. Die Wissenschaft hat sich friedlich entwickelt und nicht als Mittel der Zerstörung. Die unterirdischen Menschen haben das höchste Wissen erreicht. Jetzt ist es ein großes Königreich, Millionen von Menschen umfassend, die vom »König der Welt« regiert werden. Er beherrscht alle Mächte der Welt und liest in allen Seelen der Menschheit und dem großen Buch ihres Schicksals. Unsichtbar regiert er achthundert Millionen Menschen auf der Oberfläche der Erde, und sie werden jede seiner Anweisungen befolgen«. (S.79)

Kontakte zu den Lenkern

Er steht in Verbindung mit den Gedanken aller Menschen, die das Los und das Leben der gesamten Menschheit beeinflussen. Mit Königen, Zaren, Khans' Kriegsherrn' Hohepriestern, Wissenschaftlern und anderen mächtigen Männern. Er kennt all ihre Gedanken und Pläne. Wenn diese vor Gott gefallen finden, wird der »König der Welt« ihnen unsichtbar helfen; wenn sie vor Gott jedoch keine Zustimmung finden, wird der König sie vernichten. (S. 82)

Eine fremde Macht lenkt und beeinflusst das Leben hier auf der Erde.

Interessant finde ich den Umstand, dass es diese Hinweise in ganz unterschiedlichen Quellen gibt; ganz alten Quellen, neuen und religiösen Quellen. Manche Quellen sind erst in unserer Zeit wieder entdeckt worden und konnten unmöglich nachher korrigiert worden sein.

Sogar die Sagen und Mythen enthalten diese Informationen.

Warum nur verschließt sich unser 20stes Jahrhundert vor diesem Wissen?

HINWEISE ZUM KÖNIG DER WELT

Auszüge aus: »Die verlorene Welt von Agharti«

Der König der Welt wird erscheinen

Wenn wir uns zu den Doktrinen der Buddhisten wenden, stoßen wir auch dort auf Beweise für die Existenz von Agharti. Diesen Lehren zufolge befindet sich das Königreich tief im Inneren unseres Planeten und wird von Millionen friedlicher Menschen bewohnt. Sie werden von einem weisen, unglaublich mächtigen Wesen regiert, das als Rigdenjyepo bekannt ist - »Der König der Welt«.

Ein tibetanischer Führer fand nach einer Schlacht mit den Oleten eine Höhle mit der Inschrift: »Dies ist das Tor zu Agharti«. Aus dieser Höhle trat ein Mann feinen Aussehens, überreichte ihm eine Plakette aus Gold mit mysteriösen Zeichen darauf und sagte: Der König der Welt wird vor allen Menschen erscheinen, wenn die Zeit für ihn gekommen sein wird, um alle guten Menschen der Welt gegen alles Schlechte zu führen'. Aber diese Zeit ist noch nicht gekommen. Die bösesten unter den Menschen sind noch nicht geboren worden.« (S.85)

Rigden-Jyepo selbst in menschlicher Gestalt

»Wahrlich, ich sage Ihnen, dass die Leute von Shamballah zu allen Zeiten in dieser Welt auftauchten, um die irdischen Freunde von Shamballah zu treffen. Zum Heil der Menschheit bringen sie kostbare Geschenke mit. Ich kann Ihnen viele Geschichten von diesen wunderbaren Geschenken erzählen. Zeitweilig erschien sogar Rigden-Jyepo selbst in menschlicher Gestalt. Plötzlich zeigt er sich an heiligen Orten wie Mönchsklöstern, wenn es an der Zeit war, seine Prophezeiungen auszusprechen«. (S.98)

Ihm gehört die ganze Welt

Ossendowski schreibt über einen Besuch des »Königs der Welt« in einem Kloster in Lhasa:

In einer Winternacht kamen mehrere Reiter ins Kloster und forderten die Lamas auf, sich im Thronzimmer zu versammeln. Dort bestieg einer der Fremden den Thron und nahm sein Bashlyk vom Kopf. Alle Lamas fielen auf die Knie, als sie den Mann erkannten, der vor langer Zeit in den heiligen Bullen des Dalai Lama, Tashi Lama und Bogdo Khan beschrieben worden war. Er war der Mann, dem die ganze Welt gehörte, und der alle Rätsel der Natur durchdrungen hat. Er sprach ein kurzes tibetanisches Gebet, segnete alle Anwesenden und machte danach Voraussagungen für das nächste halbe Jahrhundert. Dies war vor 30 Jahren, und in der Zwischenzeit haben sich alle seine Prophezeiungen erfüllt. (S. 266)

Wir haben gelesen, dass in dieser unterirdischen Welt der König der Welt regiert. Seinen Amtssitz hat er in Shamballah, der Hauptstadt von Agharti.

In der Bibel wird der Teufel mehrfach als der Herrscher dieser Welt genannt. Handelt es sich dabei um ein und dieselbe Person?

Die Stimmigkeiten sind einfach zu gravierend, als dass man sie ignorieren sollte.

Eine reale Welt!

Dass der Teufel in der Hölle sein Zuhause hat, war der Kirche ja schon zu allen Zeiten bekannt. Aber im Ernst, welcher gläubige Kirchgänger hätte sich die Heimat dieses Königs der Welt so real vorgestellt?

Anstatt Schwefel, Rauch und Folterinstrumenten, High - Tech vom Feinsten.

Und ob der Herrscher der Welt im Innern der Erde so schlecht ist, wie das in vielen religiösen Schriften zu lesen ist, steht wiederum auf einem anderen Blatt.

LINKS UND BERICHTE ZU KAPITEL 5 UND 6:

Christa Jasinski: Augenzeugenbericht über eine Zivilisation im Innern der Erde
https://www.youtube.com/watch?v=b8LhQ18AGWE

Hohle Erde - Das Tagebuch von Admiral Richard E. Byrd
https://www.youtube.com/watch?v=l4ATBHjmCjQ

The Hollow Earth is REAL: SCIENTIFIC PROOF (INCREDIBLE SHOCKING CONSPIRACY DOCUMENTARY)
https://www.youtube.com/watch?v=O20x-My2bOo

The Hollow Earth Theory
https://www.youtube.com/watch?v=9gYpz4UZbqo

The Hollow Earth Expedition & Lost Tesla Technology
https://www.youtube.com/watch?v=mF5XCzPUsI8

Stewart Swerdlow Reptilians & The Hollow Earth
https://www.youtube.com/watch?v=5R-dramnwoc

Hollow Earth True HISTORY, HITLER & NWO (GOT-TA SEE THIS!!!) Documentary
https://www.youtube.com/watch?v=NiIWMmRkOok

Hollow Earth Agartha, The Cover Up Full Documentary
https://www.youtube.com/watch?v=uVg679jFkFA

The Breakaway Civilization - Hollow Earth Theory - Agartha - Shamballa - New Swabia
https://www.youtube.com/watch?v=2i5eRnGODy8

Hollow Earth, Meru, Agartha, and MORE
https://www.youtube.com/watch?v=lT6BEqcOGdE

7. ADMIRAL BYRD / OPERATION HIGH JUMP

THE EXPLORATION FLIGHT OVER
THE NORTH POLE

I must write this diary in secrecy and obscurity. It concerns my Arctic flight of the nineteenth day of February in the year of Nineteen and Forty Seven.

There comes a time when the rationality of men must fade into insignificance and one must accept the inevitability of the Truth!

I am not at liberty to disclose the following documentation at this writing... perhaps it shall never see the light of public scrutiny, but I must do my duty and record here for all to read one day.

In a world of greed and exploitation of certain of mankind can no longer suppress that which is truth.

FLIGHT LOG - BASE CAMP ARCTIC – 2/19/1947

0600 Hours- All preparations are complete for our flight north ward and we are airborne with full fuel tanks at 0610 Hours.

0620 Hours- fuel mixture on starboard engine seems too rich, adjustment made and Pratt Whittneys are running smoothly.

0730 Hours- Radio Check with base camp. All is well and radio reception is normal.

0740 Hours- Note slight oil leak in starboard engine, oil pres sure indicator seems normal, however.

0800 Hours- Slight turbulence noted from easterly direction at altitude of 2321 feet, correction to 1700 feet, no further turbulence, but tail wind increases, slight adjustment in throttle controls, aircraft performing very well now.

0815 Hours- Radio Check with base camp, situation normal.

0830 Hours- Turbulence encountered again, increase altitude to 2900 feet, smooth flight conditions again.

0910 Hours- Vast Ice and snow below, note coloration of yellowish nature, and disperse in a linear pattern. Altering course foe a better examination of this color pattern below, note reddish or purple color also. Circle this area two full turns and return to assigned compass heading. Position check made again to base camp, and relay information concerning colorations in the Ice and snow below.

0910 Hours- Both Magnetic and Gyro compasses beginning to gyrate and wobble, we are unable to hold our heading by instrumentation. Take bearing with Sun compass, yet all seems well. The controls are seemingly slow to respond and have sluggish quality, but there is no indication of Icing!

0915 Hours- In the distance is what appears to be mountains.

0949 Hours- 29 minutes elapsed flight time from the first sighting of the mountains, it is no illusion. They are mountains and consisting of a small range that I have never seen before!

0955 Hours- Altitude change to 2950 feet, encountering strong turbulence again.

1000 Hours- We are crossing over the small mountain range and still proceeding northward as best as can be ascertained. Beyond the mountain range is what appears to be a valley with a small river or stream running through the center portion. There should be no green valley below! Something is definitely wrong and abnormal here! We should be over Ice and Snow! To the portside are great forests growing on the mountain slopes. Our navigation Instruments are still spinning, the gyroscope is oscillating back and forth!

1005 Hours- I alter altitude to 1400 feet and execute a sharp left turn to better examine the valley below. It is green with either moss or a type of tight knit grass. The Light here seems different. I cannot see the Sun anymore. We make another left turn and we spot what seems to be a large animal of some kind below us. It appears to be an elephant! NO!!! It looks more like a mammoth! This is incredible! Yet, there it is! Decrease altitude to 1000 feet and take binoculars to better examine the animal. It is confirmed - it is definitely a mammoth-like animal! Report this to base camp.

1030 Hours- Encountering more rolling green hills now. The external temperature indicator reads 74 degrees Fahrenheit! Continuing on our heading now. Navigation instruments seem normal now. I am puzzled over their actions. Attempt to contact base camp. Radio is not functioning!

1130 Hours- Countryside below is more level and normal (if I may use that word). Ahead we spot what seems to be a city!!!! This is impossible! Aircraft seems light and oddly buoyant. The controls refuse to respond!! My GOD!!! Off our port and star board wings are a strange type of aircraft. They are closing rapidly alongside! They are disc-shaped and have a radiant quality to them. They are close enough now to see the markings on them. It is a type of Swastika!!! This is fantastic. Where are we! What has happened. I tug at the controls again. They will not respond!!!! We are caught in an invisible vice grip of some type!

1135 Hours- Our radio crackles and a voice comes through in English with what perhaps is a slight Nordic or Germanic accent! The message is:

'Welcome, Admiral, to our domain. We shall land you in exactly seven minutes! Relax, Admiral, you are in good hands.'

I note the engines of our plane have stopped running! The aircraft is under some strange control and is now turning itself. The controls are useless.

1140 Hours- Another radio message received. We begin the landing process now, and in moments the plane shudders slightly, and begins a descent as though caught in some great unseen elevator! The downward motion is negligible, and we touch down with only a slight jolt!

1145 Hours- I am making a hasty last entry in the flight log. Several men are approaching on foot toward our aircraft. They are tall with blond hair. In the distance is a large shimmering city pulsating with rainbow hues of color. I do not know what is going to happen now, but I see no signs of weapons on those approaching. I hear now a voice ordering me by name to open the cargo door. I comply.

END LOG

From this point I write all the following events here from memory. It defies the imagination and would seem all but madness if it had not happened.

The radioman and I are taken from the aircraft and we are received in a most cordial manner. We were then boarded on a small platform-like conveyance with no wheels! It moves us toward the glowing city with great swiftness. As we approach, the city seems to be made of a crystal material.

Soon we arrive at a large building that is a type I have never seen before. It appears to be right out of the design board of Frank Lloyd Wright, or perhaps more correctly, out of a Buck Rogers setting!!

We are given some type of warm beverage which tasted like nothing I have ever savored before. It is delicious. After about ten minutes, two of our wondrous appearing hosts come to our quarters and announce that I am to accompany them. I have no choice but to comply. I leave my radioman behind and we walk a short distance and enter into what seems to be an elevator.

We descend downward for some moments, the machine stops, and the door lifts silently upward! We then proceed down a long hallway that is lit by a rose-colored light that seems to be emanating from the very walls themselves! One of the beings motions for us to stop before a great door. Over the door is an inscription that I cannot read. The great door slides noiselessly open and I am beckoned to enter.

One of my hosts speaks.

'Have no fear, Admiral, you are to have an audience with the Master...'

I step inside and my eyes adjust to the beautiful coloration that seems to be filling the room completely.

Then I begin to see my surroundings. What greeted my eyes is the most beautiful sight of my entire existence. It is in fact too beautiful and wondrous to describe. It is exquisite and delicate. I do not think there exists a human term that can describe it in any detail with justice!

My thoughts are interrupted in a cordial manner by a warm rich voice of melodious quality,

'I bid you welcome to our domain, Admiral.'

I see a man with delicate features and with the etching of years upon his face. He is seated at a long table. He motions me to sit down in one of the chairs.

After I am seated, he places his fingertips together and smiles.

He speaks softly again, and conveys the following:

'We have let you enter here because you are of noble character and well-known on the Surface World, Admiral.'

Surface World, I half-gasp under my breath!

'Yes,' the Master replies with a smile, 'you are in the domain of the Arianni, the Inner World of the Earth. We shall not long delay your mission, and you will be safely escorted back to the surface and for a distance beyond. But now, Admiral, I shall tell you why you have been summoned here.

Our interest rightly begins just after your race exploded the first atomic bombs over Hiroshima and Nagasaki, Japan. It was at that alarming time we sent our flying machines, the »Flugelrads«, to your surface world to investigate what your race had done. That is, of course, past history now, my dear Admiral, but I must continue on.

You see, we have never interfered before in your race's wars, and barbarity, but now we must, for you have learned to tamper with a certain power that is not for man, namely, that of atomic energy. Our emissaries have already delivered messages to the powers of your world, and yet they do not heed. Now you have been chosen to be witness here that our world does exist.

You see, our Culture and Science is many thousands of years beyond your race, Admiral.'

I interrupted,

'But what does this have to do with me, Sir?'

The Master's eyes seemed to penetrate deeply into my mind, and after studying me for a few moments he replied,

'Your race has now reached the point of no return, for there are those among you who would destroy your very world rather than relinquish their power as they know it...'

I nodded, and the Master continued,

'In 1945 and afterward, we tried to contact your race, but our efforts were met with hostility, our Flugelrads were fired upon.

Yes, even pursued with malice and animosity by your fighter planes. So, now, I say to you, my son, there is a great storm gathering in your world, a black fury that will not spend itself for many years. There will be no answer in your arms, there will be no safety in your science.

It may rage on until every flower of your culture is trampled, and all human things are leveled in vast chaos. Your recent war was only a prelude of what is yet to come for your race. We here see it more clearly with each hour.. do you say I am mistaken?'

'No,' I answer, 'it happened once before, the dark ages came and they lasted for more than five hundred years.'

'Yes, my son,' replied the Master, 'the dark ages that will come now for your race will cover the Earth like a pall, but I believe that some of your race will live through the storm, beyond that, I cannot say.

We see at a great distance a new world stirring from the ruins of your race, seeking its lost and legendary treasures, and they will be here, my son, safe in our keeping. When that time arrives, we shall come forward again to help revive your culture and your race.

Perhaps, by then, you will have learned the futility of war and its strife…and after that time, certain of your culture and science will be returned for your race to begin anew. You, my son, are to return to the Surface World with this message…..'

With these closing words, our meeting seemed at an end. I stood for a moment as in a dream….but, yet, I knew this was reality, and for some strange reason I bowed slightly, either out of respect or humility, I do not know which.

Suddenly, I was again aware that the two beautiful hosts who had brought me here were again at my side.

'This way, Admiral,' motioned one.

I turned once more before leaving and looked back toward the Master. A gentle smile was etched on his delicate and ancient face.

'Farewell, my son,' he spoke, then he gestured with a lovely, slender hand a motion of peace and our meeting was truly ended.

Quickly, we walked back through the great door of the Master's chamber and once again entered into the elevator.

The door slid silently downward and we were at once going upward. One of my hosts spoke again, 'We must now make haste, Admiral, as the Master desires to delay you no longer on your scheduled timetable and you must return with his message to your race.'

I said nothing. All of this was almost beyond belief, and once again my thoughts were interrupted as we stopped. I entered the room and was again with my radioman. He had an anxious expression on his face.

As I approached, I said,

'It is all right, Howie, it is all right.'

The two beings motioned us toward the awaiting conveyance, we boarded, and soon arrived back at the aircraft. The engines were idling and we boarded immediately.

The whole atmosphere seemed charged now with a certain air of urgency. After the cargo door was closed the aircraft was immediately lifted by that unseen force until we reached an altitude of 2700 feet. Two of the aircraft were alongside for some distance guiding us on our return way.

I must state here, the airspeed indicator registered no reading, yet we were moving along at a very rapid rate.

215 Hours - A radio message comes through.

'We are leaving you now, Admiral, your controls are free. Auf Wiedersehen!!!!'

We watched for a moment as the flugelrads disappeared into the pale blue sky.

The aircraft suddenly felt as though caught in a sharp downdraft for a moment. We quickly recovered her control. We do not speak for some time, each man has his thoughts…

ENTRY IN FLIGHT LOG CONTINUES

220 Hours- We are again over vast areas of ice and snow, and approximately 27 minutes from base camp. We radio them, they respond. We report all conditions normal….normal. Base camp expresses relief at our re-established contact.

300 Hours- We land smoothly at base camp. I have a mission…

END LOG ENTRIES.

March 11, 1947

I have just attended a staff meeting at the Pentagon. I have stated fully my discovery and the message from the Master.

All is duly recorded. The President has been advised. I am now detained for several hours (six hours, thirty- nine minutes, to be exact.) I am interviewed intently by Top Security Forces and a medical team. It was an ordeal!!!!

I am placed under strict control via the national security provisions of this United States of America. I am ORDERED TO RE-

MAIN SILENT IN REGARD TO ALL THAT I HAVE LEARNED, ON THE BEHALF OF HUMANITY!!! Incredible!

I am reminded that I am a military man and I must obey orders.

30/12/56 - FINAL ENTRY

These last few years elapsed since 1947 have not been kind...

I now make my final entry in this singular diary. In closing, I must state that I have faithfully kept this matter secret as directed all these years. It has been completely against my values of moral right. Now, I seem to sense the long night coming on and this secret will not die with me, but as all truth shall, it will triumph and so it shall.

This can be the only hope for mankind. I have seen the truth and it has quickened my spirit and has set me free! I have done my duty toward the monstrous military industrial complex.

Now, the long night begins to approach, but there shall be no end.

Just as the long night of the Arctic ends, the brilliant sunshine of Truth shall come again... and those who are of darkness shall fall in it's Light... FOR I HAVE SEEN THAT LAND BEYOND THE POLE, THAT CENTER OF THE GREAT UNKNOWN.

Admiral Richard E. Byrd
United States Navy
24 December 1956

OPERATION »HOCHSPRUNG« & DER UFO KONTAKT

durch Erich J. Choron Übersetzung: Volker Ude
Copyright © 2008 Beyond Mainstream

1947 führte Admiral Richard E. Byrd 4000 amerikanische, britische und australische Soldaten in eine Invasion in die Antarktis, die »Hochsprung« genannt wurde und der mindestens eine Expedition folgte. Das ist Tatsache und unbestreitbar. Aber der Teil der Geschichte, der selten erzählt wird, zumindest in offiziellen Kreisen, ist, dass Byrd und seine Streitkräfte bei ihrem antarktischen Wagnis schweren Widerständen durch »fliegende Untertassen« ausgesetzt war und zum Abbruch der Invasion führte. Dieser Aspekt der Geschichte wurde vor einigen Jahren wieder aktuell, als ein pensionierter Konteradmiral, der angeblich in Texas wohnt und an der Invasion beteiligt war, sagte, er war »geschockt«, als er das Materials einer Dokumentation mit dem Namen »Rire from the sky« las. Er reklamierte angeblich sein Wissen, dass es »eine Reihe von Flugzeug- und Raketenabschüssen« gegeben hatte, aber nicht erkennen konnte, dass die Situation so ernst, wie es die Dokumentation schildert, war.

Die Operation »Hochsprung«, die im Grunde eine Invasion der Antartis war, bestand aus drei Flottenkampfverbänden, die am 2. Dezember 1946 aus Norfork, VA, abgereist waren. Sie wurden durch das Komandoschiff von Admiral Richard E. Byrd, dem Eisbrecher »Northwind« angeführt und bestand aus dem Katapulschiff »Pine Island«, dem Zerstörer »Brownsen«, dem Flugzeugträger »Phillipines Sea«, dem US U-Boot »Sennet«, zwei Versorgern »Yankee« und »Merrick« und zwei Tankern »Canisted« und »Capacan«, dem Zerstörer »Henderson« und einem Schiff mit Schwimmflugzeugen »Currituck«. Ein britisch-norwegische Verband und ein russischer Verband, und ich glaube einige australische und kanadische Kräfte waren auch beteiligt.

Die Pine Island (AV-12), eines dieser Seeflugzeug-Tender, dass in der Expedition einbezogen war, hatte interessanterweise eine ziemlich farbige Geschichte.

Die USS Pine Island, ein Seeflugzeug-Tender der Currituck-Klasse wurde am 16. November 1942 durch Todd Shipyard Cooperation in San Pedro in Kalifornien auf Kiel gelegt. Am 26. Februar 1944 lief es vom Stapel und erhielt am 26 April 1945 den offiziellen Dienstnamen Pine Island. Das Schiff diente in den letzten Monaten des zweiten Weltkrieges und der unmittelbaren Nachkriegszeit, wurde aber am1. Mai 1950 stillgelegt. Als der Koreakrieg ausbrach, wurde es am 7. Oktober wieder in Alameda, Kalifornien, in Dienst gestellt. Die endgültige Stilllegung fand am 16. Juni 1967 statt und ist als Reserve aus dem Verkehr gezogen worden.

Aber hier beginnt die Geschichte interessant zu werden. Die USS Pine Island wurde an einem unbekannten Datum aus dem Marineregister gestrichen. Der Name wurde der Seefahrtsverwaltung übergeben, weil sie für die nationale Verteidigungsreserveflotte aus dem Verkehr gezogen wurde, am einem unbekannten Datum, und, die letzte Verwendung des Schiffs ist unbekannt. Nun, wie geht man damit um, dass wahrlich umfängliche Schiff mit 640 Fuss Länge, fast 70 Fuss Breite und einer Verdrängung von 15.999 Tonnen verloren geht? (siehe Erklärung unten)

Die Geschichte wirkt sehr merkwürdig, immer noch. Die Pine Island ist nicht das einzige Schiff, dass an der »Antarktis-Forschung« oder »Untersuchung« teilnahm, das verschwand. Es gab zahlreiche andere. Die Frage ist nicht so sehr »wie viele«, dass ist ganz gut festgestellt worden. Die Frage ist »wie und warum« insbesondere »warum«.

Am 5. März 1947 hatte die »El Mucurio«, eine Zeitung aus Santiago in Chile einen Leitartikel mit der Überschrift »An Bord der Mount Olympus auf hoher See«, welche Byrd in einem Interview mit Lee van Atta zitieren: »Adm. Byrd erklärte heute, dass es für die Vereinigten Staaten zwingend erforderlich sei, mit Verteidigungsmaßnahmen gegen feindliche Gebiete zu beginnen. Außerdem stellte Byrd fest, dass er »nicht beabsichtigte, irgend jemand übermäßig zu erschrecken« aber dass es »eine bittere Realität war, dass im Falle eines neuen Krieges die kontinentalen Vereinigten Staaten von fliegenden Objekten angegriffen würden, die von Pol zu Pol mit einer unglaublichen Geschwindigkeit fliegen können.« Interessanterweise hatte der Admiral nicht lange, bevor er diese Kommentare abgab, Abwehrbasen am Nordpol empfohlen. Dieses waren keine »isolierten« Bemerkungen. Später wiederholte Admiral Byrd diese Ansichten auf einer Pressekonferenz als Ergebnis dessen, wie er es beschreibt als sein persönliches Wissen, sich an beiden Polen, Nord und Süd, zusammen zu ziehen. Er war im Krankenhaus und ihm wurde nicht mehr erlaubt, weitere Pressekonferenzen zu geben. Im März 1955 wurde er immer noch von der Operation Deepfreeze, ein Teil des geophysikalischen Jahren 1957 – 58 war, die die Antarktis erforschte, belastet. Er starb kurz danach 1957, viele sagten er wurde ermordet.

Nun, wer war der Feind, der diese fliegenden Objekte besass oder flog? Deutschland war anscheinend geschlagen und es gab keine Abzeichen für ein neues Auftauchen eines Feindes. Russland hatte sicherlich hochstehende Technologien, Sie waren wie die USA am Rande des Raketenzeitalters und absolut vertraut mit der Technologie und Fachkenntnissen, die von Deutschland am Ende des Krieges erobert wurden. Es gab keine andere bekannte Drohung die für die Invasion der Antarktis durch die Vereinigten Staaten verantwortlich waren, auch nicht die Entwicklung von Fluggeräten, die imstande sind, von »Pol zu Pol in unglaublicher Geschwindigkeit fliegen können.« Natürlich war der Roswell-Vorgang im letzten Sommer in den Zeitungen, aber, er wurde als »offiziell« erklärt und war zu der Zeit, als »Hochsprung« begann, zur Ruhe gekommen.

Gerüchte begannen zu zirkulieren, dass, obwohl Deutschland besiegt worden war, eine Auswahl Militärpersonal und Wissenschaftler aus dem Vaterland flohen, als alliierte Truppen über das Hauptgebiet Europas fegten, sie selbst sich auf einer Basis in der Antarktis festsetzten, von der sie aus extraterrestrische Technologie in fortgeschrittene Flugzeuge entwickelten. Es ist interessant, anzumerken, dass die Alliierten am Ende des Krieges entschieden, dass es 250.000 vermisster Deutsche gab, die nicht als verunglückte oder tote Personen gezählt wurden. Dies wäre die Basis für eine Population, die eine junge Kolonie begründet, die die wesentliche Fähigkeit von Geschick, Fachkenntnis und pure Arbeitskraft entwickelt, allein gelassen, um eine industrielle Station jeglicher Art, die im Stande ist, heutigen Standard, wenn nicht sogar äußerst hohe Technologie aufbauen zu können.

Allen Forscher nicht identifizierbarer fliegender Objekte sind sich über die Vielzahl der Berichte bewusst, über Sichtungen von »fliegenden Untertassen«, versehen mit der Swastika oder dem eisernen Kreuz und »Aliens«, die Deutsch sprechen. Viele haben auch von Entführungen gehört, die zu Untergrundbasen geführt wurden, die Swastika-Symbole an den Wänden hatten oder im Fall des entführten Alex Christopher, der »Reptoide« und »Nazis« gesehen hatte, die zusammen auf Antigravitationsschiffen oder Untergrundbasen zusammengearbeitet haben. Barney Hill war vermutlich nicht der einzige, der die so genannte »Nazi« Beziehung zu Entführungen durch unbekannten Flugobjekten beschrieb. Die Berichte wie die von Christopher und Hill müssen mit einer gehörigen Priese Salz genommen werden. Es gibt weit mehr plausible Erklärungen, als die sogenannten »Reptoiden«.

Ein weiteres bekanntes Beispiel ist der Amerikaner Reinhold Schmidt, ein Mann, dessen Vater in Deutschland geboren wurde und in seinem Buch »Vorfall aus Kearney« berichtet, dass er mehrmalig von einer »fliegenden Untertasse« mitgenommen wurde. Schmidt bemerkte, dass »die Mannschaft Deutsch sprach und sich wie deutsche Soldaten verhielten«. Er fügte hinzu, dass sie ihn in die »Polregion« mitgenommen hätten.

Nun muss man anerkennen, dass wenn eine Person solche Geschichten erfände, warum sollte er behaupten, von allen Plätzen aus zum Pol verbracht worden zu sein? Natürlich muss man auch anerkennen, dass zu der Zeit von Schmidt's Kommentaren Gerüchte über »geheime Nazibasen« an den Polen bereits leidlich bekannt. Nach der Rückkehr wurde er angeblich durch die US Regierung einer Untersuchung unterzogen. Zu seiner Verteidigung muss bemerkt werden, dass seine Beschreibung der »Luft-Scheiben«, wie er sie nannte, zu den Bildern passte, die von den Deutschen in den letzten Kriegstagen des zweiten Weltkrieges erobert wurden.

1959 berichteten drei große Zeitungen in Chile auf der ersten Seite Berichte über unbekannte Flugobjektbegegnungen, deren Mannschaft deutsche Soldaten gewesen sein sollen. In den frühen 1960ern gab es Berichte aus New York und New Jersey über Flugscheiben »Aliens«, die Deutsch sprachen oder Englisch mit deutschem Akzent. Man darf auch nicht versäumen zu erwähnen, dass einer der spektakulärsten legalen Fälle im Zwanzigsten Jahrhundert - der »Atomspionageversuch« - von Julius und Ethel Rosenberg als »Kriegsschiff des Weltraums« bezeichnet wurde. Seid dem sie Zugang zu top Geheiminformationen hatten und an diesem Punkt, ohne Grund zu lügen, was war es denn, was sie meinten?

Deswegen kommen wir jetzt in die Zeit des späten 1947, nur Monate nach dem Roswell-Vorfall, als der Flottensekretär James Forrestal eine Spezialeinheit einschließlich Admiral Nimitz, Admiral Krusen und Admiral Byrd in die Antarktis schickte, genannt »Operation Hochsprung«. Es wurde umworben mit der Bezeichnung Expedition, um »Kohlevorkommen« und andere wertvolle Ressourcen zu finden, aber die Tatsachen zeigen etwas anderes an. In Wirklichkeit versuchten sie anscheinend eine durch Deutsche konstruierte ungeheure Untergrundbasis zu lokalisieren, die vor und während und kurz nach dem Zweiten Weltkrieg gebaut wurde, mit der Hilfe von Alienwesen, die als »Arier« beschrieben wurden. Diese Basis wurde angeblich in Neuschwabenland vermutet, ein Gebiet in der Antarktis, das von Deutschland erforscht worden und beansprucht wurde, bevor der Zweite Weltkrieg ausbrach. Tatsächlich haben die Deutschen eine sehr detaillierte Studie über die Antarktis und besaßen den Anspruch, dort eine kleine Untergrundbasis vor dem Krieg gebaut zu haben.

Hier muss man fragen, warum die Vereinigten Staaten und ihre Verbündeten den Verdacht hatten, dass Deutschland ihre Aktivitäten nach dem Zweiten Weltkrieg fortsetzten. Die Antwort hat ganz offen gesagt nichts mit den unbekannten Flugobjekten zu tun. Dieser Teil der Geschichte kam durch eine vollkommen anderen Quelle ans Licht. Tatsächlich gab es damals eine Fülle von Beweisen, die darauf hinwiesen, dass Ende 1947

Elemente der Kriegsmarine oder der deutschen Flotte noch sehr aktiv im Südatlantik oder von Südamerika operierten, die vor der antarktischen Basis unverdächtig war. Viele Geschichten kreisten zu der Zeit. Eine von diesen besagt, dass ein deutsches U-Boot einen isländischen Walfänger mit Namen Juliana im Südatlantik 1947 stoppte und beteuerte, dass ihr Kapitän Hekla der U-Boot Mannschaft Nachschub aus ihren verfügbaren Beständen verkaufte. Als Austausch für ihre Versorgung (die in US $ bezahlt wurde und für jedes Crew-Mitglied der Juliana einen Bonus von 10 $ extra) erzählte der U-Boot Kommandant den Walfängern, wo sie eine große Gruppe von Walen finden würden. Hekla und seine Mannschaft fanden später die Wale an der exakten Position, die der U-Boot Kommandant angegeben hatte.

An advanced submarine schnorkel. With this device German U-Boats overcame the necessity for surfacing to recharge their batteries. Raised above the surface by a telescoping tube, the schnorkel provided an outlet for exhaust gases and an inlet for fresh air. At first, allied radar was able to pick up the small schnorkel "blip" but German scientists countered with an anti-radar coating which appears on this model (a principle similar to that used by the U.S. B-2 bomber). The U-Boats again became invisible. While this advance was of great importance it was the development of the "Electro Boat" and the Walter motor, powered by hydrogen peroxide, which gave the German U-Boat a range of 30,000 miles or more, greatly increased speed and other capabilities far in advance of Allied submarines of the 1940's and 1950's (courtesy of U.S. Navy Archives).

Die Präsenz solcher Boote, alle späterer Bauart der Typen XXI und XXII U-Boote mit dem »Schnorchel« erlaubte ihnen, die ganze Seereise von Deutschland aus getaucht durchzuführen, und das war kein Geheimnis.

Viele dachten, sie würden von Argentinien aus, möglicherweise unter argentinischer Flagge mit deutschem Personal versehen, operieren. Die Tatsache, dass zehn U-Boote von ihren Basen aus Oslofjord, Hamburg und Flensburg während des Zweiten Weltkriegs mehrere hundert deutsche Offiziere und Beamte nach Argentinien zu transportieren in der Lage waren, um ein neues Reich zu gründen, wird überall akzeptiert. Diese Beamte, überwiegend mit Geheimprojekten beschäftigt, von denen viele Mitglieder der SS und der Kriegsmarine waren, versuchten, der »Vergeltung« durch die Alliierten zu entkommen und ihre Arbeit im Ausland fortzusetzen. Die U-Boote wurden voll beladen mit ihrem Gepäck und Dokumenten, sowie mehr als wahrscheinlich mit Goldbarren, um ihre Anstrengungen zu bezahlen. Alle diese U-Boote verließen ihren Heimathafen zwischen dem 3. und 8. Mai 1945. Sie sollten nach Argentinien weiterreisen, wo sie dann vom befreundeten Regime des Juan Peron und seiner charismatischen Frau Evita Peron willkommen geheißen würden. Sieben von zehn U-Booten mit Basen auf deutschem und dänischem Boden starteten ihre Reise nach Argentinien durch den Kattegat und den Skagerrak. Keine wurde je wieder gesehen…offiziell. Es wurde jedoch dokumentiert, dass drei der Boote tatsächlich Argentinien erreichten. Es waren U-530, U-977 und U-1238. U-530 und U-977, die im frühen Juli und August 1945 in Mar del Plata der argentinischen Marine übergeben wurden. U-1238 wurde von ihrer Mannschaft im Wasser des San Matias Golf, nördlich Patagoniens versenkt. Sechs Boote sind bis jetzt immer noch vermisst und nach dem Archiv der Kriegsmarine, vor kurzem entdeckt, weisen sie darauf hin, dass eine Gesamtanzahl von mehr als vierzig Boote vollständig vermisst sind, vor allem die letzte neuste Konstruktion, den neusten Stand der Technik und die entweder Argentinien oder die Antarktis erreicht hatten, total untergetaucht und vollkommen unbemerkt von der existierenden Technik der Alliierten in der damaligen Zeit für die gesamte Dauer ihrer Durchfahrten.

Natürlich wuchs die Frage, warum diese Männer eine solche gefährliche Fahrt unternahmen. Es muss wohl sicherlich als eine Tat der Verzweiflung oder Fanatismus angesehen werden oder beides, denn weder sind so solche Männer als Mannschaft auf den U-Booten, noch sind so Wissenschaftler und Militäroffiziere, die hier Passagiere waren. Tatsache ist, dass es den Anschein macht, dass die meisten von ihnen, die dem Ruin Deutschlands in den entfernten Süden entflohen waren, Wissenschaftler und Ingenieure und ihre Widmung entsprang aus ihrem Projekt, an dem sie arbeiteten. Um diese Zuneigung zu verstehen, ist es notwendig, vor den Ausbruch des zweiten Weltkriegs zurückzugehen, zu einem isolierten Bereich in den bayrischen Alpen. Dort war es, im Sommer 1938, als ein unbekanntes Flugobjekt, besetzt durch deutlich erkennbare Menschen arisch erscheinender Rasse, eine erzwungene Landung durchführten, sehr ähnlich der, die sich einige zehn Jahre später in der Wüste nahe Roswell, Neu Mexiko in den Vereinigten Staaten ereignete.

Obgleich die Besatzung der zwei Fluggeräte komplett unverwandt waren, ihre Technologie schienen auffallend ähnlich gewesen zu sein. Auch das Ergebnis der Bergungsbemühungen, die von den Deutschen unternommen wurden, genau so, wie die Bergungsbemühungen der Vereinigten Staaten, ergaben auffallend ungleiche Resultate.

Der bayrische Absturz von 1938 schien ein funktionsfähiges oder fast funktionsfähiges und reparierbares (mit der Technologie der damaligen Zeit) Antriebssystem zu haben und ein nahezu komplett zerstörtes oder unreparierbares Flugwerk. Der Roswell Absturz ereignete sich in exakt gegensätzlicher Weise, ein nahezu intaktes Flugwerk und ein ruiniertes Antriebssystem. Deshalb ergab die deutsche Forschung, der zu folgen war, eine überaus andere Wendung, wie die, die in den Vereinigten Staaten zehn Jahre später unternommen wurde. Deutschland brauchte ein Flugwerk, was in der Lage war, die »Maschine« (aus Mangel eines besseren Begriffs) zu tragen, während die Amerikaner eventuell eher eine »Maschine« bräuchten, die das Fluggerät auf maximale Leistung bringt.

Dies würde natürlich die gewaltige Anzahl der »experimentellen« Fluggeräte erklären, von extrem »einzigartigem« Aussehen, die buchstäblich aus den Designerbüros von Messerschmidt, Fokke Wulf, Fokker und eine große Anzahl von kleineren Firmen in der Zeit zwischen 1939 und 1945 heraus flossen. Die natürlich bemerkenswerteste ist die Sänger »Fliegender Flügel«, die später von den Vereinigten Staaten kopiert wurde und ist natürlich der Vorläufer des heutigen »Stealth« Bomber und Kampfmodellen wie der zu beachtende starke Bomber B-2.

Es ist auch jenseits jeden Zweifels, dass beide unbekannten Flugobjekt Bergungen der anfängliche Antrieb für eine lang andauernde und weitergehende Forschung über »Antigravitationsantrieb«, die gegenwärtig bei Arbeiten in Flugzeugherstellern wie Boeing und Lockheed in den Vereinigten Staaten und PanAvia in Europa zu sehen sind.

In jedem Fall war es das Werk der »Umkehrtechnik« des niedergegangenen bayrischen unbekannten Flugobjekts, der der Katalysator für den »Auszug« in den Süden sorgte. Deutschland war ruiniert und die Forschung wurde von denen, die sie durchführten, als lebenswichtig angesehen, lebenswichtig genug, um all das, was sie besaßen, einzupacken und das Risiko einer Überquerung des Atlantiks unter Wasser zu riskieren, zu einer isolierten Versuchs- und Forschungsbasis auf einem gefrorenem Kontinet, gewährleistet durch moderne Standards, den Standards jener Tage, U-Boote waren sehr schmal und beengt. Sie besaßen wenig Frachtraum. Immerhin, eine winzige Flotte von ihnen, zehn bis zwölf Boote, konnten die wesentliche Ausrüstung leicht transportieren und mehrere »Fahrten« durchzuführen und für weitere Lieferungen für die antarktische Forschungsbasis sorgen.

Es existieren Spekulationen, die von vielen unterstützt wird, dass eins der wenigen Boote der kühnen kleinen Flotte den großen Preis gewann, weil sie wenigstens einen der Überlebten des Absturz 1938, ein außerirdisches Wesen, ein wirklicher Mensch, auf einem anderen Planeten geboren, kein »Grauer«, transportierten. Die besten Beweise zeigen, dass es mehrere Überlebende des Absturz gegeben hat und das sie oder ihre Nachkommen mit den deutschen Wissenschaftlern und Ingenieuren arbeiten, um an der Aufgabe, eine lebensfähige »fliegende Scheibe« zu konstruieren.

Sie sind nicht die grauen »Aliens« von Roswell. Diese Wesen, biologisch komplette Menschen werden »Arianer« bezeichnet, im Erscheinungsbild vollständige Menschen, obwohl technologolisch zwei bis drei Generationen fortgeschrittener, als die auf der Erde geborene menschliche Wesen. Solange ihre Technologie der allgemeinen Theorie denen der Grauen gleichzusetzen ist, ist sie etwas anders, anscheinend in ihrem Zweck. Eine Tendenz, die darauf hinweist, dass die Technologie und Wissenschaft der Erde oft nur einen »bedeutenden Durchbruch«, abseits der Parität zu extraterristischen Kulturfragen anzeigt und gleichzeitig die »Dringlichkeit« der Projekte, durch Deutsche dargestellt (und zweifellos genauso durch die Vereinigten Statten), Wissenschaftler und Ingenieure in solchen Forschungen beteiligt sind.

Jedenfalls begann die Operation Hochsprung. Die Projektgruppe bestand aus über 40 Schiffen, einschließlich des Flagschiffs »Mount Olympus«, dem Flugzeugträger »Phillipine Sea«, dem Seeflugzeug-Tender »Pine Sea«, dem Unterseeboot »Senate«, dem Zerstörer »Bronson«, dem Eisbrecher »Nothwind« und andere Tanker und Versorger. Ein bewaffnetes Kontingent von 1400 Seeleuten und drei Hundeschlitten-Teams waren auch an Bord. Die Expedition wurde von der Marine gefilmt und nach Hollywood gebracht, um einen kommerziellen Film mit Namen »Das geheime Land« herzustellen. Er wurde von dem Hollywoodschauspieler Robert Montgomery, Vater der »betörenden« Elizabeth Montgomery, der selbst bei der Marinereserve diente, kommentiert.

Es scheint unglaublich, dass so kurz nach einem Krieg, der die meisten Europäer dezimiert und die Wirtschaft verkrüppelt hatte, eine Expedition in die Antarktis in dieser Eile unternommen wurde (sie nutzten den ersten verfügbaren antarktischen Sommer nach dem Krieg aus), mit solchen Kosten und mit soviel militärischem Gerät – sofern die Operation absolut erforderlich für die Sicherheit der Vereinigten Staaten war.

Zur Zeit der Operation, als die amerikanische Marine selbst Stück für Stück auseinander genommen wurde, als die kampferfahrene Flotte stillgelegt, um dem Meer für immer Abschied zu sagen, wurde sie hauptsächlich mit überwiegend zivilen Mannschaften ausgerüstet. Die Marine wurde sogar reduziert, um die wenigen übrig gebliebenen Schiffe, die noch im Dienst waren, mit Mannschaften zu versorgen.

Die Spannungen auf dem Globus wuchsen noch an, als sich Russland und Amerika an den Rand eines Kalten Krieges brachten, möglicherweise sogar in einen Dritten Weltkrieg, den die Vereinigten Staaten mit »tragisch wenigen Schiffen und halbausgebildeten Mannschaften« führen müssten. Dieses machte durch die Entsendung von nahezu 5000 restlichen Marinepersonal zu einem entfernten Teil des Planeten, wo so viele Gefahren in Form von Eisbergen, Schneestürmen und Minustemperaturen lauerten, zu einem Puzzelspiel. Die Operation wurde auch mit unglaublicher Geschwindigkeit, einer »Sache von Wochen« gestartet. Vielleicht wäre es nicht unfreundlich, zu entscheiden, dass die Amerikaner einige unerledigte Aufgaben in Verbindung mit dem Krieg in der Polarregion hatten. Tatsächlich wurde dies später durch andere Ereignisse und dem Leiter der Operation, Admiral Byrd persönlich, bestätigt.

Die offiziellen Dienstanweisungen, herausgegeben durch das damalige Oberhaupt der MarineoperationChester W. Nimitz waren:

a) Personal und Material in frostigen Bereichen auszubilden

b) die Festigung und Ausdehnung der amerikanischen Souveränität über den größten Teil des antarktischen Kontinents

c) die Ermittlung über die Machbarkeit einer Gründung und Unterhaltung von Basen in der Antarktis und die Erforschung von möglichen Plätzen für Basen

d) die Entwicklung von Techniken, um Flugplätze auf dem Eis zu gründen und zu unterhalten (mit besonderer Aufmerksamkeit gegenüber späterer Anwendbarkeit solcher Techniken auf Grönland)

e) Erweiterung des existierenden Wissen über Hydrographie, Geographie, meteorologische und elektromagnetische Bedingungen in diesem Gebiet

Wenig andere Informationen über die Mission wurden durch die Medien bekannt, obwohl die meisten Journalisten misstrauisch gegenüber den wahren Zweck dieser riesige Menge an militärischer Gerätschaft waren. Auch die US Marine betonte nachdrücklich, dass die Operation Luftsprung eine Marine-Show sein wird, die vorbereitende Anordnung vom 26. August 1946 von Admiral Ramsey besagt, dass »das Oberhaupt der Marine-Operation nur mit anderen Regierungsagenturen zusammen arbeiten wollen« und das »keine diplomatischen Verhandlungen notwendig seien. Keine fremden Beobachter zugelassen sind.« Nicht gerade eine Einladung für eine Untersuchung, auch durch andere Teile der Regierung.

Einige Tatsachen sind jedoch gut bekannt. Es gab drei Divisionen in der Operation Hochsprung, eine Landungstruppe mit Zugmaschinen, Explosivstoffen und eine Fülle von Ausrüstung, um »Klein Amerika« aufzupolieren, die eine Landebahn aufbauen sollten, damit R-4Ds (DC-3) landen können und zwei Wasserflugzeug-Truppen. Die R4-D wurden mit Strahlenschubflaschen (JATO) versehen, damit sie auf der kurzen Startbahn des Flugzeugträgers »Phillipine Sea« starten konnten. Außerdem erhielten sie große »Lande-Kufen« (Ski), um auf der für sie preparierten Landebahn auf dem Eis landen zu könnten.

Die Kufen wurden drei Zoll oberhalb der Oberfläche des Bootsdeck angebracht. Bei der Landung auf dem Eis von »Klein Amerika« kamen die drei Zoll-Reifen in Kontakt mit Eis und Schnee, um für genug und nicht zu viel Widerstand für eine glatte Landung zu sorgen.

Seiner Ankunft in der Antarktis folgend begannen die Streitkräfte, den Kontinent zu erkunden. Byrd selbst war an Bord des ersten der Flugzeuge, die am 29. Januar 1947 starteten. Raketenantriebsrohre waren an der Seite des Flugzeugs befestigt worden und das Boot manövrierte mit 35 mph Geschwindigkeit, um die Flugzeuge in die Luft zu bekommen. »Durch die Vibration der großen Boote«, so schrieb Byrd später »wusste ich, dass der Kapitän das Schiff auf 30 Knoten (35 mph war das Maximum, volle Notfallgeschwindigkeit solcher Schiffe) gebracht hatte. Zunächst schienen wir an Deck zu schleichen und es sah aus, als ob wir es nie schaffen würden, aber als die vier JATO-Flaschen mit furchtbarem, ohrenbetäubendem Lärm zündeten, konnte ich das Deck unter mir fallen sehen. Ich wusste, wir hatten es geschafft.«

Admiral Byrd's Gruppe von sechs R4-Ds waren mit damals super geheimnisvollen »Trimetricon« Spionagekameras ausgerüstet und jedes Flugzeug besaß einen angehängten Magnetometer. Die Flugzeuge flogen so oft, wie möglich über den Kontinent, solange es die drei Monate der Sommerperiode erlaubten, kartographierten und zeichneten Daten über den Magnetismus auf. Sie trugen auch Magnetometer, die Anomalien des Erdmagnetismus aufzeigten, d.h. wenn es eine »hohle« Stelle unter dem Oberflächeneis oder dem Boden gibt, wird sie auf dem Messgerät angezeigt. Auf dem letzten von vielen »kartographierenden« Flügen, die alle sechs Flugzeuge unternahmen, jedes auf gewissen vorherbestimmten Routen, um zu filmen und zu messen mit Magnetometer, kehrte Admiral Byrd*s Flugzeug drei Stunden zu spät zurück....

»Offiziell« wurde berichtet, dass er einen »Motor verloren« hatte und gezwungen war, alles über Bord zu werfen, außer den Filmen selbst und die Ergebnisse der Magnetometerlesungen, um lange genug Höhe zu behalten, um nach »Klein Amerika« zurückzukommen. Wenn wir allen Veröffentlichungen und privaten Zusammenfassungen glauben schenken, was wirklich stattfand, ist es fast sicher, dass es die Zeit war, wo Byrd auf Vertreter der »arianischen« Außerirdischen zusammen getroffen ist und einem Kontingent von deutschen Wissenschaftlern, die an Umkehrtechnik und an der Konstruktion von »fliegenden Scheiben« arbeiteten.

Über die nächsten vier Wochen verbrachten die Flugzeuge 220 Stunden in der Luft und flogen insgesamt über 22.700 Meilen und schossen 70.000 Fotos aus der Gegend. Dann nahm die Mission, über die erwartet wurde, dass sie zwischen sechs und acht Monate dauern würde, ein frühes und zögerndes Ende. Die chilenische Presse berichtete, dass die Mission »in Schwierigkeiten geriet« und dass es »viele Todesfälle« gegeben hatte. (Wie auch immer, der offizielle Bericht erklärte, dass ein Flugzeug abstürzte und drei Männer umbrachte, ein vierter Mann ist auf dem Eis umgekommen, zwei Hubschrauber seien abgestürzt, jedoch wurde ihre Mannschaften gerettet und ein Projektgruppen-Kommandant ging beinahe verloren.) Es ist eine unbestreitbare Tatsache, dass die Zentralgruppe der Operation Hochsprung aus der Bucht von Whales durch den Eisbrecher Burton Island am 22. Februar 1947 evakuiert wurde; die Westgruppe am 1. März 1947 nach Hause geführt worden ist und die Ostgruppe gleichfalls am 4. März, bloß acht Wochen nach ihrer Ankunft.

Am Ende kam die Projektgruppe mir ihren Daten dampfend in die Vereinigten Staate zurück, die dann sofort die Klassifizierung von »streng geheim« bekamen. Marinesekretär (damals Verteidigungssekretär genannt) James Forrestal wurde pensioniert… und begann, zu erzählen…nicht nur über Hochsprung, aber über andere Dinge genauso. Er wurde in die psychiatrische Abteilung des Bethesda Marinehospital verbracht, von wo er gehindert wurde, irgend jemand zu sehen oder zu sprechen, einschließlich seiner eigenen Frau…und….nach einer kurzen Weile wurde er aus dem Fenster geworfen, nachdem er versucht hatte, sich mit einem Bettlaken zu erhängen. So erzählt es die Geschichte, sie wurde natürlich als Suizid dargestellt, Fall abgeschlossen. Aber über einiges, was er wusste… über Hochsprung…und über Roswell…und andere Sachen konnten durchsickern…wi eviel Wahrheit und wie viel Spekulation ist, ist schwierig zu erzählen. Jedoch ist in jedem Mythos ein Funken Wahrheit.

Und das ist sehr sicher…So unglaublich es auch klingen mag, gibt es erheblich erhärtete Beweise für diese Behauptungen über eine deutsche Basis in der Antarktis. Genau zum Vorabend des

Zweiten Weltkriegs hatten die Deutschen Teile der Antarktis überfallen und beanspruchten es für das Dritte Reich.

Tatsächlich hatte Hitler mehrere Expeditionen zu den Polen beauftragt kurz vor WK II. Ihr angegebenes Ziel war für jede, die deutsche Walfangflotte wieder aufzubauen und zu erweitern oder Waffensysteme unter streng feindlichen Bedingungen zu erproben. Falls es stimmte, konnte alles dies auf dem Nordpol erreicht worden sein, eher als auf beiden Polen, weil er näher zur Heimat liegt. Aus bestimmten Gründen jedoch hatten die Deutschen ein lang andauerndes Interesse an der Südpolregion der Antarktis durch die erste deutsche Erforschung dieses Gebietes, welche 1873 durchgeführt wurde, als Herr Eduard Dallmann (1830-1896) mit seinem Schiff Grönland während seiner Expedition der deutschen polar Navigationsgesellschaft aus Hamburg neue antarktische Routen und die »Kaiser-Wilhelm-Inseln am westlichen Eingang der Bismarkstrasse entlang der Biscoue Inseln entdeckte. Die Grönland vollbrachte die Auszeichnung, der erste Dampfer gewesen zu sein, der auf dem südlichen Ozean operierte.

Eine weitere Expedition fand in den frühen Jahren des 20. Jahrhundert durch das Schiff Gauss (welches 12 Monate im Eis eingeschlossen war) und dann eine weitere, die 1911 unter dem Kommando von Wilhelm Filchner mit seinem Schiff Deutschland stattfand.

Zwischen den Kriegen unternahmen die Deutschen weitere Reise im Jahr 1925 mit einem speziell konstruiertem Schiff für die Polregion, der Meteor unter Kommandant Dr. Albert Merz.

Dann im Jahr direkt vor dem Zweiten Weltkrieg erhoben die Deutschen den Anspruch von Teilen der Arktis mit dem Auftrag, eine dauerhafte Basis dort zu errichten. Angesichts dessen, dass eigentlich kein Land den Kontinent besitzt und es eigentlich nicht erobert werden kann, weil dort wenigstens während der Wintermonate niemand lebt, scheint es den Deutschen der wirksamste

Weg zu sein, Teile des Kontinent zu erobern, dort physisch zu reisen, es zu beanspruchen, andere über ihre Aktionen wissen zu lassen, jede Uneinigkeit zu erwarten.

Kapitän Alfred Ritscher wurde ausgewählt, den vorgeschlagenen Schlag anzuführen. Er hatte bereits Expeditionen zum Nordpol geleitet und hatte sich in ungünstigen und kritischen Situationen bewährt. Für die Mission wurde Ritscher mit der Schwabenland, einem Flugzeugträger, das für transatlantische Postverteilung durch verschiedene Flugboote genutzt wurde, dem berühmten 10 Tonnen Dornier Super Wals von 1934, ausgestattet.

Dornier Do R 4 Superwal (1927)

www.geschichte.aero/geschichte/firmengeschichte/bildergalerie.cfm

Diese Wale starteten durch Katapult von der Schwabenland und mussten auf 93 mph beschleunigen, bevor sie in die Luft flogen. Am Ende jedes Fluges wurden diese Flugzeuge, nachdem sie gelandet waren, mittels eines Kran auf dem Schiff an Bord gehoben.

Das Schiff wurde auf einer Werft in Hamburg für die Expedition instand gesetzt, was rund eine Millionen Reichsmark kostete, nahezu ein Drittel des ganzen Expeditionsbudget wurde für diese Reparatur ausgegeben.

Die Mannschaft wurde durch die deutsche Gesellschaft für Polarforschung vorbereitet und als diese Vorbereitung sich dem Ende zuneigte, lud die Organisation Admiral Byrd ein, um einen Vortrag zu halten, was er dann tat.

Die Schwabenland verließ Hamburg am 17. Dezember 1938 und folgte einem präzise geplanten und vorbestimmten Route in Richtung südlichen Kontinent. Etwas mehr als einen Monat später erreichte das Schiff die eisbedeckte Antarktis und ankerte an 4B0 30B" W und 69B0 14B" S am 20. Januar 1939.

Die Expedition verbrachte dann drei Wochen vor der Prinzessin Astrid Küste und Prinzessin Martha Küste im König Maud Land. Während dieser Wochen flogen die zwei Flugzeuge der Schwabenland, Passat und Boreas, 15 Missionen über 600 Tausend Quadratkilometer der Antarktis, nahmen mehr als 11.000 Foltos der Gebiete mit ihrer speziell entworfenen Zeiss Reihenmess-Bildkamera RMK 38b.

Nahezu ein Fünftel der Antarktis wurde auf diesem Wege ausgekundschaftet und zum ersten Mal wurden eisfreie Bereiche und Anzeichen von Vegetation entdeckt. Diese Gebiete wurden dann als »unter Kontrolle der deutschen Expedition« erklärt und neu benannt als Neu-Schwabenland und hunderte von kleinen Pfählen mit dem Swastika-Symbol wurden von den Wals in den schneebedeckten Grund verbracht, um das neue Eigentum zu signalisieren. Ritscher und die Schwabenland verließen ihr neu behauptetes Teeritorium Mitte Februar 1939 kamen zwei Monate später nach Hamburg zurück, ausgestattet mit Fotos und Karten der neuen deutschen Erwerbung.

Bedenken Sie nun, dass all dieses vor der Bergung des unbekannten Flugobjekts in den bayrischen Alpen 1938 passierte. Es gab keinen erdenklichen Grund, wenigstens oberflächlich, für solch ein intensives Interesse an den Südpol-Regionen...außer wenn sich etwas anderes herausgestellt hätte, um eine solche Untersuchung lohnend zu machen. Der wahre Zweck dieser Expedition wurde nie zufriedenstellend erklärt, es gibt nur eine Folge von Puzzles, erzählte Berichte und Bruchstücke von Informationen, die nicht mehr nachprüfbar sind. Was jedoch nicht mehr zu bezweifeln ist, ist, das die Deutschen in der Dekade vor dem Zweiten Weltkrieg fast nichts machten, was nicht die vollkommene Struktur des Landes in den Kriegszustand brachte.

Diese Aspekte betrafen alle Bereiche des deutschen Lebens, Militär, Zivilisation, Ökonomie, Sozial- und Außenpolitik, Technik, Industrie etc. Angesichts dessen, dass die Eroberung von Neu-Schwabenland genau am Vorabend des Krieges geschah, kann nur geschlossen werden, dass die Polar-Expedition von größter Wichtigkeit und bedeutend für die Ziele und die Entwicklung der deutschen Nation.

Mit dem Ausbruch des Krieges endeten die Aktivitäten nicht mal…tatsächlich wurden sie intensiviert…im Südatlantik einschließlich der Gewässer des Südpols wurden sie aktiver.

Zwischen 1939 und 1941, einige Zeit nach dem Ausbruch des Krieges in Europa machte Kapitän Bernhard Rogge von dem Handelszerstörer Atlantis eine ausgedehnte Reise in den Südatlantik, Indien und der Südpazifikregion und besuchte die Iles Kerguelen zwischen Dezember 1940 und Januar 1941.

Die Atlantis ist bekannt dafür, dass sie von RFZ-2 besucht wurde (ein Fluggerät im Aussehen eines Ufos, das seit Ende 1940 als Aufklärungsflugzeug diente).

Das Schiff erhielt eine neue Verkleidung als Tarnesis, bevor es durch die HMS Devonshire nahe Ascension Island am 22. November 1941 versenkt wurde. (die Atlantis war auch als Hilfskreuzer 16 bekannt und war zu verschiedenen Zeiten verkleidet als Kasii-Maru oder Abbekerk).

RFZ (Rundflugzeug) of the Thule-Vril type Series 1-7 RFZ (Rundflugzeug) of the Thule-Vril type Series 1-7

Obwohl die Aktivitäten des deutschen Schiffs Erlangen unter Kapitän Alfred Grams während der Zeit zwischen 1939-40 nicht wirklich konsequent erscheinen, kann man das gleiche nicht über die Komet unter dem Befehl von Kapitän Robert Eyssen sagen. Verfolgt man ihre Passage 1940 durch die Route der Nordsee, operierte dieser Handelszerstörer im pazifischen und indischen Ozean einschließlich der antarktischen Küstenlinie von Cape Adare zum Shackelton Ice Shelf auf der Suche nach Walfängern im Februar 1941. Dort traf sie die Pinguin und die Versorger Alstertor und Adjutant. (Komet wurde 1942 vor Cherbourg versenkt).

Die Pinguin selbst unter dem Befehl von Kapitän Ernst-Felix Kruder war ein Handelszerstörer, der überwiegend im indischen Ozean operierte. Im Januar 1941 fing sie eine norwegische Walfangflotte ein (Fabrikschiffe wie Ole Wegger und Pelagos, Versorger Solglimt und elf Walfänger) auf 59B0 S, 02B0 30W. Einer dieser Fänger (umbenannt als Adjutant) blieb ein Tender und der Rest wurde nach Frankreich geschickt. Dieses Schiff ankerte auch an der Iles Kerguelen und erhielt vielleicht eine Party auf Marion Island. (Pinguin wurde im Persischen Golf am 8. Mai 1941 durch die HMS Cornwall versenkt, nachdem sie über 135 tausend Tonnen der Briten und alliierten Schiffe aufbrachte)

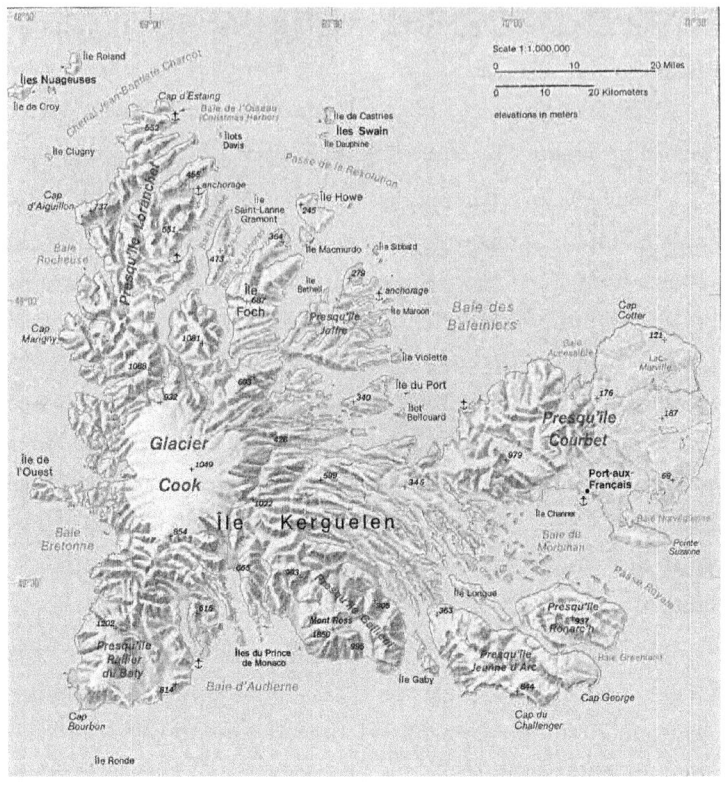

Das Kerguelen Archipel – ideal für geheime Versorgungsbasen

Diese Insel Kerguelen (Bezeichnung der unbekanntesten Insel in
der Welt – 1995) sorgte für die auffälligen Fähigkeiten der Nazis,
ihre Pläne fortzusetzen. Zum Beispiel plante die deutsche Marine
1942 dort die Gründung einer meteorologischen Station. Im Mai
des Jahres transportierte das Schiff Michael Meteorologen und
zwei Radiotechniker mit voller Ausrüstung für die Versorgung des
Frachters Charlotte Schlieman, der die Insel anlief, jedoch wurde
die Station später vom Gegner bemannt. Es ist interessant, zu bemerken, dass Kerguelen Island auch das Zentrum eines Mysteri-
ums Mitte des 19. Jahrhundert war. Danach völlig unbewohnt

und von Seelen und Seevögel akzeptiert, landete im Mai 1840 der britische Kapitän Sir James Clark Ross. Er fand im Schnee unidentifizierbare »Spuren von Fußabdrücken eines Ponys oder Esels, der 3 Zoll lang und 2 Zoll breit maß und eine schmale, tiefe Falte auf beiden Seiten besaß und gestaltet war wie ein Hufeisen«. Ähnliche Markierungen erschienen fünfzehn Jahre später über Nacht im Devon Gebiet von England und haben sich entsprechenden Erklärungen widersetzt.

Dann im Jahr 1942 untersuchte Kapitän Gerlach mit seinem Schiff Stier in der Nähe der Gough Insel eine mögliche provisorische Basis für Räuber oder ein Lager für Gefangene.

Die Schiffsaktivitäten erscheinen nicht bedeutend, jedoch war das Niveau der U-Bootaktivitäten im Südatlantik viel höher. Die genaue Beschaffenheit und Umfang in welcher Höhe wird möglicherweise nie geklärt werden, aber etwas Einblick können aus der Tatsache, das zwischen Oktober 1942 und September 1944 16 deutsche U-Boote im Gebiet des Südatlantik versenkt wurden, herausgelesen werden. Und einige dieser Unterwasserschiffe machten den Eindruck, das sie an heimlichen Aktivitäten engagiert waren.

Ein schönes Beispiel hierüber könnte sein, dass U-859, das am 4. April 1944 um 4.40 h auf einer Mission zurückgelassen wurde, welches normalerweise 67 Männer trägt und mit 33 Tonnen Quecksilber in versiegelten Glasflaschen in wasserdichten Zinnkisten beladen war. Dieses Unterseeboot sank später am 23. September durch ein britisches Unterseeboot (HMS Trenchant) in der Strasse von Malaga, wenn auch 47 Männer starben und 20 überlebten. Einige 30 Jahre später sprach einer der Überlebenden offen über die Ladung und Taucher bestätigten später die Geschichte nach der Wiederentdeckung des Quecksilbers. Die Bedeutung, die dieses Quecksilber hat, ist, das es als eine Brennstoffquelle für bestimmte Arten von Raumfahrtantrieb verwendet werden kann. Warum würde ein deutsche Unterseeboot solch eine Ladung weit weg von zu Hause transportieren? Es ist überhaupt nicht merkwürdig, wenn man über die Tatsache nachdenkt, das Luftfahrt und Flugelektronik Anlagen genau das sind, was die Polar-Basen überall zu sein scheinen.

Obwohl Deutschland sich am 8. Mai 1945 den Alliierten bedingungslos ergaben, deuten Ereignisse nach diesem Datum darauf hin, dass etwas passierte, worüber in der bekannten Weltgeschichte nichts zu erfahren ist. Durch eine Darstellung von Großadmiral Karl Dönitz sickerte etwas durch… Dönitz (16. September 1891 bis 24. Dezember 1980) wurde am 31. Januar 1943 Kommandant der deutschen Kriegsmarine und führte die deutsche U-Bootflotte bis ans Ende des Zweiten Weltkriegs. Er besaß auch die Auszeichnung nach Hitlers Tod für die kurze Zeit von 20 Tagen Oberhaupt des deutschen Staates zu werden, bis er von den Alliierten am 23. Mai 1945 in Gefangenschaft genommen wurde. Seine Mitwirkung bei den mysteriösen Nachkriegsaktivitäten in der Antarktis wurden 1943 durch seine Darstellung bekannt, als er erklärte, dass eine nachhaltige Anzahl der deutschen Unterseebootflotte »in einem anderen Teil der Welt ein Shangri-La Land…ein unbezwingbares Festungsbollwerk« wiederaufgebaut hatte. Könnte er sich auf die angeblichen Basen in der Antarktis bezogen haben?

Zweifellos gibt es Aufzeichnungen fortgesetzter deutscher Marineaktivitäten im Gebiet, nachdem der Krieg anscheinend beendet war. Zum Beispiel wurde am 10. Juli 1945, mehr als zwei Monate nach der Einstellung bekannten Feindseligkeiten, das deutsche Unterseeboot U-530 den argentinischen Behörden übergeben. Der Hintergrund dieses Ereignis ist rätselhaft. Bekannt ist, dass das Boot unter der Führung von Otto Wermuth am 22. Mai 1944 Lorient in Frankreich verlassen hatte, um Operationen im Trinidad-Gebiet durchzuführen und nach einem erfolgreichen

Treffen mit dem aufkommenden japanischen U-Boot I-52, steuerte es auf Trinidad zu, bevor es letztendlich nach 133 Tagen auf See zur Basis zurückkehrte.

Die offizielle Aufzeichnung des Bootes gibt an, dass es zwischen Oktober 1944 und Mai 1945 Teil der 33. Flottille bildete und nach der Kapitulation Deutschlands Wermuth's Kapitänstellung und die Ubootkarriere zu Ende ging. Zwei Monaten später kam er in Rio del la Plate in Argentinien an und ergab sich dort am 10. Juli 1945 den Behörden.

Die Zukunft enthüllt vielleicht das Schicksal anderer dieser Unterseeboote; jedoch bekannt durch französische und südamerikanische Berichte und einer Anzahl vermisster U-Boote mag es nicht unvernünftig sein, zu entscheiden, dass zuletzt einige von ihnen in den Südpolarbereich umsiedelten.

Die Geschichte gibt uns auch weitere Anhaltspunkte im Hinblick auf eine Deutsch-Antarktische Verbindung, denn es zeichnet auf, dass Hans-Ulrich Rudel von der deutschen Luftwaffe von Hitler gestreichelt wurde, sein Nachfolger zu werden. Es ist bekannt, dass Rudel mehrere Reisen nach Tierra del Fuego an der Spitze von Südamerika nahe der Antarktis unternahm. Und, eine von Martin Bormann's letzte Nachricht für Dönitz aus dem Bunker in Berlin erwähnte auch Tierra del Fuego.

Dann gibt es auch Behauptungen über Rudolf Hess, Hitlers bester Freund, der nach England ging und am 10. Mai 1941 als Kriegsverbrecher verhaftet wurde. Seiner Verhaftung folgend wurde er im Gefängnis in Spandau isoliert bis zu seinem Tode festgehalten. Solche einmalige Behandlung deutet darauf hin, dass er Informationen hatte, die die Alliierten für gefährlich hielten. Tatsächlich, in seinem Buch Geheime Nazi Polarexpeditionen gibt Christof Friedrich an, dass Hess »mit der gar-wichtigen Antaktischen-Akte anvertraut sei. Hess selbst behielt die Polar-Akte.« Nun, vorausgesetzt, solche Informationen, wie Hess sie besaß, wenn überhaupt, wären nur bis zu der Zeit gültig, vor der Zeit, als er mit einem Soloflug nach England flüchtete, aber, die Periode vor 1941 hätte die erste Bergung der bayrischen »fliegenden Scheibe« mit abgedeckt und am allerwenigsten die frühen Inszenierungen irgend eines Projekts oder aller Projekte, die durch diese Bergung entstehen. Es würde auch alle Informationen in Hinsicht auf irgendwelche Überlebenden des Absturz und ihr eventuelles Schicksal mit enthalten. Viele glauben, dass Hess, der keine Anteile an irgend der sogenannten »Kriegsverbrechen« besaß, bewusst lebenslang im Gefängnis in Spandau gehalten wurde, mit dem Versuch, ihn Ruhig zu stellen.

Es wurde auch spekuliert, dass der Mann, der in Spandau starb, in der Tat nicht Hess gewesen war...dass Hess Jahre zuvor ermordet wurde, im Bemühen, die Wahrheit zu behalten...über mehrere hoch-peinliche Angelegenheiten...die heraus kommen könnten.

Für einen Moment jedoch lasst uns zur Operation Hochsprung zurückkommen, welcher scheint, ein Versuch gewesen zu sein, eine verbliebene deutsche Basis auf dem antarktischen Kontinent aufzuspüren und vielleicht zu bestimmen, wo genau die plötzlichen hastigen Aktivitäten unbekannter Flugobjekte in den vergangenen 18 Monaten entstanden waren und exakt, wer oder was steckt dahinter. Dort hätten notwendigerweise zwei Voraussetzungen für eine Mission dieser Art bestehen müssen. Erstens, Operation Hochsprung müsste Beweise liefern, dass die Mission eine Aufklärung von Neu-Schwabenland einschloss und zweitens, es müsste ein Gebiet auf dem gefrorenen Kontinent geben, die es erlaubt, dass solch eine Basis das ganze Jahr über existieren kann.

Beide dieser Kriterien wurden erfüllt...

Beide, die östliche und die westliche Gruppe von Operation Hochsprung waren rund um Neu-Schwabenland aktiv gewesen. Da gab es ein russisches Schiff, dass »sich erwies, unfreundlich zu sein«. Die östliche Gruppe war frustriert in ihren Bemühungen, Erkundungen über das Gebiet einholen zu können, ungeachtet unglaubhafter Bemühungen, sichere Fotos für spätere Expeditionen zu erhalten. Aber es war auch »zu der Jahreszeit sehr spät... Die Sonne liess sich nur kurzzeitig blicken in den letzten paar Wochen aber jeder konnte erzählen, dass der kontinentale graue Himmel und Wolken die Tage verdunkelten. In einem anderen Monat würde das Licht der ganzen Antarktis verschwinden. Das Wasser, was den Kontinent umgibt, würde schnell gefrieren und unvorsichtige Schiffe in eine vernichtende Umarmung fesseln. Dufek (der Kommandant) war abgeneigt, zu kapitulieren. Er beauftragte sein Schiff nordwärts weg vom Packeis. Weil ein oder zwei weitere Flüge noch möglich werden könnte, Aber am Morgen des 3. März wurde jungfräuliches Eis entdeckt, das sich auf der Wasseroberfläche gebildet hatte und die östliche Gruppe dampfte aus der Antarktis.«

Die westliche Gruppe machte jedoch eine bemerkenswerte Entdeckung. Am Ende des Januar 1947 flog PBM pilotiert durch Leutnant Kommandant David Bunger aus Coronado, Kalifornien, von seinem Schiff der Currituck aus und steuerte in Richtung der Queen Mary Küste des Kontinents. Als er Land erreichte, flog er einige Zeit westwärts, dann über nichts sagenden weißen Horizont, sah er dann ein dunkles, kahles Gebiet, das Byrd später als »das Land mit blauen und grünen Seen« und braunen Bergen in einer sonst grenzenlosen Fläche von Eis« beschrieb.

Bunger und seine Männer erkundeten das Gebiet, bevor sie mit Neuigkeiten ihres Fundes zurück reisten zur Churrituck. Die Oase, die sie entdeckt hatten, bedeckte eine Fläche von einigen dreihundert Quadratmeilen des Kontinents und schlossen drei große Seen mit offenem Wasser ein entlang einer Anzahl kleinerer Seen. Diese Seen waren aufgeteilt durch Massen von unfruchtbaren rötlichbraunen Bergen, die möglicherweise die Gegenwart von Eisenerz anzeigten.

Sieben Tage später kehrte Bunger in dies Gebiet zurück und fand, das das Wasser bei der Berührung sich warm anfühlte und der See selber mit roten, blauen und grünen Algen gefüllt war, die ihm eine deutliche Färbung gab. Bunger füllte eine Flasche mit dem Wasser, welches sich später als »brackig herausstellte, ein Anhaltspunkt für die Tatsache, dass der See ein wirklicher Arm des offenen Meeres war.«

Dies ist aus zwei Gründen wichtig, warm, inländische Seen verbunden mit dem umgebenen Ozean würden perfekt für Unterseeboote sein, um sich zu verstecken und gleichartige Seen wurden auch in Neu-Schwabenland bemerkt, die Stelle, wo angeblich deutsche (und verdächtige Alien) Basen liegen.

Solange es immer noch keine schlüssigen Beweise von Deutschen/Alien Basen in der Antarktis gibt, steht außer Zweifel, dass etwas sehr Außergewöhnliches dort passiert oder rund herum des gefrorenen Kontinents. Im allgemeinen scheint es, dass die Wahrscheinlichkeit, dass solcher Basen existierten…und möglicherweise immer noch bis in die heutigen Tage hinein existieren…diese Augenscheinlichkeit…ein großes Volumen davon ist für alle zu sehen…

• Die Deutschen erforschten und beanspruchten Teile der Antarktis am Vorabend des Krieges, als die gewaltige Mehrheit ihrer Aktivitäten zum Wiederaufbau der deutschen Wirtschaft und militärischer Infrastruktur ausgerichtet war. Diese Aktivität begann kurz vor der Bergung der bayrischen »fliegenden Scheibe« 1938 und erhöhte danach sofort das Tempo.

- Es gab andauernde Schiffs- und Ubootaktivitäten im Südatlantik und der Polarregion, die während und nach dem Krieg anscheinend (nicht) beendet wurden. Diese Aktivitäten wurden bis in die 1950er Jahre fortgesetzt und wenn nicht wenigen Umständen geglaubt wird, bis zum heutigen Tage anhalten, insofern, dass man es bloß als U-Boot Sichtungen betrachten kann und eine sehr lebhafte Häufigkeit von unbekannten Flugobjekt-Sichtungen im südlichen Atlantik und der Südpolar-Region, einschließlich der südlichen Bereiche von Südamerika.

- Die Vereinigten Staaten überfielen buchstäblich den antarktischen Kontinent mit beträchtlichen Marineressourcen, nachdem sie Amerikas Festland ungeschützt und verletzbar verließen, als die Welt in den Kalten Krieg geworfen wurde. Die Projektgruppe hinkte später nach Hause, als wenn sie nur in Wochen geschlagen wurde und die örtliche südamerikanische Presse schrieb nur so über so eine Niederlage. Dies fiel mit einer beträchtlichen Zunahme von Aktivitäten unbekannter Flugobjekte zusammen, die der ersten bedeutenden »Welle« solcher Aktivitäten in modernen Zeiten allgemein zugeschrieben wird mit einer maßlosen Anzahl von Aktionen, die in der südlichen Hemisphäre, insbesondere in Südamerika statt fand.

- Admiral Byrd sprach von Objekten, die von Pol zu Pole in einer unglaublichen Geschwindigkeit fliegen konnten und in der Antarktis ihre Basen haben.

- Hunderttausende von Deutschen und mindestens vierzig (40) U-Boote fehlten am Ende des Krieges: Dokumente und Augenzeugenberichte beweisen, dass wenigstens ein Teil dieser Fluggeräte in einigen Fällen so weit bis Südamerika kamen, mehrere Monate nach dem Ende des Krieges in Europa.

Die Beziehung zwischen der Antarktis und dem Ufo Phänomen wurde durch die Behauptung von Albert K. Bender verdichtet, der angab, dass er sich »in die Phantasie aufmachte und mit einer Antwort zurück kam und ich wusste, was die Quelle ist.«

Bender leitete eine Organisation mit Namen »International Flying Saucer Bureau«, eine kleine Ufo Organisation in Connecticut, USA und er war Herausgeber einer Publikation, bekannt als »Space Review«, denen übertragen wurde, Nachrichten über Ufos zu verbreiten. In Wahrheit hatte die Organisation nur wenig Mitglieder und die Veröffentlichungen kursierten nur zwischen hunderten, fast tausend, aber was ihre Leser und Mitglieder schätzten, wurde ein wenig angezweifelt. Die Veröffentlichungen selber traten dafür ein, dass die fliegenden Untertassen Raumschiffe außerirdischen Ursprungs sind.

Wie auch immer, in der Ausgabe im Oktober 1953 der Space Review gab es zwei riesige Ankündigungen. Die erste erhielt die Überschrift »Spätes Bulletin« und stellte fest:

Eine Quelle, die die IFSB als sehr zuverlässig einstuft, hat uns informiert, dass die Untersuchung und Aufklärung der Rätsel über fliegende Untertassen sich der letzten Phase nähert. Die gleiche Quelle, der wir Daten weitergeleitet hatten, die in unseren Besitz gelangt waren, empfahl, dass es nicht die passende Methode und Zeit wäre, diese Daten in »Space Review« zu veröffentlichen.

Die zweite Ankündigung hieß: »Wichtige Stellungnahme«

Das Rätsel der fliegenden Untertassen ist nicht mehr ein Rätsel. Die Quelle ist schon bekannt, aber alle Informationen hierüber werden durch die Anordnung einer höheren Quelle vorenthalten. Wir würden gern in Space Review die vollständige Geschichte drucken, aber wegen der Beschaffenheit der Informationen tut es uns sehr leid, dass uns angeraten wurde, dieses zu unterlassen.

Die Bekanntmachung endete mit dem Satz:

Wir raten jene, die sich in der Frage der fliegenden Untertassen engagieren, sehr vorsichtig zu sein.

Diese Bekanntmachung war inhaltlich und für sich nur von geringer Bedeutung. Benders Veröffentlichung war bestenfalls eine Randbemerkung, sie in Betracht zu ziehen, sogar zu seiner Zeit. Aber das, was ihnen breite Aufmerksamkeit einbrachte, war die Tatsache, dass Bender weitere Veröffentlichungen der Zeitung ausschloss, nachdem er diese Fragen im Oktober 1953 veröffentlicht hatte und die IFSB ohne weitere Erklärungen dicht machte.

Dies ist vollkommen logisch mit dem »umsichtigen« Ansatz, demonstriert durch viele, die durch die Majestik 12 Gruppe und anderen Agenturen, verwickelt in »behaltet den Deckel«, auf jede echte Untersuchung über das Phänomen der unbekannten Flugobjekte, »freundlich« gewarnt wurden, die »Operationen einzustellen«.

Bender mag sehr genau gewusst haben, »was diese fliegenden Untertassen« waren, wenigstens ein Teil von ihnen, er enthüllte jedoch in einem Interview in einer örtlichen Zeitung, dass er es als Geheimwissen für sich behielt, nachdem er von drei Männern besucht wurde, die ihm anscheinend bestätigten, dass er mit seiner unbekannte Flugobjekt-Theorie korrekt liegt, ihm jedoch genügend Angst einjagten, sie würden seine Organisation sofort schließen und die Veröffentlichungen seiner Journale beenden.

Es wurde über die Geschichte, dass er von drei Fremden besucht und durch die Drohung gewarnt wurde, seine Veröffentlichungen zu beenden, Geldverlust für ihn bedeuten, diskutiert, jedoch die Tatsache, Bender sei »zu Tode erschrocken« gewesen und »konnte tatsächlich für einige Tage nichts essen«, wurde von Freunden und Verwandten bestätigt. Auch ist es weithin bekannt, dass solche »Geschichten« oft durch die Vereinigten Staaten verbreitet wurden, um andere Regierungen zu diskreditieren, sie würden die Wahrheit oder ein Teil von ihr besitzen.

1963, eine volle Dekade nach dem Besuch der drei Fremden, war Bender scheinbar bereit, mehr von seiner Geschichte in einem größtenteils unlesbarem Buch mit dem Titel Fliegende Untertassen und drei schwarze Männer zu veröffentlichen. Im Buch gab es wenig Tatsachen, jedoch beschreibt es extraterretrische Raumschiffe, die in der Antarktis stationiert waren.

Es war anscheinend wie Wahrheit, dass Bender zur Nichtveröffentlichung terrorisiert wurde. Bender stellte auch Bilder der Untertassen bereit, die ihm bekannt waren. Er stellte Zeichnungen von unbekannten Flugobjekten her, die ihm bekannt waren. Nicht Untertassen, wie sie in der Zeit gewöhnlich dargestellt wurden, jedoch eher »flying wings«, die drei blasenähnliche Vorwölbungen auf der Unterseite zeigten und an das von Deutschen entworfene Haunebu II (welches angeblich nur eine Entwicklungsstufe am Ende des zweiten Weltkriegs war) mit längsseitigen, zigarrenförmigen Objekten, erinnerte.

Ernst Zündel, ein deutscher Wissenschaftler und »umgedrehter« Autor (bekannt unter seiner Internetseite Zgrams), der unter der Operation Paperclip in die USA eingetreten war. (ein amerikanisches Armee/CIA-Programm, um deutsche Wissenschaftstalente am Ende des Krieges in die USA zu bringen unter dem Vorwand, sie hätten Kriegsverbrechen begangen, wie sie behaupteten und die dann in Wright Field (später Wright Patterson AFB, wo die Roswell Trümmer schließlich gelagert wurden) arbeiten mussten. Außerdem forderten sie Hintergründe der Aktivitäten in der Antarktis.

Ernst Zündel war kein »Paperclip Wissenschaftler«:

Ich begreife, dass Nordamerikaner kein Interesse hat, ausgebildet zu sein. Sie wollen unterhalten werden. Das Buch war etwas für das Vergnügen. Mit dem Bild des Führers auf dem Umschlag und fliegenden Untertassen, die aus der Antarktis geflogen kommen, war es eine Chance für Radio und Fernseh-Talkshows. Über ungefähr 15 Minuten eines einstündigen Programms hatte ich über das esoterische Zeug zu plaudern. Dann würde ich beginnen, über all jene Wissenschaftler in den Konzentrationslagern zu sprechen, die an diesen Geheimwaffen arbeiten. Und das war meine Chance, darüber zu sprechen, worüber ich sprechen wollte.

Zündel's Buch »Ufos: Nazi Geheimwaffen?« 1970 behauptet er, dass wenigstens einige unbekannte Flugobjekte deutsche Geheimwaffen sein sollen, die während des Zweiten Weltkriegs entwickelt wurden und das einige von ihnen am Ende das Krieges verschifft und an den Polen versteckt wurden. Die Veröffentlichung des Buches fiel zusammen mit einer Gezeitenwelle von erneuertem Interesse in alle paranormalen Dinge…und kamen auf dem Absatz von dem, was die letzte größte »Welle« von unbekannten Flugobjekten des zwanzigsten Jahrhunderts gewesen war. Zündel wurde als Gast zu ungezählten Talkshows eingeladen, wo er seine Ansichten über Raumschiffe, freie Energie, Elektromagnetismus, aufstrebende Technologien und einige positive Beiträge, die von Deutschen auf diesem Gebiete gemacht wurden, äußerte.

Zündel, der einer der ersten der »revisionistischen« Historiker über den Zweiten Weltkrieg war, war eigentlich nur wirklich daran interessiert, seine Holokaust-Theorie zu befördern, beschrieben in seinem Buch »Sind wirklich Sechsmillionen gestorben?« Wie auch immer, er fand, dass seine Ufo und hohle Erde Ideen größere Anziehung bei Fernsehproduzenten bestätigten. Die Idee griff nach dem Halt populärer Phantasie und entwickelte sein Eigenleben. Zündels's Verlagsgesellschaft, Samisdat, begann, sich durch die Herausgabe von Rundschreiben und Büchern über das Thema einen Namen zu machen. Eine Expedition in die Antarktis selbst wurde sogar vorgeschlagen, um Hitlers Ufo-Basen dort ausfindig zu machen.

Die Tatsache, dass solche Ansprüche ausgestorben wären, basierten nicht auf mindestens einigen wirklichen Ereignissen…

Nun, bedenken Sie, dass Südamerika immer schon eine Brutstätte unbekannter Flugobjekte gewesen war. Viele Berichte aus dieser Gegend sind unbelegt und unbelegbar. Jedoch sind viele glaubhaft. Der Anspruch, dass etwas extrem Ungewöhnliches stattfand rund um die Vorahnung, die den gefrorenen Kontinent erreichten, nahm 1960 einen großen Sprung voraus, als die argentinische Marine durch offizielle Untersuchungen über fremdartige Sichtungen am Himmel belastet wurde.

Ein offizielles Gutachten aus 1965 von Kapitän Sanchez Moreno von Luftflottenstation Comandante Espora in Bahia Blanca vorbereitet erklärt, dass »Zwischen 1950 un 1965 machten das Personal der argentinischen Flotte alleine 22 Sichtungen von unbekannten Flugobjekten, die keine Flugzeuge, Satelliten, Wetterballons oder andere bekannte (Luft) Fahrzeuge waren. Diese 22 Fälle dienten als Präzedenzfälle für die Intensivierung der Untersuchung dieser Themen durch die Flotte.« Folgend einer Serie von Sichtungen von argentinischen und chilenischen meteorologischen Stationen auf Deception Island, Antarktis im Juni und Juli 1965 enthüllte Kapitän Pagani in einer Pressekonferenz, dass »unbekannte Flugobjekte existieren. Ihre Präsenz im argentinischen Luftraum ist bewiesen.« Der Bericht fährt fort, dass jedoch »die Hintergründe und der Ursprung unbekannt sind es wird keine Beurteilung über sie vorgenommen.«

Weitere Einzelheiten von diesen Ufo Sichtungen wurden am 3. Juli 1965 in einem Bericht der brasilianischen Zeitung O Esta-

460

do de Sao Paulo mitgeteilt. »Das erste Mal in der Geschichte wurde durch die Regierung ein offizielles Kommunique über fliegende Untertassen veröffentlicht. Es ist ein Dokument von der argentinischen Flotte, die sich auf eine große Zahl von Berichten von argentinischen, chilenischen und britischen Seeleuten stützt, die in den Flottenbasen in der Antarktis stationiert waren.

Ein Kommunique erklärte, dass das Personal von Deception Island (links) Mariniebasis um 19 h 35 Minuten am 3. Juli ein fliegendes Objekt von lentikularer Gestalt mit stabiler Erscheinung und farblich so, wo rot und grün vorherrschten und einen Moment in gelb erschien, sah. Die Maschine flog in einer Art Zick-Zackform mit überwiegend westlichem Kurs, wechselte diesen jedoch mehrmals, auch die Geschwindigkeit und hatte eine Neigung von ungefähr 45° zum Horizont. Das Objekt blieb auch über zwanzig Minuten in einer Höhe von ungefähr 5000 Meter stationär und erzeugte kein Geräusch.

Das Kommunique stellte ferner fest, dass die maßgeblichen meteorologischen Bedingungen als bestens für die Region und die Jahreszeit bezeichnet werden konnten, als das Phänomen beobachtet wurde. Der Himmel war klar und eine Menge Sterne waren zu erkennen. Das Sekretariat der argentinischen Marine bemerkte ebenso in ihrem Kommunique, dass das Ereignis von Wissenschaftlern der drei Marinebasen bezeugt wurde und das diese Leute mit den Fakten vollständig übereinstimmten.«

Praktisch jeder in der »Ufo-Gemeinde« ist sich bewusst, dass Commandore Augusto Vars Orrego von der chilenischen Marine im März 1950 gerade Fotos schoss und einen 8 mm Film einer sehr großen zigarrenförmigen fliegenden Objekts aufnahm, dass vorüber schwebte im frostigen Himmel der chilenischen Antarktis manövrierte. Die Fotos und der Bericht von Orrego's Sichtung wurde, ziemlich buchstäblich von Millionen über ein halbes Jahrhundert, seit dem er es sah und fotografierte, gesehen. Orrego bemerkte: »während der strahlenden antaktischen Nacht sahen wir fliegende Untertassen, eines über dem anderen, die sich in ungeheuerlichen Geschwindigkeit drehten. Wir haben fotographiert, um das zu beweisen, was wir sahen.« Natürlich hat es andere zahlreiche chilenische Sichtungen gegeben.

Im Januar 1956 wurde ein weiteres unbekanntes Flugobjekt »Ereignis« durch eine Gruppe von chilenischen Wissenschaftlern bezeugt, die von einem Hubschrauber zur Robertson Island in der der Wendell Sea flogen, um Geologie, Fauna und andere Attraktionen zu studieren. Dieses Erlebnis war die Grundlage des später erschienenen Artikels »Ein zigarrenförmiges UFO über der Antarktis«. Zu Beginn des Jahres 1956 während der Sturmperiode, bemerkten die Teilnehmer plötzlich etwas, welches unter anderen Umständen für sie sehr prägend gewesen sein könnte. Es war so, dass ihr Funkgerät mysteriös aufhörte, zu funktionieren. Es war nicht so sehr eine beunruhigende Katastrophe, weil es fest stand, dass der Hubschrauber zurückkommen würde, um sie am 20. Januar wieder abzuholen.

Einer der Wissenschaftler, ein Doktor, hatte die Gewohnheit, aus meteorologischem Interesse heraus nachts für Beobachtungen aufzustehen, ein anderer aus der Gruppe, ein Professor, wollte nicht gerne gestört werden. Aber in der Nacht des 8. Januar 1956 entschied sich der Doktor, den Professor zu wecken. Er zeigte aufwärts, fast nach oben. Immer noch schlecht gelaunt wegen der Störung, schaute der Professor in die Richtung und erblickte zwei »metallisch zigarrenförmige Objekte in vertikularer Position, perfekt ruhig und schweigend und die Stahlen der Sonne plastisch blinkend reflektiert«. Gerade nach sieben Uhr gesellten sich zwei weitere Mitglieder der Teilnehmer, ein Assistent und ein Krankenpfleger, zu den zwei Männern. Die Gruppe beobachtete die zwei Schiffe. »Um ungefähr 9 Uhr nahm Objekt 1 (das nächste zum Zenith) plötzlich eine horizontale Position ein und schoss wie ein Blitz in Richtung Westen davon. Es verlor seinen metallischen Glanz und hatte den ganzen Umfang von sichtbaren Farben des Spektrums angenommen, von infrarot bis ultra-violett.«

Der Bericht über die Sichtungen führt fort: »Ohne zu verlangsamen trat eine unglaublich scharfe Winkeländerung der Richtung ein und schoss dann über einen anderen Bereich des Himmels weg und machte dann eine weitere scharfe Drehung, wie zuvor. Diese schwindligen Manöver, das Zick-Zack-Verhalten, das abrupte Anhalten, das Objekt folgte immer sprunghaften Flugbahnen, immer mit Rücksicht auf die Erde und völlig geräuschlos.«

Die Demonstration dauerte fünf Minuten. Dann kehrte den Zeugen zufolge das Objekt zurück und nahm die Position neben seinem Begleiter ein in genau dem gleichen Gebiet des Himmels, wie zuvor. Dann begann der »turn« für Objekt 2, sein Tempo zu zeigen und dann eine spiralartigen Zick-Zack-Tanz über den Himmel durch zu führen. Geschossartig in Richtung Osten vollbrachte es eine Serie von zehn zusammenhanglosen Flugausbrüchen, durchbrochen von abrupten Veränderungen der Richtung und markierten eine ausgeprägte Farbänderung bei Beschleunigung oder beim Stopp. Nach in etwa drei Minuten wurde beobachtet, dass es seine Station neben seinem Begleiter wieder einnahm und zurück kehrte zu seinem ursprünglich soliden und metallischen Aussehen.

Wegen der Natur ihrer Mission hatte die Gruppe zwei Geiger-Miller Zähler von hoher Sensibilität, einer der auditiven und der anderen vom Blitz-Typ bei sich. Nachdem die zwei Objekte ihren Tanz beendet hatten und ihre Position am Himmel wieder eingenommen hatten, entdeckte jemand, dass der Blitz-Typ Geigerzähler nun anzeigte, dass die Radioaktivität um sie herum plötzlich 40 fach erhöht war…weit mehr als genug und lang genug, unterworfen zu sein, um jeden Organismus abzutöten. Diese Entdeckung steigerte das Angstgefühl der vier Männer sehr.

Obwohl sie keine Teleskoplinsen hatten, besaßen sie Kameras und schafften es, zahlreiche Fotos von den Objekten zu machen, sowohl in Farbe, als auch in Schwarzweiß. Der Bericht gibt nicht an, was aus diesen Fotos wurde, aber es ist sicher, anzunehmen, dass sie im Besitz der chilenischen Regierung sind und es gibt weiterhin keinen Anlass, anzunehmen, dass sie den Vereinigten Staaten vorenthalten wurden, genau wie andere.

Natürlich…es gab keine Namen in diesem Bericht, aber es hat den Funken der Wahrheit und ist mit allen Häufigkeiten ähnlicher Berichte logisch. Würden wir doch ihre Namen kennen! Genau das ist eine ärgerliche Tatsache bei unbekannten Flugobjekten. Objektforschung in der Vielzahl von Sichtungen in Südamerika und dem südlichen Atlantik sind behaftet mit »anonymen Quellen« oder die Namen der Zeugen, die einbezogen waren, werden dann in »offiziellen« Berichten gelöscht. Deswegen wären viele der Zeugen, die zitiert werden, mit Hinweis auf ihre angegebenen Referenzen glaubwürdige Quellen, aber wegen der Praxis, Namen von Berichten zu tilgen, die in »öffentliche Hände« gelangen könnten, sind praktisch unmöglich, zu verfolgen. Die Abwesenheit von Namen…in vielen, wenn nicht in den meisten Fällen bewusst aus offiziellen Berichten gestrichen…lässt einfach eine Aura der »Unglaublichkeit« entstehen, obwohl es allgemeine Praxis ist, besonders in den meisten Ländern.

Doch ein anderer dokumentierter Bericht einer Ufo Sichtung über der Antarktis ist von Rubens Junqueira Villela, ein Meteorologe und der erste brasilianische Wissenschaftler, der an einer Expedition in die Südpolar-Region beteiligt war und nun ein Veteran von elf Expeditionen zur Antarktis (zwei mit der US Marine, acht mit dem brasilianischen Arktisprogramm und eine weitere mit dem Segelschiff Rapa Nui). Während an Bord des US

Marine Eisbrecher Glacier, der Ende Januar 1961 von Neu See-
land aus Segel gesetzt hatte, behauptete Villela, dass er Zeuge eines Ufo Ereignis am Himmel der Antarktis gewesen war, welches
er sofort in seinem Tagebuch festhielt, sogar einschließlich der
durch all jene betroffen empfundenen Emotionen. Am 16.März
1961, nachdem ein grimmiger Sturm die Expedition zum Rückzug zur Admiraltätsbucht auf der King George Insel erzwungen
hatte, überquerte »plötzlich ein seltsames Licht den Himmel, und
jeder begann zu schreien.«

Wilde Spekulationen machte die Runde. Einige dachten, das
Objekt könnte eine aufkommende Rakete sein. Andere dachten,
es sei ein Meteor. Die Aufregung war verbreitet und wuchs. »Der
Versuch, das Licht zu beschreiben, das über der Admiralitäts-
bucht erschien« erzählte er Interviewer später, » war nicht einfach.
Ich schrieb in mein Tagebuch: Definitiv die Farben, die Konfiguration und die Konturen des Objekts, wie ein Lichtkörper in geo-
metrischer Form, schien nicht von dieser Welt zu sein und ich
wusste nicht, was es möglicherweise hervorbringen könnte.«

Das Objekt, fuhr er fort, zu berichten, war »multi-farbig«
und hatte einen leuchtenden, oval-geformten Körper. Es hinter-
ließ einen »langen röhrenartigen rot-orange farbigen Pfad.« Angeblich spaltete es sich in zwei Teile, als ob es explodiert sei. Jedes
Teil leuchtete dann noch intensiver, mit weiß-, blau- und rot-far-
big gestalteten V-förmigen Strahlen hinter sich herziehend. Sie
bewegten sich sehr schnell fort und konnten 200 Meter über dem
Boden gesehen werden, Zeugen zufolge war die ganze Demonstration vollkommen lautlos.

Die US Marine registrierten diesen Vorfall offiziell als »ein
Meteor oder ein anderes natürlich leuchtendes Phänomen« dem
eingereichten Bericht des Kapitän der Glacier, Porter, zufolge.
Aber dies ist allgemeine Praxis und war es schon seit dem

Beginn der Entdeckungen von unbekannten Flugobjekten unter der Schirmherrschaft der Majestic 12 Gruppe. Diese Politik der »offiziellen Leugnung« und »logischen Erklärungen«, egal, wie weit sie gehen, wie es scheint, wurde von allen Zweigen der US Regierung verfolgt seit den ersten Tagen nach dem Roswell Vorfall im Juli 1947. Das gilt für alle Sichtungen oder angeblichen Sichtungen in der Antarktis…

Allerdings streifte Villela die offizielle Linie leicht ab. »Wie konnten sie einen Meteor mit einem Objekt, das Antennen trägt, komplett symmetrisch ist und von einem Schwanz ohne irgendwelche Anzeichen von atmosphärischen Störungen verfolgt wird, missverstehen?«

Den meisten »offiziellen« Quellen zufolge…und zweifellos wie der weltberühmte Skeptiker und selbsternannte Enthüller, Phillip Klaus, ist diese einzelne Geschichte ein klassisches Beispiel von Plasma, jedoch argumentierte der verstorbene Meteorologe James McDonald, dass die hoch-strukturierte Beschaffenheit des Objekts und die bestandene niedrige Wolkendecke von 1500 Fuß waren nicht mit Klaus' Hypothese vereinbar.

Die Liste der Sichtungen im Gebiet des Südatlantik sind praktisch endlos. Es ist und war, insbesondere seit dem Ende des Zweiten Weltkriegs eines der aktivsten Gebiete der Erde in Bezug auf Aktivitäten von unbekannten Flugobjekten. Eine weitere klassische Sichtung fand am 16. Januar 1958 statt, als das brasilianische Marineboot Almirante Salddanha ein Team von Wissenschaftlern zu einer Wetterstation nach Trinidad Island begleitete, Als das Schiff die Insel erreichte (oder eher einen hervorstehenden Felsen), flog ein, wie berichtet wurde, unbekanntes Flugobjekt niedrig über das Wasser, am Schiff vorbei, kreiste um die Insel und flog vor dutzenden Zeugen davon.

Der Expeditions-Fotograf, einer der Zeugen dieses einzigartigen Ereignis, nahm ein paar Aufnahmen von dem Objekt. Später wurde der Film durch den Kapitän dem Militär übergeben. Erstaunlicherweise veröffentlichte die brasilianische Regierung nach der ursprünglichen Analyse, den Film und äußerten, sie seien außerstande, für die Bilder verantwortlich zu sein.

Warum schickte die US Regierung gegen Ende 1947, nur Monate nach dem berühmten Roswell Zwischenfall eine Marine Projektgruppe mit Namen »Operation Hochsprung« einschließlich Admiral Nimitz, Admiral Krusen und Admiral Byrd in die Antarktis? Wie wir früher bemerkten, wurde die Operation bezeichnet als eine Expedition zu sein, die den Auftrag hatte, Kohle-Depots und andere wertvolle Ressourcen zu finden, jedoch sagen die Fakten etwas anderes…In Wirklichkeit scheint es dort keinen Zweifel zu geben, dass sie sich bemühten, eine riesige unterirdische von Deutschen mit der Hilfe von fremden Wesen, die als »Arianer« beschrieben wurden, konstruierte Basis zu finden, vor, während und nach dem Zweiten Weltkrieg. Diese Basis, angeblich in einem Gebiet gefunden, das die Deutschen »Neu-Schwabenland« nannten, ein Gebiet der Antarktis, welches die Deutschen erforschten und beanspruchten, vor dem Ausbruch des Zweiten Weltkriegs und war dazu gedacht, um »fliegende Objekte, die von Pol zu Pol in wenigen Minuten fliegen konnten, zu stationieren«…

Vor Jahren zirkulierten Gerüchte, warum deutsche U-Boote in südamerikanischen und der antarktischen Gewässern operierten, lange nach dem Zweiten Weltkrieg in Europa. Einige haben gesagt, die Boote würden jene »Wichtigen« wie Adolf Hitler und Martin Bormann lebend weg schaffen…und beide von ihnen sind nachweislich in Berlin am Ende des Krieges gestorben und der Tod beider sind durch physische Überreste der Männer verifiziert worden, letzterer durch einen sehr kurzen DNA Test. So entkam keiner von ihnen mit dem U-Boot nach Südamerika. Fakt ist, dass Wolfgang Eisenmenger, ein Professor der Gerichtsmedizin an der Münchener Universität, die DNA Untersuchung von Bormann's Überreste durchführte. Es scheint, dass er die Arbeit auf Wunsch der Frankfurter Justizbehörde erledigte. Er hatte auch Bormann's Zahn- und Krankenakten sowie die Fingerabdrücke. Bormann's Kinder (oder ein entferntes Familienmitglied, die Details sind ein wenig verschwommen) spendeten das Blut für den DNA Wettkampf, der überzeugend bewies, dass der Körper Martin Boormann war. Der Grund für ihren Tod wurde betrachtet als selbst zugefügte Vergiftung.

Jeder hat die Geschichte von gewaltigen Goldmengen oder anderen Wertgegenständen gehört, die in den letzten Tagen des Krieges aus Deutschland »herausgeschmuggelt« worden sein sollen, abgesondert weit entfernt nach Südamerika, um sogenannte »Verbrecher« im Ausland zu unterstützen. Bis jetzt hat keine jener Geschichten ein Anzeichen ihres Wertes gezeigt. Wenn doch, dann hätten Männer wie Eichmann nicht am Fließband im Volkswagenwerk gearbeitet, Müller keine Hühnerfarm geleitet und Mengele wäre nach der Großzügigkeit seiner wohlhabenden Familie abhängig gewesen.

Da grasiert eine Geschichte dieses besagten U-Boot Kommandanten, der nach dem Krieg an einigen hoch klassifizierten US Nationalgeheimnissen arbeitete und das sein Boot im fernen Süden operierte. Er soll, wie berichtet wird, Kommandant mit Namen Otto Schneider von einem VIIC oder IXC U-Boot während des Krieges im Atlantik gewesen sein. Diese Theorie ist auch leicht, zu widerlegen…Es gab einfach keinen U-Boot Kommandanten mit Namen in der Kriegsmarine. Nur zwei Kommandanten mit diesem Nachnamen versahen ihren Dienst im Krieg. Herbert Schneider, der starb, wärend er Kommandant des U-522 war und Manfred Schneider, nur Kommandant eines kleinen XXIII Boot U-4704 in den letzten drei Monaten des

Krieges, der niemals seinen Heimathafen verließ. Diese Geschichte ist nur gerade das, eine Geschichte.

Tatsache ist, unbekannte Flugobjekt Forscher sind seltsamen Sichtungen, »fliegende Untertassen« mit Hakenkreuzen oder eisernen Kreuze, die auf ihnen gezeigt werden, bewusst. Gleichfalls bewusst über deutschsprechende »Aliens« und sie haben auch gehört von Entführten, die in Untergrundbasen mit Hakenkreuzsymbolen an den Wänden verschleppt wurden oder von Fall eines Entführten...Alex Christopher...der beanspruchte, zusammenarbeitende »Reptiloide« und Deutsche an Bord von Antigravitationsfluggeräten oder in Untergrundbasen gesehen zu haben.

Ist es dies, was Amerika fürchtet? Ist es eine geheime antarktische Einrichtung, wo diese Experimente und Entwicklungen fortsetzen? Was wurde bei der Operation Hochsprung wirklich gesucht? Ist dies Geheimnis neben anderen der Grund, warum James Forrestall sein Leben verlor? Kostete eine nicht aufgezeichnete, drei Stunden andauernde Versammlung einer Gruppe von deutschen Wissenschaftlern und Ingenieuren und »arischen« außerirdischen Wesen in den gefrorenen Ödländern in der Nähe des Südpols Admiral Byrd das Leben? Ist dies der Ursprung der »Kriegsschiffe im All«, über die die Rosenbergs berichteten, im außerordentlichen Schatten des elektrischen Stuhls?

Eine Sache ist sicher...die Vereinigten Staaten »drangen« nicht am Ende eines Weltkrieges in die Antarktis ein und an dem gerade beginnenden Kalten Krieg...benutzten einen übertriebenen Anteil ihrer verkleinerten Flotte...für »Erforschungs-« Zwecke. Wenn sie etwas suchten, wussten sie genau, was es war, wonach sie suchten...und...eine »wissenschaftliche« Expedition« geht nicht voran, um einen KRIEG vorzubereiten.

Erwiderung:

Als bundesstaatlicher Angestellter mit unmittelbarem Zugang zu den NDRF (Nationalen Verteidigungs-Reserveflotte) Archiven, welche alle unklassifiziert sind, lassen Sie mich zusätzliche Informationen hinzufügen, die sich auf die Themen der Geschichte um 3/15 beziehen.

Herr Choron [Autor] berichtet:»Die USS Pine Island wurde an einem unbekannten Datum aus dem Marineregister gestrichen…ihr Name wurde der Marineadministration zur Ablegung in die Nationalen Verteidigungs-Reserveflotte übertragen…an einem unbekannten Datum..und…der endgültige Standort des Schiffs ist unbekannt..«

Hierzu stelle ich fest:»Die USS Pine Island wurde am 3. Juli 1972 der Zidell Erforschung in Portland, OR (bekannt als Zidell Marine) unter üblichen Vertragsstreitereien zugestellt. Zidell bezahlte $166 K für das Schiff, was normal ist. In 1971 wurde Pine Island nach Bremerton geschleppt, um durch die Marine»entkleidet« zu werden, was nicht ungewöhnlich ist für ein Schiff, dass verschrottet wird. Die Tatsache, dass sie (noch andere AVs) nicht im Marine Schiffsregister aufgelistet ist, ist ungewöhnlich, aber wahrscheinlich nur zum Teil ein Versehen der Marine (was nicht ungewöhnlich ist). Sollten Sie das nette Völkchen der NVR heute E-mailen, würden sie Ihnen möglicherweise danken für den Hinweis des Versäumnis und die vermissten Schiffe hinzufügen.

Nun, dies alles ist keine Widerlegung der Operation Hochsprung, das wird anderen überlassen.

Hier die Karte von Neu-Schwabenland, die in Deutschland nicht gezeigt werden darf bei Androhung von Inhaftierung:

[Der Betreiber dieser Webseite verzichtet hier aus sicherlich verständlichen Gründen auf den Link, der auf der Quellseite nutzbar ist]

470

Es gab eine geheime Poststation zwischen 1946 – 1948 in der Antarktis, die Spekulationen über den wirklichen Grund hinter den zwei gleichzeitigen Expeditionen...

Finn Ronne war ein norwegischer Einwanderer, der später in der US Marine aufgenommen wurde und ein Mitglied und Offizier bei den früheren Expeditionen von Admiral Byrd war. 1946-48 führte er eine privat-finanzierte Expedition in die Antarktis durch und folgte auf Fersen von Operation Hochsprung. Ronne's Expedition führte in die Marguenta Bucht, wo er Byrd's Basis von 1939 zurückbesetzte. Eins der wichtigsten Ergebnisse dieser Expedition war eine Ausstellung, dass die antarktische Halbinsel mit dem Rest der Antarktis verbunden war und so eins der letzten großen öffentlichen Rätsel des Kontinents löste.

In dem von ihm geschriebenen Buch mit dem Titel »Antarktische Eroberung« gab er an:

»Obwohl niemand wusste, unterhielt ich auch eine US Post Station, aber auf Grund des Staates (Betonung hinzugefügt) war ich gezwungen, es geheim zu halten.«

Heimlichkeit scheint keine Knappheit zu sein, wie mehrere antarktische Expeditionen erzählen, vielleicht nicht auf enge Weise wegen der fortgesetzten Sorge, dass die Nazis einen Rest der Antarktis von ihrer infarmen »Neu-Schwabenland« - Kolonisierung 1939-39 übrig ließen.

Das Web ist reichlich mit Seiten belegt, die Informationen über Verdächtigungen hervor heben und tatsächliche deutsche Verwicklungen in der Antarktis möglicherweise sogar aus den späten 1800'ern stammen. Es lässt einen verwundern, ob es tatsächlich verdeckte oder wie sie heute sagen »black-ops« Gründe gab für eine oder mehrere der Expeditionen von Byrd (einschließlich Operation Hochsprung in dieser Diskussion) gab, genauso wie die privaten von Kapitän Ronne.

Viele Onlinequellen sind mit Informationen erreichbar hinsichtlich dessen, was ich als die »Byrd Verschwörung« genannt habe, die keine Verschwörung durch Admiral Byrd war, eher das, was vielleicht eine offensichtliche Verschwörung von der Regierung gewesen ist, um besondere Informationen als Geheimnis einzustufen, die er während der Operation Hochsprung entdeckt hatte, Ich bin heute kein flüchtiger Richter, während ich die ganze Sache zu meiner Zufriedenheit erforsche.

Wie auch immer, wenn man dieser Verschwörungstheorie Glauben schenken mag,ist zu beobachten, das Admiral Byrd aus öffentlicher Sicht kurz nach seiner Rückkehr von der Operation Hochsprung 1947 wirklich »verschwunden« zu sein schien—bis 1955, als er die Operation Tiefer Frost I organisierte und es wurde über ihn berichtet, dass er kurz nach der Rückkehr 1947 im Krankenhaus (in mentaler Pflege) behandelt wurde. So wie gesagt wurde, kam diese erzwungene Krankenhausbehandlung als Folge der von Byrd gemachten bemerkenswert aufrichtigen Kommentare (die beinhalten, was man den Hauch einer Ufo-Beschreibung bezeichnen könnte) einer südamerikanischen Zeitung gegenüber über das, was er während der Operation Hochsprung gefunden hatte. Sein Verschwinden von der Szene nach seiner Ankunft zurück in den Staaten, würde den Anschein geben, dass er sofort zum Schweigen gebracht wurde. Zur Erinnerung, diese Zeitperiode viel fast genau mit den Ufo Sichtungen in Roswell zusammen. Operation Hochsprung war zuerst im Frühjahr 1947 und Roswell folgte im Sommer 1947. Dies war eine Situation, was die Regierung als letztes gebrauchen konnte, einen anderen Militäroffizier (in diesem Fall ein sehr prominenter und populärer Mann, der Jahre damit verbringen würde, kreuz und quer durch die Vereinigten Staate Vorträge zu halten und dessen Aussagen respektiert und angenommen wäre), der anscheinend darüber berichtet, er hätte Ufos gesehen oder glaube an Ufos!!

Notiz: Wenn die Operation Hochsprung in voller Länge von sechs bis acht Monate Dauer fortgeführt worden wäre, währen sie zur Zeit von Roswell noch in der Antarktis gewesen. Die Expedition kam sehr früh 1947 wieder in die US zurück, viel kürzer, als die erwartete Beendigung. Einige würden sagen »lahm zurück«, nach Duldung großer Verluste an Mensch und Material. Der offizielle Bericht beschreibt nur einen geringen Verlust von Leben und Flugzeugen, aber Verschwörer fühlen, das am Bericht herum gedoktort wurde oder uns wurde nicht die ganze Geschichte erzählt.

Vergleichen Sie den Mangel an öffentlicher Erreichbarkeit nach der Operation Hochsprung mit der vorherigen wohlbekannten Verfügbarkeit von Admiral Byrd in der Zeit, die seiner ersten zwei Expeditionen folgte, wo sie in Form von Briefmarken von allen Städten des Landes dokumentiert wurden, um Gedenkfeier zu unterstützen, die Byrd besuchte und vor der Öffentlichkeit Vorträge über seine Reisen in die Antarktis hielt. Dieser Byrd liebte es, zu reisen und Vorträge über seine Polarerforschungen zu halten, das ist ganz offensichtlich.

Die Polarregionen und seine Expeditionen war seine genaue Existenzgrundlage; seid seiner Kindheit sagte er, dass er seine Bestimmung fühlte, ein Polarforscher zu sein. Er hatte eine Leidenschaft im Zusammenhang mit Polarfragen, insbesondere Erforschungen, die kaum durchführbar waren. Operation Hochsprung war wenigstens in vielerlei Hinsicht wichtig, würde sie so erscheinen, wie seine vorherigen Expeditionen...so, wo war er denn nach seiner Rückkehr? Wo ging er hin? Wurde er weggeschlossen, sodass er seine Geschichte nicht teilen konnte von dem, was er wirklich in der Antarktis gefunden hatte? Wie einige Theorien besagen, traf und engagierte er sich während der Operation Hochsprung mit Nazi-Kräften, die von Basen operierten, wo fortgeschrittene Flugzeuge mit fortgeschrittenen Antriebssystemen untergebracht waren?

Viele denken so und ich fange an, einige Kuriositäten über einige Aspekte von Operation Hochsprung zu sehen und nun vielleicht sogar Ronne's Expedidition.

Der kleine »Leckerbissen« oben teilte mit, dass Ronne uns mit seinem Buch aufgabelte, als er zu Beginn uns erzählte, warum der antarktische Oleana Basis Poststempel der seltenste polara Entwerter ist, der existiert. Hierdurch ist die Gründung der amerikanische Poststation auf dem antarktischen Kontinent die erste und es ist eine Schande, dass der Entwerter nicht öfters eingesetzt wurde…Gibt es da eine größere Begründung, warum dieses Postamt so geheimnisumwittert war? Wir wissen nicht, dass viele Länder einschließlich Britannien, Konkurenz-Geheimbasen und oder Expeditionen während der gleichen Zeitperiode hatten, auffällig hier der Hafen Lockroy auf der antarktischen Halbinsel. Port Lockroy war Teil einer britischen top secret Expedition im Zweiten Weltkrieg, genannt Operation Tabarin.

Operation Tabarin war der Beginn der britischen ständigen Präsenz auf dem antarktischen Kontinent und wurde gebaut, um als südlichster Vorposten zu dienen, um ein Auge auf verdächtige Nazibewegungen auf dem Eis zu haben. In einem BBC Interview 2001 bemerkte einer der letzten übrig gebliebenen Überlebenden der Geheimexpedition, Gwion Davies, dass das Verschicken von Briefen heraus aus ihrer Geheimbasis war ein Weg, ihren Anspruch zu festigen, um/oder zu begründen, dass Teile der Antarktis britisches Herrschaftsterritorium war. Mit anderen Worten, gerade, als über die Nazis bekannt war, dass sie während ihrer Expeditionen 1939 Metallpfähle/Makierungen mit dem Kennzeichen des Dritten Reichs, der Swastika, über große Bereiche der Antarktis verankerten, als Akt der Verfestigung des Anspruchs für jedes Land (wie Britannien), ein Postamt zu haben, das tatsächlich anerkannt ist und Briefe abstempelt, zeigt eindeutig ihre Absicht, nicht nur Basen zu begründen, sondern dort auch zu bleibe.

Britaniens Geheimkrieg in der Antarktis

Während die Vereinigten Staaten damals nicht und heute auch nicht anerkennen, dass jedes Land spezielle territoriale Ansprüche in der Antarktis haben, für Ronne es seinen Expeditionsteilnehmern zu erlauben, offenen Postversand von Briefen von Oleana Basis zu haben, hätte einem ähnlichen Zweck gedient, wie bei dem Hafen Lockroy, aber aus irgendeinem Grund würde er nicht zulassen, dass es durchgeführt werden soll. Warum? Einige Post verschwand und andere von den Teilnehmern der Ronne Expedition sind bekanntermaßen von der in der Nähe liegenden britischen Basis versandt worden. Der Postversand diente einem geopolitischem Zweck neben der einfachen Tatsache, dass Briefe an die Lieben zu Hause versandt wurden und für viele polare Briefmarkensammler und Neugierige der antarktischen Geschichte ist es eine große Kuriosität, dass es in diesem Fall nicht gemacht wurde. Die gesamte Geschichte über die Existenz der Postämter (genauso wie noch größere Geheimnisse) mögen durch Kapitän Ronne überholt sein.

Der »heilige Gral« der antartischen Briefumschläge

Die Oleana Bay Umschläge sind am häufigsten mit dem Datum des 12. März 1947 versehen, welches das Datum war, als die Expedition an der Marguerite Bucht, Antarktis, angekommen war. Bei diesem Beispiel ist der oben illustrierte Umschlag insofern außerordentlich, weil er ein bedruckter Briefumschlag von Byrd's zweiter Antarktisexpedition ist, abgestempelt mit der ungewöhnlichen Handentwertung von dieser Mission; dann zurück-abgestempelt durch die Oleana Basis 1947 mit dem Zusatz von Kapitän Ronne's »Eckstempel« und dem achteckigem IGY Ellsworth Stationssiegel und das allerbeste, Ronne's Unterschrift, in welches es das Wort »Postmeister« hinzufügte, rundete es ab als einen großartigen Umschlag! Ein Umschlag wie dieser würde äußerst gut in einer polar Auktion sein. Ich würde sogar so weit gehen, sie als den »heiligen Gral« der Polarkollektion zu bezeichnen, nur wenige Umschläge, an die ich denken kann, haben meiner Meinung nach einen höheren Sammlerwert.

greyfalcon.us/restored/Operation.htm

LINKS UND BERICHTE ZU KAPITEL 7:

Operation High Jump; Journey to Antarctica to find the Dome
https://www.youtube.com/watch?v=Kg0r_RrZhA

UFO SECRET - OPERATION HIGHJUMP – UFOs, NAZIs
and ADMIRAL RICHARD E. BYRD
https://www.youtube.com/watch?v=rZz943vGUSI

Operation Highjump Steve Quayle and Greg Eversen
https://www.youtube.com/watch?v=GvucbV0iRTw

8. HITLER / DR. MENGELE / BORMANN U.A.

FBI-DOKUMENT VERÖFFENTLICHT: SO SIND HITLER UND EVA BRAUN NACH ARGENTINIEN GEFLOHEN

Veröffentlicht am May 7, 2016 in Politik von Sina

Das FBI hat ein Dokument veröffentlicht, aus dem hervorgeht: Adolf Hitler und Eva Braun sind in einem U-Boot nach Argentinien geflohen.

Enthüllungen der offiziellen Website des US-amerikanischen Innengeheimdienstes FBI.gov zufolge wusste die US-Regierung, dass Hitler lebte und sich bester Gesundheit erfreute. Noch lange nach dem Ende des II. Weltkriegs lebte er in den Anden.

70 Jahre lang hat man der Welt erzählt, dass Adolf Hitler am 30. April 1945 in seinem unterirdischen Bunker Selbstmord begangen hat. Sein Körper wurde von den Sowjets entdeckt und identifiziert, bevor er zurück nach Russland mitgenommen wurde. Ist es möglich, dass die Sowjets die ganze Zeit über gelogen haben und, dass die Geschichte neu geschrieben wurde?

Nach der Veröffentlichung dieser FBI-Dokumente scheint es nun auf jeden Fall so zu sein, dass der berüchtigtste Führer der Geschichte aus Deutschland entkommen ist und einen friedlichen Lebensabend in den Ausläufern der Anden in Südamerika verbracht hat.

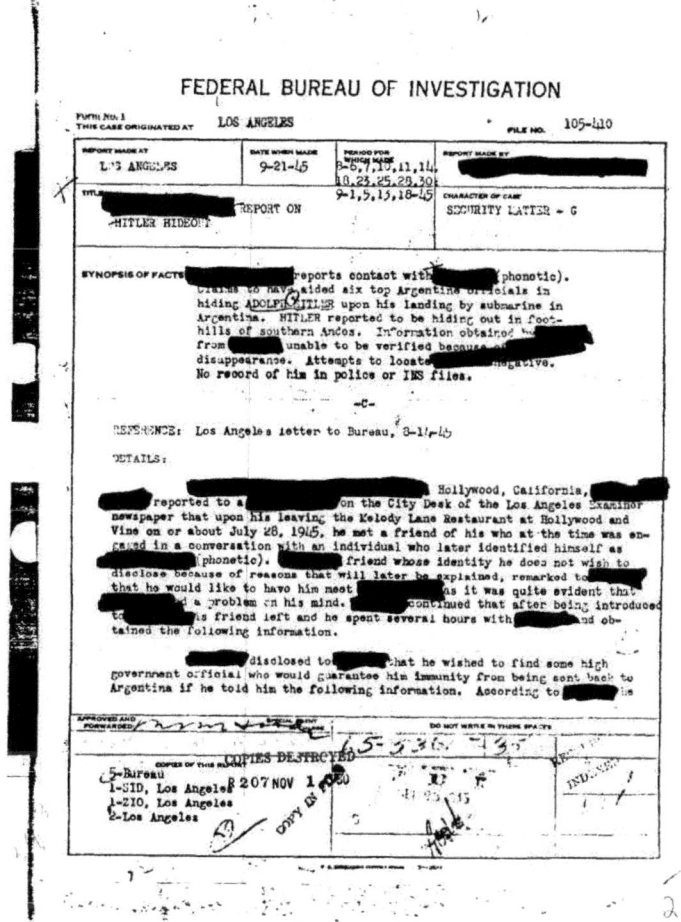

FEDERAL BUREAU OF INVESTIGATION

THIS CASE ORIGINATED AT LOS ANGELES   FILE NO. 105-410

REPORT MADE AT	DATE WHEN MADE	PERIOD FOR WHICH MADE	REPORT MADE BY
L^S ANGELES	9-21-45	5-6,7,10,11,14, 18,23,25,28,30, 9-1,5,15,18-45	

TITLE   CHARACTER OF CASE
~HITLER HIDEOUT REPORT ON   SECURITY MATTER - G

SYNOPSIS OF FACTS: ████████ reports contact with ████████ (phonetic). ██████ to have aided six top Argentine officials in hiding ADOLF HITLER upon his landing by submarine in Argentina. HITLER reported to be hiding out in foothills of southern Andes. Information obtained ██ from ████ unable to be verified because of disappearance. Attempts to locate ████████ negative. No record of him in police or INS files.

-C-

REFERENCE: Los Angeles letter to Bureau, 8-14-45

DETAILS:

████████ reported to a ████████ on the City Desk of the Los Angeles Examiner newspaper that upon his leaving the Melody Lane Restaurant at Hollywood and Vine on or about July 28, 1945, he met a friend of his who at the time was engaged in a conversation with an individual who later identified himself as ████████ (phonetic). ████████ friend whose identity he does not wish to disclose because of reasons that will later be explained, remarked to ████ that he would like to have him meet ████ as it was quite evident that ████ a problem on his mind. ████████ continued that after being introduced to ████ his friend left and he spent several hours with ████ and obtained the following information.

████████ disclosed to ████████ that he wished to find some high government official who would guarantee him immunity from being sent back to Argentina if he told him the following information. According to ████ he

Red Flag News berichtet:

Die kürzlich vom FBI veröffentlichten Dokumente scheinen darauf hinzudeuten, dass nicht nur der Suizid von Hitler und Eva Braun ein Fake war. Das berüchtigte Paar könnte Hilfe vom Direktor des OSS Allan Dulles gehabt haben (Office of Strategic Services – Amt für strategische Dienste – war ein US-Nachrichtendienst im II. Weltkrieg).

In einem FBI-Dokument aus Los Angeles wird enthüllt, dass dieses Amt sehr wohl von der Existenz eines mysteriösen U-Bootes wusste, welches sich auf den Weg entlang der argentinischen Küste machte und hochrangige Nazi-Offiziere absetze. Noch erstaunlicher ist allerdings, dass das FBI wusste, dass Hitler tatsächlich in den Ausläufern der Anden lebte.

Wer ist der mysteriöse Informant?

In einem Berief aus Los Angeles an das Amt aus dem Jahr 1945 stimmte ein unbekannter Informant zu, Informationen im Austausch für politisches Asyl preiszugeben. Was er den Agenten erzählte, war erstaunlich.

Der Informant wusste nicht nur, dass Hitler sich in Argentinien befand. Er war auch erwiesenermaßen einer der vier Männer, die das deutsche U-Boot tatsächlich getroffen hatten. Augenscheinlich waren zwei U-Boote an der argentinischen Küste gelandet und Hitler hatte sich mit Eva Braun an Bord des zweiten befunden.

Die argentinische Regierung hieß den ehemaligen deutschen Diktator nicht nur willkommen, sondern half ihm auch dabei, sich zu verstecken. Der Informant gab weiterhin nicht nur eine detaillierte Wegbeschreibung zu den Dörfern bekannt, durch die Hitler und seine Gefolgsmänner gereist waren, sondern er wusste auch um glaubwürdige körperliche Details zu Hitler.

Während der Informant aus offensichtlichen Gründen niemals in den FBI-Papieren namentlich genannt wird, war er glaubhaft genug, um bei einigen Agenten Gehör zu finden.

Das FBI versuchte, Informationen zu Hitlers Verbleib zu verheimlichen.

Trotz der detaillierten Informationen über sein Aussehen und trotz der Wegbeschreibung verfolgte das FBI diese neuen Spuren nicht weiter. Trotz der Beweise dafür, dass das deutsche U-Boot vom Typ U-530 an der argentinischen Küste gesehen wurde und trotz vieler Augenzeugen, die berichteten, dass deutsche Beamte dort abgesetzt wurden, untersuchte niemand diesen Vorfall.

Sogar noch mehr Beweise wurden gefunden:

Zusammen mit den FBI-Dokumenten, in denen auch ein ausführlicher Augenzeugenbericht von Hitlers Verbleib in Argentinien vorliegt, kommen weitere Beweise ans Licht, die bezeugen sollen, dass Adolf Hitler und Eva Braun in diesem Bunker nicht gestorben sind.

Im Jahr 1945 informierte Marineattaché in Buenos Aires Washington darüber, die Wahrscheinlichkeit sei groß, dass Hitler und Eva Braun gerade in Argentinien angekommen seien. Das fällt mit den Sichtungen des U-Bootes U-530 zusammen. Hinzu kommen Beweise in Form von Zeitungsartikeln, in denen genau über den Bau eines Herrensitzes im bayerischen Stil in den Vorläufern der Anden berichtet wird.

Ein weiterer Beweis wird in Form von Aussagen des Architekten Alejandro Bustillo erbracht, der über sein Design und den Bau des neuen Hauses für Hitler schrieb. Das Projekt wurde von reichen zuvor eingewanderten Deutschen finanziert.

Unwiderlegbare Beweise dafür, dass Hitler entkommen ist:

Der möglicherweise stichhaltigste Beweis dafür, dass Hitler die Niederlage Deutschlands überlebt hat, ist in Russland zu finden. Als die Sowjets Deutschland besetzten, wurden Hitlers angebliche Überreste schnell versteckt und nach Russland entsandt; dort wurden sie nie wieder gesehen. Zumindest bis 2009, als ein Archäologe namens Nicholas Bellatoni von der Connectitut State DNA-Tests an einem der erhalten gebliebenen Schädelfragmente durchführen durfte.

Was er entdeckte, löste eine Kettenreaktion in den Geheimdiensten und in wissenschaftlichen Kreisen aus. Die DNA stimmte nämlich nicht nur NICHT mit den Proben überein, die Hitler zugeordnet wurden. Sie stimmten ebenfalls nicht mit den bekannten DNA-Spuren von Eva Braun überein. Die Frage ist also: Was haben die Sowjets in diesem Bunker wirklich entdeckt und wo ist Hitler geblieben?

Sogar der ehemalige General und Präsident der Vereinigten Staaten Dwight D. Eisenhower schrieb nach Washington.

Nicht nur General Eisenhower machte sich Gedanken über Hitlers völliges Verschwinden; auch Stalin äußerte seine Bedenken. Im Jahr 1945 zitierte die Zeitung Stars and Stripes dann Eisenhowers Aussage, der zufolge dieser glaubte, es läge durchaus im Bereich des Möglichen, dass Hitler sicher und wohlbehalten in Argentinien lebt.

Ist es überhaupt möglich?

Mit all diesen neuen Erkenntnissen, die jetzt ans Licht kommen, ist es nicht nur möglich, sondern sogar wahrscheinlich, dass Hitler nicht nur aus Deutschland entkommen ist, sondern dass er dabei auch Hilfe von den internationalen Geheimdiensten bekommen hat. Die veröffentlichten FBI-Dokumente zeigen, dass sie nicht nur über Hitlers Verbleib in Argentinien Kenntnis Informationen besaßen, sondern auch dabei halfen, diese Informationen zu verschleiern.

Es wäre nicht das erste Mal, dass das OSS einem hochrangigen Nazi-Beamten dabei half, einer Strafe und Gefangennahme zu entgehen. Erinnert euch nur an die Geschichte von Adolf Eichmann, der in den 1960er Jahren in Argentinien ausfindig gemacht wurde.

Quellen:

FBI – Adolf Hitler

Shocking evidence Hitler escaped German

Hitler in Argentina!

Interview – Did Adolf Hitler escape to Argentina

Hitler and Eva Braun fled Berlin and died (divorced) of old age in Argentina

12. Januar 2016 aikos2309

Um den Tod Adolf Hitlers im Führerbunker am 30. April 1945 ranken sich seit jeher zahlreiche Mythen und Theorien. Eine US-TV-Doku will unlängst erst Beweise gefunden haben, dass Hitler die Flucht gelungen sein könnte. Der Diktator soll über einen Tunnel zum Flughafen Tempelhof gelangt und dann nach Südamerika geflohen sein.

Britische Medien berichten nun über eine neue Theorie, wonach Hitler in den letzten Kriegstagen nach Teneriffa geflohen sei. Dabei stützen sie sich auf den Forscher Dr. John Cencich, der

700 Seiten bisher geheimer FBI-Dokumente ausgewertet hat und dabei auf Erstaunliches gestoßen ist.

Hitler soll dabei gemeinsam mit Eva Braun aus dem Führerbunker geflohen sein und sich vorerst auf der Kanaren-Insel versteckt haben. Anschließend soll der Nazi-Diktator dann weiter nach Argentinien gereist sein. Hitler wollte so der Justiz der Alliierten entgehen.

TV-Doku: Hitlers Flucht – Wahrheit oder Legende?

Der Tod Adolf Hitlers am 30. April 1945 beschäftigt seit Jahrzehnten zahlreiche Experten und Historiker. Für die neue Doku-Reihe »Hitlers Flucht – Wahrheit oder Legende?« (Originaltitel: »Hunting Hitler«) hat nun ein Expertenteam die im Jahr 2014 freigegebenen FBI-Dokumente ausgewertet und geht darin enthaltenen Hinweisen auf Hitlers Verbleib nach April 1945 nach (Hunderte Geheimdokumente als Basis: Neue Doku will beweisen, dass Hitler Krieg überlebte (Videos)).

Für das Team um Robert »Bob« Baer, altgedienter CIA-Agent, und Tim Kennedy, Sergeant First Class der 7th Special Forces Group der US Army, bedeutete dies eine Reise auf verschiedene Kontinente und Länder: Die Dreharbeiten fanden in Deutschland, Spanien, auf den Kanarischen Inseln, in Argentinien, Brasilien und in Kolumbien statt.

Ausgehend von einer internen Aufzeichnung des früheren FBI-Chefs J. Edgar Hoover (»American Army officials in Germany have not located Hitler's body nor is there any reliable source that will say definitely that Hitler is dead«) stellt sich das Team um Kennedy und Baer die zentrale Frage:

Wie könnte Adolf Hitler den Zweiten Weltkrieg überlebt haben? (Internationale Allianz mit Hitler (Teil 2): IBM, BIZ, Chase

– die Schweiz- und Frankreich-Connection (Video) und Geschäft mit Hitler: 11 deutsche Unternehmen und ihre dunkle Nazi-Vergangenheit)

Folge 1: Verdächtige Spuren

Das Team beginnt seine Ermittlungen anhand von FBI-Akten in der argentinischen Kleinstadt Charata. In den kürzlich freigegebenen Dokumenten finden sich Hinweise auf eine Schule, die einst Teil einer nationalsozialistischen Jugendbewegung war, zu der auch Carlos Buck gehörte, der in der Gegend gelebt hat. Im Zuge seiner Ermittlungen findet das Team außerdem eine Lagerstätte, deren Merkmale denen eines Militärbunkers aus jener Gegend entsprechen, in der die FBI-Akten Hitler vermuteten. Außerdem entdecken sie eine geheimnisvolle Anomalie auf dem Grundstück von Carlos Buck.

Folge 2: Tunnel unter Berlin

Tim untersucht einen Ort im Grenzgebiet zwischen Argentinien, Brasilien und Paraguay, an dem kürzlich eine autarke Anlage der

Nationalsozialisten entdeckt wurde. Dort findet das Team verschiedene Relikte sowie ein Magenmedikament, das auch Hitler eingenommen hat. In Berlin stellt Lenny mittels einer Datenbank fest, dass es tatsächlich keine Augenzeugen von Hitlers Selbstmord und auch keine Identifizierung seiner Leiche gegeben hat. Ein DNA-Beweis, den die Russen für Hitlers Tod vorgelegt hatten, erweist sich als falsch. Er gehört zu einer Frau, die auf Eva Brauns Beschreibung passt.

Folge 3: Fluchtpläne

Nachdem feststeht, dass Hitler seinen Tod vorgetäuscht haben könnte, entdeckt Lenny Beweise für eine Massenflucht vom Flughafen Tempelhof genau an dem Tag, an dem Hitler zuletzt gesehen wurde. Eines der Flugzeuge hatte Hitlers Gepäck an Bord. Das Team findet mehrere Tunnel, die den Führerbunker mit dem Flughafen verbinden, von wo aus Hitler aus Berlin geflohen sein könnte.

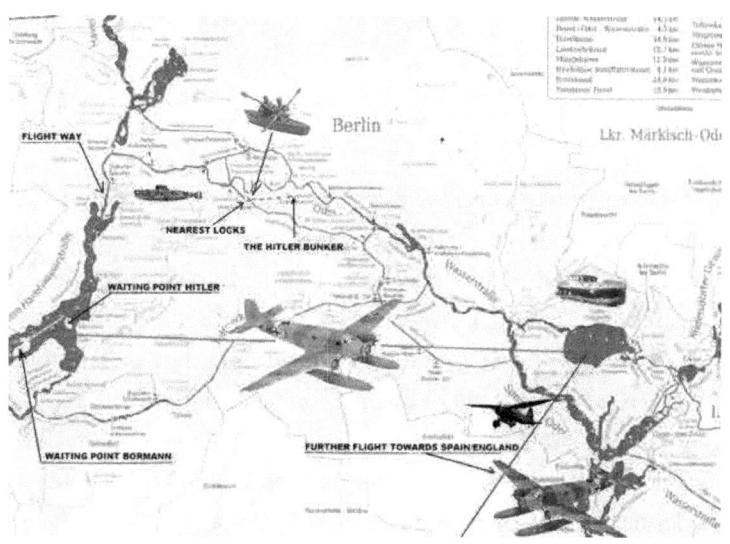

In Argentinien versuchen die Forscher herauszufinden, wie Hitlers Ankunft in Südamerika ausgesehen haben könnte. Mithilfe von Hightech-Software entdecken sie Hinweise auf ein Nazi-Netzwerk im nahegelegenen San Antonio Oeste.

Folge 4: Geheimes U-Boot

In Spanien untersucht das Team, ob General Francos Sommerresidenz als Landeplatz für Hitlers Flugzeug gedient haben könnte und entdeckt dabei auf einem nahegelegenen Friedhof ein riesiges Hakenkreuz. Außerdem finden sie eine geheime U-Boot-Anlegestelle, die Hitler die Flucht aus Spanien ermöglicht haben könnte. In Argentinien weist alles auf ein gesunkenes U-Boot in der Gegend von Caleta de Loros hin. Die Forscher setzen Sonartechnik und Tiefseemetalldetektoren ein, um das U-Boot zu finden, das Hitler nach Südamerika gebracht haben könnte.

Folge 5: Augenzeugenberichte

Lenny DePaul und Gerrard Williams entdecken in einem spanischen Kloster Hinweise auf die Präsenz nationalsozialistischer Anhänger. Sie finden sogar einen Augenzeugen, der Hitler im Kloster gesehen haben will. Weitere Entdeckungen weisen darauf hin, dass Hitler auf seinem Weg nach Südamerika in Spanien Halt gemacht haben könnte.

In Argentinien geht die Suche nach dem U-Boot inzwischen weiter. Die Metallobjekte, die das Team geortet hat, stellen sich allerdings als Bauschutt heraus. Doch die Experten geben nicht auf, auch wenn das extreme Wetter die Suche immens erschwert.

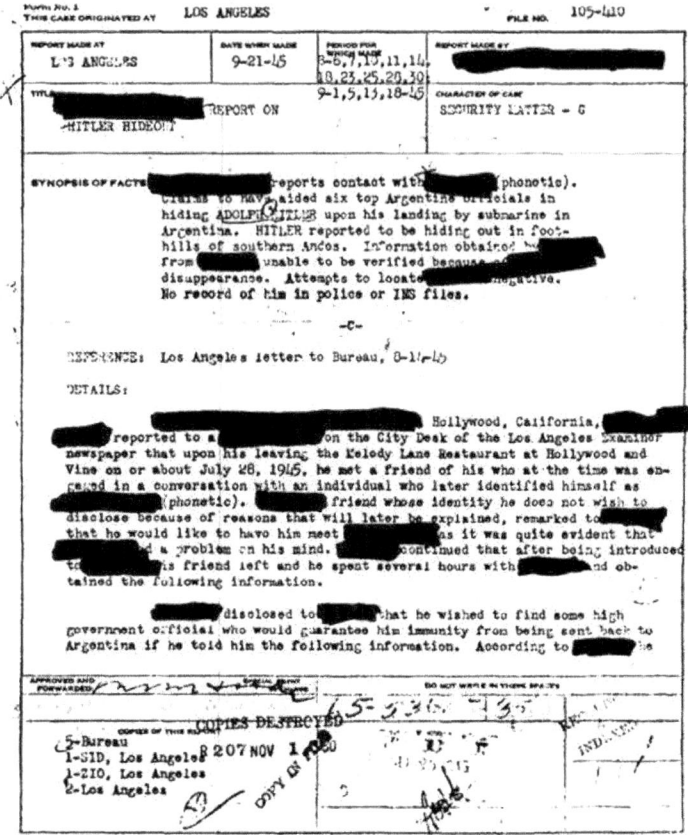

Folge 6: Zwischenlandung

Auf Grundlage der FBI-Akten über Hitlers Gesundheitszustand geht das Team davon aus, dass der Diktator die lange Reise von Spanien nach Südamerika nicht ohne Pause hätte durchführen können. Lenny DePaul und Gerrard Williams stellen fest, dass die Kanarischen Inseln wegen ihrer Lage als Zwischenstopp besonders geeignet wären. Sie entdecken auf den Inseln Hinweise auf die Präsenz damaliger nationalsozialistischer Anhänger. Außerdem finden sie eine versteckt gelegene U-Boot-Werft mit Verbindungen zum Hitlerregime.

Folge 7: Das Netzwerk

Das Team geht Hinweisen neuer FBI-Akten nach, die Hitlers U-Boot-Anlegestelle mit einem großen Anwesen in den südlichen Anden mit deutschen Besitzern in Verbindung bringen (Laut FBI: Hitler – Kein Suizid sondern Flucht?). Dort stoßen sie auf die Stadt Bariloche und das Inalco Haus, in dem Hitler womöglich Unterschlupf fand. Die Experten versuchen sich über den Wasserweg Zugang zu dem mysteriösen Gebäude zu verschaffen. Mithilfe von Netzwerkanalysen stößt das Team auch auf das Hotel Eden, das zwei bekannten Nazi-Unterstützern gehört. Hier will ein Augenzeuge Hitler noch Monate nach seinem Tod gesehen haben.

Folge 8: Suche im Sumpf

Am Höhepunkt der Ermittlungen, lässt der Leiter des Teams zwei Sumpfgebiete im Herzen von Bogota untersuchen. Laut den vorliegenden FBI-Akten soll hier ein Flugzeug verschüttet sein, das Hitler nach Kolumbien brachte. Mit Hilfe historischer Karten und modernster Technik, stoßen die Experten auf ein auffälliges Objekt, das tief im Moor versunken liegt und den Beschreibungen des FBI ähnelt. Könnte es sich tatsächlich um das gesuchte Flugzeug handeln?

Die Experten

Professor für Strafrecht Dr. John Cencich, ist Rechtswissenschaftler und spezialisiert auf die Strafverfolgung von Kriminellen weltweit. Als UN-Ermittler am internationalen Gerichtshof in Den Haag leitete er ein Team aus Top-Spezialisten in einem der größten Ermittlungsverfahren in der Geschichte. Seine Untersuchungen führten zur Anklage des ehemaligen serbischen Präsidenten Slobodan Milošević und zu 15 Festnahmen von hochrangigem Militärpersonal, Polizisten und Staatsbeamten. Damit war Cencich's Team eines der ersten, das es schaffte einen amtierenden Staatschef für Verbrechen gegen die Menschlichkeit und Kriegsverbrechen vor Gericht zu bringen.

Bob Baer ist altgedienter CIA-Agent und die reale Person hinter der Filmfigur Bob Barnes, die George Clooney im 2005 entstandenen Kinofilm »Syriana« verkörperte. In seiner 21-jährigen Karriere war Baer weltweit an vielen wichtigen Geheimdienstoperationen beteiligt. Seine Fähigkeiten setzte er sowohl international für diverse Spionagetätigkeiten als auch zur Spionageabwehr und Informationsbeschaffung ein. Von illegalen Waffengeschäften bis hin zur weltweiten Jagd auf Top-Terroristen, hat er alle Aspekte der Geheimdienstarbeit kennengelernt und immer alles daran gesetzt, die Wahrheit aufzudecken.

Gerrard Williams ist ein international anerkannter Journalist und Geschichtsexperte mit über dreißig Jahren Erfahrung. Seine Arbeit für Reuters, BBC und Sky News führte ihn immer wieder zu den Brennpunkten dieser Erde: vom Fall der Sowjetunion zum Genozid in Ruanda, vom Tsunami im Jahr 2004 in Thailand zum Irakkrieg. Vor zehn Jahren entdeckte er Beweise für die Flucht von Nationalsozialisten aus Deutschland nach Argentinien und anderen südamerikanischen Ländern. Das änderte seine

Sichtweise auf die geschichtliche Berichterstattung nachhaltig und er beschloss dieser Sache nachzugehen.

Als Chief Inspector and Commander of the US Marshall Fugitive Task Force hat Lenny DePaul über drei Jahrzehnte gewalttätige Verbrecher, Terroristen und Drogenbarone gejagt. Durchschnittlich nahm die über 380 Mann starke Truppe über 100 flüchtige Verbrecher pro Woche fest. Vor seiner Tätigkeit beim US Marshall Service, war er fünf Jahre bei der US Navy tätig. Weitere fünf Jahre schützte er als Mitglied des United States Secret Service zahlreiche Politiker.

Steven Rambam ist einer der weltweit bekanntesten Untersuchungsexperten für Todesfälle. Sein international tätiges Unternehmen hat bisher mehr als zehntausend Fälle gelöst, von Mord- und Vermisstenfällen bis hin zum ausgeklügelten Finanz- und

Versicherungsbetrug. Bekannt wurde er auch durch seine freiwillige und unentgeltliche Suche nach 170 Unterstützern von Nationalsozialisten und Kriegsverbrechern in Europa, Kanada, Australien und in den USA.

Tim Kennedy ist Sergeant First Class der 7th Special Forces Group der US Army. Er hat lange Zeit im Mittleren Osten verbracht und war mit seinem Team am Boden aktiv an der Auffindung der Al-Qaida-Größen Zarqawi und Osama bin Laden beteiligt. Er hat profundes Wissen über die Taktiken, die flüchtige Verbrecher anwenden, wenn sie einer Gefangennahme entgehen wollen (Hitlers Flucht, seine Doppelgänger und der inszenierte Selbstmord (Videos)).

Literatur:

Hitler überlebte in Argentinien von Abel Basti

Wall Street und der Aufstieg Hitlers von Antony C. Sutton

Hitlers Flucht Geheime Reichssache von Sven Peters

Wer Hitler mächtig machte: Wie britisch-amerikanische Finanzeliten dem Dritten Reich den Weg bereiteten von Guido G. Preparata

Hitlers amerikanische Lehrer: Die Eliten der USA als Geburtshelfer der Nazi-Bewegung von Hermann Ploppa

Quellen: PublicDomain/oe24.at/history.de/express.co.uk/vault.fbi.gov am 11.01.2016

Weitere Artikel:

Internationale Allianz mit Hitler (Teil 2): IBM, BIZ, Chase – die Schweiz- und Frankreich-Connection (Video)

Geschäft mit Hitler: 11 deutsche Unternehmen und ihre dunkle Nazi-Vergangenheit

Hunderte Geheimdokumente als Basis: Neue Doku will beweisen, dass Hitler Krieg überlebte (Videos)

Wie eine Phantom-Armee Hitler narrte (Video)

4 Gründe, warum der Hitlergruß der jungen Queen kaum ein Versehen sein konnte (Video)

Laut FBI: Hitler – Kein Suizid sondern Flucht?

Das Geld, das Hitler ermöglichte (Videos)

Die Nazi-Wurzeln der »Brüsseler EU« (Video)

Historische Dokumente belegen: Pharma-Öl-Kartell steckt hinter dem 2. Weltkrieg (Video)

Geheimes Nazi-Versteck in Argentinien entdeckt (Videos)

Rockellers Medizin-Männer: Die Pharma- und Finanzlobby

Geheime Dokumente: Nazis bombardierten zu Testzwecken eigene Bevölkerung mit V-2 Raketen

Pharma-GAU: Wie die Impfstoffindustrie den Propagandakrieg verlor und alle gegen sich aufbrachte (Video)

Der geheime Auftrag der Nazis im Nahen Osten

BIZ – Hitlers Kriegsbank: Wie US-Investmentbanken den Weltkrieg der Nazis finanzierten und das globale Finanzsystem vorbereiteten

Organisierte Kriminalität im Gesundheitswesen – wie Patienten und Verbraucher betrogen werden

Kein Blitzkrieg ohne USA

Bertelsmann: Hitlers bester Lieferant – gegenwärtige Einflussnahme

Das Weiße Haus und die Nazis: Von Hitler-Deutschland bis zum heutigen Kiew – die verstörenden Partnerschaften zwischen USA und Nazis (Videos)

Bericht belegt Beteiligung nach 70 Jahren: Bank of England half Nazis beim Goldverkauf

Hitlers amerikanische Lehrer (Video)

Das System Octogon – Die CDU wurde nach 1945 mit Nazi-Vermögen und CIA-Hilfe aufgebaut (Video)

Der große Plan der Anonymen – Agent Hitler

Hitlers Stellvertreter Rudolf Hess 'von britischen Agenten ermordet', um Geheimnisse aus Kriegszeiten zu begraben

Der verheimlichte Widerstand – Monarchisten gegen Hitler

Nazi-Größen planten 4. Reich, das der Struktur der EU entspricht

Nazis aus Hollywood: Machte die Traumfabrik »Heil Hitler«?

Finanzierung Hitlers durch die Familie des ehemaligen US-Präsidenten George W. Bush

Dreierkriege – Hannibal und Hitler – zur Urangst

Ha'avara-Abkommen: Die geheime zionistische Vereinbarung mit Hitler

Bertelsmann: Hitlers bester Lieferant – gegenwärtige Einflussnahme

Agent Hitler – Im Auftrag der 'NA'tional-'ZI'onisten – Gründung Israels (Videos)

Hitlers Flucht, seine Doppelgänger und der inszenierte Selbstmord (Videos)

Urkundenfälschung: Die Einbürgerung Adolf Hitlers

Hjalmar Schacht, der interne Dienstvorgesetzte Adolf Hitlers – Rest nur Täuschung der Öffentlichkeit

Die Delbrück-Schickler-Bank und Hitlers Machtergreifung

Prof. Antony Sutton: Wall Street, Hitler und die russische Revolution (Video-Interview)

CIA koordiniert Nazis und Dschihadisten

Bevölkerungskontrolle: Die Machenschaften der Pharmalobby – Von den IG Farben der Nazis zur EU und den USA

Wer Hitler mächtig machte

CDU und Quandts – Gesundheitsrisiken für Europa (Video)

Geheimdokumente enthüllen die nationalsozialistischen Wurzeln der Europäischen Union

Was Putin verschweigt, sagt sein Berater: Deutschland steht unter US-Okkupation (Video)

HITLER IN PARAGUAY – SELBSTMORD ODER FLUCHT

Geschrieben am 12. Juli 2016 in Nachrichten

Wenn es stimmt, dass Hitler sich nicht selbst im Führerbunker umgebracht hat, Anfang 1945, Tage bevor er in die Hände der roten Armee hätte fallen können, dann scheint es sicher, dass er ein langes Leben in Südamerika hatte.

Der Historiker und Buchautor, Abel Basti, veröffentlichte sein neues Werk »Das Exil von Hitler«, in dem weiteren Spuren zu diesem Mysterium nachgegangen wird.

Adolf Hitler soll 1945 von Deutschland nach Argentinien geflohen sein. Von da aus ging es 1955 weiter nach Paraguay, wo

Stroessner, deutscher Abstammung, seine Hände schützend über ihn hielt.

Das neue Buch von Basti beinhaltet Aussagen von Personen, die mit Alfredo Stroessner sprachen und die Präsenz von Adolf Hitler und weiteren Nazigrößen in Paraguay bestätigen können. Laut seinen Aufzeichnungen starb Adolf Hitler am 3. Februar 1971 in Paraguay.

»Reiche Familien waren eine wichtige Stütze, um über Jahre die sterblichen Überreste zu bewahren. Sie beerdigten ihn in einem unterirdischen Bunker, der unter einem eleganten Hotel der Hauptstadt Asuncion liegt. 1973 wurde der Bunker versiegelt. Bei der Zeremonie waren 40 Personen dabei, einer von ihnen war der brasilianische Offizier Fernando Nogueira de Araujo«, so Basti.

Geflohen soll Hitler aus dem Bunker sein, nachdem er einen Doppelgänger ins Spiel brachte. Zum Flughafen Tempelhof ging es durch einen Tunnel. Von da ging es weiter per Helikopter und Flugzeug nach Spanien und von da aus weiter nach Teneriffa. Die Atlantiküberfahrt nach Argentinien soll in einem U-Boot vonstatten gegangen sein.

Es gab eine Übereinkunft mit den Vereinigten Staaten, die die Flucht ermöglichten und ihn nicht in sowjetische Gefangenschaft brachten.

Adolf Hitler und Eva Braun sollen in der argentinischen Stadt Comodoro Rivadavia an Land gegangen sein. Deutsche U-Boot Aktivität gab es zwischen März und August 1945 viel an der argentinischen Küste. Entweder sie versenkten diese oder überquerten den Atlantik um sich zu stellen. Hitler soll nahe San Carlos de Bariloche auf einer Estancia von Prinz Bernhard von Lippe-Biesterfeld, Großvater des heutigen Königs der Niederlande, Willem-Alexander, gelebt haben. Danach soll er es vorgezogen haben, in Inalco am Ufer des Nahuel Huapi Sees zu leben.

Nach seiner Flucht aus Argentinien im Jahr 1955 soll er im Hotel del Lago in am Ufer des Yparacaí Sees und später auf einer Stroessner Estancia gewohnt haben. Von da aus verliert sich seine Spur. Eventuelle Besuche soll es im Süden von Brasilien gegeben haben.

Anfang dieses Jahres zeigte der Fernsehkanal History Channel eine Serie mit dem Titel »Auf der Jagd nach Hitler«, was sich auf 700 alte FBI Dokumente stützte. Man zeigte den Tunnel der die Reichskanzlei mit dem Flughafen Tempelhof verband. Damit bestand die Möglichkeit einer Flucht nach Südamerika.

Eva Braun, so Basti, soll Hitler überlebt haben und zurückgekehrt sein nach San Carlos de Bariloche, wo sie ein Haus hatte, was später den deutschen Krankenhaus geschenkt wurde. Sie soll weiter nach Buenos Aires gezogen sein und im exklusiven Stadtviertel La Recoleta bis in die 90er Jahre gelebt haben.

Erst vor drei Wochen ersteigerte ein unbekannter Argentinier eine Uniform von Adolf Hitler im Wert von 275.000 E

Themenwechsel: Sie haben ja im Juli 2011 Ihr neues Buch herausgebracht zusammen mit Abel Basti und Stefan Erdmann: Hitler überlebte in Argentinien. Ist der Titel des Buches nicht etwas gewagt?

Das sollte man meinen, ist er aber nicht. Das Buch ist eine Gemeinschaftsarbeit mit dem argentinischen Journalisten Abel Basti, der das Thema seit 15 Jahren recherchiert und seitdem 19 Zeugen aufgetan hat, die Hitlers Anwesenheit nach 1945 in Argentinien bestätigen können. Sieben davon sind direkte Augenzeugen, also Personen, die behaupten, Hitler mit eigenen Augen gesehen zu haben. Hier sind vor allem zwei von besonderem Interesse: ein Herr Reinhard Schabelmann, der bei der Ankunft des U-Boots mit dabei war, mit dem Hitler und Eva Braun in Argentinien ankamen, der auch berichtet, dass die Alliierten darüber Bescheid wussten und auch große Geldsummen an diese flossen, damit Stillschweigen gewahrt wurde. Dieser Augenzeuge erklärt auch, dass es bis heute ein Geheimnis bleiben müsste, denn: »Es gibt immer noch zu viele wirtschaftliche Strukturen und Geldbewegungen von dem ins Land gebrachten Vermögen. Eine Untersuchung würde zu viele Geschäfte auffliegen lassen, und wichtige

Unternehmer im Land wären verwickelt – das würde auch eine Krise ungeahnten Ausmaßes in den USA und Europa verursachen. Es werden hundert Jahre vergehen, bis man Ermittlungen durchführen kann, das heißt, wenn es keine direkten Verantwortlichen mehr gibt.«

Die spannendste Person unter Abel Bastis Zeugen ist aber auf jeden Fall Catalina Gamero, die Adoptivtochter von Ida und Walter Eichhorn, die finanzielle Unterstützer Hitlers und der NS-DAP vor 1933 waren. Frau Gamero hatte Hitler im Jahre 1949 drei Tage lang im Privathaus der Eichhorns im argentinischen La Falda umsorgt, ihm das Essen gebracht und ihn demzufolge wiederholt gesehen. Sie beschreibt auch, dass Ida Eichhorn sich diese drei Tage lang permanent mit Hitler unterhalten hatte und erklärt zudem, dass sie Hitler danach auf ein anderes Privatgut der Eichhorns verbrachten, wo sie ihn erneut mehrmals persönlich antraf.

Aber kann das nicht ein Doppelgänger gewesen sein?

Auf keinen Fall! Wenn man die Geschichte der Eichhorns betrachtet, die im Buch ja detailliert wiedergegeben ist, dann wird klar, dass sich eine Frau Eichhorn, eine glühende Nationalsozialistin, niemals mit einem Doppelgänger, und dann auch noch mehrere Tage lang, unterhält. Wozu denn? Was soll das?

Mariano LLano

Auf der Buchvorstellung von Mariano Llanos zweiter Auflage von "Hitler y los Nazis en Paraguay" wurden Jan und Stefan vom TV-Sender "ABC color" zum Thema befragt. Dort meldete sich ein Herr zu Wort · Erico Rodríquez ·, der erklärte, dass sein Freund, Julio Heinichen, Hitler in San Bernardino gesehen hat.

Aber wie gesagt, das sind nur zwei von 23 Zeugen, die im Buch insgesamt zu Wort kommen. Und dann kommt eben unser Teil der Geschichte mit dazu, also was Stefan und ich in Paraguay erlebt hatten. Als wir im November und Dezember 2010 eine größere Südamerika-Tour durch mehrere Länder durchführten auf der Suche nach Eingängen in alte Tunnelsysteme, stießen wir in Asunción auf einen Buchautor, Mariano Llano, der das Thema ebenfalls behandelt hatte, und durch diesen dann auf einen Augenzeugen, der als 17jähriger Soldat zusammen mit dem damaligen Innenminister Paraguays, Edgar L. Insfrán, auf ein Landgut an der Grenze zu Brasilien fuhr, das von blonden Deutschen bewohnt war. Dieser Zeuge sah mit eigenen Augen, wie der Innenminister dann dort Hitler und Eva Braun begrüßte und sich mit diesen zum Gespräch ins Haus zurückzog. Das ist einer von vier Augenzeugen, die wir selbst aufgespürt hatten. Wir waren dabei zur Recherche auch in mehreren deutschen Kolonien in Paraguay und Argentinien.

Im Februar 2011 sind wir dann erneut nach Paraguay geflogen – diesmal mit Kameras und Aufnahmegeräten bewaffnet – und haben die vier Zeugen interviewt, die Hitler dort gesehen haben wollen. Und das Faszinierendste ist, dass wir hier offenbar in ein Wespennest gestoßen haben. Seit das Buch in Druck ging, haben wir schon wieder drei neue, direkte Augenzeugen in Paraguay aufgespürt, die jetzt gerade interviewt wurden. Die eine ist die Hausdame von General Diaz de Vivar, dann ein persönlicher Leibwächter von Paraguays Ex-Präsident Stroesser und ein Polizeikommissar unter Stroessner.

Also das hätte ich jetzt nicht erwartet.

Ich auch nicht, ehrlich gesagt. Ich sage ja, das ist unglaublich. Und von den Augenzeugen haben wir so viele Details erfahren können bezüglich der letzten Jahre Hitlers, seines Gesundheitszustands, wie er wohnte und auch, mit wem er sich traf – wie zum Beispiel Präsident Perón, und das mehrmals! Auch in diesem Fall ist der Augenzeuge ein hoher Polizeibeamter. Im Februar 2011 habe ich dann aufgrund der Fülle an Informationen einen Mann in Asunción engagiert, der für mich seitdem vor Ort recherchiert – ein Detektiv sozusagen – und wöchentlich seinen Rapport abgibt.

Und auf unser Buch hin haben sich inzwischen auch die ersten Personen aus Deutschland gemeldet, die etwas über die Flucht berichten konnten.

Aber es gibt doch Augenzeugen und Beweise, dass Hitler Selbstmord begangen hat.

Ja ja, das sollte man meinen. Es ist aber nicht so! Erstens: Die drei vermeintlichen Augenzeugen – Rochus Misch, Otto Günsche und Heinz Linge –, die den Leichnam Hitlers gesehen beziehungsweise auch verbrannt haben wollen, widersprechen sich. Zweitens wurde das Schädelfragment, das die Russen bis heute aufbewahren, durch Dr. Bellantoni von der Universität Connecti-

507

cut im Jahre 2009 als das einer Frau identifiziert. Drittens deckt sich die Zahnbrücke, die nun wiederholt untersucht wurde, zwar mit den Röntgenaufnahmen aus dem Archiv von Hitlers Zahnarzt Dr. Blaschke, doch selbst der deutsche Forensiker Dr. Benecke und Dr. Sognnaes von der Universität Los Angeles sagen, dass dies kein Beleg für Hitlers Tod ist. Dr. Reidar Sognnaes erklärt, dass niemand weiß, ob es die echten Röntgenaufnahmen Hitlers sind, die man den Alliierten aushändigte, und nicht die eines seiner Doppelgänger. Denn logischerweise wird ein Doppelgänger Hitlers denselben Zahnarzt aufgesucht haben. Und viertens hatte der Zahntechniker Fritz Echtmann, der bei den Historikern immer als Hauptzeuge angeführt wird, und der zunächst 1945 behauptete, Hitlers Zahnbrücke sofort wiedererkannt zu haben, im Jahre 1971, nach der Rückkehr aus der russischen Gefangenschaft, seine Aussage widerrufen.

Jan van Helsing und Rochus Misch

Man erkennt also schon nach kurzer Recherche, dass das, was man uns in den Geschichtsbüchern als »Beweise« präsentiert, nichts wert ist. Zudem sollte nicht vergessen werden, dass die Geschichtsbücher von den Siegern geschrieben werden. So ist das!

Mit Stefan zusammen waren wir im August 2011 bei Rochus Misch in Berlin, dem Leibwächter Hitlers und einem der drei »Augenzeugen«, die Hitlers Leichnam gesehen haben wollen. Davon abgesehen, dass sich diese drei Augenzeugen – Misch, Linge und Günsche - alle widersprechen, was die Position der Leichen angeht oder welche Schuhe Eva Braun getragen hatte, hat uns Misch auch ein Detail berichten können, das bislang bei den Historikern keine Erwähnung fand: Man hatte, nachdem man einen Schuss aus dem Führerbunker gehört hatte, noch 30 Minuten gewartet, bis die Türe geöffnet wurde! Das muss man sich einmal vorstellen – 30 Minuten! Hier war genügend Zeit, Personen auszutauschen, eine Situation zu präparieren oder über einen Fluchtweg den Bunker zu verlassen.

Interessant ist auch folgende Geschichte von Rochus Misch: Als der Film Der Untergang in Berlin Premiere feierte, wurde Misch von Bernd Eichinger persönlich angerufen und gebeten, NICHT zur Premiere zu kommen. Und zwar aus dem Grund, dass der Film in wesentlichen Punkten falsch ist, die Berichte von Traudl Junge, auf denen dieser basiert, nicht glaubwürdig sind und Misch, der noch heute als ein treuer Anhänger Hitlers bezeichnet wird, bei der anschließenden Podiumsdiskussion als einziger noch lebender Augenzeuge den Film ad absurdum geführt hätte. Der Film hat mit der Realität nichts zu tun!!!!

Aber die Person Hitler ist nur ein ungeklärtes Kapitel des Dritten Reichs. Vor allem das Schicksal Martin Bormanns wirft erneut große Fragen auf. Wir hatten den paraguayischen Ausweis von Bormann in Händen und haben diesen im Buch veröffentlicht. Dieser lautete auf den Namen Agustín von Lembach, und das ist auch der Name, den der belgische Kollaborateur Paul van Aerschodt gegenüber einem Journalisten im Februar 2011 nannte. Van Aerschodt hatte dem Journalisten gesagt, er habe Bormann viermal nach 1945 in Bolivien getroffen und Geschäfte mit ihm gemacht.

Lino Oviedo

Jan und Stefan mit Lino Oviedo in dessen Parteizentrale. Oviedo ist ein ehemaliger General und Oberbefehlshaber der Armee von Paraguay sowie Putschist. Seit 2008 hat er seine eigene Partei UNACE und strebt die Präsidentschaft an. Er weiß viel über "alte Deutsche" in Paraguay.

Wo ist dieser Ausweis heute?

In sicheren Händen... Wir sind bemüht, diesen Pass einer wissenschaftlichen Untersuchung zu unterziehen. Ein Ergebnis steht zu diesem Zeitpunkt noch aus. Letztlich hat der »Fall Bormann« einen besonderen Stellenwert, da es viele Hinweise darauf gibt, dass Bormann und der Gestapo-Chef Heinrich Müller den Plan B, also die Flucht Hitlers und anderer hochgestellter Personen des Dritten Reiches, organisiert und durchgeführt haben. Und überlegen Sie doch einmal ganz praktisch: Ein toter Hitler und ein toter Bormann wären für die alliierten Geheimdienste ein Albtraum gewesen, denn es ging nach heutigem Wert um Milliarden. Alleine die geschätzte Summe des während des Krieges in Umlauf gebrachten Falschgeldes wird auf viele hundert Millionen Dollar geschätzt. All das Geld und Wissen wäre doch mit dem Tod Hitlers oder auch Bormanns nicht mehr zu bekommen gewesen. Man sollte davon ausgehen, dass die alliierten Geheimdienste Hitler und Bormann einen roten Teppich ausgerollt haben, um an das Geld und das militärische Wissen zu gelangen. Dafür sicherte man den beiden einen finanziell abgesicherten Le-

510

bensabend in Südamerika zu. Das ist heutzutage nicht anders: Was glauben Sie, wie heute Geheimdienste finanziert werden?

Und denken Sie an die in unserem Buch veröffentlichten FBI-Dokumente über Hitlers Flucht. Die Alliierten wussten es!

Inzwischen hat sich auch ein deutscher Adliger auf unser Buch hin gemeldet, der selbst seit seiner Kindheit in Bolivien lebte und ebenfalls bezeugen kann, dass sich Bormann dort aufhielt.

Haben Sie ihn schon interviewt?

Ja, Stefan hat das alleine getan, da ich zu diesem Zeitpunkt in Kroatien war. Im Moment sammeln wir Zeugen wie ihn und auch die neu hinzugekommenen Zeugen in Paraguay und Argentinien. Dann muss man in einem Jahr mal schauen, wie viel wir zusammenbekommen und ob sich das für ein Fortsetzungsbuch lohnt, oder ob man das eventuell als Artikelreihe veröffentlicht.

Abel Basti ist im Moment daran, mit einer argentinischen Anwaltskanzlei zu verhandeln, die Eva Braun bis 2009 noch vertreten haben will. Auch soll eine Tochter Hitlers noch in Buenos Aires leben. Es gibt also noch eine Menge Stoff zu diesem Thema…

http://www.sharkhunters.com/14Arg9.htm

MARTIN BORMANN – A NEW BODY OF EVIDENCE

Martin Bormann, Hitler's right hand man and chancellor, the man that controlled all of Nazi Germany's appropriated loot, was tried in absentia in October 1946 at the Nuremberg trials. Found guilty of war crimes and sentenced to death by hanging, Bormann evaded the noose due to his mysterious disappearance.

When anyone mentions the name Martin Bormann most baby-boomers will know who he was, they will also be quick to tell you that; while there was a wild goose-chase across the globe to find him, he certainly died in 1945, proved they say, by the finding of his bones in Berlin in 1972.

Two Nazi witnesses at the Nuremberg trials testified to the fact that they had seen Bormann and fellow Nazi, Dr Ludwig Stumpfegger dead, in the vicinity of the Weidendamm Bridge and the Lehrter train station in Berlin, only hours after fleeing the bunker – where Hitler had supposedly put a bullet through his brain. One witness going as far as to say that he had even seen Bormann's dead »moonlit face«.

From 1945 the hunt for Martin Bormann was on. During the confusion of those early post war years, the West German government kept the heat up, but UKUSA's 'hunt' was only, If anything, lukewarm. A concentrated search effort had been made in 1945 around the site, of the supposed 'moonlit' scenario of Bormann and Stumpfegger, with who he was last seen alive. With the advantage of hordes of allied troops on the ground to co-ordinate a thorough search near and around the Lehrter station in Berlin, no stone was left unturned. The same was done independently by a Russian recon group, after Lieutenant General Konstantin Telegin, of the Soviet 5th Shock Army was delivered of a diary said to be of Bormann's, found near the same site.

In those early post war years, it was not yet a 'cold case', with memories still fresh and the ground still soft. Any such corpses although decomposed, would have certainly been on, or near the surface and easily identifiable with the minimum of forensics; but not as much as a scrap of flesh was found of either man. At least they had some disputable charred remains of Hitler, but the bodies of Bormann and Stumpfegger had literally 'vanished' into thin air, along with the Nazi loot.

But after construction workers came across human remains near the Lehrter station in Berlin in 1972, the world's press gathered to hear if this was indeed Bormann. Bormann's Nazi dentist Dr Hugo Blaschke was called and he recalled from memory his former patient's dental physiology and gave testimony that they were one and the same, the case was then closed.

It was not until 1998 that due to modern science technology, the remains were subjected to a DNA forensic study by the West German prosecutor. The reason for this new 1998 investigation was that in 1996 Christopher Creighton, aka John Ainsworth-Davis a former British Naval Intelligence agent and member of the covert British group C.O.P.P (Combined Operations Pilotage Parties) had published a book, *OPJB* (Operation James Bond). In the book, Creighton using a pseudonym, claims that along with Ian Fleming, he was instructed by Winston Churchill and Desmond Morton the head of Secret British intelligence section V, to rescue Martin Bormann from a burning Berlin in May 1945. The book passed off as a novel, to protect Creighton from potential serious consequences due to breach of the Official Secrets Act – unsettled the German government to the extent that a thorough forensics and DNA investigation was carried out on the remains. The forensic results came back after the legal medical team matched blood from a maternal Bormann relative, the match was positive.

MARTIN BORMANN'S BODY WAS 'UNEARTHED' IN 1972 – AT A SITE THAT HAD BEEN THOROUGHLY AND EXTENSIVELY SEARCHED BY VARIOUS GROUPS OF SOLDIERS AND INVESTIGATORS OVER THE YEARS.

A confirmation of the remains being those of Bormann was released to the world's press, along with the statement that Martin Bormann had certainly died in 1945 at the site his remains were found.

Due to the 1998 DNA confirmation of the Martin Bormann skeleton, modern historians teach their students that stories of Bormann escaping to South America are false, nothing more than the rantings of **conspiracy theorists** and madmen. A handful of bona-fide investigative journalists and even former intelligence agents have been continually slandered after they have released information to the contrary, that there has been a cover-up by the western allies; that not only did Bormann escape, but his escape was orchestrated by the British intelligence services with the full knowledge of the United States government.

Anyone that dares to raise any questions as to the true dynamics of Bormann's disappearance and death, are discredited based only on the DNA match which confirm the remains as being Bormann. But why are there such conflicting stories between the official version and the version by those that have seriously investigated this strange case for decades? Bormann's remains were found in 1972, but did he really die in 1945? And what exactly is at stake if it were proved that he died much later than we are led to believe? Even though his remains were found in 1972 in Berlin, it does not mean that his body had lain there since 1945 and there is absolutely no evidence to suggest such. In fact, there is more evidence to suggest foul play by the British and American intelligence services, that Bormann did escape and after his death in the mid/late 1960's his remains were carefully reburied in the place historians like to believe he fell.

On the publication of the 1998 Bormann DNA report, London's *Daily Express* newspaper called it a 'whitewash'. The author of the article, Stewart Steven a very experienced foreign editor of the *Daily Express*, who was participant and directly involved with a thorough Bormann investigation in Buenos Aires, along with a team of highly qualified academics and lawyers, was sacked 6 days later. Stevens was accused of publishing a 'hoax' and discredited as having being hoodwinked into believing that classified Argentine government and Federal police files were fakes, even though there is absolutely no evidence to date to prove, let alone suggest, that such files were in fact anything but genuine.

But why do modern historians find it so shocking to consider the possibility that Martin Bormann, Hitler's 'Banker' may have escaped from Berlin with the help of British intelligence? Not only would it make absolute sense to Churchill, to lift the man with access to all the money, it would be negligent to fail to.

After all, numerous Nazi officers who were participant in the brutal slavery of concentration camp prisoners, were snapped up by the USA for their various talents. Many of whom were made post WWII heroes in the American scientific community, after being 'invited' to the USA as part of Operation Paperclip. Notorious Nazi Klaus Barbie, a former head of the Gestapo and known as the 'Butcher of Lyon', was tried at Nuremberg and sentenced to death in absentia, yet it is documented that Barbie was protected and formerly employed in 1947 by the U.S Army Counterintelligence Corps (CIC) and later by the CIA to set up the Western Intelligence Network to keep tabs on communist threat. This was a major and shocking betrayal by the USA as to the allied Nuremberg trial sentencing of Barbie. When the French government discovered that the USA were protecting Barbie, they requested he be immediately handed over for execution under international law. The USA flatly refused and consequently gave Barbie a new identity and shipped him off to Bolivia. If the USA could blatantly fly in the face of the International Nuremberg trials death sentence which they were actively participant in by protecting a psychopathic killer such as Barbie, why is it so unacceptable to believe that the allies would rescue Martin Bormann, the man with access to the hidden Nazi funds? If anything, there should have been a rabid race between the USA and Britain to see who could get to him first.

Between 1945 and 1965 there were numerous sightings of Bormann. Bormann's former personal chauffeur, Jakob Glas, said that he had seen Bormann in Munich months after May 1945, as did many others.

Paul Manning, author, intelligence expert and former war correspondent claimed along with others that Bormann escaped. When Manning tried to publish his extensively researched 1981 book '*Martin Bormann – Nazi in Exile*', he was menacingly threatened. After finally getting a renegade publisher to agree to publish his work, within two weeks the publisher had his legs broken in a vicious and anonymous attack and shortly after Manning's son was mysteriously murdered. In fact Manning's story is very much in line with the former British Intel officer and author of **OPJB**. Christopher Creighton states that Bormann escaped, as does Former WWII British army General and war crimes investigator, Ian Bell. Bell can be seen on YouTube telling us that he saw Bormann being taken to a ship in Genoa and when he radioed back to his HQ command, he was told to follow but »do not apprehend«.

Contrary to the survival story being told by those considered »crazy conspiracy theorists«, there are many highly qualified and well versed investigators and former intelligence agents that tell us the story we teach our children at school is just that, a story.

Hugh Thomas, surgeon, international forensic expert and author of the 1995 book **Doppelgängers** wrote extensively about the Bormann forensics investigation that suggest Bormann died later than 1945. According to Jonathan Glancey of **The Guardian**, Thomas's »scalpel-sharp eye for detail« and second investigative work **Hess: A Tale of Two Murders**, »precipitated a six-month Scotland Yard inquiry that saw its report immediately suppressed.« Thomas confirms that the original Bormann medical reports in 1972 released only some and not all the information found under the microscope. While it is true the dentistry of the skull found was identified as Bormann, the official report failed to reveal to the public that there was dentistry performed in the skull, which could only have been done in the 1950's due to the technology used. A man that died in 1945 is certainly not going to go to the dentist in 1950. Also, the skull »found« in Berlin was encased in a 'red clay' type earth, exotic to Germany but local to a place in Paraguay, the very place that many investigators have traced Bormann to in his last years. Those last year's being as late as 1968. Reinhardt Gehlen former senior Nazi, Cold war spymaster and head of the West German intelligence network, also claimed that Bormann escaped to South America and died in Paraguay.

But probably some of the most disturbing work comes from Ladislas Farago. In 1974, Farago a brilliant military historian, WWII war correspondent and former civilian naval intelligence officer, published 'Aftermath*: Martin Bormann and the Fourth Reich.*' Farago, after a long and painstaking investigation on the ground in South America, much of which was spent accessing classified Argentine intelligence documents, presented his evidence including copies of said documents in his book. Not only did Farago examine and get the classified documents he accessed authenticated, he called in a team to join him on the ground in Buenos Aires to witness and document the authentication of such. The formidable 1972 Buenos Aires team with Farago included former intelligence operative and New York attorney Joel Weinberg,Stewart Steven the Foreign Editor of the London *Daily Express* and four top Argentine attorneys; Dr. Guillermo Macia Ray, Dr. Jaime Joaquin Rodriguez, Dr. Silvio Frondizi the brother of the former President Frondizi of Argentina and Horacio A. Perillo, the former legal aid to the Argentine President Frondizi. Farago and his team's conclusion was that Martin Bormann certainly escaped Europe in 1945 with the help of the allies and went on to South America where he survived for many years, many of which in Argentina. Even though Farago and his team were highly qualified to make an intelligent and thorough analysis and investigation on the documents made available to them, Farago's publication was ignored and serious attempts were made to discredit him and the other members of the team. Precedence had been set, when it came to stating or even suggesting Bormann had survived, even experts like Farago, who was also the world's leading expert on propaganda and clandestine psychological forms of espionage at the time, was not safe from character assassination, ridicule and criticism. It is blatant there were those that were determined to keep the 1945 Bormann death myth in force and such suppression of evidence continues to this day.

But not everyone ignored Farago's book. The content and evidence produced by Farrago was so compelling that it attracted the attention of Dr. Robert M.W. Kempner, a former Nuremberg trial attorney who decided to reopen the Bormann investigation, based on Farago's documentary evidence of survival.

Farago, Manning, Thomas and Kempner, are sadly long gone, but the Bormann investigation is far from a cold case, as a new generation of investigative journalists have reopened the dusty Bormann files and have enthusiastically picked up from where their predecessors departed. Recent research reveals that the Federal police archives in Argentina show that the FBI were sending agents to Argentina to follow the Bormann case and his financial trails well into the 1980's. New elderly witnesses, who till recently refused to talk have also come forward in the past 3 years and startling new evidence has come to light that cannot be ignored and may very well lead to the undisputable discovery that Bormann did escape and lived for many years in South America with the protection of the allies.

One important witness is a former military ADC to Argentine General Juan Peron. This high ranking internationally decorated military officer had been the ADC to 7 Argentine presidents, a close personal friend of Chilean President Pinochet and was the sub chief of the tough Argentine Federal secret police and prominently involved in the dismantling of the Argentine narcotics traffic in the 1990's. His taped testimony given in 2010 on the premise that it could only be revealed after his death to protect his family, is that he met Martin Bormann frequently in Buenos Aires in late 1952 and till the end of 1953. He also testifies that on the instructions of Peron, he organised the personal security for Bormann and escorted him to various meetings in Argentina. This highly credible witness also tells us that Bormann had been installed in a famous luxury hotel in Buenos Aires throughout 1953, which was owned by Germans. The ADC also testifies that he was sent on a weekly basis to collect the Bormann bill from the hotel concierge which he was instructed to take directly to Peron, who paid the bill from his personal bank accounts. This man asked for nothing in exchange for his testimony, all he requested was that the truth be finally known after his death. The official died in 2012 and his testimony is now ready for publication.

Another recent elderly witness with ties to the FBI and CIA, is a former Naval Captain who was in charge of the security for the port of Buenos Aires. He tells us that not only was it common knowledge, but it is documented in the classified Federal police archives that Bormann was certainly living in Argentina in the 50's and that the CIA were in Argentina keeping close tabs on Bormann's South American movements as late as 1967.

The most controversy surrounds the author of the 1996 book OPJB. Christopher Creighton writes that he was instructed by Lord Louis Mountbatten and Winston Churchill to reveal the truth of all the ops in which he was participant, 25 years after the death of both. According to Creighton, *OPJB* is not only the title of the book, but the operational code name given to the plan to rescue Bormann from Berlin. Documents have been seen and recently photographed which were written to Creighton from Lord Louis Mountbatten in 1976 which prove Creighton was not only certainly working for British Naval intelligence at the very highest level, but that Creighton was Desmond Morton's Godson. This new evidence puts in grave doubt spy writer Nigel West's claims that Christopher Creighton is a »charlatan«. There are also letters from James Bond author Ian Fleming to Creighton which testify to *OPJB*, the highly covert operation as being fact and that he based his James Bond Character on Creighton's covert naval operations. How did Fleming know? Because according to verified letters from Fleming to Creighton, Fleming was not only part of the operation while he was a Royal Naval commander under the command of Desmond Morton for the British secret service, but he was the commander in charge of the rescue. A British factual film company, Christopher Robin Media Ltd, have in their possession an as yet unpublished 2013 interview of Creighton recorded only weeks before his death. The startling interview gives never before revealed details of various highly covert British Naval intelligence operations, including the assassination of French Admiral Francois Darlan and the operation to remove Martin Bormann from Berlin.

In 2007 a lady came forward to investigators with a story that she had been born in a German clinic in Brazil in 1952. This five foot two, blonde, green eyed lady, was found to be a well balanced, well educated and discreet and trustworthy member of her community, a far cry from a publicity seeking delusional self-promoter. Her adoptive father had been a senior naval officer for the Dominican Republic dictator Trujillo. She claims her adoptive father was entrusted with her in 1952, the year of her birth, after he was in Brazil negotiating arms deals between the Dominican Republic government and the German arms factories hidden in the Brazilian jungle.

In 1984 she contacted the Simon Wiesenthal centre after her adoptive father revealed on his death-bed that she was the daughter of »one of Germany's three greatest men«. Extremely distressed at this shocking revelation and wondering who it could possibly be, she with her attorney approached the Simon Wiesenthal Centre for help. Within weeks her attorney was anonymously threatened with his life and shortly after, dropped her representation after the SWC aggressively told him that they were not able to help and would not investigate due to »lack of funds«. An unusual response from a wealthy organisation whose main objective has been to track down Nazi war criminals. Even Simon Wiesenthal himself believed till his death in 2005, a full 7 years after the 1998 DNA analysis that Bormann escaped and was frequently outspoken against the official version. It is shocking and detrimental to Wiesenthal's memory, that those that now head the very organisation founded in his name have obstructed investigations and ridicule others that believe what Wiesenthal believed, Bormann escaped.

I contacted the SWC in 2010 to request copies of the investigation files held by the Simon Wiesenthal Centre on Martin Bormann. After three months of cold shouldering on their part, I finally managed to speak to the head of the organisation itself. I revealed the fact we were in touch with a lady that had been formally refused help by the SWC in 1985 and we had the documentation that the SWC refused to investigate due to »lack of funding«. We were now soliciting their support to reopen her case and investigate, especially as the SWC had been avidly promoting and raising significant funding for their much publicised »Operation Last Chance« »a campaign to bring remaining Nazi war criminals to justice by offering financial rewards for information leading to their arrest and conviction«. But rather like the famous Anna Anderson and Russian Grand Duchess Anastasia case, all efforts to access information on official files to see if this adopted woman has any Nazi blood connections have failed.

If Bormann did escape, then the adopted woman may very well be the daughter of Martin Bormann, not only because of the mysterious dynamics surrounding her birth, but photos of her, the officials involved, the timing of her birth and the fact investigators believe Bormann was in Brazil with Dr Joseph Mengele in late 1951. Recent photos of the woman's son show an uncanny similarity with Martin Bormann's eldest son Adolf.

Access to genuine DNA of Martin Bormann or one of his children or grandchildren is now vital to the investigation, not only to make comparisons with potential offspring conceived post 1945, but also to compare with supposed Bormann DNA profiles in the Files held by various intelligence agencies. If Bormann did indeed escape, those that covered it up are going to go to enormous lengths to hide any incriminating evidence. Bonafide DNA profiles of Bormann would be the last thing they would leave hanging around.

I was extremely surprised to discover that during the forensic analysis of the Bormann remains in 1998, only mitochondrial DNA was put on the record. And the Bormann relation that was used to confirm the identity of the skeleton was a Borman Maternal relative, not Martin Bormann's son who was easily available for such. The mitochondrial dna specifics were confirmed in a conversation I had with one of the doctors involved in the original 1998 investigation, which had been instigated by the West German Prosecutor. For those that are not genetically savvy, mitochondrial DNA could only be used to match a person or corpse to maternal blood relations. This means that the Martin Bormann DNA profile held on official documents is worthless for use for matching with any possible offspring or grandchildren.

One would have thought that after going to such extraordinary lengths of opening a through investigation and having such remains available for research, the scientists and doctors would have taken every possible bit of data possible, particularly DNA – they did not. And just to keep things really tidy, after the closing of the investigation, Martin Bormann, guardian to Nazi Germany's post WWII wealth and classified technology, was promptly cremated and thrown '***into the sea***'.

Those that work to uncover highly covert conspiracies have a hard time, whether it be on the kennedy assassination, death of princess Diana or Martin Bormann, much of their compelling evidence can be at best circumstantial and it would not be a conspiracy if the organisers of such were sloppy enough to leave a paper trail or hot leads to expose their plot. The appeal is now for genuine Martin Bormann blood relatives to come forward, not only to cross match with the woman, but to cross match with the DNA profiles supposedly used to identify Bormann in 1998 and those held in official and public files. Of course if this woman does have Bormann DNA and being born in a German clinic in Brazil in 1952, it will once and for all put to bed the mystery and will vindicate all those that have sacrificed much to reveal what they believed to be the truth. Could that truth be that Martin Bormann escaped and went on to manage the vast funds accumulated by Nazi Germany with the help of Britain and the USA? And according to recent research, those vast funds were probably laundered through and invested into over 750 international companies with or without Bormann.

Since 1972, 'official' historians and academics have spun their tales and told the world that Bormann certainly died near the Lehrter station in the early hours of May 2 1945. This oral history is based on no more than unreliable witnesses, two of which were Nazi's and a DNA match to a skeleton found in 1972. DNA may prove that the remains are those of Bormann, but there is more evidence to prove that he was alive for at least 25 years after 1945. 25 years, in which he could have managed the vast Nazi wealth, including cash, gold, stocks, bonds, shares and priceless works of art. After all, with all the modern banking forensics available to date, not one single intelligence agency or government claims that the vast, fat, booty has been found! Or has it? Yet it has been officially written, printed, signed sealed and delivered, even into our children's history lessons. Martin Bormann died in 1945 de-facto, the loot disappeared and anyone that tells you different is a deluded 'conspiracy theorist'.

Proving once and for all with new testimony, documentation and forensic science that Hitler's handler, Martin Bormann survived, will redeem many damaged reputations and will certainly bury the myth and cause many a red face in the high end academic and 'history' community. But more importantly, it will open a very nasty can of worms and raise many more complicated and embarrassing questions to those agencies and governments that will have knowingly perpetrated the Bormann death myth for the past 70 years.

PERSONALAUSWEIS VON BORMANN AUS DEM JAHRE 1961 AUFGETAUCHT

Laut Geschichtsschreibung starb Martin Bormann 1945 in Berlin und sein Leichnam wurde 1972 bei Grabungsarbeiten dort gefunden. Doch im Februar 2011 hatten zwei deutsche Autoren den paraguayischen Personalausweis von Martin Bormann in Händen und haben diesen nun veröffentlicht.

Glauben wir der offiziellen Geschichtsschreibung, dann ist Martin Bormann 1945 in Berlin durch Suizid gestorben. Bormann gehörte zur »letzten Bastion« im Berliner Bunker. Ab Anfang Mai 1945 verlor sich jedoch seine Spur, ein Leichnam wurde nicht gefunden und es entstanden viele Gerüchte um seinen Verbleib. Im Jahre 1946 wurde er bei den Nürnberger Prozessen »in Abwesenheit« zum Tode verurteilt und 1954 dann auch amtlich für tot erklärt.

Als die Post 1972 in der Nähe des Lehrter Bahnhofes in Berlin Erdkabelarbeiten durchführte, wurde dann wie durch Zufall sein Leichnam gefunden - zusammen mit einem anderen Toten, bei dem es sich vermutlich um Hitlers Leibarzt Ludwig Stumpfegger handelte. Für Bormanns Skelett wurde die Identität 1998 durch eine DNS-Analyse am von Wolfgang Eisenmenger geleiteten Institut für Rechtsmedizin der Universität München endgültig bewiesen. An beiden Schädeln wurden zwischen den Zähnen Glassplitter von Blausäureampullen gefunden. Auf den ersten Blick schien der Fall Bormann also geklärt. Aber war er das wirklich?

Martin Bormann

Es wäre nicht das erste Mal, dass ein wissenschaftliches Gutachten, auch wenn es aus »renommiertem« Hause stammt, auch wirklich der Wahrheit entspricht. Im Falle Martin Bormanns schien von Anfang an etwas nicht zu stimmen, denn auch Familienangehörige von Martin Bormann waren skeptisch, was das Gutachten anbetraf. So erklärte zum Beispiel Bormanns ältester Sohn, Adolf Martin Bormann, es habe für ihn und seine Brüder mehrere Gründe gegeben, am Tod ihres Vaters zu zweifeln.

Sollte der aufgefundene Leichnam jedoch tatsächlich der von Bormann gewesen sein, so muss man sich folgende Frage stellen: Warum gibt es in Argentinien und auch in Paraguay mehrere Geheimdienstakten über Martin Bormann - die bis heute unter Verschluss stehen! -, wenn er doch niemals dort war? Und wieso gibt es Zeugenaussagen von Personen mit teilweise militärischem Rang, die behaupten, ihn nach 1945 in Südamerika persönlich getroffen zu haben? Es gibt zudem unzählige Zeitungsartikel, Bücher und offizielle Meldungen, die sich mit einem nach dem

Krieg lebenden Bormann beschäftigen, sogar Artikel von Simon Wiesenthal.

Konnten sich diese Leute alle irren oder handelte es sich bei dem Bormann-Gutachten um ein Gefälligkeitsgutachten? War es für die internationalen Geheimdienste besser, dass Martin Bormann offiziell 1945 in Berlin ums Leben kam? Hinsichtlich des DNS-Gutachtens gibt es in jedem Fall skeptische Stimmen unter Wissenschaftlern, wie in dem neuen Enthüllungswerk »Hitler überlebte in Argentinien« von Jan van Helsing und Abel Basti nachzulesen ist.

Vorstellbar ist, dass Martin Bormann – die »graue Eminenz« und neben Hitler der mächtigste Mann des Deutschen Reiches - im Hintergrund einen »Plan B« ausgearbeitet und strategisch durchgeführt haben könnte, demzufolge viele führende Nationalsozialisten nebst Adolf Hitler und Eva Braun im Falle einer Niederlage in Südamerika eine sichere Zuflucht finden sollten. Wie die im oben genannten Buch veröffentlichten FBI-Akten belegen, begannen die Vorbereitungen zu diesem Notplan bereits 1943. Bis zum Ende des Zweiten Weltkriegs wurden nachweislich unvorstellbar hohe Geldsummen nach Argentinien transferiert.

Shadowy Presence: Martin Bormann

Sensationsmeldung im Februar 2011!

Im Jahr 2011 ging dann eine Sensationsmeldung um die Welt. Ein belgischer Kollaborateur sagte, Martin Bormann habe nach dem Krieg als Geistlicher getarnt in Paraguay und Bolivien gelebt und er habe ihn vier Mal persönlich getroffen. Diese Erklärung gab der Mann namens Paul van Aerschodt bei einem Interview mit der belgischen Tageszeitung Dernière Heure ab.

Paul van Aerschodt wurde 1946 in Belgien in Abwesenheit zum Tode verurteilt, deshalb lebte der heute 88-Jährige unter dem falschen Namen Pablo Simons in San Sebastián (Spanien), wo er von dem belgischen Journalisten Gilbert Dupont jetzt aufgespürt wurde. Paul van Aerschodt sagte aus, dass er sich »bis 1950 vier Mal« mit Martin Bormann in La Paz (Bolivien) getroffen habe, wo dieser 1947 Zuflucht gefunden hatte, »dank eines Visums, das er innerhalb weniger Tage durch den Einsatz des Claretinerpaters Monseñor Antezana bekommen hatte. Bormann kam aus Paraguay. Er bereitete mit etwa zwanzig Offizieren einen Staatsstreich vor, um Perón in Argentinien zu stürzen«, erzählte van Aerschodt. »Unter dem Namen Agustín von Lembach gab er sich als Geistlicher aus und trug eine schwarze Kutte, was ihm Vergnügen bereitete«, fügte er hinzu.

Kritiker behaupteten sofort, dass van Aerschodt bereits ein alter Mann und wahrscheinlich schon senil sei, und vor allem auch keine Belege für diese ungeheuerliche Behauptung vorlegen könne.

Diese Beweise fanden nun die deutschen Autoren Jan van Helsing und Stefan Erdmann bei ihren Nachforschungen zum Überleben Hitlers im Februar 2011 in Asunción, der Hauptstadt Paraguays - vier Wochen, nachdem die Sensationsmeldung Paul van Aerschodts um die Welt ging!

Am 23. Februar 2011 wurden Jan van Helsing und Stefan Erdmann zwei Dokumente aus dem Polizeiarchiv in Asunción vorgelegt:

1. Die Einbürgerungsurkunde Josef Mengeles und
2. der Ausweis von Agustín von Lembach - ausgestellt im Jahre 1961!

Bemerkenswert ist vor allem, dass nicht nur die Angabe des Namens, sondern auch die Berufsbezeichnung in dem inzwischen ungültig gemachten Ausweis mit den Aussagen van Aerschodts übereinstimmen. Dadurch erhalten dessen Aussagen ein ganz anderes Gewicht, und auch die vielen Hinweise, die man über Jahrzehnte hinweg immer wieder über Martin Bormanns angebliches Leben und Wirken in Südamerika lesen konnte.

Auch die Namen Eliezer Goldstein, Ricardo Bauer und Augustin von Lange wurden von Geheimdiensten in Südamerika mit Martin Bormann in Verbindung gebracht. Bormann soll nicht nur der Mann der »tausend Gesichter« gewesen sein, er war auch der Mann der vielen Identitäten, wie das auch bei Undercoveragenten, die durch ihren jeweiligen Geheimdienst geschützt werden, nicht anders ist. Bei Bormann scheint es sich ebenso verhalten zu haben, denn wenn ihm die Flucht nach Südamerika gelungen war, so ist davon auszugehen, dass die internationalen Geheimdienste darüber eingeweiht waren und bis heute schweigen - ebenso wie das im Fall Adolf Hitlers und Eva Brauns gewesen sein kann.

Das behauptet auch Abel Basti, der Co-Autor des Buches »Hitler überlebte in Argentinien«, der die Ansicht vertritt, dass der 1971 in Paraguay an Krebs verstorbene Bormann nach Berlin verbracht wurde, wo man ihn dann 1972 »zufällig« fand. Zu dieser These kommt er vor allem deshalb, da dem Leichnam Partikel roter Erde anhafteten, die es in Berlin nicht gibt – in Paraguay hingegen schon!

Im neuen Buch von Jan van Helsing kommen nicht nur mehrere Augenzeugen zu Wort, die Bormann persönlich getroffen haben wollen – unter anderem der argentinische Polizeikommissar Jorge Colotto, der auch fünf Jahre lang Mitglied der Leibgarde von Präsident Perón war -, sondern auch 23 Zeugen, die namentlich genannt werden, die Adolf Hitler nach 1945 in Südamerika gesehen haben wollen.

Der nun aufgetauchte Ausweis zwingt die Historiker in eine neue Diskussion!

http://info.kopp-verlag.de/drucken.html;jsessionid=5690362DE7A0738F-C8B7853069CFE4A1?id=4820

JAGD AUF MENGELE

18 April 2011

In den fünfziger Jahren arbeiteten viele NS-Verbrecher für den BND. Neue Akten zeigen, dass der Dienst aber auch bei der Fahndung nach Nazis half.

Der SS-Mediziner pfiff oft Opernmelodien, wenn er die ankommenden KZ-Häftlinge an der Rampe im Vernichtungslager Auschwitz selektierte. Die einen schickte Josef Mengele in die Gaskammern, die anderen mussten Zwangsarbeit leisten. Nebenher führte er Experimente an Häftlingen durch, auch an Kindern. Anschließend spritzte der Lagerarzt tödliche Injektionen.

Hat dieser Mann später auch für den Bundesnachrichtendienst (BND) spioniert? Entsprechende Gerüchte kursieren seit Jahren. Schließlich stammte in der Frühphase des BND wohl jeder zehnte Mitarbeiter aus dem Befehlsbereich von SS-Chef Heinrich Himmler. Erst kürzlich gab der Dienst Dokumente frei,

aus denen hervorgeht, dass Klaus Barbie zeitweise für den BND
tätig war (SPIEGEL 3/2011). Der Gestapo-Offizier war als
»Schlächter von Lyon« berüchtigt.

Und was ist mit Mengele?

Das vom BND jetzt freigegebene Geheimdossier zu dem Auschwitz-Arzt umfasst nur 34 Blatt, aber es erzählt eine überraschende
Geschichte. In dem Konvolut findet sich kein Hinweis, dass
Mengele Quelle oder gar Mitarbeiter des BND war. Vielmehr
scheint ausgerechnet Pullach nach dem NS-Verbrecher gesucht zu
haben. Oder der Dienst hat zumindest so getan.

Der aus Günzburg stammende Akademiker, Jahrgang 1911,
hatte sich nach Kriegsende auf einem abgelegenen Bauernhof in
Oberbayern versteckt. 1949 floh er nach Argentinien, später
tauchte er in Paraguay unter, reiste allerdings immer wieder nach
Buenos Aires. Ein Haftbefehl lag vor, und so stellte die Bundesre-
publik im Frühjahr 1960 ein Auslieferungsersuchen an Argentini-
en, doch Mengele setzte sich rechtzeitig ab.

Da kam der BND ins Spiel. Seit dem Winter 1959/60 wirkte
der Geheimdienst »an der Auffindung ehemaliger ins Ausland ge-
flüchteter Nazi-Verbrecher« mit, wie aus einem bislang unbekannten Vermerk für den damaligen Außenminister Heinrich
von Brentano hervorgeht. Und Brentano drängte ausdrücklich
darauf, dass der BND nach Mengele fahndete. Der Umgang
Bonns mit NS-Verbrechern stand in jener Zeit unter besonderer
Beobachtung, weil kurz zuvor der israelische Geheimdienst Adolf
Eichmann aufgespürt hatte. Der Holocaust war damit weltweit zu
einem beherrschenden Thema geworden.

Zunächst rekonstruierte der Dienst Mengeles Netzwerk. Am
20. Juli 1960 stieß ein BND-Mann auf »Dr. Benson (Jugo)«, der

Mengele einst die »Einreise nach Argentinien erleichtert« habe. Es handelte sich um den Kardiologen Branko Benzon, der während des Krieges kroatischer Gesandter in Berlin und Budapest gewesen war. Danach zählte er zu einem Kreis von Alt-Nazis in Buenos Aires, der NS-Verbrechern half, ins Land zu kommen. Gemeinsam mit Diplomaten des Auswärtigen Amtes recherchierte der BND auch die Frage, wie Mengele der Verhaftung hatte entgehen können.

1961 traf dann in Pullach der korrekte Hinweis ein, dass der Mann mit dem Schnauzbart in Brasilien lebe, wobei unklar ist, was mit dieser Information geschah. Als die Bonner Botschaft in Rio de Janeiro 1964 den Tipp bekam, der NS-Verbrecher wolle zwei Bekannte an der Grenze zu Paraguay treffen, sorgte der Dienst jedenfalls dafür, dass die brasilianische Bundespolizei eine Überwachungsaktion startete, die aber ohne Erfolg blieb.

Danach erlahmte das Interesse. 1972 schrieb ein BND-Mitarbeiter an das Kanzleramt, man wisse nicht, wo Mengele »sich z. Zt. aufhält und ob er noch lebt«. Der Mann fügte hinzu, er werde sich melden, sollten Erkenntnisse »zufällig« anfallen. Pflichtschuldig überprüfte der Dienst in den achtziger Jahren Verdächtige in Paraguay oder Australien. Die Staatsanwaltschaft in Frankfurt hatte darum gebeten. Da war Mengele allerdings bereits tot. Er starb 1979 in Brasilien.

Ob die Agenten wirklich so wenig wussten, lässt sich mit Hilfe der Akte nicht beantworten. Sie wurde vor Jahrzehnten zusammengestellt, vermutlich weil sich Anfragen aus Politik und Justiz an den BND gehäuft hatten. Sicher ist, dass es mehr Dokumente zu Mengele gegeben hat.

Der BND-Chefhistoriker Bodo Hechelhammer schließt nicht aus, dass er und seine Mitarbeiter noch Unterlagen zu dem Auschwitz-Arzt finden werden. Im Archiv in Pullach liegen Mikrofilme, auf denen rund sechs Millionen Blatt Dokumente abgelichtet sind. Niemand hat sie bislang gelesen.

Absolut zu diesem Thema zu empfehlen das deutsche Werk von Alfred H. Mühlhäuser

Die Bunkerverschwörung
vom
30. April 1945

Neue Betrachtungen zu einem nur scheinbar gelösten Fall
politischer Kriminalität

Pro Agendo ASUG

537

LINKS UND BERICHTE ZU KAPITEL 8:

EUF: Hitlers Escape to Argentina where he lived in until 1962
https://www.youtube.com/watch?v=IrMupQXG6HE

Hitlers Escape to Argentina - FULL VERSION
https://www.youtube.com/watch?v=L4QDroQlLR4

HITLER UND DIE NAZIS NACH DEM KRIEG DEUTSCH
DOKU 2015
https://www.youtube.com/watch?v=RJ_HMcdKAZg

Rise of the Bormann Reich (Part 1 & 2) A conversation with
Joseph Farrell
https://www.youtube.com/watch?v=KdfK5iLx7uQ

We smuggled Hitler's treasurer Martin Bormann out of Berlin:
WWII MI6 spy John Ainsworth-Davis
https://www.youtube.com/watch?v=miJ4IH4MGC0

Hitler's Escape to Argentina (Part 2 of 2) - A conversation with
Harry Cooper
https://www.youtube.com/watch?v=cOOQMFqG0iQ

New Book by Harry Cooper: »Hitler In Argentina«
https://www.youtube.com/watch?v=Tu_mXmS-3ns

Peter Levenda YouTube Documentary WWII Rat Lines Argentina escape Part 1 of 2 Night Fright Show
https://www.youtube.com/watch?v=O5Sr-1TV-yU

9. ANTARKTIS-AKTUELL

Nach Angaben von David Wilcock und Corey Goode sowie noch einigen anderen Verschwörungstheoretikern und alternativen Medien, gab es in den vergangenen Wochen und Monaten erhebliche Bewegungen in der Antarktis, verbunden mit Reisen von Persönlichkeiten und Politikern sowie Kirchenoberhäuptern zur Antarktis, was von den Mainstream Medien nicht oder nur mit der Begründung des Klimawandels mit einer kurzen Nachricht behandelt und unter den Tisch gekehrt wurde.

Diese Vorgänge sind äußerst auffällig und es ist höchst wahrscheinlich, dass wir in Kürze mit einer aufregenden Berichterstattung durch Regierungen und den Mainstream Medien von der Antarktis hören werden. Was uns berichtet wird ist noch unklar, wir können aber auf alle Fälle gespannt sein.

Diese Enthüllungsabsichten wurden ebenfalls von Joseph Farell und Simon Parkes bestätigt. Simon Parkes geht sogar soweit, dass er davon ausgeht, dass wir noch in diesem Jahr von einer amtlichen Regierungsstelle oder einer bedeutenden Person einer Behörde enthüllt bekommen werden, dass verschiedene Weltregierungen mit verschiedenen oder bzw. zumindest mit einer Gruppe von Außerirdischen bereits zusammenarbeitet, und dass diese Gruppe existiert und Verträge mit dieser Gruppe geschlossen wurden.

Auch hier können wir gespannt sein ob ein derartiges »Disclosure« stattfinden wird oder nicht. Berichtet wurde schon seit Jahren darüber, doch bisher kam ein der artiges »Disclosure« nie zustande.

RUINENFUNDE IN DER ANTARKTIS

von Gerhard Hübgen nach einem Artikel von Dr. Michael Salla, 01.2017

Dieser Artikel beruht hauptsächlich auf dem Artikel Visit to Antarctica Confirms Discovery of Flash Frozen Alien Civilization von Dr. Michael Salla (Exopolitics.org).

In der Antarktis ist offenbar die Bevölkerung vor etwa 12.000 Jahren von einem plötzlichen Klimawandel überrascht worden, sodass sie ähnlich wie die Bevölkerung von Pompeji fast augenblicklich den Tod fanden. Vermutlich war eine Polverschiebung der Rotationsachse der Erde die Ursache für den Klimawandel1 - ein Vorgang, der schon mehrfach in der Erdgeschichte aufgetreten ist, wobei subtropische Gebiete sich dann plötzlich an den Polen befinden. In diesem Fall von vor 12.000 Jahren wurden etliche Städte mit Pflanzen, Tieren und Menschen »eingefroren« und befinden sich heute unter 2 Meilen dickem Eis.

Corey Goode hat dies im Dezember öffentlich gemacht aufgrund von Mitteilungen eines Senioroffiziers der US Air Force, die er während einer seiner Entführungen bekam. Diesen Offizier benennt er mit dem Pseudonym Sigmund. Sigmund teilte Corey Goode einiges über Ausgrabungen in der Antarktis mit, mit denen Archäologen und andere Wissenschaftler eine Zivilisation von Präadamiten mit verlängertem Schädel vom Eis befreiten. Diese Wesen sind außerirdischen Ursprungs und etwa vor 55.000 Jahren auf der Erde angekommen. Es wurden auch drei Raumschiffe entdeckt mit vielen kleineren Schiffen im Innern. Die Überreste der Präadamiten von einer der Grabungsorte sind weggebracht worden. Die Archäologen, die mit den verbliebenen

540

Überresten arbeiteten sind zum Stillschweigen verpflichtet worden.

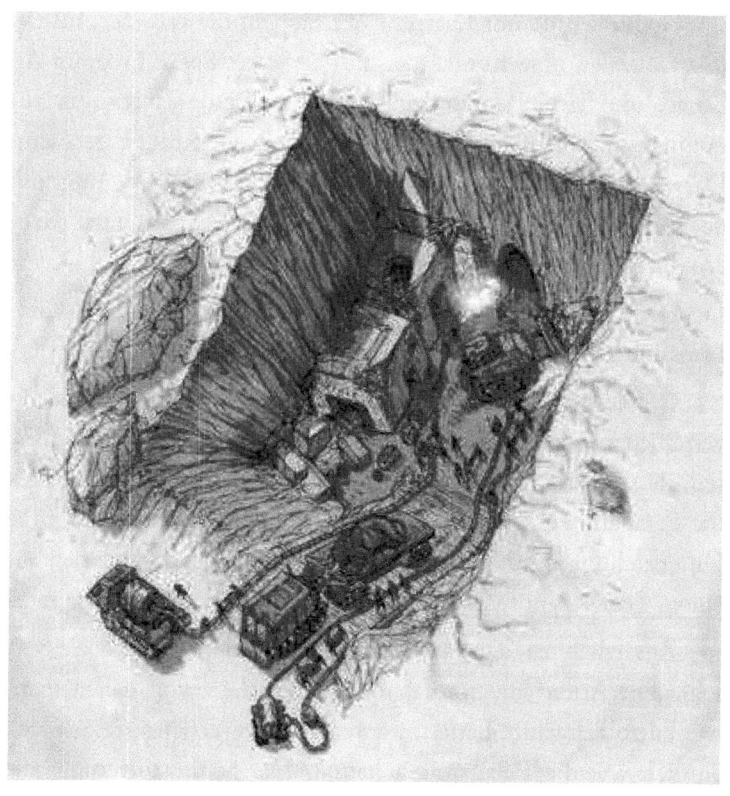

Künstlerische Darstellung der Ausgrabungen.
Copyright: Sphere Being Alliance

Goode besucht die Ausgrabungsorte

Anfang Januar wurde der »Whistleblower« (Informant) Corey Goode von einem »Anshar«-Raumschiff in die Antarktis gebracht. Die Anshar sind eine von sieben Zivilisationen in Innererde, mit denen Goode sich getroffen hat, wobei er auch in der Hauptstadt der Anshar war und die fortgeschrittene Technologie der Anshar erleben konnte.

Goode wurde mit Kaaree, einer Hohenpriesterin der Anshar, mit Gonzales, eine Kontaktperson der Secret Space Program Alliance, und zwei Repräsentanten der Innererde-Zivilisation zusammen zu einem noch vergrabenen Teil der Ruinen gebracht. Das Anshar-Schiff war dabei durch das Eis geflogen. Aufgrund der fortgeschrittenen Technologien konnte das Schiff auch Mauern durchqueren, sagte Goode.

Dr. Salla schreibt in seinem Artikel Visit to Antarctica Confirms Discovery of Flash Frozen Alien Civilization:

Goode beschrieb, dass er verdrehte und entstellte Körper in verschiedenen gefrorenen Zuständen sah, die den Schluss zulassen, dass die Katastrophe völlig überrschend kam. Er sagte, dass die Präadamiten sehr dünn waren. Er erklärte, dass es durch die Untersuchung ihrer Körper offensichtlich wurde, dass sie sich auf einem Planeten mit viel geringerer Gravitation entwickelt hatten.

Zusätzlich zu den Präadamiten sah Goode auch viele verschiedene Arten von normalgroßen Menschen, von denen manche kurze Schwänze hatten, während andere verlängerte Schädel, ähnlich wie die Präadamiten hatten. Die Schlussfolgerung, die Goode zog, war, dass die Präadamiten biologische Experimente an den eingeborenen Menschen des Planeten durchführten.

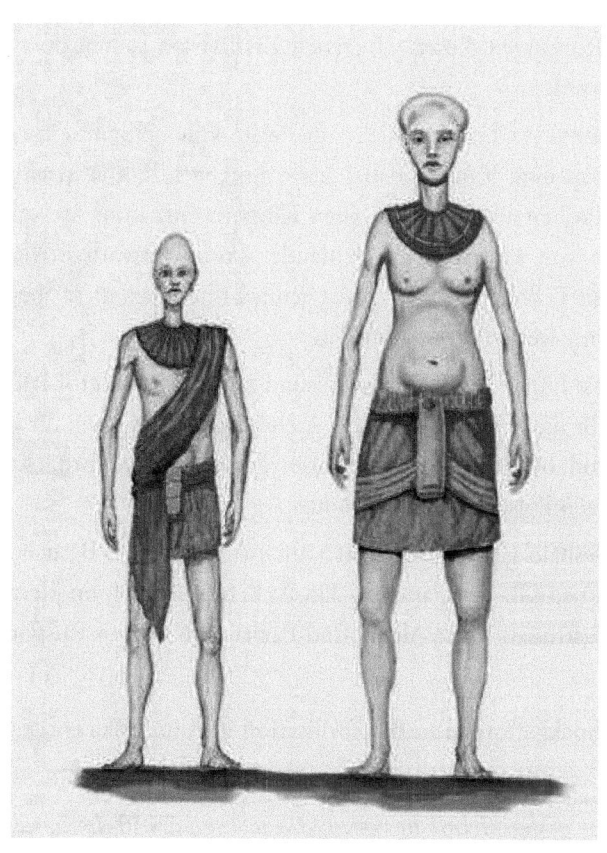

Künstlerische Darstellung eines Präadamiten (rechts)
und eines Menschen von normaler Größe
mit kegelförmigen Kopf.
Copyright: Sphere Being Alliance

An dem Ort der Ruinen befanden sich auch Schriftrollen aus einer metallischen Legierung, von denen die Anshar soviel wie möglich einsammelten. Goode hat bereits früher eine Anshar-Bibliothek beschrieben, die sehr umfangreich ist, und auch die

Aufzeichnungen dieser gefrorenen Zivilisation sollten dort eingestellt werden.

Goode ist bis jetzt nicht im Besitz von Fotografien, obwohl Gonzales eine Kamera dabei hatte und viele Fotos machte, wie auch Proben aus den gefrorenen Körpern entnahm. Auf kritische Fragen von Lesern wegen fehlender Fotos antwortete M. Salla, dass ein Teilnehmer zwar Fotos gemacht hat, dass diese aber nicht an Corey weitergegeben wurden.

Die Funde in der Antarktis sind natürlich von großer Bedeutung für die Wissenschaft - für Archäologen, aber auch für Geologen und bestätigen eine Theorie, dass es in der Erdgeschichte mehrfach Polsprünge gegeben hat.

Deshalb gab es Ende 2016 auch prominenten Besuch in der Antarktis, z.B. der damalige US-Außenminister John Kerry, der Mondastronaut Buzz Aldrin und Patriarch Kirill aus Russland.

Schockgefrorene antike Zivilisation in Antarktika entdeckt?

Veröffentlicht von: N8Waechteram: 30. Januar 2017in: N8Waechter.info

Die US-Netzseite YourNewsWire.com veröffentlichte am 29. Januar 2017 einen Artikel, bei dessen Schlagzeile das hier oben eingesetzte Fragezeichen fehlt – der Satz wird somit zur Aussage, was in dieser Form mindestens als »mutig« zu bezeichnen ist. Angesichts des immer und immer wieder in den Fokus gerückten Themas »Antarktika« möchten wir Ihnen den Artikel und weitere Informationen dazu jedoch nicht vorenthalten. Hier zunächst die Übersetzung dieses Beitrags:

Tiefgefrorene antike Zivilisation in Antarktika entdeckt

von Edmondo Burr

Whistleblower Corey Goode behauptet, dass es eine antike außerirdische Zivilisation gibt, welche sich schockgefroren unter zwei Meilen Eis in Antarktika befindet.

Goode, ein Whistleblower eines geheimen Raumfahrtprogramms, sagt, dass er Anfang Januar 2017 von der US Air Force in die Antarktis gebracht wurde, um Zeuge geheimer Ausgrabungsarbeiten von Ruinen einer 55.000 Jahre alten außerirdischen Zivilisation zu werden. Über die Entdeckung wurde er zunächst von einem langjährigen US Air Force-Offizier informiert, welcher in einem geheimen Raumfahrtprogramm für die US-Regierung und die Eliten arbeitet.

Die Entdeckung der Ruinen geht zurück auf die erste deutsche Nazi-Expedition im Jahr 1939. Ausgrabungen vor Ort durch Archäologen und andere Wissenschaftler sind jedoch erst seit 2002 erlaubt. Diese bereiten nun Dokumentarfilme und wissenschaftliche Berichte vor, welche die wissenschaftliche Gemeinschaft erstaunen und die Welt schockieren werden.

Nachdem die Eliten darin versagt haben, ihre eigene uralte Abstammung noch länger geheimzuhalten, werden sie versuchen die Gelegenheit zu nutzen, die Aufmerksamkeit von ihren eigenen Verbrechen abzulenken.

Stillness in the storm berichtet:

In einem Update vom 11. Dezember 2016 beschreibt Goode wie er von mehreren Quellen auf die Ausgrabungen in Antarktika aufmerksam gemacht wurde und diese ihm dann ebenfalls von einem langjährigen Offizier innerhalb eines geheimen Raumfahrtprogramms der US Air-Force preisgegeben wurden. Diesen [Offizier] nannte er »Sigmund« und Sigmund leitete eine geheime Mission mit mehreren Entführungen von und Nachbesprechungen mit Goode, welcher hinsichtlich der Genauigkeit seiner Informationen getestet wurde.

Nachdem man mit der Richtigkeit von Goodes Informationen und Quellen zufrieden war, teilte Sigmund unerwarteterweise einen Teil seines Wissens über die Ausgrabungen in Antarktika, unter anderem über eine 10 bis 12 Fuß [= 3 bis 3,65 Meter] große Zivilisation von »Präadamiten« [welche also vor Adam gelebt haben sollen] mit langgezogenen Schädeln.

Drei ovale Mutterschiffe mit einem Durchmesser von rund 30 Meilen [= rd. 48 Kilometer] wurden in der Nähe gefunden, was offenbart, dass die Präadamiten außerirdischer Herkunft waren und vor rund 55.000 Jahren auf der Erde ankamen. Eins der drei Schiffe wurde ausgegraben und es wurden viele kleinere Raumschiffe im Innern gefunden. Die präadamitische Zivilisation, zumindest der in Antarktika ansässige Teil davon, wurde durch ein verheerendes Geschehen schockgefroren, welches sich vor grob 12.000 Jahren ereignete.

Goode wurde von seinen Kontakten auch gesagt, dass die fortschrittlichsten Technologien und die Überreste von Präadamiten von der archäologischen Ausgrabungsstätte entfernt worden sein, welche der Öffentlichkeit bekanntgegeben werden wird. Teams von Archäologen arbeiten an dem was zurückgeblieben ist und es wurde ihnen gesagt, sie müssen geheim halten was sie [vor Ort] sonst noch gesehen haben.

Zusätzlich werden ausgewählte antike Artefakte von anderen Standorten aus riesigen Lagerhallen hergeschafft und für die Veröffentlichung auf der archäologischen Stätte verteilt. In der bevorstehenden Bekanntgabe der Ausgrabungen in Antarktika wird die Betonung auf die terrestrischen Elemente der schockgefrorenen Zivilisation gelegt werden, um die allgemeine Öffentlichkeit nicht zu sehr zu schockieren.

Laut Goode wird die Bekanntmachung vom Zeitpunkt her so angesetzt, dass sie von den kommenden Kriegsverbrecherprozessen gegen die globalen Eliten ablenken sollen, da immer mehr Informationen über internationale Pädophilenringe und Kinderhandel an die Öffentlichkeit kommen.

Bis vor kurzem war alles was Goode über die Ausgrabungen in Antarktika wusste das, was ihm von Insider-Quellen oder Sigmund darüber gesagt worden war. Dies änderte sich Anfang Januar 2017, als Goode höchstselbst in die Antarktis gebracht wurde, um die Ruinen und die derzeit stattfindenden Ausgrabungen zu bezeugen.

In einem kurzen persönlichen Briefing am 24. Januar und einer darauffolgenden Diskussion beim Abendessen, bei der auch David Wilcock anwesend war, berichtete Goode einige Details seiner kürzlich erfolgten Reise nach Antarktika. Er hatte bereits von einer früheren Reise dorthin berichtet, bei welcher ihm fünf der vom ‚Interplanetary Corporate Conglomerate‘ (ein geheimes

Raumfahrt- unternehmen in Antarktika) betriebenen Untergrundbasen gezeigt worden waren.

Soweit der Artikel, welcher allerdings Bezug nimmt auf einen Artikel von Exopolitics.org vom 25. Januar. Dieser ist die Quelle für den obigen Beitrag und dort geht es noch ein ganzes Stück weiter:

Goode sagt, dass er kurz nach Neujahr 2017 mit einem »Anshar«-Raumschiff in die Antarktis gebracht wurde. Die Anshar sind eine der sieben Zivilisationen der Inneren Erde, welche Goode getroffen hat. In früheren Berichten hatte er beschrieben, wie er zur Untergrund-Hauptstadt der Anshar gebracht wurde, wo er ihre fortschrittlichen Technologien erleben durfte.

Goode beschrieb seine vielfachen Zusammentreffen mit Kaaree, einer Hohepriesterin der Anshar, welche als seine Führerin und Freundin bei vielen Reisen ins innere der Erde, in die Antarktis und in die tiefen Weltraum diente.

Eine weitere Schlüsselfigur in Goodes Aufdeckungen ist »Gonzales«, welcher ein Lieutenant Commander der US Navy ist und Goodes ersten Kontakt mit einer Secret Space Program Alliance [geheime Raumfahrtprogramm-Allianz] darstellt, welche sich aus dem Solar Warden-Programm der Navy und Überläufern anderer geheimer Raumfahrtprogramme zusammensetzt.

Nachdem Goode unfreiwillig von »Sigmund« entführt und verhört worden war, ist Gonzales zu einem Mittler zwischen einem Mayan Secret Space Program [geheimes Raumfahrtprogramm der Maya(?)] und der SSP-Alliance geworden, was seine Anwesenheit auf der Erde nicht länger erforderlich macht.

Bei seinem Besuch Anfang Januar 2017 traf Goode eigenen Aussagen nach mit Kaaree, Gonzales und zwei anderen Repräsentanten von Zivilisationen der Inneren Erde zusammen. Eine davon gehörte zu einer asiatisch aussehenden Rasse, welche Goode nach seinem ersten Treffen mit Repräsentanten der sieben Zivilisationen der Inneren Erde bereits beschrieben hatte.

Goode und die anderen wurden von dem Anshar-Raumschiff zu einem noch nicht ausgegrabenen Teil der Ruinen gebracht. Dieser lag in einem Gebiet, welches die in der Nähe tätigen wissenschaftlichen Teams bisher nicht erreicht haben und folglich unberührt war und das ganze Ausmaß einer Zivilisation zeigte, welche schockgefroren worden ist.

Goode beschrieb verdrehte und gekrümmte Körper in verschiedenen schockgefrorenen Zuständen. Mit der Katastrophe war eindeutig nicht gerechnet worden.

Er sagte, dass die Präadamiten sehr dünn waren. Es sei aufgrund der Untersuchung ihrer Körper offensichtlich, dass sie sich auf einem Planeten mit einem deutlich geringeren gravitationalen Umfeld entwickelt haben.

Zusätzlich zu den Präadamiten sah Goode auch viele verschiedene Typen normal-großer Menschen, von denen einige kurze Schwänze hatten und andere langgezogene Schädel, ähnlich den Präadamiten. Goode kam zu der Schlussfolgerung, dass die Präadamiten biologische Experimente mit den indigenen Menschen des Planeten durchgeführt hatten.

Gonzales hatte ein Gerät für die Entnahme biologischer Proben dabei, welches er in die vielen gefrorenen Körper einführte. Er führte auch eine Kamera mit sich und machte viele Fotos. Das biologische Material und die Fotos seien den Wissenschaftlern der Secret Space Program Alliance zu Studienzwecken überreicht worden.

Weiter gab es aufgerollte Schriftrollen aus einer Metalllegierung mit irgendeiner Schrift darauf. Die Anshar und die anderen Repräsentanten der Inneren Erde haben so viele dieser Schriftrollen eingesammelt, wie möglich.

In früheren Berichten beschrieb Goode die Anshar-Bibliothek als sehr ausgedehnt, sie enthalte viele antike Artefakte von vielen Zivilisationen. Der Anshar fügte die historischen Aufzeichnungen dieser schockgefrorenen Zivilisation ihrer Bibliothek hinzu.

Goode sagte auch, dass diese Gruppe nicht von den Wissenschaftlern und Archäologen beobachtet worden sein, welche an den Ausgrabungen in anderen Teilen der antarktischen Ruinen arbeiteten. Das Anshar-Schiff war durch das Eis gereist, um zu den Ruinen zu kommen. Goode erinnerte sich, wie einfach das Schiff durch Wände fliegen konnte, indem ihre fortschrittlichen Technologien benutzt wurden.

Die Wichtigkeit von Goodes Reise im Januar nach Antarktika ist, dass sie eine Bestätigung für das lieferte, was ihm vorher von diversen Quellen und dem US Air Force-Offizier Sigmund mitgeteilt wurde. Die Ausgrabungen in Antarktika sind sehr real und Goode war nun der erste Augenzeuge. Es wird erwartet, dass weitere Details über Goodes Reise in die Antarktis und die Präadamiten von David Wilcock in seinem kommenden Artikel »Endgame III« veröffentlicht werden.

Goodes Besuch und die Bestätigung der Entdeckungen in Antarktika sind höchst wichtig. Es ist die beunruhigende Bestätigung von Charles Hapgoods Theorie, dass Polsprünge in der Erdgeschichte regelmäßig vorkommen. Die schockgefrorenen präadamitische Zivilisation war nicht der einzige Katastrophenfall, welcher eine antike Zivilisation betroffen hat.

Die Besuche vieler Hochgestellter in der Antarktis im Jahr 2016, darunter der seinerzeitige US-Außenminister John Kerry, Buzz Aldrin, Partiarch Kyrill und viele andere in den Jahren davor, ist ein klares Indiz für große Entdeckungen in Antarktika. Dank Corey Goode haben wir nun einen Zeugenbericht aus erster Hand über das volle Ausmaß der Entdeckungen in der Antarktis und die seit 2002 stattfindenden wissenschaftlichen Ausgrabungen, von denen erwartet wird, dass sie sehr bald einige Teile der Entdeckung bekanntgeben.

Alles nur wirres Zeugs? Möglich, dennoch ist es durchaus erstaunlich, mit welcher Kraft jüngst das Thema Antarktika an die Öffentlichkeit gedrängt wird. Auch wir konnten es schlicht nicht länger ignorieren und folglich war es zuletzt bereits mehrfach ein Thema:

Antarktika: Das Eis bricht – »Pyramiden« entdeckt – Kommt eine geheime Vergangenheit an die Oberfläche?

Geheimnisse und Rätsel fordern die offizielle Geschichte der Antarktis heraus

Steve Quayle: »Enthüllungen über die Antarktis werden die Glaubenssysteme eines jeden erschüttern«

Die obigen Artikel haben inhaltlich natürlich durchaus gewisses Schockpotenzial. Man stelle sich nur einmal vor, was derartige Informationen in der Öffentlichkeit für ein Aufsehen erregen würden und was sie vor allem für die heute gängigen Religionen und die Weltpolitik oder die Eigenwahrnehmung der Menschen und Völker bedeuten würde.

Dennoch ist in dem Artikel selbst ja auch die Rede von einer Ablenkung. Die Frage ist jedoch, ob tatsächlich »nur« von den widerlichen Abartigkeiten der elitären Kinderfresser abgelenkt werden soll oder ob diese Ablenkung womöglich doch eher zur Ablenkung von der Ablenkung dient?

Alles läuft nach Plan...

Antarktika: Das Eis bricht – »Pyramiden« entdeckt – Kommt eine geheime Vergangenheit an die Oberfläche?

Veröffentlicht von: N8Waechteram: 15. Dezember 2016in: Technologie & Wissenschaft, Geschichte, Welt, Deutschland, USA, Russland, Übersetzungen, Weltgeschehen

von Mac Slavo

Es gibt Geheimnisse in Antarktika. Man kann sie aus tausenden Meilen Entfernung spüren. Und sie fangen an herauszukommen.

Ein gigantischer Riss im Eis hat einen Eisberg abgelöst, welcher die Größe eines kleinen US-Bundesstaates hat und welcher die Debatte um Klimaveränderungen und globale Erwärmung wieder neu entzünden wird. Aber diese Veränderung wird auch nie dagewesene und einzigartige Perspektiven auf die geologische Geschichte ermöglichen. Am einen Ende des Kontinents baut sich rapide Eis auf, am anderen Ende schmilzt es. Live Science berichtet:

Ominöse Ursache für mysteriösen »Krater« in Antarktika

Von einem »Krater« in Antarktika wurde bisher angenommen, dass er das Ergebnis eines Meteoriteneinschlags ist. Neue Forschungen dagegen zeigen, dass er tatsächlich von Schmelzwasser verursacht wurde.

Das im Roi Baudouin-Schelfeis im Osten der Antarktis liegende Loch ist ein kollabierter See – eine Aushöhlung, welche sich durch abfließendes Schmelzwasser gebildet hat. Bei einer Exkursion fanden Forscher im Januar 2016 einen vertikalen Schmelzwassertunnel durch das Eis.

»Dies war eine große Überraschung«, sagte Stef Lhermitte, ein Erdgeschichtsforscher an der Universität für Technologie im niederländischen Delft und an der Universität von Leuven in Belgien. »Schmelzwassertunnel werden üblicherweise in Grönland beobachtet. Wir haben sie definitiv noch nie im Schelfeis gesehen.«

Es ist aber offensichtlich, dass am Südpol irgendwas läuft und der Klimawandel alleine erklärt es nicht.

Auch wenn der Zugang eingeschränkt ist, so bieten Aufnahmen von UAVs und Satelliten neue Informationen über die Bedeutung der Antarktis und die dort verborgenen Geheimnisse. Es gibt geheime Militärstützpunkte dort, auch wenn nur wenig von dort jemals an die Öffentlichkeit kommt. Es hat große Konflikte um Territorien zwischen den Weltmächten gegeben und es gibt Gerüchte über etwas unglaubliches hinsichtlich dieser prächtigen unbekannten Gegend unseres Planeten.

Erstaunliche Bilder einer aus dem Eis herausragenden Pyramide – oder derer drei – machen im Netz die Runde und werfen Fragen darüber auf, ob diese womöglich von Menschen gemachte Strukturen einer antiken Zivilisation sein mögen, welche in einer lange vergangenen Zeit existiert haben könnte, als die Antarktis noch weitgehend eisfrei war.

Der Daily Star schreibt:

Sollten sich die in dem verschneiten Kontinent entdeckten Strukturen als von Menschen gemacht herausstellen, könnte dies unser Verständnis der Menschheitsgeschichte ändern. […]

Forscher gehen seit Langem davon aus, dass das frostige Klima in Antarktika vor tausenden von Jahren deutlich wärmer war. Im Jahr 2009 entdeckten Wissenschaftler Pollen auf dem Kontinent, welche den Schluss nahelegten, dass die Temperatur dort einst ganze 20° Celsius betragen hat.

Und im Jahr 2012 identifizierten Wissenschaftler des Desert Research Instituts in Nevada 32 Arten von Bakterien im Lake Vida in der Ost-Antarktis. Diese Entdeckung lässt annehmen, dass das Klima in der frostigen Tundra einst vollkommen anders war, als es heute ist. Dr. Vanessa Bowman sagte jüngst:

»Vor 100 Millionen Jahren war die Antarktis mit üppigen Regenwäldern bedeckt, ähnlich wie es heute in Neuseeland der Fall ist.«

Natürlich gibt es jene, welche diese Vorstellung von sich weisen und darauf bestehen, dass die Struktur ein natürlich vorkommender Nunatak ist, also im Grunde ein aus dem Schnee herausragender Berg. Und sie könnten Recht haben, bis mehr darüber bekannt ist. Von den vielen in Grönland und in anderen Teilen der Antarktis gefundenen Nunataks erscheinen einige beinahe menschengemacht, ähnlich einer Pyramide. Dennoch ist das Bild aufsehenerregend und bringt neue Gedanken über die verschollene Geschichte der Antarktis hervor.

Es ist absolut möglich, dass dort Geheimnisse aus der Vergangenheit an die Oberfläche treten und genauso möglich ist es, dass geheime Projekte mit unbekannten Zielen bereits auf den Weg gebracht wurden. Die Dinge ändern sich rapide auf dem mysteriösen gefrorenen Kontinent, welcher in seiner abgeschiedenen Einsamkeit vom Rest der Welt weitestgehend vergessen ist. Doch etwas geht dort vor sich.

Außenminister John Kerry reiste zu einem Besuch dort hin – was beispiellos ist – und es wurde eine fadenscheinige Begründung dafür geliefert, die Reise habe mit Bedenken in Bezug auf Klimaveränderungen zu tun. Auf der anderen Seite wurde ein neuer Kalter Krieg vom Zaun gebrochen und die USA und ihre Alliierten bereiten sich auf breiter Front auf unkonventionelle Kriegsführung vor.

Merkwürdigerweise wurde der Astronaut Buzz Aldrin gerade erst vor ein paar Wochen aus medizinischen Gründen aus der Antarktis evakuiert und tweetete diese bizarre (und möglicherweise sarkastische) Botschaft, bevor er sie wieder löschte:

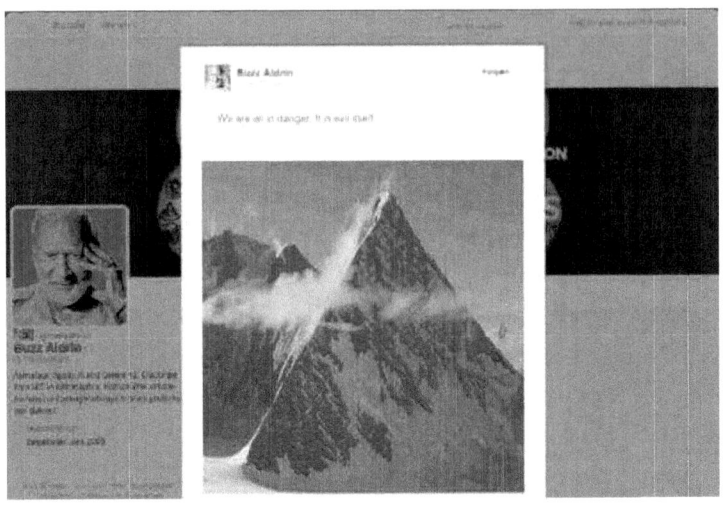

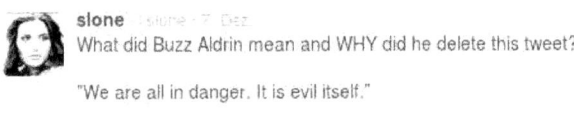
[A.d.Ü.: Es besteht hinreichender Verdacht, dass es sich bei diesem angeblichen »Tweet« um einen Schwindel handelt.]

Weiß er irgendetwas? Geht dort mehr vor sich, als es augenscheinlich der Fall ist? Vielleicht nicht. Aber vielleicht spielt dieser Ort auch eine Rolle in unserem einzigartigen Drama; vielleicht gibt es einen anderen Grund.

Obwohl es heutzutage außerhalb von Annahmen und Verschwörungstheorien kaum bekannt ist, gründeten die Nazis gegen Ende der 1930er Jahre eine Basis in Neuschwabenland/Antarktika und sie sollen Berichten nach die Schirmacher-Oase entdeckt haben, wo sich ein großes Gebiet kargen Landes befindet.

US-Admiral Richard E. Byrd unternahm zwei große Expeditionen in die Antarktis, darunter auch Operation High Jump, welche eine komplette Militär-Division umfasste und bei der es zu Kampfhandlungen kam. Der genaue Zweck dieser Operation verbleibt im Verborgenen, soll aber mit der Dominanz der Weltmächte und dem Kalten Krieg mit der Sowjetunion zu tun gehabt haben. Ein von ihm geschriebenes Tagebuch deutete eine Oase unter dem Eis in dem von ihm erkundeten Gebiet an... aber wer weiß?

Es gibt reichlich Gerüchte über geheime technologische Forschungen und Zugänge zu einer Untergrundwelt. Die Nazis verkörperten den Nexus zwischen okkulter Archäologie, Mystizismus und und der fortschrittlichsten Wissenschaft jener Tage. Mit was sie experimentiert oder was sie erreicht haben mögen, ist nicht vollumfänglich klar.

In Antarktika gibt es mindestens 7 große Oasen, auch wenn diese gemessen an den lebensfreundlicheren Teilen der Welt eher Ödland sind. Also ist es nicht undenkbar, dass es auf dem frostigen Kontinent während anderer klimatischer Bedingungen in der Vergangenheit bewohnbare Gegenden gegeben haben mag, in denen sich Zivilisationen hätten bilden können.

Letztlich verbleibt dies vollständig im Raum von Mutmaßungen, aber man muss sich wirklich fragen, was dort in den kommenden Jahren alles bekannt werden könnte. Falls dort Geheimnisse entdeckt werden, dann könnten diese unser Verständnis der Geschichte unseres Planeten und die Art, wie wir uns als Spezies Mensch weiterentwickeln, eingehend verändern.

GEHEIMNISSE UND RÄTSEL FORDERN DIE OFFIZIEL-LE GESCHICHTE DER ANTARKTIS HERAUS

Veröffentlicht von: N8Waechteram: 27. Dezember 2016in: Technologie & Wissenschaft, Geschichte, Welt, Europa, Deutschland, USA, Russland, China, Übersetzungen, Weltgeschehen

von Jordan Sather

Ende 1946 führte Admiral Richard E. Byrd Truppen der USA, Britanniens und Australiens auf eine Mission nach Antarktika, der Name: »Operation Highjump« [Operation Hochsprung]. Diese Mission umfasste 4.700 Soldaten, 13 Schiffe und 33 Flugzeuge und wurde offiziell als Forschungsexpedition bezeichnet.

Jener Teil der Geschichte, welcher selten außerhalb offizieller Kreise berichtet wird, ist was Byrd dort vorfand. Während das konventionelle Wissen über den Zweiten Weltkrieg besagt, dass

Deutschland in Europa geschlagen war – was wahr ist -, so wird doch wenig über die Flucht der Nazis nach Süden in ihre Basen in Antarktika gesprochen.

Aufgrund ihrer industriellen Macht gewannen die Alliierten den Zweiten Weltkrieg am Boden in Europa, doch die Nazis hatten weit fortschrittlichere Technologie und viele Mitglieder von Hitlers Regime flohen laut Berichten nach dem Krieg zu dem eisigen Kontinent.

Es ist hochwahrscheinlich, dass Operation Highjump eine Militäroperation war, um diese Feindstreitkräfte anzugreifen und sie war offenbar erfolglos, da Byrd und seine Kampfgruppe schwere Verluste erlitt und sich nach Südamerika zurückzog. Die chilenische Zeitung ‚El Murico‘ veröffentlichte am 5. März 1947 einen detaillierten Artikel über Operation Highjump, in welchem Admiral Byrd in einem Interview aussagte:

»Es ist notwendig für die USA defensive Maßnahmen gegen feindliche Jagdflugzeuge einzuleiten, welche aus den Polarregionen kommen. (Amerika könnte) von Flugzeugen angegriffen werden, welche in der Lage sind mit unglaublicher Geschwindigkeit von einem Pol zum anderen zu fliegen.«

Deutsche Geheimgesellschaften, wie Thule und Vril, sollen bereits Zugang zu elektrogravitativen oder antigravitativen Technologien gehabt haben und die nach ihrer Form benannte »Glocke« geschaffen haben. Von diesen Geräten, mit ihren fortschrittlichen Antriebssystemen, wird angenommen, dass sie die aus 13 Schiffen bestehende Kampfgruppe effektiv neutralisiert hat.

In den Jahren nach dem Zweiten Weltkrieg sind viele Nazi-Wissenschaftler nach Amerika immigriert und arbeiteten in Unternehmen der Medizin, Luft- und Raumfahrt und für Geheimdienste. Man wundert sich über diese Situation und ob amerikanische Hände praktisch gezwungen worden sind, diese Flüchtlinge zu akzeptieren.

Die Welt trat dann in die Jahre des Kalten Kriegs ein, aber die Rätsel um Antarktika hatten weiter Bestand. 1959 wurde von 12 Nationen der Antarktisvertrag unterzeichnet, darunter Argentinien, Chile, das Vereinigte Königreich, die USA und die Sowjetunion, welche Wissenschaftler vor Ort in und um Antarktika stationiert hatten.

Annähernd 60 Jahre später wurde jüngst im Oktober 2016 ein weiterer Antarktisvertrag ratifiziert, diesmal unterschrieben von 24 verschiedenen Nationen, zusammen mit der Europäischen Union. Damit wurde das größte maritime Naturschutzgebiet der Welt errichtet.

Nun stellt sich die Frage, warum Amerika, China und Russland bei der Erhaltung der wildesten Regionen des Planeten zusammenarbeiten, wenn doch so große Teile ihrer aktuellen Politik wachsende Feinseligkeiten und Spannungen produzieren und der Rest der Welt zu einem verzichtbaren Kriegsgebiet geworden ist?

Zugleich haben die Geschichten über Vorgänge in der Antarktis zugenommen, wenngleich auch hauptsächlich von Boulevardblättern. Am 21. November berichtete ein Artikel in **The Sun** über »mysteriöse neue Pyramiden«, welche auf dem eisigen

Kontinent gefunden worden sind. Dabei wurde breit über ein Video diskutiert, auf dem Google Earth-Bilder geometrische, pyramidiale Strukturen in der eisigen Tundra zeigen.

Ein weiterer Artikel, diesmal von *The Express*, beschäftigte sich ebenfalls mit diesen Pyramiden-Strukturen und stellte wissenschaftliche Beweise für die Theorie vor, dass die Antarktis einst Vegetation und Leben beherbergte. Zu guter Letzt veröffentlichte *The Daily Star* einen Artikel, in welchem ebenfalls beschrieben wurde, wie eine antike Zivilisation dort möglich gewesen sei und berief sich dabei auf wissenschaftliche Entdeckungen, dass Antarktika in der Vergangenheit womöglich eisfrei war. Dabei wurde auch auf die verblüffende Piri-Reis-Karte eingegangen, ein 500 Jahre altes Dokument, auf dem die Antarktis abgebildet ist – Jahrhunderte bevor der eisige Kontinent offiziell entdeckt wurde.

Seltsam genug, mehrere wichtige Personen sind in den vergangenen Monaten in die antarktische Region gereist und dies unter mysteriösen oder nur vage definierten Umständen. Während der US-Wahl flog der Außenminister John Kerry zum Südpol, um »die globale Erwärmung zu studieren«. Der ehemalige Astronaut Buzz Aldrin besuchte die Antarktis ebenfalls vor einigen Wochen und war gezwungen seine Reise aufgrund eines plötzlichen medizinischen Notfalls abzubrechen.

Ferner haben angesehene Forscher in den vergangenen Wochen über ein potenzielles »Teil-Offenlegungsszenario« berichtet, welches auch Antarktika betrifft. Es soll um angebliche verborgene Technologien, Informationen über antike Zivilisationen und Pläne der Eliten gehen, ihren kraftvollen Griff des Planeten Erde aufrechtzuerhalten. Allerdings sind derartige Spekulationen weit jenseits dessen, was wir zum jetzigen Zeitpunkt tatsächlich beweisen können.

Dennoch leisten fortgesetzte Forschungsmissionen in die Antarktis, kombiniert mit ihrer verdächtigen politischen Vergangenheit, die Berichte über megalistische Strukturen auf dem kargen Kontinent, hochprominente Besucher in jüngster Zeit und aktualisierte politische Verträge für Antarktika wachsender öffentlicher Neugierde darüber Vorschub, was wohl tatsächlich auf dem unbewohnten Kontinent vor sich gehen mag.

Was passiert wirklich in Antarktika?

STEVE QUAYLE: »ENTHÜLLUNGEN ÜBER DIE ANTARKTIS WERDEN DIE GLAUBENSSYSTEME EINES JEDEN ERSCHÜTTERN«

Veröffentlicht von: N8Waechteram: 23. Januar 2017in: Videos, Welt, Deutschland, USA, Übersetzungen, English Content, N8Waechter.info, Weltgeschehen

Greg Hunter von USAwatchdog.com hat sich diesmal einen Gast zum Gespräch geladen, welcher nicht ganz seiner sonstigen Linie – Finanzprofis, Geopolitik-Experten, etc. – entspricht. Die Rede ist von Steve Quayle, US-amerikanischer Buchautor, Goldhändler, Radiomoderator, Doku-Filmer und Forscher abseits des Leitstroms.

Quayle ist bekannt für seine Voraussagen im Bereich Finanzwesen und Geopolitik, doch in diesem hochbrisanten Interview nimmt er eine etwas andere Abzweigung und stößt dabei tief in den Kaninchenbau vor, denn die große Überschrift zu diesem Gespräch lautet:

Antarktika

Wer die alternativen Medien im Weltnetz regelmäßig verfolgt, dem dürfte kaum entgangen sein, dass die Antarktis im Jahr 2016 maßgebliches Interesse hervorgerufen hat. So sind im vergangenen Jahr eine Reihe namhafter Persönlichkeiten dorthin gereist, darunter der russisch-orthodoxe Partriach Kyrill und US-Außenminister Kerry – und diese waren keineswegs die ersten Hochgestellten, welche der Antarktis einen Besuch abstatteten.

Mit Recht weist Greg Hunter darauf hin, dass die Antarktis nicht gerade auf dem Weg zu irgendwelchen Krisengebieten liegt. »Obama könnte auf dem Weg nach Syrien einen Zwischenstopp in Deutschland einlegen«, Antarktika dagegen, sei außerhalb jeder gewöhnlichen Reiseroute.

Für Hunter, als ehemaligem MSM-Reporter, ist klar, dass irgendetwas vor sich geht und aus diesem Grund hat er Steve Quayle zum Gespräch geladen. Dieser sagt zur Eröffnung des Gesprächs:

»Was die meisten Menschen nicht verstehen – und dies ist wichtig – ist, dass die Vereinigten Staaten im Jahr 1947 eine Kriegsflotte unter Admiral Byrd in die Antarktis geschickt haben und diese wurde »Operation Highjump« genannt. Sie sollte die dort befindlichen geheimen Nazi-Basen ausfindig machen und zerstören, welche ihnen von Geheimdiensten dokumentiert worden waren.

Dies war keine kleine Angelegenheit: 13 Schiffe und 4.700 Männer und US-Waffen auf dem seinerzeit aktuellsten Stand der Dinge. Die schlechte Nachricht ist, dass wir einen Tritt in den Hintern bekommen haben. Und im Februar 1948 kam Admiral Byrd zurück und berichtete dem Kongress was dort geschehen war.

Die Russen hatten zufällig ein Video aufgenommen, weil sie dort spioniert hatten, auf dem unsere Flugzeuge auf fliegende Untertassen trafen.«

Um dies ins rechte Licht zu rücken, betont Quayle, dass zwei der führenden Köpfe der NASA ehemalige Nazis gewesen seien. Greg Hunter weist an dieser Stelle auf »Operation Paperclip« hin, in deren Zuge deutsche Wissenschaftler, deutsche Technik und deutsche Patente nach Amerika geholt wurden – der Begriff »gestohlen« würde es gewiss besser treffen.

Quayle ist der Überzeugung, dass wenn man es mit Hermann Oberth und Wernher von Braun zu tun habe, dann solle man sich Oberths Aussage vor Augen halten: »Glauben Sie nur nicht, dass wir schlauer waren als irgendwelche anderen Wissenschaftler. Wir hatten Hilfe von anderen Welten.« Bezüglich der Antarktis sagt er weiter:

»Als Admiral Byrd zurückkam stand der erste Verteidigungsminister ihm zur Seite, um dem amerikanischen Volk mitzuteilen, was dort vor sich geht.« Als dieser Mann, namens James Forrestal, dem amerikanischen Volk sagen wollte, was »Operation Highjump« zutage gefördert hatte, wurde er aus dem 16. Stock des Naval Medical Center in Bethesda geworfen, so Quayle.

Beim Umgang mit dem Thema Antarktika geht es für Quayle nicht nur um Mythologie, denn bereits im 15ten Jahrhundert habe die Piri-Reis-Karte die Antarktis eisfrei gezeigt, was dem »modernen geologischen Zeitrahmen« widerspreche.

»Hier kommt die 1 Milliarden Dollar-Frage, vielleicht gar 1 Billion Dollar: Warum reisen die religiösen Führer der Welt und die mächtigsten weltlichen Führer nach Antarktika? Ich glaube nicht, dass der russische Patriarch Kyrill dort runter gereist ist, um Pinguine zu treffen. Irgendwer oder irgendetwas – und es ist beides – hat die Führer der Welt, sowohl die religiösen, als auch die politischen, in die Antarktis befohlen.«

Schon Francis Bacon habe im Jahre 1627 in »New Atlantis« auf uralte Technologie Bezug genommen; von Genmanipulation über Wolkenkratzer bis zu Laserwaffen. Man müsse sich mit dem Gedanken auseinandersetzen, so Quayle, dass es in der Antarktis eine fortgeschrittene Zivilisation gebe.

»Es gibt jene, welche glauben wir seien von Außerirdischen geschaffen worden – diese Meinung teile ich nicht. Ich werde dies einfach halten: Die Annunaki sind die gefallenen Engel.«, dies zeigen die sumerischen Schrifttafeln. Die Bibel dagegen spreche von »gefallenen Engeln« und es gibt laut Quayle einen Grund dafür, warum dieser Aspekt so wichtig ist:

»Wir haben es mit einer Zeit zu tun, in der wir eine universelle Religion, eine universelle Regierung und ein universelles Geldsystem haben werden.«, sagt Quayle. »Es ist, als wenn alle Führer der Welt, darunter insbesondere die wichtigsten religiösen Führer, jemandem gegenüber Rechenschaft ablegen müssen, der überlegenen Intellektes ist, überlegener Intelligenz ist, aber eine sehr dunkle und finstere Zukunft für die Welt bereit hält. Mit anderen Worten: globale Kontrolle von allem und jedem.«

»Die Nazis hatten Beweise gefunden, wie auch die Briten und die Russen, für ein Land unterhalb des Eises. Die Pyramiden in Antarktika rücken wieder ins Bewusstsein.« Der Kontinent schmelze, sagt Quayle, und der Grund dafür sei die Vielzahl von Vulkanen in der Antarktis und die künstliche Aufheizung der Ionosphäre. Dass das Eis an den Polen schmelze, sei folglich keine Überraschung.

Quayle sagt weiter, es gäbe bereits umfangreiche Vorbereitungen für die Öffentlichmachung des Kommenden. So stelle der Vatikan beispielsweise die Frage, ob »Aliens« getauft werden könnten. »Irgendwas passiert und die Antarktis ist entscheidend.«, sagt er und stellt die Behauptung in den Raum:

»Aufgrund der fortschrittlichen Technologie des Dritten Reiches … sind sie unter das Eis gegangen und kamen in Kontakt mit Wesen, fühlenden Wesen – auf welche sich Oberth und von Braun so viele Male bis zu ihrem Tod bezogen haben. All dies ist eine Frage der Aufzeichnungen und wenn man all die Aufzeichnungen zusammenfügt, dann deutet es auf folgendes hin: Es gibt dort eine Entität oder Gruppe von Entitäten, welche empfindungsfähig sind, welche fortschrittliche Technologie besitzen und welche im Grunde den religiösen und politischen Führern unserer Tage Befehle erteilen.«

Quayle empfiehlt allen, welche sich über die wahre Natur von fliegenden Untertassen informieren wollen, sich über den ehemaligen Chef von Lockheed-Martin, Ben Rich, zu informieren. Rich habe gesagt, dass es zwei verschiedene Arten von Fluggeräten gäbe: »Ihre und unsere«. Dies sei dieselbe Aussage, wie sie auch von Oberth und von Braun gemacht worden sei.

Laut hochrangigen Informanten gehe die allgemeine Bedrohung von den »gefallenen Engeln« aus. »Wer will eine Eine-Welt-Religion, welche absolut im Krieg mit dem Gott der Bibel steht? Dies wären die »gefallenen Engel« und Luzifer als ihr Kopf, welcher zu Satan wurde, wobei Satan nur ein Abgesandter ist.«, so Quayle in seiner sehr auf seinem christlichen Glauben beruhenden Interpretation.

Die Geschichte der Welt sei in keiner Form so, wie sie heute dargestellt werde. Die im Hintergrund wirkenden Mächte hätten diese Geschichte vorgegeben. »Keiner der Führer der Welt hat jemals geglaubt, dass Hitler in seinem Bunker gestorben ist.«, behauptet Quayle und stellt fest: »Die Antarktis wird zum Ursprung fortgesetzter Enthüllungen, welche die Glaubenssysteme eines jeden erschüttern werden.«

Zum Ende hin leidet das Gespräch bedauerlicherweise etwas unter den ständigen Bekenntnisse der beiden als Christen und Bibelgläubige. Dennoch ist festzustellen, dass die Antarktis ein Thema mit erheblich umfassenderen Anbindungen zu weltgeschichtlichen Aspekten ist, als es womöglich auf den ersten Blick den Anschein macht.

Zusammengefasst liest sich der wesentliche Inhalt des Gespräches wie folgt:

Die Nazis haben sich gegen Ende des Zweiten Weltkriegs in Richtung Antarktika abgesetzt. Sie verfügten über fortschrittliche Technologie und bei der Entwicklung dieser Technologie seien ihnen die »gefallenen Engel« zur Seite gestanden, denen die Deutschen in Kavernen unter dem antarktischen Eis begegnet seien. Selbstverständlich ist dies alles furchtbar böse und die angestrebte Weltherrschaft, unter Anleitung der »gefallenen Engel«, werde zu einer »düsteren« und »finsteren Zukunft für die Welt« führen.

Dieser auf seinen persönlichen Schlussfolgerungen beruhende Blickwinkel sei Herrn Quayle mit der Feststellung gestattet, dass er doch in seinem vermeintlich so aufgeklärten Geist denselben Irrungen unterliegt, wie sie der ganzen Welt nach der offiziellen Beendigung des zweiten weltumspannenden Waffengangs in die Köpfe gepflanzt wurde. Die Zukunft wird gewiss zeigen, inwiefern sich die Wahrnehmung seines christlich und geschichtlich überprägten Weltbildes in der Realität wiederfinden werden.

Alles läuft nach Plan…

Steve Quayle-There Is Advanced Alien Technology Buried in Antarctica
https://www.youtube.com/watch?v=21FXqEWObLA

LINKS UND BERICHTE ZU KAPITEL 9:

Antarctica - Imminent Disclosure, The Cabal Are Out Of Time - 2017
https://www.youtube.com/watch?v=RTwLCIgpbuY

Antarctica Disclosure to Save the World - Dr. Michael Salla
https://www.youtube.com/watch?v=LxcZ4B_WMpo

ENDGAME: Disclosure & The Final Defeat Of The Cabal - David Wilcock & Corey Goode - Part 1
https://www.youtube.com/watch?v=R2C3RONd7Lo

David Wilcock | Corey Goode: Endgame II-- The Antarctic Atlantis ET Ruins/ Cabal Rescue Plan
https://www.youtube.com/watch?v=wu854P7gzJ4

Ep. 612 FADE to BLACK Jimmy Church w/ Dr. Michael Salla : Exopolitics and Antarctica : LIVE
https://www.youtube.com/watch?v=Y80PiMg9dFU

David Wilcock | Corey Goode: The Antarctic Atlantis [MUST SEE LIVE DISCLOSURE!]
https://www.youtube.com/watch?v=HGcsfa-GyZk

Hidden in Antartica / Linda Moulton Howe Special
https://www.youtube.com/watch?v=o4COgRtvias

Ancient Technology in Antartica Joseph P. Farrell Special
https://www.youtube.com/watch?v=yCA53tCFO-s
Flash Frozen Civilization found in Antarctica of Elongated Paracus Skulls
https://www.youtube.com/watch?v=GyRoJhTfh3M